AutoCAD 2018 中文版室内设计实战手册

陈英杰　马丽　菅锐　编著

清华大学出版社

北　京

内 容 简 介

本书系统、全面地讲解了AutoCAD 2018的基本功能及其在室内装潢设计领域的具体应用。

全书共分为18章，第1、2章为基础入门内容，介绍室内装潢设计基础和AutoCAD 2018的工作界面、文件管理、命令调用等入门知识和基本操作；第3～9章为绘图基础内容，介绍二维室内图形的绘制和编辑，以及精确绘图工具、图层、文字与表格、尺寸标注、块与设计中心等功能；第10～13章为家装设计内容，按照家庭装潢设计的流程，依次讲解室内家具、平面布置图、地面铺装图、顶棚和空间立面施工图的绘制方法；第14～17章为公装设计内容，以办公室和餐厅两个案例，分别介绍办公空间和商业空间的设计方法；第18章为设计图及施工图打印内容，介绍施工图打印输出的方法。

本书具有很强的针对性和实用性，结构严谨、案例丰富，既可作为大中专院校相关专业以及CAD培训机构的教材，也可作为从事室内装潢设计人员的自学指南。

图书在版编目(CIP)数据

AutoCAD 2018中文版室内设计实战手册 / 陈英杰，马丽，菅锐编著. — 北京：清华大学出版社，2019（2024.8重印）

ISBN 978-7-302-53008-4

Ⅰ.①A…　Ⅱ.①陈…②马…③菅…　Ⅲ.①室内装饰设计—计算机辅助设计—AutoCAD软件—手册　Ⅳ.①TU238.2-39

中国版本图书馆 CIP 数据核字（2019）第 093944 号

责任编辑：韩宜波
封面设计：杨玉兰
责任校对：李玉茹
责任印制：杨　艳

出版发行：清华大学出版社
　　　　网　　　址：https://www.tup.com.cn, https://www.wqxuetang.com
　　　　地　　　址：北京清华大学学研大厦 A 座　　　　邮　　编：100084
　　　　社 总 机：010-83470000　　　　　　　　　　邮　　购：010-62786544
　　　　投稿与读者服务：010-62776969, c-service@tup.tsinghua.edu.cn
　　　　质 量 反 馈：010-62772015, zhiliang@tup.tsinghua.edu.cn
印　装　者：三河市君旺印务有限公司
经　　　销：全国新华书店
开　　　本：185mm×260mm　　　印　　张：29.5　　　字　　数：717 千字
版　　　次：2019 年 8 月第 1 版　　印　　次：2024 年 8 月第 5 次印刷
定　　　价：69.80 元

产品编号：078719-01

前　言
Preface

▰ 关于AutoCAD 2018 ▰

AutoCAD是Autodesk公司开发的计算机辅助绘图和设计软件，被广泛应用于机械、建筑、电子、航天、石油化工、土木工程、冶金、纺织、轻工业等领域。在中国，AutoCAD已成为工程设计领域应用最广泛的计算机辅助设计软件之一。

AutoCAD 2018与以前的版本相比，具有更完善的绘图界面和设计环境，它的性能和功能较低版本都有较大的增强，同时可以与低版本完全兼容。

▰ 本书内容 ▰

本书通过多个知识练习，系统地讲解了AutoCAD 2018的基本操作和室内设计的技术精髓。全书内容如下。

● 第1章：主要介绍室内装潢设计和AutoCAD制图的基础知识，包括室内装潢设计概述、室内装潢制图的规范、室内施工图的形成和室内装潢施工流程等内容，使用户对室内设计和制图有一个全面的了解和认识。

● 第2章：主要介绍AutoCAD 2018的入门知识，包括AutoCAD 2018的启动与退出、工作界面、文件管理和绘图环境设置等内容，以及AutoCAD 2018的基本操作，例如AutoCAD命令的使用、视图的操作等。

● 第3章：主要介绍基本室内二维图形的绘制方法，包括点、直线、构造线、圆、椭圆、多边形、矩形等。

● 第4章：主要介绍复杂室内二维图形的绘制方法，包括多段线、样条曲线、多线、图案填充等内容。

● 第5章：主要介绍室内二维图形的编辑方法，包括对象的选择、图形修整、移动和拉伸、倒角和圆角、夹点编辑、图形复制等内容。

● 第6章：主要介绍高效绘制图形和精确绘图工具的用法，包括正交、栅格、极轴追踪、对象捕捉、块、设计中心等功能。

● 第7章：主要介绍图层和图层特性的设置，以及对象特性的修改等内容。

● 第8章：主要介绍文字与表格的创建和编辑的功能。

● 第9章：主要介绍为室内图形添加尺寸标注的方法，包括尺寸标注样式的设置、各类尺寸标注的用途及操作、尺寸标注的编辑、多重引线标注等内容。

● 第10章：主要介绍室内常用家具的绘制方法，包括沙发、办公桌、床等日常家具，洗衣机、冰箱、电视、饮水机等常用电器，洗碗槽、煤气灶、洗脸盆等厨具和洁具，地砖、盆景、装饰画等其他配景图。

● 第11章：以一套三室二厅的户型为例，介绍住宅室内平面布置图和地面布置图的基本知识和绘制方法。

● 第12章：介绍住宅顶棚布置图的基本知识和绘制方法。

● 第13章：介绍住宅立面图的基本知识和绘制方法。

● 第14章：介绍办公空间设计的基本知识及绘制办公室平面图的方法。

● 第15章：介绍绘制办公室地面铺装图和顶棚图的方法。

● 第16章：介绍绘制办公室立面图的方法。

● 第17章：以某餐厅为例，介绍商用空间的基本知识，以及相关平面布置图、地面布置图、顶棚图和立面图的绘制方法。

● 第18章：介绍室内施工图的打印方法和技巧。

本书特色

➢ 零点起步、轻松入门。本书内容讲解循序渐进、通俗易懂，每个重要的知识点都有实例辅助讲解，用户可以边学边练，通过实际操作理解各种功能的应用。

➢ 实战演练、逐步精通。安排了行业中大量经典的实例，每个章节都有实例示范来提升用户的实战经验。用实例串起多个知识点，可以提高用户的应用水平。

➢ 视频教学、身临其境。附赠内容丰富、超值，不仅有实例的素材文件和结果文件，还有由专业领域的工程师录制的全程同步语音视频教学。工程师"手把手"带领您完成行业实例，让您的学习之旅轻松而愉快。

➢ 以一抵四、物超所值。学习一门知识，通常需要购买一本教程来入门，掌握相关知识和应用技巧；需要一本实例书来提高，把所学的知识应用到实际中；需要一本手册来参考，在学习和工作中随时查阅；还要有视频教学来辅助练习。现在，您只需花一本书的价钱，就能满足上述所有需求，绝对物超所值。

本书作者

本书由陈英杰、马丽、菅锐编著，其他参与编写的人员还有薛成森、江凡、张洁、马梅桂、戴京京、骆天、胡丹、陈运炳、申玉秀、李红艺、李红术、陈云香、陈文香、陈军云、彭斌全、林小群、刘清平、钟睦、刘里锋、朱海涛、廖博、喻文明、易盛、陈晶、张绍华、陈文轶、杨少波、杨芳、刘有良、刘珊、赵祖欣、毛琼健、江涛、张范、田燕等。

由于作者水平有限，书中错误疏漏之处在所难免。在感谢您选择本书的同时，也希望您能够把对本书的意见和建议告诉我们。

本书提供了案例所需的素材文件和效果文件，扫一扫右侧的二维码，推送到自己的邮箱后下载获取。

编　者

目 录·········
Contents

现代室内设计是一门实用艺术，也是一门综合性学科。在深入学习用AutoCAD绘制室内施工图之前，本章首先介绍室内装潢设计的基本知识和室内绘图相关规范，为本书后面章节的深入学习奠定坚实的基础。

01
第 1 章
室内装潢设计与AutoCAD制图

1.1　室内装潢设计概述

室内装潢设计是指建筑物内部的环境设计，以一定的建筑空间为基础，运用技术和艺术因素制造的一种人工环境。它是以追求室内环境多种功能的完美结合，充分满足人们生活、工作中的物质需求和精神需求为目标的设计活动。

毛坯房常作为室内装潢设计的主体，但是已进行过装潢设计的建筑物内部也可再执行装潢设计，又称为旧房改造。

从开发商手中购买的房子一般为毛坯房，如图1-1所示；进行室内装潢设计后，建筑物内部即呈现出一种特定风格的人文居住环境，如图1-2所示。

图1-1　毛坯房

图1-2　装潢效果

1.2　室内装潢制图的内容与特点

室内装潢施工图是按照装饰设计方案确定的空间尺寸、构造做法、材料选用、施工工艺等，并遵照建筑及装饰设计规范所规定的要求编制的用于指导装饰施工生产的技术文件。

室内装潢施工图的特点如下。

1）室内装潢施工图是使用正投影法绘制的用于指导房屋施工的图样，制图时应遵守现行最新的国家标准《房屋建筑制图标准》（GB/T 50001—2010）。

2）在绘制室内装潢施工图时，通常选用一定的比例，采用相应的图例符号和尺寸标注、标高等加以表达；有时需要根据实际情况，绘制透视图、轴测图等图样辅助表达设计理念。

3）装饰设计要经历方案设计和施工图设计两个阶段。方案设计阶段是设计师根据业主的要求、现场情况以及有关规范、设计标准等，以透视效果图、平面布置图、室内立面图、楼地面平面图、尺寸、文字说明等形式，将设计方案表达出来；经过修改补充，得到合理方案后，报业主或有关部门审批。经批准后，即可进入施工图设计阶段。

4）室内装潢设计施工图由于设计深度的不同、构造做法的细化以及满足使用功能和视觉效果而选用的材料多样性等特点，需要绘制不同表达方式的施工图。

图1-3所示为平面布置图的绘制结果；图1-4所示为立面图的绘制结果。

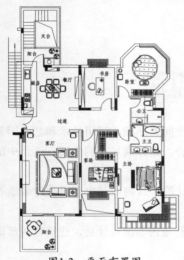

图1-3　平面布置图

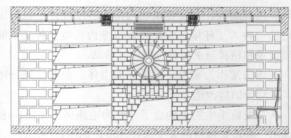

图1-4　立面图

1.3　室内装潢设计制图的要求和规范

我国对于室内装潢设计制图制定并出台了相关的规范，以使室内设计制图有规范标准可参考。现行的主要制图标准有《房屋建筑制图统一标准》（GB/T 50001—2010）、《总图制图标准》（GB/T 50103—2010）、《建筑制图标准》（GB/T 50104—2010）等。下面介绍室内装潢制图中常用的制图要求和规范。

1.3.1　图纸的编排

房屋建筑室内装饰装修图纸编排宜按设计说明、总平面图、顶棚总平面图、顶棚装饰灯具布置图、设备布置图、顶棚综合布置图、墙体定位图、地面铺装图、陈设与家具平面布置图、各空间平面布置图、各空间顶棚平面图、立面图、剖面图、详图、节点图、装饰装修材料表、配套标准图的顺序排列。

规模较大的房屋建筑室内装饰装修设计需绘制上述所列项目，而规模较小的住房室内装饰装修设计通常可以酌情减少部分配套图纸。

图1-5所示为绘制完成的图纸目录。

xxxx　xxxx板房装饰图纸目录

序号	图号	图纸名称	序号	图号	图纸名称	序号	图号	图纸名称
P.001		图纸封面	P.034	1L-08	过道D 立面图	P.068	-1L-02	休息室B 立面图
P.002		图纸目录(一)	P.035	1L-09	餐厅A 立面图	P.069	-1L-03	休息室C 立面图
P.003		总物料编号说明	P.036	1L-10	餐厅B 立面图	P.070	-1L-04	休息室D 立面图
P.004		施工图设计说明（一）	P.037	1L-11	餐厅C 立面图	P.071	-1L-05	车库A 立面图
P.005		施工图设计说明（二）	P.038	1L-12	餐厅D 立面图	P.072	-1L-06	车库B 立面图
P.006		施工图设计说明（三）	P.039	1L-13	书房A 立面图	P.073	-1L-07	车库C 立面图
P.007		施工图设计说明（四）	P.040	1L-14	书房B 立面图	P.074	-1L-08	车库D 立面图
施工图部分			P.041	1L-15	书房C 立面图	P.075	-1L-09	藏酒区A 立面图
P.008	1P-01	二层原建筑平面图	P.042	1L-16	书房D 立面图	P.076	-1L-10	藏酒区B 立面图
P.009	1P-02	二层墙体开线图	P.043	1L-17	卧室A 立面图	P.077	-1L-11	藏酒区C 立面图
P.010	1P-03	二层平面布置图	P.044	1L-18	卧室B 立面图	P.078	-1L-12	藏酒区D 立面图
P.011	1P-04	二层地材布置图	P.045	1L-19	卧室C 立面图	P.079	-1L-13	卫生间A 立面图
P.012	1P-05	二层天花布置图	P.046	1L-20	卧室D 立面图	P.080	-1L-14	卫生间B 立面图
P.013	1P-06	二层天花尺寸图	P.047	1L-21	公卫A 立面图	P.081	-1L-15	卫生间C 立面图
P.014	1P-07	二层开关布置图	P.048	1L-22	公卫B 立面图	P.082	-1L-16	卫生间D 立面图
P.015	1P-08	二层插座布置图	P.049	1L-23	公卫C 立面图	P.083	D-01	客厅、餐厅天花剖面图
P.016	1P-09	二层冷热上水管布置图	P.050	1L-24	公卫D 立面图	P.084	D-02	藏酒区天花剖面图
P.017	1P-10	二层立面索引图	P.051	1L-25	主卫A 立面图	P.085	D-03	衣柜大样图
P.018	-1P-01	地下层原建筑平面图	P.052	1L-26	主卫B 立面图	P.086	D-04	立面背景大样图
P.019	-1P-02	地下层平面布置图	P.053	1L-27	主卫C 立面图	P.087	D-05	壁炉大样图
P.020	-1P-03	地下层地材布置图	P.054	1L-28	主卫D 立面图	P.088	N-01	衣柜内结构图
P.021	-1P-04	地下层天花布置图	P.055	1L-29	主卧A 立面图			
P.022	-1P-05	地下层天花尺寸图	P.056	1L-30	主卧B 立面图			
P.023	-1P-06	地下层开关布置图	P.057	1L-31	主卧C 立面图			
P.024	-1P-07	地下层插座布置图	P.058	1L-32	主卧D 立面图			
P.025	-1P-08	地下层冷热上水管布置图	P.059	1L-33	客房A 立面图			
P.026	-1P-09	地下层立面索引图	P.060	1L-34	客房B 立面图			
P.027	1L-01	客厅A 立面图	P.061	1L-35	客房C 立面图			
P.028	1L-02	客厅B 立面图	P.062	1L-36	客房D 立面图			
P.029	1L-03	客厅C 立面图	P.063	1L-37	更衣间A 立面图			
P.030	1L-04	客厅D 立面图	P.064	1L-38	更衣间B 立面图			
P.031	1L-05	过道A 立面图	P.065	1L-39	更衣间C 立面图			
P.032	1L-06	过道B 立面图	P.066	1L-40	更衣间D 立面图			
P.033	1L-07	过道C 立面图	P.067	-1L-01	休息室A 立面图			

INTRODUTION

1. All design are property Century Sakura ShenZhen Design cannot be used without their written promission

2. All measurements must be checked at the site by the contractor,do not scale drawing

PRINCIPAL:	TONY
DESIGNER:	Carey
DRAWN BY:	Carey
CHECK BY:	TONY
COLLATE:	
APPROVE:	
PROJECT:	
DRAWING TITLE	图纸目录
PROJECT NO.	
PER. IN CHARGE	
CHANGE RECORD	
SCALE:	1:30
PAGE NO.	P.002
DWG NO.	
DATE:	2007-12

图1-5　图纸目录

图1-6所示为绘制完成的施工图设计说明。

xxxx xxxxx14栋01户型样板房装饰工程施工图说明

一.适用范围
本施工图适用于一般民用建筑装饰装修及工业建筑装饰装修工程。
二.设计内容
本施工图包括装饰装修地面、踢脚，内外墙面、墙裙，顶棚，室外绿化、室内绿化、饰品、家私，等部分的饰面效果，结构工艺做法，结构节点大样。
三.设计依据
1.民用建筑设计通则(JGJ37-87)
建筑设计防火规范(GBJ16-87)(2001年版)
建筑内部装修设计防火规范(GB50222-95)
高层民用建筑设计防火规范(GB5004-95)（2001年版）
建筑制图标准(GB/T50104-2001)
房屋建筑制图统一标准(GB/T50001-2001)
城市绿地分类标准(CJJ/T85-2002,J185-2002)
民用建筑工程室内环境污染控制规范(GB50325-2001)
城市居民生活用水量标准(GB/T50331-2002)
砌筑砂浆配合比设计规程(JGJ98-2000,J65-2000)
给水排水制图标准(GB/T50106-2001)
建筑装饰装修工程质量验收规范(GB50210-2001)
建筑工程施工质量验收统一标准(GB50300-2001)
建筑玻璃应用技术规程(JGJ113-2003,J255-2003)
建筑给排水及采暖工程施工验收规范(GB50242-2002)
建筑与建筑群综合布线系统工程验收规范(GB/T50312-2000)
工程建设标准强制性条文(房屋建筑部分)(建标[2000]85号)
2 根据建设单位或业主提供结构等有关设计文件。
四.基本说明
1、本套图为xxxx xxxxx　14栋01户型户型样板房装饰工程施工图
2、本套图纸除特别注明外，标高单位为米，其余尺寸单位为毫米。
3、施工方在施工前应在现场核对所有图纸内容，发现非常规误差，及旧土建不规范施工所造成的尺寸不符，应及时向设计方反馈，以便设计师制订出合理处理方案，经甲方书面确认后方可施工。
4、现场施工过程中，由于气候、工期、材料运输加工工艺等原因及设计的合理性、尺寸标注等问题所引起的设计变更，请与设计方沟通、商讨、最后由设计方决定修改设计方案。
5、本套图纸所涉及的角钢及其它金属构件，非不锈钢部分应作防锈处理，防火处理符合消防防火规范要求。
6、施工现场必须严格按照国家防火规范及当地政府颁布的防火规范细则进行操作。施工中使用的所有易燃、有毒材料必须符合达到消防、环保要求，经过相应工艺处理方可使用。
7、相关专业图纸（强电、弱电、给排水、空调、消防等）应与本图纸相配合，施工中各专业工程师应与室内设计师协调，配合。
8、施工现场必须制定相应的消防、保安、卫生防疫等制度及有效措施，以保证施工顺利进行。
9、本套图纸的设计或说明如有与中华人民共和国相关法规相抵触的部分，应按国家法规执行。
10、凡本套图纸未说明的部分，按国家颁布的相应施工规范执行施工。

五.工艺做法目录
本施工图适用于一般民用建筑装饰装修及工业建筑装饰装修工程。
1　石材（地砖）
1.1　样品
1.2　放线
1.3　工艺
1.4　施工
1.5　清洁
1.6　石料加工（地砖）
1.7　保护
1.8　装运
2　天花吊顶
2.1　纸面石膏板吊顶
2.2　其它
3　木材及其制品
3.1　工作范围
3.2　材料
3.3　保存处理
3.4　防火处理
3.5　工艺和制造
3.5.1　尺寸
3.5.2　表面
3.5.3　终饰
3.6　收缩度
3.7　容限
3.8　装配
3.9　接合
3.10　划线
3.11　安装在建筑物上的木工制品
3.12　材料样品
3.13　擦洗
3.14　不固定家具
3.15　固定家具
3.16　门
4　防火板
5　五金器具
5.1　工作范围
5.2　材料
5.3　完工
5.4　工艺
6　金属材料
6.1　不锈钢
6.2　材料和工艺
6.3　门框、窗套
6.4　其它
7　玻璃
7.1　工作范围
7.2　材料
7.3　施工工艺
7.4　清洗和修整
7.5　强化玻璃和不锈钢扶手
8　油漆（涂料）
8.1　工作范围
8.2　材料和工艺
8.3　准备打底色和嵌填上油漆
9　卫生间防水层做法
10　墙面抹灰

INTRODUTION

1. All design are property Century Sakura ShenZhen Design cannot be used without their written promission

2. All measurements must be checked at the site by the contractor,do not scale drawing

PRINCIPAL	TONY
DESIGNER	Carey
DRAWN BY	Carey
CHECK BY	TONY
COLLATE	
APPROVE	
PROJECT	
DRAWING TITLE	施工图设计说明（一）
PROJECT NO.	
PER. IN CHARGE	
CHANGE RECORD	
SCALE	1:40
PAGE NO.	P.004
DWG NO.	
DATE	2007-12

图1-6　设计说明

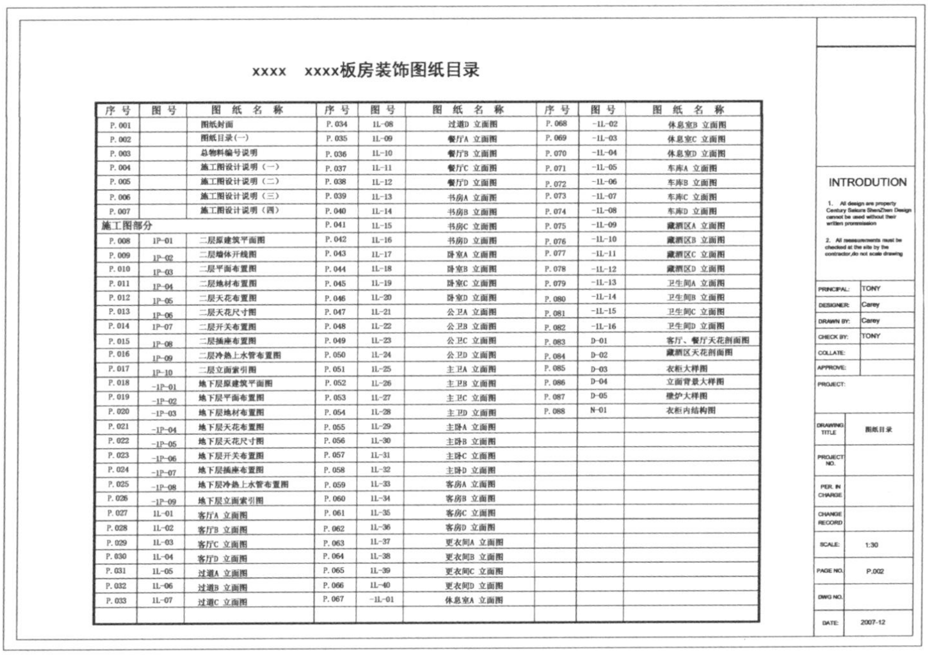

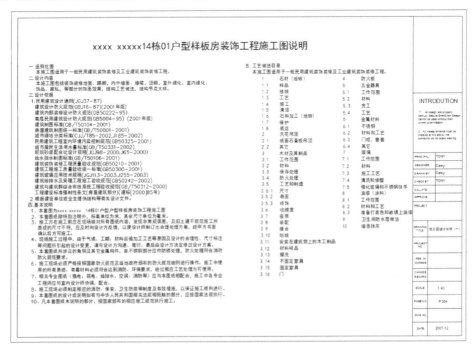

1.3.2　图纸的幅面

图纸的大小又称图纸幅面。

图纸幅面即图框尺寸，应符合表1-1所示的规定。

表 1-1　幅面和图框尺寸

单位：mm

幅面代号 尺寸代号	A0	A1	A2	A3	A4
$b×l$	841×1189	594×841	420×594	297×420	210×297
c	10			5	
a	25				

注：b——幅面短边尺寸；l——幅面长边尺寸；c——图框线与幅面线间宽度；a——图框线与装订边间宽度。

图1-7～图1-10所示的幅面与《技术制图图纸幅面和格式》（GB/T 14689）的规定一致，但图框标题栏根据室内装饰装修设计的需要稍有调整。

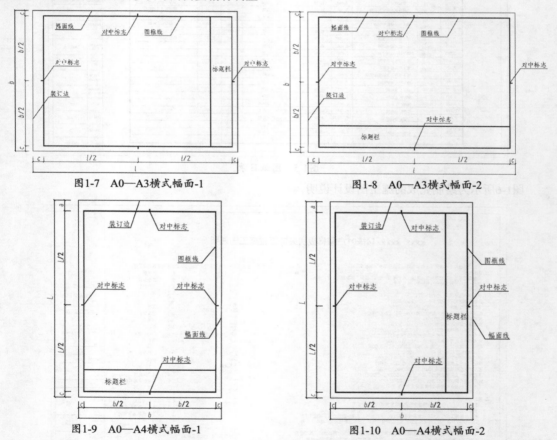

图1-7　A0—A3横式幅面-1　　　　　图1-8　A0—A3横式幅面-2

图1-9　A0—A4横式幅面-1　　　　　图1-10　A0—A4横式幅面-2

需要微缩复制的图纸，其中一个边上应附有一段准确米制尺度，四个边上均附有对中标志，米制尺度的总长应为100mm，分格应为10mm。对中标志应画在图纸各边长的中点处，线宽应为0.35mm，深入框内应为5mm。

图纸的短边不应加长，A0—A3幅面长边尺寸可加长，如图1-11所示，但是应符合表1-2所示的规定。

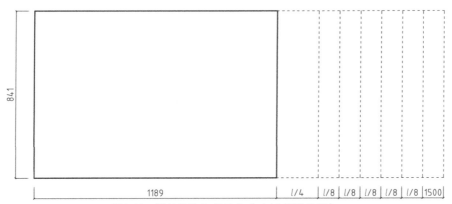

图1-11　图纸长边加长示意（以A0图纸为例）

表 1-2　图纸长边加长尺寸　　　　　　　　　　　单位：mm

幅面代号	长边尺寸	长边加长后的尺寸
A0	1189	1486(A0+l/4)　1635(A0+3l/8)　1783(A0+l/2)　1932(A0+5l/8) 2080(A0+3l/4)　2230(A0+7l/8)　2378(A0+l)
A1	841	1051(A1+l/4)　1261(A1+l/2)　1471(A1+3l/4)　1682(A1+l) 1892(A1+5l/4)　2102(A1+3l/4)
A2	594	743(A2+l/4)　891(A2+l/2)　1041(A2+3l/4)　1189(A2+l) 1338(A2+5l/4)　1486(A2+3l/2)　1635(A2+7l/4)　1783(A2+2l) 1932(A2+9l/4)　2080(A2+5l/2)
A3	420	630(A3+l/2)　841(A3+l)　1051(A3+3l/2)　1261(A3+2l) 1471(A3+5l/2)　1682(A3+3l)　1892(A3+7l/2)

如有特殊情况，图纸可采用$b \times l$为841mm×891mm与1189mm×1261mm的幅面。

图纸以短边作为垂直边为横式，以短边作为水平边为立式。A0—A3图纸宜横式使用；必要时也可立式使用。

在一个工程设计中，每个专业所使用的图纸，不应多于两种幅面（不含目录及表格所采用的A4幅面）。

图纸可以采用横式，也可采用立式。

为能快速、清晰地阅读图纸，图样在图面上排列应整齐统一。

1.3.3　标高

房屋建筑室内装饰装修设计中，设计空间需要标注标高，标高符号可使用等腰直角三角形，如图1-12所示；也可使用涂黑的三角形或90°对顶角的圆来表示，如图1-13和图1-14所示；标注顶棚标高时也可采用CH符号表示，如图1-15所示。

图1-12　等腰直角三角形　　　图1-13　涂黑的三角形　　　图1-14　涂黑对顶角的圆　图1-15　采用CH符号表示

在同一套图纸中应采用同一种标高符号；对于±0.000标高的设定，由于房屋建筑室内装饰装修设计涉及的空间类型较为复杂，所以在标准中对±0.000的设定位置不作具体的要求，制图中可以根据实际情况设定；但应在相关的设计文件中说明本设计中±0.000的设定位置。

标高符号的尖端应指向对象的位置。尖端宜向下，也可向上。标高数
字应注写在标高符号的上侧或下侧，如图1-16所示。

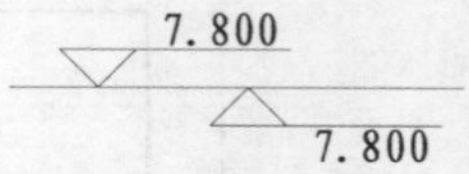

当标高符号指向下时，标高数字注写在左侧或右侧横线的上方；当标
高符号指向上时，标高数字注写在左侧或右侧横线的下方。

标高数字应以米为单位，注写到小数点以后的第三位。在总平面图中，可注写到小数点以后
的第二位。

零点标高应注写成±0.000，正数标高不注+，负数标高应注-，例如5.000、-0.500。

7.800

7.800

图1-16　标高指向

1.4　室内装潢施工图的形成和画法

室内装潢施工图由平面图、剖面图、立面图、详图组成，各个图样的形成和画法不尽相同。
本节为用户介绍各类型施工图的形成和画法。

1.4.1　平面图

建筑平面图反映了建筑平面布局、装饰空间及功能区域的划分、家具设备的布置、绿化及陈
设的布局等内容。平面图又可细分为原始结构图、平面布置图、地面平面图、顶棚平面图等，这
里主要是指平面布置。

平面布置图是这样形成的：假想使用一个水平剖切平面，沿建筑物每层的门窗洞口位置进行
水平剖切，再移去剖切平面以上的部分，对以下部分作水平正投影图。

图1-17所示为绘制完成的平面布置图。

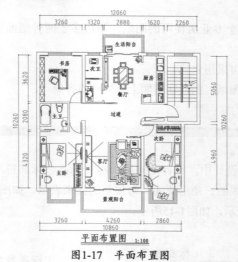

平面布置图　1:100

图1-17　平面布置图

1.4.2　立面图

立面图是这样形成的：将房屋的室内墙面按内视投影符号的指向，向直立投影面作正投影图。
立面图主要用于反映室内空间垂直方向的装饰设计形式、尺寸与做法、材料与色彩的选用等

内容，是室内装潢设计施工图的主要图样之一，是确定墙面做法的主要依据。

图1-18所示为绘制完成的立面图。

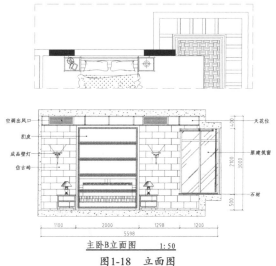

图1-18　立面图

1.4.3　顶棚平面图

顶棚平面图是这样形成的：假想以一个水平剖切平面沿顶棚下方门窗洞口位置进行剖切，移去下面部分后对上面的墙体、顶棚作镜像投影图。

顶棚平面图是反映顶棚平面形状、灯具位置、材料选用、尺寸标高及构造做法等内容的水平镜像投影图，是室内装潢装饰施工图的主要图样之一。

图1-19所示为绘制完成的顶棚平面图。

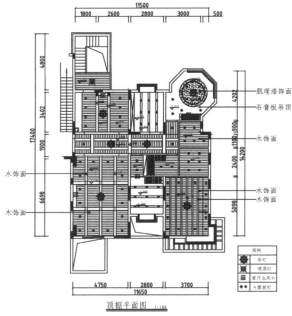

图1-19　顶棚平面图

1.4.4 地坪图

　　地坪图的形成方法与平面布置图相同，所不同的是，地坪图不画家具及绿化等布置；只绘制地面的装饰风格，标注地面材质、尺寸和颜色、地面标高等。

　　图1-20所示为绘制完成的地坪图。

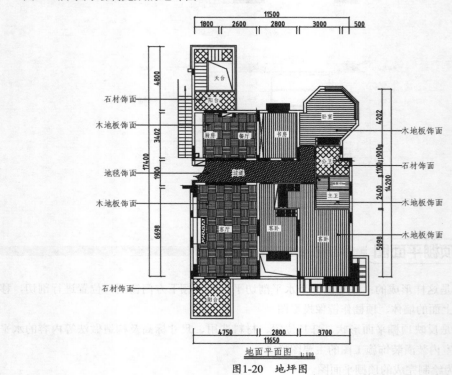

图1-20　地坪图

1.4.5 剖面图

　　剖面图是这样形成的：假想用一个或一个以上的垂直于外墙轴线的铅垂剖切平面将房屋剖开，移去靠近观察者的那部分，对剩余部分所做的正投影图，称为剖面图。

　　图1-21所示为绘制完成的天花剖面图。

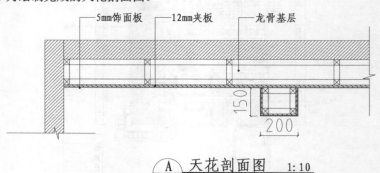

图1-21　剖面图

1.4.6　详图

为满足装饰施工、制作的需要，使用较大的比例绘制装饰造型、构造做法等的详细图样，称为装饰详图，简称详图。

图1-22所示为绘制完成的装饰详图。

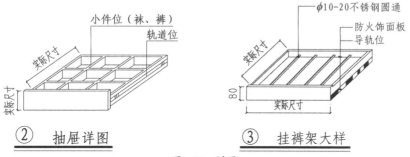

图1-22　详图

1.5　室内装潢的施工流程

在室内装饰装潢施工图纸确定后，就可以在施工图的指导下进行施工制作。室内装饰施工分多个工种，有木工、电工、油漆工、瓦工等。每个工种按步骤上场，施工过程井然有序，才能保证施工的质量和进度。本节将大致介绍在室内装饰施工过程中各工种的施工步骤。

1.5.1　现场丈量

在绘制装饰施工图之前，要先到待装饰装潢的房屋现场丈量尺寸，然后根据现场丈量的尺寸绘制房屋原始结构尺寸图，设计师一般会在原始结构图上做出初步的居室装饰设计方案。待与业主沟通后，再对设计方案进行修改，然后根据确定的设计方案绘制施工图纸。

去现场丈量需要准备一些工具，比如卷尺、纸、笔、相机等，这可以根据个人的使用习惯来定。

图1-23所示为丈量房间开间尺寸的情形。在丈量得出数据后，在本子上记录尺寸，如图1-24所示。

图1-23　丈量尺寸

图1-24　记录数据

1.5.2　拆除墙体

房屋中的原建筑墙体有时不符合设计或使用要求，需要进行拆除。

拆除墙体的注意事项如下。

1）抗震构件如构造柱、圈梁等最好根据原建筑施工图来确定，或请物业管理部门鉴别。

2）承重墙、梁、柱、楼板等作为房屋主要骨架的受力构件不得随意拆除。

3）不能拆门窗两侧的墙体。

4）阳台下面的墙体不要拆除，该墙体往往起到抵抗倾覆的作用。

5）砖混结构墙面开洞直径不宜大于1米。

6）应注意冷热水管的走向，拆除水管接头处应用堵头密封。

7）应把墙内开关、插座、有线电视头、电话线路等有关线盒拆除、放好，拆墙时应该是不带电工作。

图1-25所示为施工人员将墙体拆除；图1-26所示为墙体被部分拆除后的结果。

图1-25　拆除墙体-1   图1-26　拆除墙体-2

1.5.3　新砌砖墙

在拆除墙体后，需要重新砌墙以分隔空间。新砌墙体时，为防止以后新砌墙体与原始墙体交界处开裂，应在新砌墙体与原始墙交界处加入拉结筋，以8mm或10mm钢筋为佳，长度采用30cm为宜，植入原始墙体的一端应当有10cm以上，长出部分埋入新砌墙体，布设密度间距为40cm。

图1-27所示为施工人员在砌墙；图1-28所示为新砌好的墙。

图1-27　砌墙过程   图1-28　新砌墙体

1.5.4　水电施工

给排水制作工艺如下。

1）冷热水管埋入墙内深度，管壁与墙表皮间距需为1cm，遵守左冷水右热水的安装原则。

2）出水口必须严格按照国家标准龙头间距尺寸布置。

3）水管内没有堵塞，连接冷热水管试压泵加压0.8MPa以上，无爆、冒、滴、漏的现象。未经过加压测试不可封墙。

4）瓷砖铺贴后，冷热水管内丝弯头不可突出砖面。

5）水压测试过后，打开总阀并逐个打开堵头，查看接头是否堵塞。

图1-29所示为卫生间水路的安装结果；图1-30所示为水压测试现场。

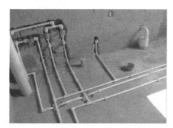
图1-29 水路安装

图1-30 水压测试

电气施工制作工艺如下。

1）柜机空调铺设4mm²单独回路，厨卫各单独铺设4mm²回路一条，照明铺设一条2.5mm²回路，普通插座走1～2条2.5mm²回路，不使用1.5mm²电线。

2）强弱电分开间距为30cm以上，弱电管线与暖气片（管）、热水管、煤气管之间的间距要大于30cm。

3）同一房间电源、电话、电视等插座要在同一水平标高上（特殊情况除外），严格遵循左零线右火线、地线在上的原则，接地线最好使用国标规定的黄绿线。

4）进盒线管需要带锁头保护，线盒敷设要平整，不用弯头，在拐弯处要制作热弯头或者添加簧弯处理。接管处要用PVC胶水焊接。遵循先埋管后穿线的安装原则，顶部不能埋管的地方要添加方脂管保护，严禁裸埋电线，吊顶电线需要固定。

5）弱电不可有接头，电视线要用分频器，网线严禁接头。

6）明设管必须做电管保护，3组线同进一个线盒时要另外敷设一个过线盒。吊顶有灯位的地方要预留线盒。

7）电路工程完工后，要用电灯泡对所有插座、灯线测试一下是否通电；并抽拉电线检查是否是活线，严禁未经检验进入下一工序。

图1-31所示为电线的安装结果，要遵循横平竖直的安装原则。

图1-31 电线安装效果

1.5.5 卫生间防水处理

卫生间需要进行防水处理，是为防止卫生间漏水到楼下去，同时也不让水渗透到建筑物当中。防水处理的做法如下。

1）浇钢筋混凝土楼板。

2）1:3水泥砂浆找平层，最薄处有20mm厚，坡向地漏，一次抹平。

3）丙烯酸聚合物水泥基防水浆料。

4）30mm厚干硬性水泥砂浆结合层。

卫生间防水又分地面防水和墙面防水，图1-32所示为涂刷防水涂料后卫生间地面的效果，图1-33所示为涂刷防水涂料后卫生间墙面的效果。

图1-32　地面效果　　　　　　　　　　　　　图1-33　墙面效果

1.5.6　墙地面处理

　　墙地面处理又可叫作墙地面装饰，即根据设计风格使用一定的装饰材料装饰墙面和地面。

　　墙面装饰的材料主要有壁纸、乳胶漆、木饰面等，其中比较经济实惠的是乳胶漆饰面。图1-34所示为壁纸饰面的结果；图1-35所示为乳胶漆饰面的结果。

图1-34　墙纸饰面　　　　　　　　　　　　　图1-35　乳胶漆饰面

　　地面的装饰材料主要有地砖、木地板等，其中地砖最为经济实惠，也是居室装修中常用的地面装饰材料。图1-36所示为地砖饰面的效果；图1-37所示为木地板饰面的效果。

图1-36　瓷砖饰面　　　　　　　　　　　　　图1-37　木地板饰面

1.5.7　木工制作

　　居室的门套、窗套、各种柜子的制作可以归入木工工种，可以在现场实地丈量居室尺寸后进行制作。现场制作家具的优点是充分考虑实地尺寸，且业主可以自行选购家具的材料；缺点是现场制作家具的成本较高。

　　图1-38所示为现场制作衣柜的结果；图1-39所示为门套的制作效果。

图1-38　制作衣柜

图1-39　制作门套

1.5.8　清理现场

安装灯具、五金配件后，将室内的多余物品进行清理，即可完成室内装饰装修工程的制作。图1-40和图1-41所示为客厅与卧室的装饰效果。

图1-40　客厅装饰效果

图1-41　卧室装饰效果

1.6　思考与练习

（1）图纸的大小又称（　　　）。

A．图纸幅面　　　　　　B．图纸尺寸　　　　　　C．图纸长宽　　　　　　D．图纸宽高比

（2）图纸幅面的尺寸代号中，b表示（　　　）。

A．幅面短边尺寸　　　　B．幅面长边尺寸　　　　C．图框线宽度　　　　　D．图框线长度

（3）零点标高应写成（　　　）。

A．0.000　　　　　　　　B．±0.000　　　　　　　C．0　　　　　　　　　　D．0.0

（4）剖面剖切符号的表示方式为（　　　）。

A．1　　　　1　　　B．🔷AB　　　C．🔷ABC　　　D．A　　　　A

（5）详图索引符号的表示方式为（　　　）。

A. 2/1（详图编号、详图所在图的图号）　　　　　　B. ②

C.（文字说明）　　　　　　D.（文字说明）（文字说明）（文字说明）

与早先的版本相比，AutoCAD 2018在软件界面和操作方式上发生了较大的变化。因此本章首先对AutoCAD的工作界面和绘图环境进行讲解，使用户能够快速熟悉AutoCAD的操作环境。

在熟悉了AutoCAD 2018的操作界面之后，将继续学习AutoCAD的基本操作，包括命令的调用和视图的基本操作。用户熟练并灵活地掌握这些基本操作，能提高绘图的效率。

02

第 2 章

AutoCAD 2018快速入门

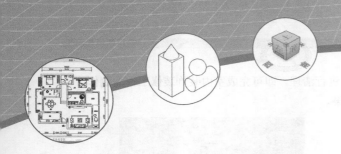

2.1 认识AutoCAD

AutoCAD在建筑、装饰、消防、纺织等行业都得到了广泛的运用。在使用AutoCAD软件绘制室内装潢设计施工图之前，首先应该对该软件有一个初步的认识，为以后学习软件绘图奠定基础。

2.1.1 启动与退出AutoCAD

要使用AutoCAD进行绘图，首先必须启动该软件。在完成绘制之后，应保存文件并退出该软件，以节省系统资源。

启动AutoCAD软件有以下几种方式。

➢ 桌面图标：安装AutoCAD软件后，在桌面上会显示该软件的快捷方式图标，双击该图标即可开启AutoCAD软件。

➢ 【开始】菜单：单击桌面左下角的【开始】按钮，在【开始】菜单中找到已安装的AutoCAD，选择打开即可。

双击桌面上的AutoCAD图标后，会显示如图2-1所示的启动界面，表示系统正在开启AutoCAD软件。

图2-1　启动界面

2.1.2 AutoCAD 2018的工作空间

根据不同的绘图要求，AutoCAD提供了3种工作空间：草图与注释、三维基础和三维建模。首次启动AutoCAD 2018时，系统默认的工作空间为草图与注释。

1. 【草图与注释】工作空间

【草图与注释】工作空间的界面主要由应用程序按钮、功能区选项卡、快速访问工具栏、绘图区、命令行窗口和状态栏等元素组成，如图2-2所示。

图2-2 【草图与注释】工作空间

2. 【三维基础】工作空间

【三维基础】工作空间侧重于基本三维模型的创建，如图2-3所示。其功能区提供了各种常用三维建模、布尔运算以及三维编辑工具按钮。

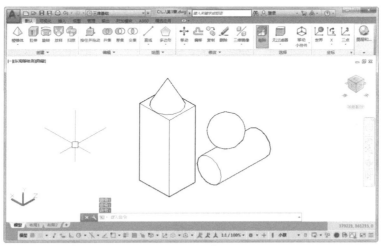

图2-3 【三维基础】工作空间

3. 【三维建模】工作空间

【三维建模】工作空间主要用于复杂三维模型的创建、修改和渲染，其功能区提供了【实体】、【曲面】、【网格】、【渲染】等选项卡，如图2-4所示。由于包含更全面的修改和编辑命令，所以功能区的命令按钮排列得更为密集。

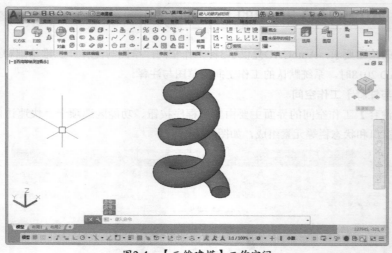

图2-4   【三维建模】工作空间

2.1.3 切换工作空间

用户可以根据工作需要随时切换工作空间，其方法有以下几种。

➢   菜单栏：执行菜单【工具】|【工作空间】命令，在子菜单中选择相应的工作空间，如图2-5所示。

➢   状态栏：直接单击状态栏上的【切换工作空间】按钮💠，在弹出的子菜单中选择相应的空间类型，如图2-6所示。

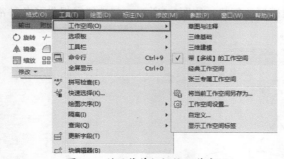

图2-5   利用菜单栏切换工作空间

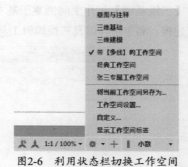

图2-6   利用状态栏切换工作空间

➢   快速访问工具栏：单击快速访问工具栏中的【草图与注释　　　】按钮，在弹出的下拉列表中选择所需的工作空间，如图2-7所示。

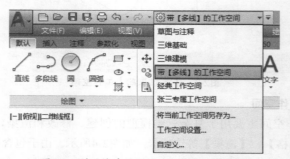

图2-7   利用快速访问工具栏切换工作空间

2.1.4 AutoCAD 2018的工作界面

AutoCAD的操作界面是AutoCAD显示、编辑图形的区域。一个完整的AutoCAD操作界面如图2-8所示，包括标题栏、菜单栏、选项卡、快速访问工具栏、应用程序按钮、功能区、十字光标、命令行、布局标签、状态栏等。

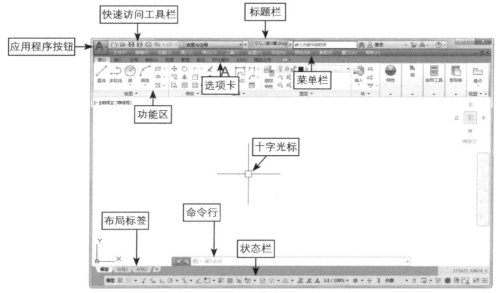

图2-8　工作界面

延伸讲解

图2-8所示为【草图与注释】工作空间，某些部分在AutoCAD默认状态下不显示，需要用户自行调用。

1. 标题栏

标题栏位于AutoCAD窗口的顶部中央位置，它显示了用户当前打开的图形文件的信息。如果打开的是计算机中保存的图形文件，显示其完整路径。如果是新建文件，在尚未保存之前只显示文件名称。系统根据文件的创建顺序，默认名称为Drawing1、Drawing2等。

2. 快速访问工具栏

快速访问工具栏位于应用程序按钮的右侧，它包含了文档操作常用的快捷按钮，依次为【新建】、【打开】、【保存】、【另存为】、【打印】、【重做】和【放弃】等，如图2-9所示。用户可以自定义快速访问工具栏，添加或删除所需的工具按钮。

图2-9　快速访问工具栏

3. 应用程序按钮

应用程序按钮位于窗口的左上角，单击按钮，向下弹出列表，如图2-10所示。列表中包含了文档的新建、打开和保存等命令。单击【选项】按钮，系统弹出【选项】对话框，如图2-11所示，AutoCAD的大部分系统选项可在此对话框中设置。

图2-10 弹出列表

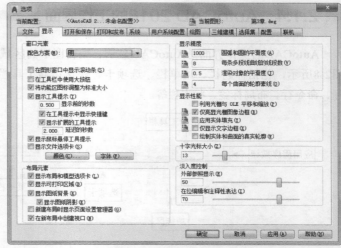

图2-11 【选项】对话框

技巧提示

在命令行中输入OP，按空格键，也可以打开【选项】对话框。

4. 菜单栏

菜单栏位于标题栏的下方，与其他Windows程序一样，AutoCAD的菜单栏也包含菜单列表，某些命令还包含子菜单，如图2-12所示。AutoCAD 2018的默认菜单栏包含以下选项。

➢ 文件：用于管理图形文件，例如新建、打开、保存、另存为、输出、打印、发布等。

➢ 编辑：用于对文件图形进行常规编辑，例如剪切、复制、粘贴、清除、链接、查找等。

➢ 视图：用于管理AutoCAD的操作界面，例如缩放、平移、动态观察、相机、视口、三维视图、消隐、渲染等。

➢ 插入：用于在当前AutoCAD绘图状态下，插入所需的块或其他格式的文件，例如PDF参考底图、字段等。

➢ 格式：用于设置与绘图环境有关的参数，例如图层、颜色、线型、线宽、文字样式、标注样式、表格样式、点样式、厚度、图形界限等。

➢ 工具：用于设置一些绘图的辅助工具，例如选项板、工具栏、命令行、查询、向导等。

➢ 绘图：提供绘制二维图形和三维模型的所有命令，例如直线、圆、矩形、正多边形、圆环、边界、面域等。

➢ 标注：提供对图形进行尺寸标注时所需的命令，例如线性标注、半径标注、直径标注、角度标注等。

➢ 修改：提供修改图形时所需的命令，例如删除、复制、镜像、偏移、阵列、修剪、倒角和圆角等。

➢ 参数：提供对图形约束时所需的命令，例如几何约束、动态约束、标注约束、删除约束等。

➢ 窗口：用于在多文档状态时设置各个文档的屏幕，例如层叠、水平平铺、垂直平铺等。

➢ 帮助：提供使用AutoCAD所需的帮助信息。

AutoCAD 2018在任何工作空间默认都不显示菜单栏。但用户可以在工作空间调用菜单栏，单击工作空间名称后的展开箭头，展开的菜单如图2-13所示。选择【显示菜单栏】命令，即可显示菜单栏。

图2-12 显示子菜单   图2-13 选择选项

5. 功能区

在功能区中显示与绘图任务相关的按钮和控件，在【草图与注释】工作空间和【三维建模】工作空间中的主要命令都集中在功能区，比使用菜单栏调用命令更加便利。AutoCAD包含多个选项卡，每个选项卡中又包含多个功能区，不同的面板上对应不同类别的命令按钮，如图2-14所示。

图2-14 工具面板

知识拓展

面板标题旁边显示向下的实心箭头，单击箭头向下展开列表，显示出隐藏的命令按钮。本书中将这种展开面板称为滑出面板。图2-15所示为【绘图】面板的滑出面板。

图2-15 滑出面板

6. 工具栏

工具栏是一组按钮图标的集合，每个图标都形象地显示出了工具的作用。AutoCAD 2018提供了50余种命令的工具栏。在【草图与注释】工作空间和【三维建模】工作空间，由于主要使用功能区的命令按钮，一般不使用工具栏，所以工具栏默认处于隐藏状态，使用以下方法可以调用工具栏。

➢ 菜单栏：执行菜单【工具】|【工具栏】|AutoCAD命令，在子菜单中选择工具栏，如图2-16所示。

➤ 在工具栏上右击，在弹出的快捷菜单中选择工具栏类型，即可打开该工具栏。

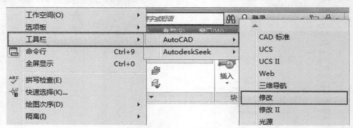

图2-16　选择命令

7. 绘图区域

绘图区域显示绘制与编辑图形的过程，如图2-17所示。绘图区域实际上是无限大的，用户可以通过缩放、平移等命令来观察绘图区域中的图形。有时为了增大绘图空间，可以根据需要，关闭其他选项卡，例如工具栏、选项板等。

绘图区域的左上角显示3个标签，用于调整当前模型的显示状态。单击标签打开对应的菜单，可以分别控制视口布局、视图方向和视觉样式，如图2-18所示。

图2-17　绘图区域　　　　　　　　　　　　　图2-18　菜单列表

绘图区域的右上角显示ViewCube工具，如图2-19所示。用户利用ViewCube工具，可在二维模型空间或三维空间中查看图形的显示效果。通过它，用户可以在标准视图和轴测图之间切换。

绘图区域的右侧显示导航栏，此时导航栏显示为半透明状态，将指针移动到导航栏上可以显示导航按钮，如图2-20所示。

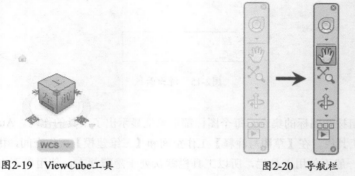

图2-19　ViewCube工具　　　　　　　　　　图2-20　导航栏

8. 命令行与文本窗口

命令行位于绘图窗口的底部，用于输入命令和显示AutoCAD提示信息，如图2-21所示。

AutoCAD文本窗口的作用和命令窗口的作用一样，它记录了打开该文档后的所有命令操作，相当于放大后的命令行窗口，如图2-22所示。

文本窗口在默认界面中不会直接显示，需要通过命令调取，调用文本窗口的方法有如下两种。

➢ 菜单栏：执行菜单【视图】|【显示】|【文本窗口】命令。

➢ 快捷键：F2。

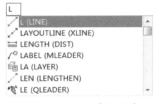
图2-21　命令行

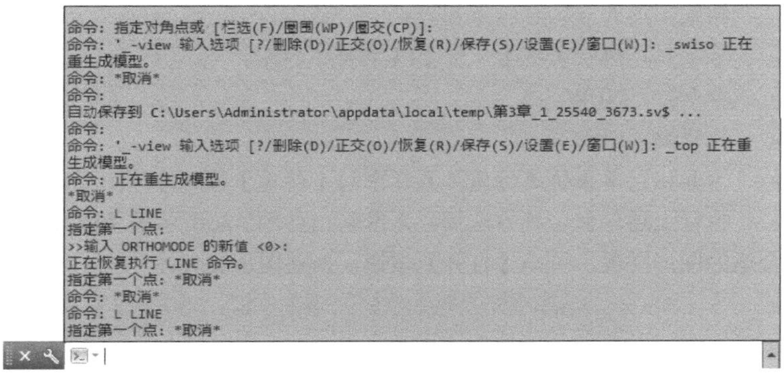

图2-22　文本窗口

在AutoCAD 2018中，系统会在用户输入命令时自动判断与输入字母相关的命令，显示可供选择的命令列表，如图2-23所示，用户可以按键盘上的方向键或使用鼠标进行选择，这种智能功能极大地减少了用户使用快捷命令的记忆负担。

单击命令行中 按钮，向上弹出列表，显示最近使用过的命令，如图2-24所示。选择选项，可以调用命令。

图2-23　显示命令列表　　　　图2-24　显示使用过的命令

延伸讲解

输入命令后，必须按Enter（回车）键表示确认，本书的命令行操作统一用↙符号表示按Enter键。

9. 状态栏

状态栏位于窗口的底部，如图2-25所示，显示了AutoCAD的辅助绘图工具和当前的绘图状态。

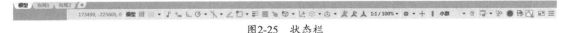
图2-25　状态栏

2.2　AutoCAD的图形文件管理

文件管理是软件操作的基础，在AutoCAD 2018中，图形文件的基本操作包括新建文件、打开文件、保存文件、查找文件、输出文件等。

2.2.1 新建图形文件

启动AutoCAD 2018后，系统将自动新建一个名为Drawing1.dwg的图形文件，该图形文件默认以acadiso.dwt为样板创建。用户也可以根据需要自行新建文件。

新建图形的方式有以下几种。

➢ 菜单栏：执行菜单【文件】|【新建】命令。

➢ 命令行：NEW。

➢ 快捷键：Ctrl+N。

➢ 工具栏：单击快速访问工具栏中的【新建】按钮 。

执行上述任何一种方法后，系统弹出如图2-26所示的【选择样板】对话框。在该对话框中选择合适的图形样板，单击【打开】按钮，新建图形文件。

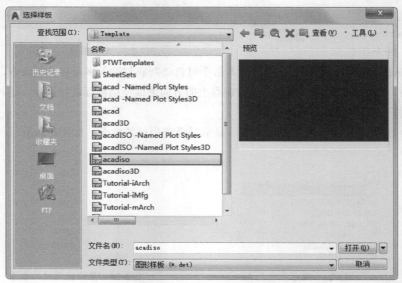

图2-26 【选择样板】对话框

2.2.2 保存图形文件

保存文件就是将新绘制或编辑过的文件保存在计算机中，方便再次使用。也可以在绘图过程中随时保存文件，避免意外情况导致文件丢失。

保存AutoCAD图形文件的方法有以下几种。

➢ 菜单栏：执行菜单【文件】|【保存】命令。

➢ 应用程序菜单：单击应用程序按钮 ，在菜单中选择【保存】命令。

➢ 工具栏：单击快速访问工具栏中的【保存】按钮 。

➢ 命令行：QSAVE。

➢ 快捷键：Ctrl+S 。

执行上述任意一种方法后，系统弹出如图2-27所示的【图形另存为】对话框。在该对话框中设置文件名称和存储位置，单击【保存】按钮即可完成保存图形的操作。

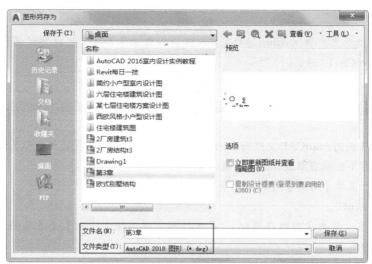

图2-27　【图形另存为】对话框

2.2.3　打开图形文件

绘制完成后的AutoCAD图形文件，可以在存储后再执行【打开】命令，重新对其进行编辑。
打开图形文件的方法有以下几种。

➢ 菜单栏：执行菜单【文件】|【打开】命令。

➢ 命令行：OPEN。

➢ 快捷键：Ctrl+O。

➢ 快速访问工具栏：单击【打开】按钮▧。

➢ 应用程序：单击应用程序按钮▲，在菜单中选择【打开】命令。

执行上述任意一种方法后，系统打开如图2-28所示的【选择文件】对话框，选择图形文件，单
击【打开】按钮，即可打开选定的图形。

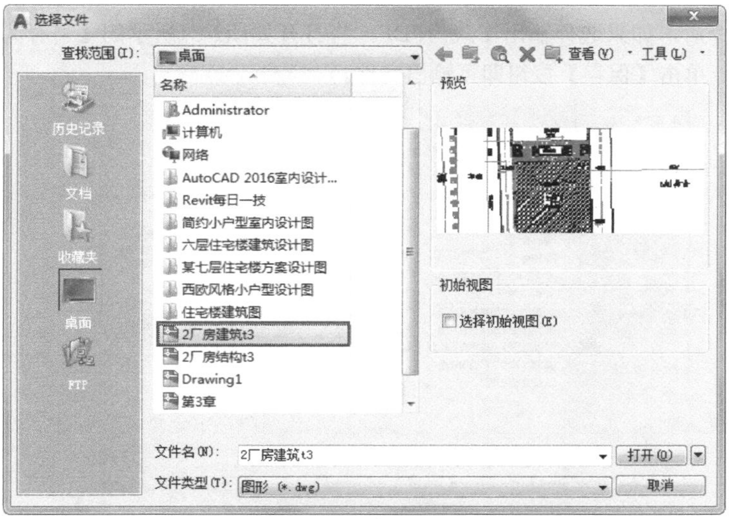

图2-28　【选择文件】对话框

技巧提示

在计算机中找到要打开的AutoCAD文件，直接双击文件图标，可以跳过【选择文件】对话框，直接打开AutoCAD文件。

2.2.4 输出图形文件

输出图形文件是将AutoCAD文件转换为其他格式进行保存，方便在其他软件中使用该文件，以及保护图形内容不被恶意窜改或盗用。输出文件的方法有以下几种。

- 菜单栏：执行菜单【文件】|【输出】命令。
- 命令行：EXPORT。
- 应用程序菜单：单击应用程序按钮，在下拉列表中选择【输出】子菜单并选择一种输出格式，如图2-29所示。
- 工具面板：在【输出】选项卡，单击【输出】面板中的【输出】按钮，选择需要的输出格式，如图2-30所示。

图2-29 【输出】列表

图2-30 【输出】格式列表

执行输出命令后，如果选择输出格式为PDF，将打开如图2-31所示的【另存为PDF】对话框，设置输出文件名，单击【保存】按钮即可输出文件。

图2-31 【另存为PDF】对话框

2.2.5　关闭图形文件

室内图形绘制完成并存储后，可以将其关闭，以释放占用的系统内存空间，提高软件运行速度。关闭图形文件的方法有以下几种。

➢ 菜单栏：执行菜单【文件】|【关闭】命令。

➢ 命令行：QUIT。

➢ 标题栏：单击软件界面右上角的【关闭】按钮 ⊠。

执行上述任意一种方法后，如果当前图形未进行保存，系统会弹出如图2-32所示的AutoCAD信息提示框，提示用户存储图形。假如图形文件已存储，则直接关闭图形文件。

图2-32　AutoCAD信息提示框

2.3　AutoCAD 2018的绘图环境

为了保证绘制的图形文件的规范性、准确性和绘图的高效性，在绘图之前应对绘图环境进行设置。

2.3.1　设置图形界限

图形界限就是AutoCAD的绘图区域，也称为图限。对于初学者而言，在绘制图形时"出界"的现象时有发生，为了避免绘制的图形超出用户工作区域或图纸的边界，需要使用绘图界线来标明边界。

室内装潢施工图纸多使用A3图纸打印输出，在使用1：100绘图比例的情况下，一般将绘图界限设置为42000mm×29700mm。

执行【图形界限】命令有以下几种方法。

➢ 菜单栏：执行菜单【格式】|【图形界限】命令。

➢ 命令行：LIMITS。

执行上述任意一种方法后，命令行操作如下：

```
命令：LIMITS↙                                    //调用【图形界限】命令
重新设置模型空间界限：
指定左下角点或 [开(ON)/关(OFF)] <0.0000，0.0000>：↙    //指定坐标原点为图形界限左下角点
指定右上角点 <0，0>：42000,29700↙                  //指定图形界限右上角点，按Enter键
                                                    完成设置
```

2.3.2　设置绘图单位

绘制室内装潢施工图一般以mm为单位，在绘制图纸之前，应先对绘图单位进行设置。

AutoCAD 2018在【图形单位】对话框中设置单位。打开【图形单位】对话框有如下两种方法。

➢ 菜单栏：执行菜单【格式】|【单位】命令。

➢ 命令行：UNITS或UN。

执行以上任意一种方法，都可以打开【图形单位】对话框，如图2-33所示。在该对话框中，设置长度、精度、角度等参数，以及从AutoCAD设计中心中插入块或外部参照时的缩放单位。

【图形单位】对话框中各选项的功能如下。

- ➢ 长度：用于设置长度单位的类型和精度。
- ➢ 角度：用于控制角度单位的类型和精度。
- ➢ 顺时针：用于设置旋转方向。如选择此复选框，则表示按顺时针旋转的角度为正方向，未选中则表示按逆时针旋转的角度为正方向。
- ➢ 插入时的缩放单位：用于插入选中块时的单位，也是当前绘图环境的尺寸单位。
- ➢ 方向：用于设置角度方向。单击该按钮，将打开【方向控制】对话框，如图2-34所示，可以控制角度的起点和测量方向。默认的起点角度为0°，方向为正东。如果选中【其他】单选按钮，则可以单击【拾取角度】按钮 ，切换到图形窗口，通过拾取两个点来确定基准角度0°的方向。

图2-33 【图形单位】对话框

图2-34 【方向控制】对话框

2.3.3 设置十字光标大小

AutoCAD绘图区域中的十字光标不仅可以选取图形，还可以起到辅助线的作用，能远距离测量两个图形是否在同一条线上。

执行菜单【工具】|【选项】命令，在弹出的【选项】对话框中切换到【显示】选项卡。在【十字光标大小】选项组中拖动滑块或直接输入1~100的整数，可设置十字光标的大小，如图2-35所示。

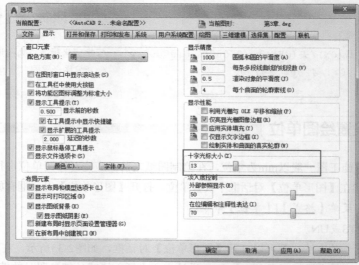

图2-35 设置十字光标的大小

2.3.4 设置绘图区域的颜色

绘图区域的颜色可以根据用户的使用习惯来设置，比较常用的颜色是黑色，具有显示图形较为清晰且不刺眼的好处，因此受到广大绘图人员的喜爱。

执行菜单【工具】|【选项】命令，弹出【选项】对话框。切换到【显示】选项卡，在【窗口元素】选项组中单击【颜色】按钮，弹出【图形窗口颜色】对话框，在右上角的【颜色】下拉列表中选择颜色，如图2-36所示。最后单击【应用并关闭】按钮，完成颜色的修改。

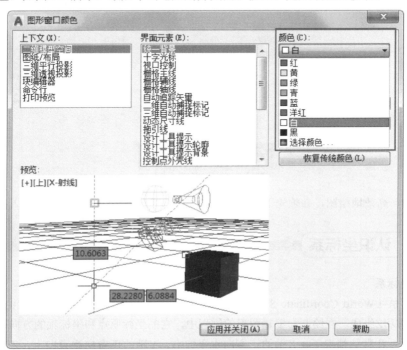

图2-36 【图形窗口颜色】对话框

2.3.5 设置鼠标右键功能

AutoCAD中的鼠标右键菜单提供了一些常用的命令操作，使用右键菜单执行某些命令，可以提高绘图速度。此外，右键菜单中的命令不是固定的，用户可以对其进行自定义设置，以符合自己的绘图习惯。

执行菜单【工具】|【选项】命令，弹出【选项】对话框。选择【用户系统配置】选项卡，如图2-37所示。在【Windows标准操作】选项组中单击【自定义右键单击】按钮，弹出如图2-38所示的【自定义右键单击】对话框。在该对话框中提供了【默认模式】、【编辑模式】和【命令模式】鼠标右键功能的选项设置，设置选项后，单击【应用并关闭】按钮即可。

图2-37　单击按钮

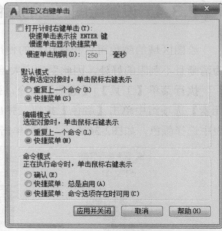

图2-38　【自定义右键单击】对话框

2.4　坐标系

要想正确、高效地绘图，必须先了解AutoCAD中坐标系的概念，并掌握坐标输入的方法。

2.4.1　认识坐标系

1. 世界坐标系

世界坐标系（World Coordinate System，WCS）是AutoCAD的基本坐标系。它由3个相互垂直的坐标轴X、Y和Z组成，在绘制和编辑图形的过程中，它的坐标原点和坐标轴的方向是不变的。

世界坐标系在默认情况下，X轴的正方向水平向右，Y轴的正方向垂直向上，Z轴的正方向垂直屏幕平面方向，指向用户。坐标原点在绘图区域的左下角，显示一个方框标记，表明是世界坐标系，如图2-39所示。

2. 用户坐标系

为了更好地辅助绘图，经常需要修改坐标系的原点位置和坐标方向，这时就需要使用可变的用户坐标系（User Coordinate System，UCS）。在用户坐标系中，可以任意指定或移动原点和旋转坐标轴，默认情况下，用户坐标系和世界坐标系重合，如图2-40所示。

图2-39　世界坐标系　　　　图2-40　用户坐标系

2.4.2　坐标的表示方法

在指定坐标点时，既可以使用直角坐标，也可以使用极坐标。在AutoCAD中，一个点的坐标有绝对直角坐标、相对直角坐标、绝对极坐标和相对极坐标4种表示方法。

1. 绝对直角坐标

绝对直角坐标是指相对于坐标原点的直角坐标，要使用该方法指定点，应输入用逗号隔开的X、Y和Z值，表示为（X, Y, Z）。当绘制二维平面图形时，其Z值为0，可省略而不必输入，仅输入X、Y值即可，如图2-41所示。

2. 相对直角坐标

相对直角坐标是基于上一个输入点而言的，即以某点相对于另一特定点的相对位置来定义该点的位置。相对特定坐标点（X, Y, Z）增加（nX, nY, nZ）的坐标点的输入格式为（@nX, nY, nZ）。相对坐标的输入格式为（@X, Y），@字符表示使用相对坐标输入，如图2-42所示。

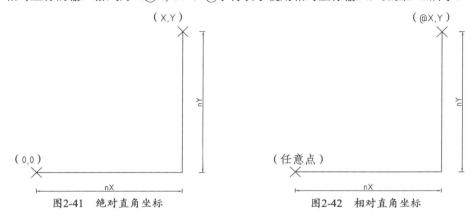

图2-41　绝对直角坐标　　　　　　　　　图2-42　相对直角坐标

3. 绝对极坐标

该坐标方式是指相对于坐标原点的极坐标。例如，坐标（100<30）是指从X轴正方向逆时针旋转30°，距离原点100个图形单位的点，如图2-43所示。

4. 相对极坐标

相对极坐标是以某一特定点为参考极点，输入相对于参考极点的距离和角度来定义一个点的位置。相对极坐标的输入格式为（@A<角度），其中A表示指定与特定点的距离。例如，坐标（@50<45）是指相对于前一点距离为50个图形单位，角度为45°的一个点，如图2-44所示。

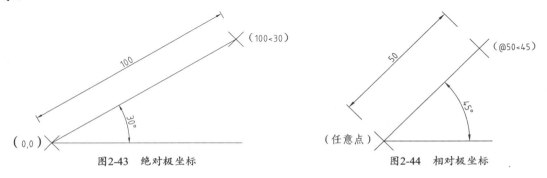

图2-43　绝对极坐标　　　　　　　　　图2-44　相对极坐标

2.5　AutoCAD命令的使用

要让AutoCAD为我们工作，就必须知道如何向软件下达相关的指令，然后软件才能根据用户的指令执行相关的操作。由于AutoCAD不同的工作空间拥有不同的界面元素，因此在命令调用方式上略有不同。

2.5.1　执行命令

在AutoCAD中，调用命令的方式非常灵活，可以通过功能区、命令行等多种方式来实现。在命令执行过程中，用户也可以随时中止、恢复和重复某个命令。

下面以执行LINE（直线）命令为例，介绍在AutoCAD中执行命令的方法。

➢ 菜单栏：执行菜单【绘图】|【直线】命令，如图2-45所示。
➢ 工具栏：单击【绘图】工具栏中的【直线】按钮 。
➢ 命令行：LINE或L。
➢ 功能区：单击【绘图】面板上的【直线】按钮 ，如图2-46所示。

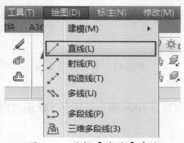

图2-45　选择【直线】命令

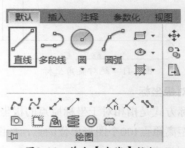

图2-46　单击【直线】按钮

1. 调用菜单命令

AutoCAD 2018将常用的命令分门别类地放置在十多个菜单中，用户可根据操作类型单击展开菜单，从中选择相应的命令。

通过菜单栏调用命令是最直接以及最全面的方式，其对于新手来说比其他的命令调用方式更加方便与简单。

2. 调用工具栏命令

与菜单栏一样，工具栏默认不显示于3个工作空间。需要通过【工具】|【工具栏】|AutoCAD菜单命令调出，单击工具栏中的按钮，即可执行相应的命令。

::::::::::::::: 技巧提示 :::::::::::::::

为了获取更多的绘图空间，可以按Ctrl+0组合键隐藏工具栏，再按一次即可重新显示。

3. 命令行调用

使用命令行输入命令是AutoCAD的一大特色功能，同时也是最为快捷的绘图方式，但是需要用户熟记各种绘图命令，一般对AutoCAD比较熟悉的用户都用此方式绘制图形，因为这样可以大大提高绘图的速度和效率。

AutoCAD中的绝大多数命令都有其相应的简写方式。如【直线】命令LINE的简写方式是L，【矩形】命令RECTANGLE的简写方式是REC。对于常用的命令，用简写方式输入可以大大减少键盘输入的工作量，提高工作效率。另外，AutoCAD对命令或参数输入不区分大小写，因此操作者不必考虑输入的大小写。

4. 调用功能区命令

3个工作空间都是以功能区作为调用命令的主要方式。相比其他调用命令的方法，在功能区调用命令更为直观，非常适合于不能熟记绘图命令的AutoCAD初学者。

2.5.2　退出正在执行的命令

在执行命令的过程中，由于出现错误或者其他一些意外情况，需要终止正在执行的命令。

退出正在执行的命令的方法有以下几种。

➢ 快捷键：按Esc键。
➢ 右键菜单：调出右键快捷菜单，选择【取消】命令，如图2-47所示。

在执行上述任意一种方法后，即可终止正在执行的命令。

图2-47　选择【取消】命令

2.5.3　重复执行命令

在绘图过程中，有时需要重复执行同一个命令，如果每次都重复输入，会使绘图效率大大降低。

使用以下方法可以快速重复执行命令。

➢ 命令行：MULTIPLE或MUL。
➢ 快捷键：Enter键或空格键。
➢ 快捷菜单：在命令行中右击，在弹出的快捷菜单中选择【最近使用的命令】下需要重复的命令，如图2-48所示。

图2-48　选择命令

【练习2-1】：绘制圆

以【圆】命令为例，介绍调用命令的方法，难度：☆
素材文件路径：素材\第2章\2-1绘制圆.dwg
效果文件路径：素材\第2章\2-1绘制圆-OK.dwg
视频文件路径：视频\第2章\2-1绘制圆.MP4

下面以绘制休闲圆桌为例，介绍命令调用的操作步骤。

01 按Ctrl+O组合键，打开随书配备资源中的"素材\第2章\2-1绘制圆.dwg"文件，如图2-49所示。

02 在命令行中输入C，启用【圆】命令。绘制座椅中间的玻璃圆桌，命令行操作如下。

```
命令:CIRCLE↙                                        //调用【圆】命令
指定圆的圆心或[三点(3P)/两点(2P)/切点、切点、半径(T)]:      //拾取中心点作为圆心点
指定圆的半径或[直径(D)]:361↙                          //指定圆半径
```

03 执行上述操作后，绘制半径为361的圆形，效果如图2-50所示。

04 按Enter键调用【圆】命令，拾取半径为361圆形的圆心作为圆心点，绘制半径为330的同心圆，

结果如图2-51所示。

图2-49 打开素材   图2-50 绘制圆形   图2-51 绘制结果

2.6 AutoCAD的视图操作

在绘图过程中经常需要对视图进行如平移、缩放、重生成等操作，以方便观察视图和更好地绘图。

2.6.1 缩放视图

缩放视图可以调整当前视图的大小，这样既能观察较大的图形范围，又能观察图形的细节。需要注意的是，视图缩放不会改变图形的实际大小。

执行缩放视图操作有以下几种方法。

➢ 菜单栏：执行菜单【视图】|【缩放】子菜单下的相应命令，如图2-52所示。

➢ 导航栏：单击导航栏的【范围缩放】按钮，在下拉列表中选择缩放方式，如图2-53所示。

➢ 命令行：ZOOM或Z。

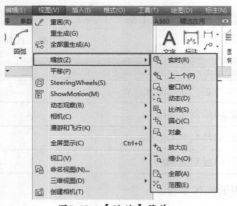

图2-52 【缩放】菜单

图2-53 【缩放】下拉列表

执行【缩放】命令后，命令行操作如下。

```
命令:zoom↙                                              //执行【缩放】命令
指定窗口的角点，输入比例因子(nX或nXP)，或者
[全部(A)/中心(C)/动态(D)/范围(E)/上一个(P)/比例(S)/
窗口(W)/对象(O)]<实时>:                                   //选择视图缩放方式
```

AutoCAD 2018提供了窗口缩放、比例缩放、范围缩放、对象缩放等多种缩放方式，下面介绍

几个常用的视图缩放方式。

1. 实时缩放

实时缩放是指通过鼠标拖动的方式进行视图缩放。选择【实时缩放】命令，或单击【实时缩放】按钮，鼠标指针即变成放大镜形状，按住鼠标左键向外拖动鼠标，可放大视口中的图形；向内拖动鼠标，可缩小视口中的图形。

缩放操作完成后，按Enter键或Esc键，或者右击，在弹出的快捷菜单中选择【退出】命令，可以退出缩放操作，如图2-54所示。

图2-54 选择【退出】命令

━━━━━━━━━━━━━━━ 知识链接 ━━━━━━━━━━━━━━━

滚动鼠标滚轮，可以快速实时缩放视图。

2. 窗口缩放

窗口缩放是指可以将矩形窗口内的图形放大，直至充满当前视口。执行窗口缩放时，首先用鼠标指针指定窗口对角点，这两个对角点即确定了一个矩形缩放的范围，系统将该范围图形放大至整个视口，如图2-55和图2-56所示。

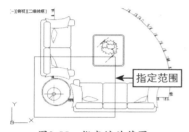

图2-55 指定缩放范围

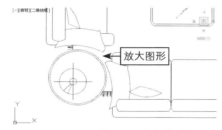

图2-56 放大图形

3. 动态缩放

动态缩放是指用矩形视框平移和缩放视口中的图形。选择该缩放方式后，绘图区域将显示几个不同颜色的方框，拖动鼠标移动方框到所需位置，用鼠标左键调整大小后按Enter键，可将当前视口框内的图形最大化显示，如图2-57和图2-58所示。

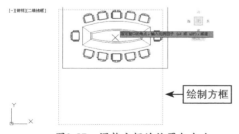

图2-57 调整方框的位置与大小

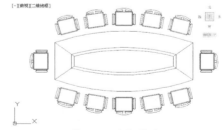

图2-58 放大图形

4. 比例缩放

比例缩放是指用比例因子进行视图缩放，以更改视图的显示比例。

比例缩放有以下3种输入方法。

➢ 直接输入数值，表示相对于图形界限进行缩放。

➢ 在数值后加X，表示相对于当前视图进行缩放。

➢ 在数值后加XP，表示相对于图纸空间单位进行缩放。

图2-59所示为将视图放大1.5倍的示例，命令行操作如下。

```
命令: zoom↙                                          //执行【缩放】命令
指定窗口的角点,输入比例因子(nX 或 nXP),或者
[全部(A)/中心(C)/动态(D)/范围(E)/上一个(P)/比例(S)/窗口(W)/对象(O)]<实时>:S↙
输入比例因子 (nX 或 nXP):1.5↙                        //输入缩放比例因子并按Enter键
```

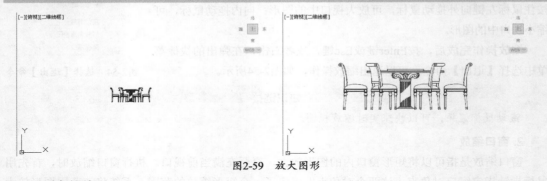

图2-59　放大图形

5. 对象缩放

对象缩放方式是指将当前选择的一个或多个对象尽可能大地显示在视口中,如图2-60所示。

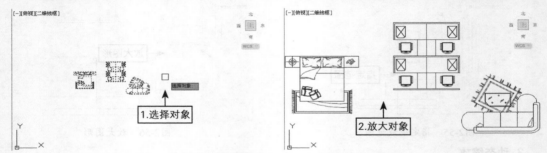

图2-60　最大化显示视口中的图形

2.6.2　平移视图

视图平移是指不改变视图的大小,只改变其位置,以便观察图形的其他组成部分。图形显示不全面,且部分区域不可见时,就可以使用视图平移功能。视图平移有实时平移和点平移两种方式。

1. 实时平移

实时平移通过拖动鼠标的方式平移视图。

执行【实时】平移命令的方法有以下几种。

➢ 菜单栏:执行菜单【视图】|【平移】|【实时】命令。
➢ 工具栏:单击【标准】工具栏中的【实时平移】按钮。
➢ 命令行:PAN或P。
➢ 导航栏:单击导航栏上的【平移】按钮。
➢ 鼠标:按住鼠标滚轮拖动,可以快速进行视图平移。

执行上述任意一种方法后,鼠标指针变成手掌形状,按住鼠标左键不放,可以在上、下、左、右4个方向移动视图。

2. 点平移

点平移是指通过指定平移起始点和目标点的方式进行平移。

执行【点平移】命令的方法有以下几种。

➢ 菜单栏：执行菜单【视图】|【平移】|【点】命令。

➢ 命令行：-PAN。

执行上述任意一种方法后，命令行提示如下。

命令：'-pan   //启用【点平移】命令
指定基点或位移：   //指定平移的基点
指定第二点：   //指定平移的目标点

点平移对象的操作过程如图2-61所示。

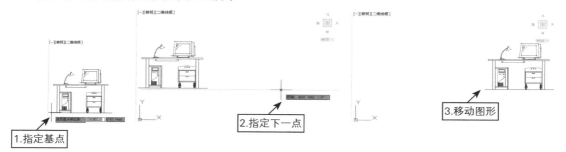

1.指定基点   2.指定下一点   3.移动图形

图2-61   点移动图形过程

技巧提示

执行菜单【视图】|【平移】|【上/下/左/右】命令，可以将视口中的图形按照指定的方向平移一段距离。

2.6.3   重画与重生成

在AutoCAD中，某些操作完成后，其效果往往不会立即显示出来，或者是在屏幕上留下了绘图的痕迹与标记。因此，需要通过刷新视图重新生成当前图形，以观察到最新的编辑效果。

视图刷新的命令主要有两个，即【重画】命令和【重生成】命令。这两个命令都是自动完成的，不需要输入任何参数，也没有可选选项。

1. 重画

AutoCAD的常用数据库以浮点数据的形式存储图形对象的信息，浮点格式精度高，但计算时间长。AutoCAD执行重生成操作时，需要把浮点数值转换为适当的屏幕坐标。因此，对于复杂图形，重新生成需要花很长时间。为此软件提供了【重画】这种速度较快的刷新命令。重画只刷新屏幕显示，因而生成图形的速度更快。

执行【重画】命令的方法有以下两种。

➢ 菜单栏：执行菜单【视图】|【重画】命令。

➢ 命令行：REDRAWALL、REDRAW或RA。

延伸讲解

在命令行中输入REDRAW命令，将从当前视口中删除编辑命令留下的点标记。输入REDRAWALL命令，将从所有视口中删除编辑命令留下的点标记。

2. 重生成

【重生成】命令不仅重新计算当前视区中所有对象的屏幕坐标，重新生成整个图形，还重新建立图形数据库索引，从而优化显示和对象选择的性能。

执行【重生成】命令的方法有以下两种。

➢ 菜单栏：执行菜单【视图】|【重生成】命令。

➢ 命令行：REGEN或RE。

【重生成】命令只对当前视图范围内的图形执行重生成，如果要对整个图形执行重生成，可执行菜单【视图】|【全部重生成】命令。

图2-62所示的圆弧显示比较粗糙，重生成视图，即可查看到比较圆滑的效果，如图2-63所示。

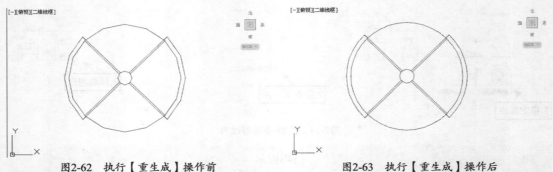

图2-62　执行【重生成】操作前　　　　　图2-63　执行【重生成】操作后

【练习2-2】：	查看餐厅平面图
以餐厅平面图为例，介绍查看图形的方法，难度：☆	
素材文件路径：素材\第2章\2-2查看餐厅平面图.dwg	
效果文件路径：无	
视频文件路径：视频\第2章\2-2查看餐厅平面图.MP4	

下面以餐厅平面布置图为例，介绍视图缩放、平移的操作步骤。

01 按Ctrl+O组合键，打开随书配备资源中的"素材\第2章\2-2查看餐厅平面图.dwg"文件，如图2-64所示。

02 执行菜单【视图】|【缩放】|【对象】命令，选择平面布置图的所有图形，按Enter键，使平面图对象全部显示在视口范围内，结果如图2-65所示。

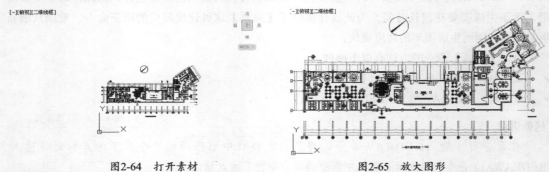

图2-64　打开素材　　　　　　图2-65　放大图形

03 执行菜单【视图】|【缩放】|【窗口】命令，在绘图区域中指定需要放大显示的窗口范围，如

图2-66所示。

04 矩形框内的图形被最大化放大显示，如图2-67所示。用户可以清晰地查看吧台位置的平面图，包括家具布置和尺寸等。

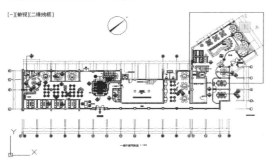

图2-66　指定缩放区域　　　　　　　　　　图2-67　放大图形

05 执行菜单【视图】|【平移】|【实时】命令，按住鼠标左键不放并拖动鼠标，以查看平面布置图的其他部分内容，结果如图2-68和图2-69所示。

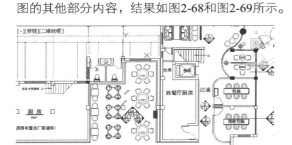

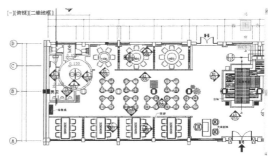

图2-68　查看右下角图形　　　　　　　　　　图2-69　查看左下角图形

2.7　思考与练习

1. 选择题

（1）AutoCAD 2018一共有（　　）个工作空间。

A. 1　　　　　　　　B. 2　　　　　　　　C. 3　　　　　　　　D. 4

（2）在AutoCAD 2018中，新建图形文件的快捷键是（　　）。

A. Ctrl+A　　　　　　B. Ctrl+N　　　　　　C. Ctrl+V　　　　　　D. Ctrl+C

（3）在AutoCAD 2018中，保存图形文件的工具按钮是（　　）。

A. 🗋　　　　　　　B. 🗀　　　　　　　C. 💾　　　　　　　D. 💾

（4）使用AutoCAD 2018绘制室内装饰施工图一般以（　　）为单位。

A. mm　　　　　　　B. cm　　　　　　　C. m　　　　　　　D. km

（5）在（　　）对话框中设置AutoCAD十字光标的大小。

A.【选项】　　　　　B.【选择文件】　　　C.【选择样板】　　　D.【草图设置】

（6）在（　　）中不能执行命令。

A. 菜单栏　　　　　　B. 工具栏　　　　　　C. 命令行　　　　　　D. 状态栏

（7）重复执行命令的方式有（　　　）。

A. 按Enter键　　　　　　B. 按Esc键　　　　　　C. 按Ctrl键　　　　　　D. 按Delete键

（8）退出正在执行的命令的方式是（　　　）。

A. 按Esc键　　　　　　B. 按Ctrl键　　　　　　C. 按空格键　　　　　　D. 按Alt键

（9）【实时缩放】命令位于【标准】工具栏上的按钮为（　　　）。

A.　　　　　　B.　　　　　　C.　　　　　　D.

（10）实时平移的快捷键为（　　　）。

A. W　　　　　　　　B. Y　　　　　　　　C. S　　　　　　　　D. P

2. 操作题

（1）在网上下载AutoCAD 2018版软件，并正确安装。

（2）新建一个名称为"绘图模板.dwg"的文件。

（3）设置"绘图模板.dwg"文件的绘图单位为mm。

（4）调用【直线】命令，绘制如图2-70所示的楼梯平面图。

（5）使用【窗口缩放】工具，具体查看如图2-71所示的平面图的细节。

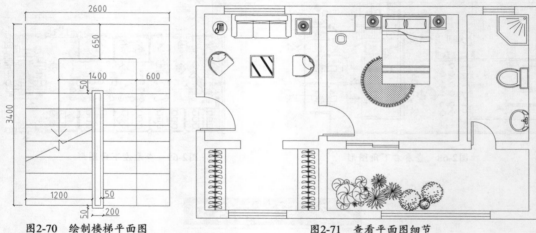

图2-70　绘制楼梯平面图　　　　　　　　　　　　图2-71　查看平面图细节

（6）使用【动态缩放】工具，查看如图2-72所示的立面图。

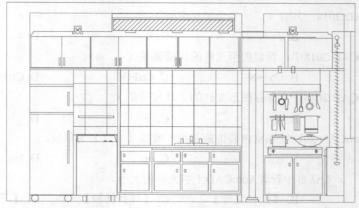

图2-72　查看立面图

AutoCAD提供了多种绘图命令，方便用户创建各种图形。绘图命令包括【直线】、【矩形】、【圆形】以及【椭圆】等。本章介绍调用命令的方法，帮助用户学会创建图形。

第 3 章

绘制基本室内图形

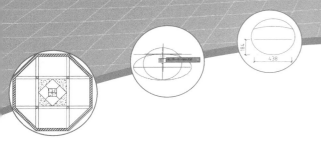

选择【默认】选项卡，在【绘图】面板中显示绘图命令按钮，如图3-1所示。单击按钮，启用命令，可以创建各种类型的图形，例如直线、多段线或者圆形等。

图3-1　绘图命令

3.1　绘制点对象

AutoCAD中的点对象常常为绘图或者编辑图形提供定位。通过创建单点、多点，或者定数等分点、定距等分点，可以为制图工作提供便利。

3.1.1　设置点样式

默认的点样式为黑色的圆点标记，在屏幕中创建点后，因为圆点标记过小，以至于很难辨认。为了使得点能够清晰地显示在屏幕中，可以设置点样式以及点大小。

a. 执行方式

在AutoCAD 2018中调用【点样式】命令的方法有以下几种。

➢ 功能区：单击【实用工具】面板中的【点样式】按钮，如图3-2所示。
➢ 菜单栏：执行菜单【格式】|【点样式】命令，如图3-3所示。
➢ 命令行：DDPTYPE。

b. 操作步骤

执行上述任意一种方法后，打开【点样式】对话框。在列表框中单击选择合适的点样式，并修改【点大小】文本框中的参数，如图3-4所示。单击【确定】按钮，关闭对话框。

在图形中创建点，点以在【点样式】对话框中指定的样式与大小显示。

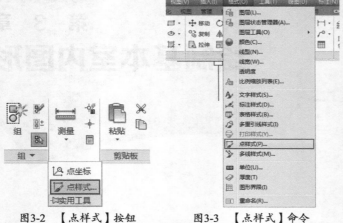
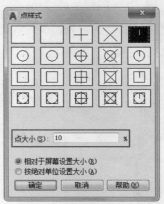

图3-2　【点样式】按钮　　　　图3-3　【点样式】命令　　　　图3-4　【点样式】对话框

提 示

在【点样式】对话框中修改点样式参数，已创建的点会受到影响。

3.1.2　绘制单点

执行【单点】命令，可以在屏幕中的指定位置创建一个单点。

a. 执行方式

在AutoCAD 2018中调用【单点】命令的方法有以下几种。

➤ 菜单栏：执行菜单【绘图】|【点】|【单点】命令，如图3-5所示。

➤ 命令行：POINT或PO。

b. 操作步骤

执行【单点】命令后，命令行提示如下。

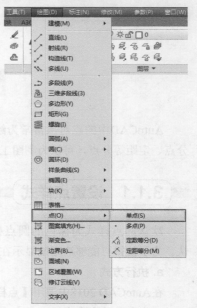

图3-5　【单点】命令

```
命令：POINT↙                              //调用【单点】命令
当前点模式：PDMODE=97  PDSIZE=-10         //显示默认参数
指定点：                                   //在屏幕中指定单点的位置，创建结果如图3-6所示
```

图3-6 创建单点

3.1.3 绘制多点

执行【多点】命令,可以连续在屏幕中创建多个点。

在AutoCAD 2018中调用【多点】命令的方法有以下几种。

- ➢ 功能区:单击【绘图】面板中的【多点】按钮,如图3-7所示。
- ➢ 菜单栏:执行菜单【绘图】|【点】|【多点】命令,如图3-8所示。

执行上述任意一种方法后,在屏幕中单击创建点。移动鼠标,继续单击鼠标左键,创建多个点。按Esc键,退出命令。

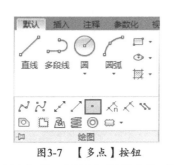

图3-7 【多点】按钮   图3-8 创建多点

提 示

创建多点的过程与创建单点的过程类似,在此不再赘述。

3.1.4 绘制定数等分点

执行【定数等分】命令,可以在对象上创建等间隔的多个点。

a. 执行方式

在AutoCAD 2018中调用【定数等分】命令的方法有以下几种。

- ➢ 功能区:单击【绘图】面板中的【定数等分】按钮,如图3-9所示。

➢ 菜单栏：执行菜单【绘图】|【点】|【定数等分】命令，如图3-10所示。
➢ 命令行：DIVIDE或DIV。

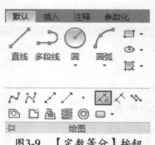

图3-9 【定数等分】按钮　　　　　图3-10 【定数等分】命令

b. 操作步骤

执行上述任意一种方法后，命令行提示如下。

命令：DIVIDE ✓	//调用【定数等分】命令
选择要定数等分的对象：	//选择对象
输入线段数目或 [块(B)]：4✓	//输入等分数目

c. 选项说明

在执行命令的过程中，命令行中显示【块（B）】选项，选择该选项，可以在等分点插入图块，操作步骤如下。

命令：DIVIDE ✓	//调用【定数等分】命令
选择要定数等分的对象：	
输入线段数目或[块(B)]：B✓	//输入B，选择【块（B）】选项
输入要插入的块名：躺椅	//输入块名称
是否对齐块和对象？[是(Y)/否(N)]<Y>：	//按Enter键
输入线段数目：4✓	//输入等分数目

执行上述操作后，选定的对象被等分为4个部分，并在等分点上放置指定的图块，如图3-11所示。

d. 初学解答：等分矩形与等分线段的不同效果

选择矩形，系统以矩形的周长为等分对象，将周长划分为等间距的若干部分，如图3-12所示。如果只需要等分矩形边，需要先分解矩形，这样系统在拾取等分对象时，就不会将其他的矩形边划入等分范

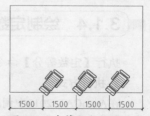

图3-11 在等分点放置图块

围，仅将选中的矩形边划分为等间距的若干部分，如图3-13所示。

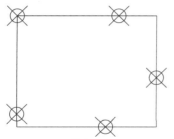

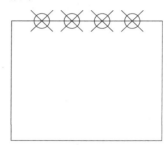

图3-12　等分矩形的效果　　　　　图3-13　等分线段的效果

【练习3-1】：　绘制三人座沙发分隔线

| 使用【定数等分】命令辅助绘制三人座沙发，难度：☆☆ |
| 素材文件路径：素材\第3章\3-1绘制三人座沙发分隔线.dwg |
| 效果文件路径：素材\第3章\3-1绘制三人座沙发分隔线-OK.dwg |
| 视频文件路径：视频\第3章\3-1绘制三人座沙发分隔线.MP4 |

　　　三人座沙发是常见的家具之一，在私人住宅以及公共空间中被广泛应用。在沙发内部绘制分隔线，将落座区域划分为等间距的3个部分，利用【定数等分】命令可以轻松实现。

01 打开随书配备资源中的"素材\第3章\3-1绘制三人座沙发分隔线.dwg"文件，其中已经绘制好了沙发的外部轮廓，如图3-14所示。

02 在命令行中输入DIV，执行【定数等分】命令，选择沙发的水平轮廓线为定数等分的对象，如图3-15所示。

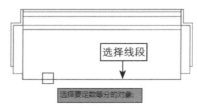

图3-14　打开素材　　　　　图3-15　选择等分对象

03 在命令行中输入线段数目为3，创建等分点的效果如图3-16所示。

04 单击【绘图】面板上的【直线】按钮，启用【直线】命令，以等分点为起点，向上移动鼠标，指定线段的终点，绘制分隔线，如图3-17所示。

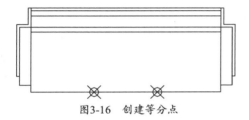

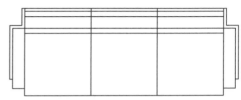

图3-16　创建等分点　　　　　图3-17　绘制分隔线

技巧延伸

　　绘制完分隔线后，选择等分点，按Delete键删除，不会影响分隔线的绘制效果。

3.1.5　绘制定距等分点

执行【定距等分】命令，指定等分间距，可将对象划分为若干部分。

a. 执行方式

在AutoCAD 2018中调用【定距等分】命令的方法有以下几种。

➢ 功能区：单击【绘图】面板中的【定距等分】按钮，如图3-18所示。

➢ 菜单栏：执行菜单【绘图】|【点】|【定距等分】命令，如图3-19所示。

➢ 命令行：MEASURE或ME。

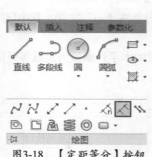

图3-18　【定距等分】按钮

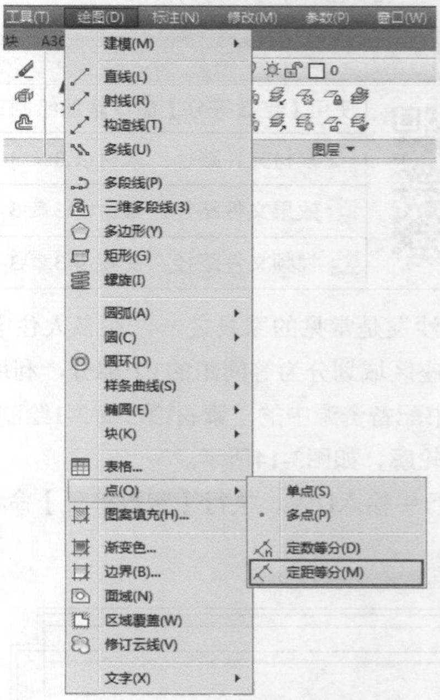

图3-19　【定距等分】命令

b. 操作步骤

执行上述任意一种方法后，命令行提示如下。

命令：MEASURE↙	//调用【定距等分】命令
选择要定距等分的对象：	//选择对象
指定线段长度或 [块(B)]：1000↙	//输入长度参数

::::::::::::::::::: **知识链接** :::::::::::::::::::

在命令行中选择【块（B）】选项，也可以在等分点插入图块，具体操作请参考3.1.4小节。

【练习3-2】：完善会议桌图形

使用【定距等分】命令完善会议桌图形，难度：☆☆
素材文件路径：素材\第3章\3-2完善会议桌图形.dwg
效果文件路径：素材\第3章\3-2完善会议桌图形-OK.dwg
视频文件路径：视频\第3章\3-2完善会议桌图形.MP4

　　矩形的会议桌可以使得开会人员围坐在一起，就共同的问题展开讨论。调用【定距等分】命令，可以将会议桌划分为等间距的多个区域。

01 打开随书配备资源中的"素材\第3章\ 3-2完善会议桌图形.dwg"文件，其中已经绘制好了会议桌图形，如图3-20所示。

02 在命令行中输入ME，调用【定距等分】命令，选择会议桌上方轮廓线为等分对象，如图3-21所示。

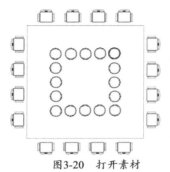

图3-20　打开素材

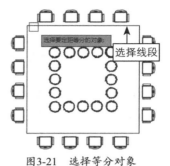

图3-21　选择等分对象

03 在命令行中输入线段长度为600，创建等分点的效果如图3-22所示。

04 继续执行【定距等分】命令，选择会议桌左侧轮廓线为等分对象，创建间距为600的等分点，如图3-23所示。

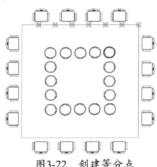

图3-22　创建等分点

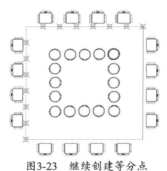

图3-23　继续创建等分点

技巧延伸

　　创建完定距等分点后，按空格键或者Enter键，可以再次启用【定距等分】命令。

05 在命令行中输入L，启用【直线】命令，以等分点为起点，绘制水平线段与垂直线段，如图3-24所示。

06 在命令行中输入TR，启用【修剪】命令，修剪线段，最终结果如图3-25所示。

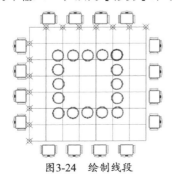

图3-24　绘制线段

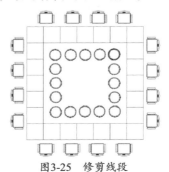

图3-25　修剪线段

3.2 绘制直线对象

AutoCAD中的直线对象包括直线、构造线。直线被频繁使用，组合成各种类型的图形。构造线被作为辅助线使用，帮助用户确定图形的位置。

3.2.1 直线

执行【直线】命令，可以在屏幕中绘制指定方向与任意长度的直线段。

a. 执行方式

在AutoCAD 2018中调用【直线】命令的方法有以下几种。

➢ 功能区：单击【绘图】面板中的【直线】按钮／，如图3-26所示。

➢ 菜单栏：执行菜单【绘图】|【直线】命令，如图3-27所示。

➢ 命令行：LINE或L。

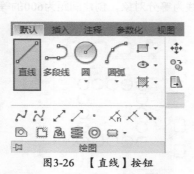

图3-26 【直线】按钮

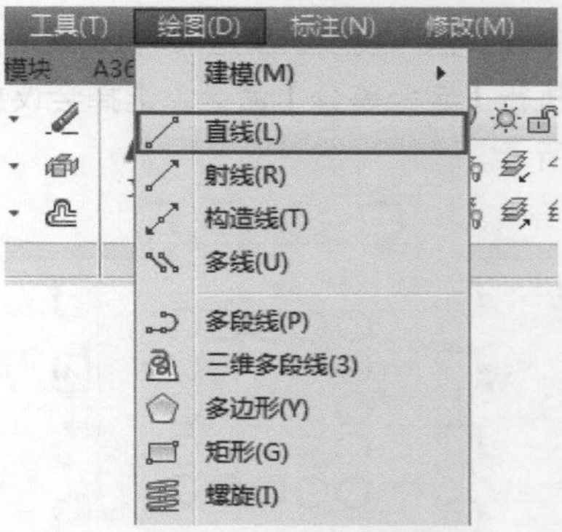

图3-27 【直线】命令

b. 操作步骤

执行上述任意一种方法后，均可调用【直线】命令。在绘图区域中单击指定起点、下一点与终点，绘制直线对象，操作过程如图3-28和图3-29所示，命令行操作如下。

```
命令:LINE↙                          //调用【直线】命令
指定第一个点:                        //单击鼠标左键，指定起点
指定下一点或[放弃(U)]:               //移动鼠标，指定下一个点
指定下一点或[放弃(U)]:               //继续指定下一个点
指定下一点或[闭合(C)/放弃(U)]:       //指定终点，结束绘制
```

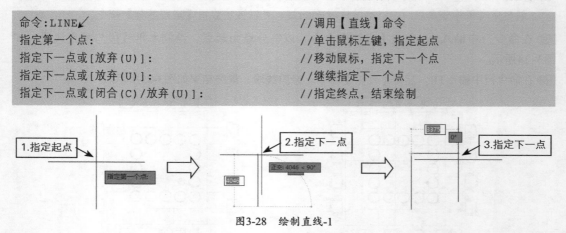

图3-28 绘制直线-1

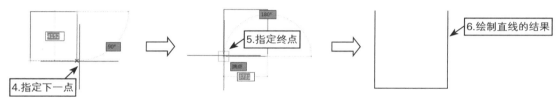

图3-29　绘制直线-2

c. 选项说明

在执行【直线】命令的过程中，命令行中提供了两个选项供用户选用，选项含义介绍如下。

➤ 放弃（U）：在操作过程中，输入U可以放弃绘制完成的线段。需要注意的是，每输入一次U，只能放弃一段线段。如果要放弃多段线段，则需要重复地在命令行中输入U。

➤ 闭合（C）：在命令行中输入C，能够使得线段的起点与端点重合，结果是闭合线段。操作过程如图3-30所示。

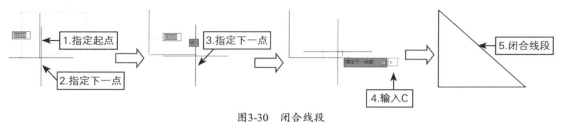

图3-30　闭合线段

d. 初学解答：确定直线的位置与方向

在绘制直线的过程中，用户需要确定线段的位置与方向。在绘图区域中指定直线的起点，移动鼠标，指定绘制方向。此时在命令行中输入距离，可以确定直线下一点的位置，如图3-31所示。依次输入距离，能够确定每一段直线的长度。

图3-31　指定直线的距离

指定直线的起点，移动鼠标，指定直线的绘制方向。在光标的右下角，提示当前直线的角度为56°，移动鼠标，直线的角度随之变化，如图3-32所示。

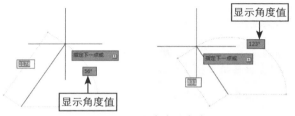

图3-32　指定直线的角度

为了能够将直线的角度限制在水平方向或者垂直方向上，可以启用【正交】功能。此时光标的方向被限制，用户可以在水平方向或者垂直方向上绘制直线，如图3-33所示。

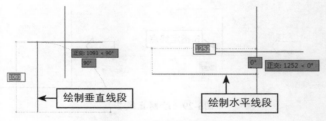

图3-33　指定绘制方向

　　按F8键，或者单击状态栏上的【正交】按钮，都可以启用或者禁用【正交】功能。

【练习3-3】：　绘制标高符号

| 使用【直线】命令绘制标高符号，难度：☆ |
| 素材文件路径：无 |
| 效果文件路径：素材\第3章\3-3绘制标高符号-OK.dwg |
| 视频文件路径：视频\第3章\3-3绘制标高符号.MP4 |

　　标高符号被用来标注指定位置点的相对高度或者绝对高度。利用【直线】命令，通过指定方向与尺寸，能够迅速地创建标高符号。

01 单击状态栏上的【极轴追踪】按钮，启用【极轴追踪】功能。单击按钮右侧的向下实心箭头，向上弹出列表，选择极轴追踪角度，如图3-34所示。

02 在命令行中输入L，启用【直线】命令。单击指定起点，向右上角移动鼠标，在显示角度为45°时，输入线段的长度，如图3-35所示。

图3-34　选择追踪角度

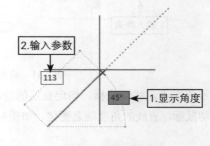

图3-35　输入参数

　　按F10键，也可以启用或者禁用【极轴追踪】功能。

03 按Enter键，结束绘制。绘制角度为45°，长度为113的线段的效果如图3-36所示。

04 再次启用【直线】命令，单击线段的下端点，指定该点为起点。向左上角移动鼠标，当显示角度为135°时，输入线段的长度113，如图3-37所示。

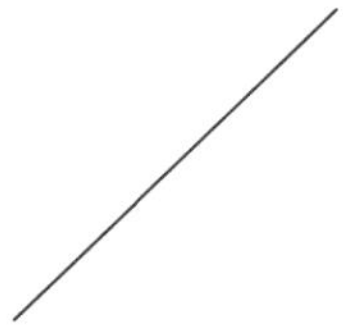

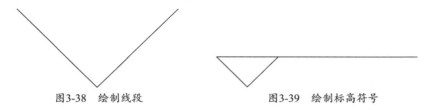

图3-36 绘制线段 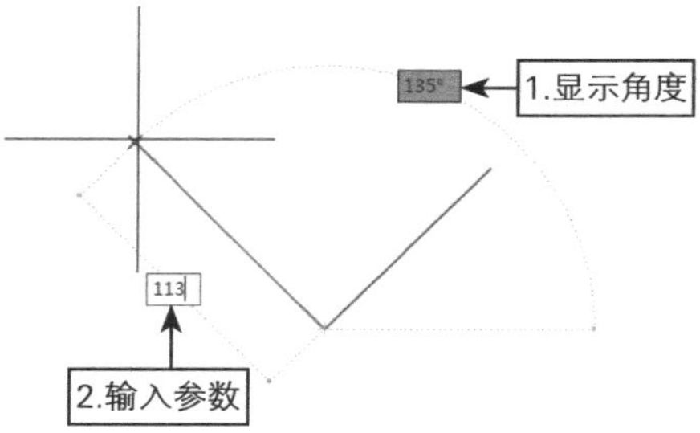   图3-37 输入长度参数

05 按Enter键，结束绘制，结果如图3-38所示。

06 启用【直线】命令，单击在步骤5中所绘线段的上端点，指定该点为起点。向右移动鼠标，输入线段长度为520，按Enter键，退出绘制。标高符号的绘制结果如图3-39所示。

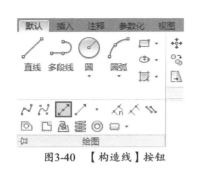

图3-38 绘制线段

图3-39 绘制标高符号

3.2.2 构造线

执行【构造线】命令，可以绘制向两端无限延伸的线段。

a. 执行方式

在AutoCAD 2018中调用【构造线】命令的方法有以下几种。

➢ 功能区：单击【绘图】面板中的【构造线】按钮，如图3-40所示。
➢ 菜单栏：执行菜单【绘图】|【构造线】命令，如图3-41所示。
➢ 命令行：XLINE或XL。

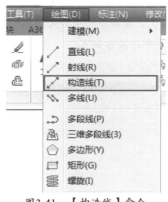

图3-40 【构造线】按钮

图3-41 【构造线】命令

b. 操作步骤

执行【构造线】命令后，单击鼠标左键指定起点，移动鼠标，指定通过点，能够在指定的方向创建构造线，如图3-42所示，命令行操作如下。

```
命令:XLINE↙                                              //启用【构造线】命令
指定点或[水平(H)/垂直(V)/角度(A)/二等分(B)/偏移(O)]:     //指定起点
指定通过点:                                              //指定通过点
```

图3-42　绘制构造线

c. 选项说明

在执行【构造线】命令的过程中，命令行提供了若干选项，这些选项的含义如下。

➢ 水平（H）：在命令行中输入H，选择【水平】选项，此时光标方向被控制在水平方向上，如图3-43所示。单击鼠标左键指定通过点，创建水平构造线。

➢ 垂直（V）：在命令行中输入V，选择【垂直】选项，光标的中心被限定在垂直方向上，如图3-44所示。单击指定通过点，创建垂直构造线。

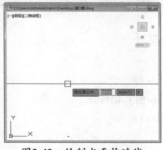
图3-43　绘制水平构造线

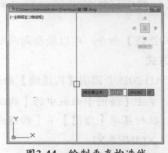
图3-44　绘制垂直构造线

➢ 角度（A）：在命令行中输入A，选择【角度】选项，指定角度值来创建构造线，结果如图3-45所示，命令行操作如下。

```
命令:XLINE↙                                              //调用【构造线】命令
指定点或[水平(H)/垂直(V)/角度(A)/二等分(B)/偏移(O)]:A↙    //输入A
输入构造线的角度(0)或[参照(R)]:45↙                        //指定角度值
指定通过点:                                              //指定通过点，创建构造线
```

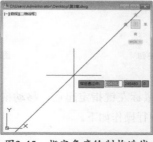

图3-45　指定角度绘制构造线

➢ 二等分（B）：在命令行中输入B，选择【二等分】选项，通过指定角的顶点、起点、端点，
　　创建构造线，如图3-46所示，命令行操作如下。

命令:XLINE✓	//调用【构造线】命令
指定点或[水平(H)/垂直(V)/角度(A)/二等分(B)/偏移(O)]:B✓	//输入B
指定角的顶点:	//单击指定顶点
指定角的起点:	//单击指定起点
指定角的端点:	//单击指定端点

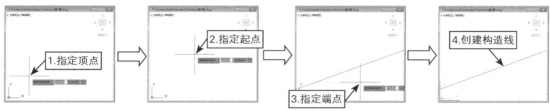

图3-46　指定三点绘制构造线

➢ 偏移（O）：在命令行中输入O，选择【偏移】选项，指定偏移距离与偏移方向，创建构造
　　线，如图3-47所示，命令行操作如下。

命令:XLINE✓	//调用【构造线】命令
指定点或[水平(H)/垂直(V)/角度(A)/二等分(B)/偏移(O)]:O✓	//输入O
指定偏移距离或[通过(T)]<3000>:5000✓	//输入偏移距离
选择直线对象:	//选择对象
指定向哪侧偏移:	//指定偏移方向

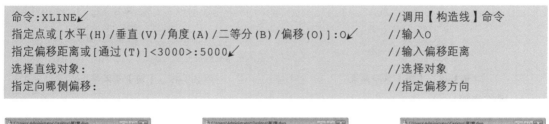

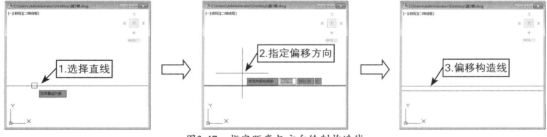

图3-47　指定距离与方向绘制构造线

3.3　绘制圆类对象

　　AutoCAD的圆类对象包括圆形、圆弧以及圆环、椭圆等。在绘制圆形对象的时候，常常会用
到这些命令。本节介绍调用这些命令的方法。

3.3.1　圆

　　执行【圆】命令，可以选择多种方法创建圆形。

a. 执行方式

在AutoCAD 2018中调用【圆】命令的方法有以下几种。

- 功能区：单击【绘图】面板中的【圆】按钮⊙，在列表中选择合适的绘制方式，如图3-48所示。
- 菜单栏：执行菜单【绘图】|【圆】命令，在子菜单中选择合适的绘制方式，如图3-49所示。
- 命令行：CIRCLE或C。

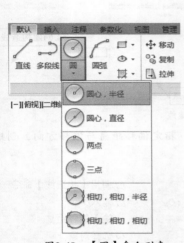

图3-48 【圆】命令列表

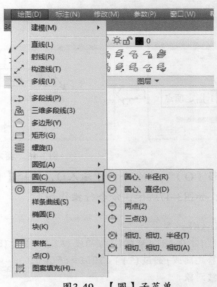

图3-49 【圆】子菜单

b. 操作步骤

执行【圆】命令，在绘图区域中指定圆心以及半径，即可创建圆形，如图3-50所示，命令行操作如下。

```
命令:CIRCLE↙                                            //启用【圆】命令
指定圆的圆心或[三点(3P)/两点(2P)/切点、切点、半径(T)]:      //单击指定圆心
指定圆的半径或[直径(D)]<3888>:                           //指定半径，创建圆形
```

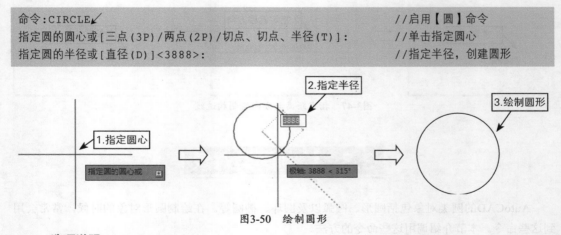

图3-50 绘制圆形

c. 选项说明

在执行【圆】命令的过程中，命令行中提供了若干选项，这些选项的含义介绍如下。

- 三点（3P）：在命令行中输入3P，选择【三点】选项，通过指定圆上的第一个点、第二个点、第三个点创建圆形，如图3-51所示，命令行操作如下。

```
命令:CIRCLE↙                                      //启用【圆】命令
指定圆的圆心或[三点(3P)/两点(2P)/切点、切点、半径(T)]:3P↙    //选择绘制方式
指定圆上的第一个点:                                  //指定第一个点
指定圆上的第二个点:                                  //指定第二个点
指定圆上的第三个点:                                  //指定第三个点
```

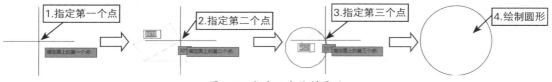

图3-51　指定三点绘制圆形

➢ 两点（2P）：在命令行中输入2P，选择【两点】选项，通过指定圆直径上的第一个端点、第二个端点创建圆形，如图3-52所示，命令行操作如下。

```
命令:CIRCLE↙                                      //启用【圆】命令
指定圆的圆心或[三点(3P)/两点(2P)/切点、切点、半径(T)]:2P↙    //选择绘制方式
指定圆直径的第一个端点:                              //指定第一个端点
指定圆直径的第二个端点:                              //指定第二个端点
```

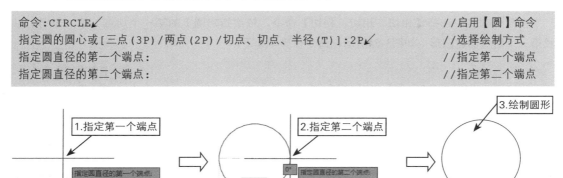

图3-52　指定两点绘制圆形

➢ 切点、切点、半径（T）：在命令行中输入T，选择【切点、切点、半径】选项，通过指定对象与圆的第一个切点、第二个切点、半径来创建圆形，如图3-53所示，命令行操作如下。

```
命令:CIRCLE↙                                      //启用【圆】命令
指定圆的圆心或[三点(3P)/两点(2P)/切点、切点、半径(T)]:T↙     //选择绘制方式
指定对象与圆的第一个切点:                            //指定第一个切点
指定对象与圆的第二个切点:                            //指定第二个切点
指定圆的半径<3500>:5000 ↙                          //指定半径
```

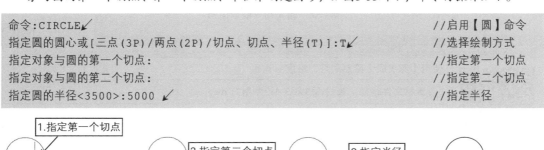

图3-53　指定切点与半径绘制圆形

➢ 直径（D）：在命令行中输入D，选择【直径】选项，通过指定圆的直径大小创建图形。

```
命令:CIRCLE✓                                              //启用【圆】命令
指定圆的圆心或[三点(3P)/两点(2P)/切点、切点、半径(T)]:       //选择绘制方式
指定圆的半径或[直径(D)] <5000>:D✓                          //指定半径
指定圆的直径<10000>:6000                                   //指定直径
```

d. 延伸学习：其他绘制圆的方式

在【圆】命令列表中，显示多种绘制方式。除上述所讲解的绘制方式之外，还有几种常用的绘制方法，介绍如下。

在命令列表中选择【圆心、直径】命令，通过指定圆心与直径创建圆形，命令行操作如下。

```
命令:_circle✓                                            //启用【圆】命令
指定圆的圆心或 [三点(3P)/两点(2P)/切点、切点、半径(T)]:      //指定圆心
指定圆的半径或 [直径(D)] <3000>:_d                         //指定半径
指定圆的直径 <6000>:5000✓                                 //指定直径
```

在命令列表中选择【相切、相切、相切】命令，依次指定圆上的第一个切点、第二个切点以及第三个切点创建圆形，如图3-54所示，命令行操作如下。

```
命令:_circle✓                                            //启用【圆】命令
指定圆的圆心或[三点(3P)/两点(2P)/切点、切点、半径(T)]:_3p    //指定圆心
指定圆上的第一个点:_tan 到                                 //指定第一个切点
指定圆上的第二个点:_tan到                                  //指定第二个切点
指定圆上的第三个点:_tan到                                  //指定第三个切点
```

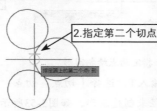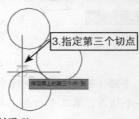

图3-54 指定切点绘制圆形

【练习3-4】： 绘制射灯

使用【圆】命令绘制射灯，难度：☆☆	
素材文件路径：素材\第3章\3-4绘制射灯.dwg	
效果文件路径：素材\第3章\3-4绘制射灯-OK.dwg	
视频文件路径：视频\第3章\3-4绘制射灯.MP4	

射灯作为一种高度聚光的灯具，经常用于特定目标的照明，能够营造独特的室内氛围。下面介绍利用【圆】命令完善射灯图形的操作步骤。

01 打开随书配备资源中的"素材\第3章\ 3-4绘制射灯.dwg"文件，其中已经绘制好了射灯图形的外轮廓，如图3-55所示。

02 单击【绘图】面板上的【圆】按钮下方的实心箭头，在弹出的列表中选择【圆心，半径】命令，如图3-56所示。

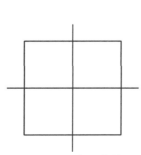

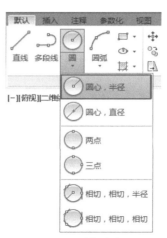

图3-55　打开素材　　　　　　　　　　图3-56　选择命令

03 单击线段的交点，指定该点为圆心。输入半径值为30，按Enter键，绘制的圆形如图3-57所示。

04 在列表中选择【圆心，直径】命令，如图3-58所示。

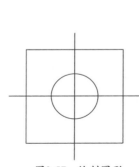

图3-57　绘制圆形　　　　　　　　　　图3-58　选择命令

05 单击线段交点指定圆心，设置直径为100，绘制的圆形如图3-59所示。至此，完成射灯图形的绘制。

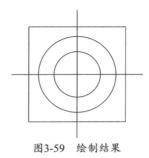

图3-59　绘制结果

3.3.2　圆弧

执行【圆弧】命令，可以选择多种方法创建圆弧。

a. 执行方式

在AutoCAD 2018中调用【圆弧】命令的方法有以下几种。

- 功能区：单击【绘图】面板中的【圆弧】按钮 ，在列表中选择合适的绘制方式，如图3-60所示。
- 菜单栏：执行菜单【绘图】|【圆弧】命令，在子菜单中选择合适的绘制方式，如图3-61所示。
- 命令行：ARC或A。

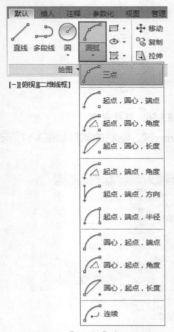

图3-60　【圆弧】命令列表

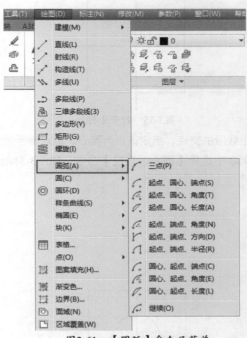

图3-61　【圆弧】命令子菜单

b. 操作步骤

执行【圆弧】命令，依次指定圆弧的起点、第二个点以及端点创建圆弧，如图3-62所示，命令行操作如下。

```
命令:ARC↙                                              //启用【圆弧】命令
指定圆弧的起点或[圆心(C)]:                                //指定起点
指定圆弧的第二个点或[圆心(C)/端点(E)]:                    //指定第二个点
指定圆弧的端点:                                          //指定端点
```

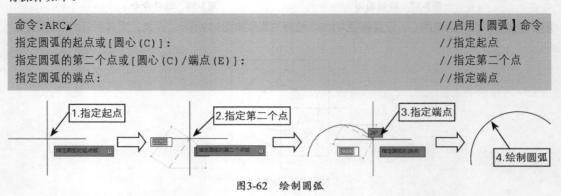

图3-62　绘制圆弧

c. 选项说明

在执行【圆弧】命令的过程中，命令行中提供了几个选项，这些选项的含义介绍如下。

- 圆心（C）：在命令行中输入C，选择【圆心】选项，依次指定圆弧的圆心、起点与端点创建圆弧，如图3-63所示，命令行操作如下。

```
命令:ARC↙                                          //启用【圆弧】命令
指定圆弧的起点或[圆心(C)]:C↙                         //选择【圆心】选项
指定圆弧的圆心:                                      //指定圆心
指定圆弧的起点:                                      //指定起点
指定圆弧的端点(按住Ctrl键以切换方向)或 [角度(A)/弦长(L)]:  //指定端点
```

图3-63 指定圆心绘制圆弧

➢ 端点（E）：在命令行中输入E，选择【端点】选项，依次指定起点、端点与中心点创建圆
    弧，如图3-64所示，命令行操作如下。

```
命令:ARC↙                                          //调用【圆弧】命令
指定圆弧的起点或[圆心(C)]:                            //指定起点
指定圆弧的第二个点或 [圆心(C)/端点(E)]:E↙             //选择【端点】选项
指定圆弧的端点:                                      //指定端点
指定圆弧的中心点(按住Ctrl键以切换方向)或 [角度(A)/方向(D)/半径(R)]:  //指定中心点
```

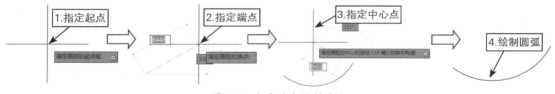

图3-64 指定端点绘制圆弧

在命令行提示指定圆弧中心点时，显示3个选项，选项含义介绍如下。

➢ 角度（A）：在命令行中输入A，选择【角度】选项，输入角度值，指定圆弧的夹角创建圆
    弧，命令行操作如下。

```
命令:ARC↙                                          //调用【圆弧】命令
指定圆弧的起点或[圆心(C)]:                            //指定起点
指定圆弧的第二个点或[圆心(C)/端点(E)]:E↙              //选择【端点】选项
指定圆弧的端点:                                      //指定端点
指定圆弧的中心点(按住Ctrl键以切换方向)或[角度(A)/方向(D)/半径(R)]:A↙  //选择【角度】选项
指定夹角(按住Ctrl键以切换方向):75↙                   //指定夹角
```

➢ 方向（D）：在命令行中输入D，选择【方向】选项，移动鼠标，指定圆弧起点的相切方向创
    建圆弧，命令行操作如下。

```
命令:ARC↙                                          //调用【圆弧】命令
指定圆弧的起点或[圆心(C)]:                            //指定起点
指定圆弧的第二个点或[圆心(C)/端点(E)]:E↙              //选择【端点】选项
指定圆弧的端点:                                      //指定端点
指定圆弧的中心点(按住Ctrl键以切换方向)或[角度(A)/方向(D)/半径(R)]:D↙  //选择【方向】选项
指定圆弧起点的相切方向(按住Ctrl键以切换方向):         //指定圆弧方向
```

➤　半径（R）：在命令行中输入R，选择【半径】选项，输入圆弧半径创建圆弧，命令行操作如下。

```
命令:ARC↙                                              //调用【圆弧】命令
指定圆弧的起点或[圆心(C)]:                               //指定起点
指定圆弧的第二个点或[圆心(C)/端点(E)]:E↙                 //选择【端点】选项
指定圆弧的端点:                                         //指定端点
指定圆弧的中心点(按住Ctrl键以切换方向)或[角度(A)/方向(D)/半径(R)]:R↙   //选择【半径】选项
指定圆弧的半径(按住Ctrl键以切换方向):3500↙              //指定半径值
```

d. 延伸学习：其他绘制圆弧的方法

除上述所讲解的绘制方法之外，在【圆弧】列表中还提供了其他的绘制方法，分别介绍如下。

➤　起点，圆心，端点：依次指定起点、圆心与端点绘制圆弧，命令行操作如下。

```
命令:_arc↙                                             //启用【起点,圆心,端点】命令
指定圆弧的起点或[圆心(C)]:                               //指定起点
指定圆弧的第二个点或[圆心(C)/端点(E)]:_c↙                //系统选择【圆心】选项
指定圆弧的圆心:                                         //指定圆心
指定圆弧的端点(按住Ctrl键以切换方向)或[角度(A)/弦长(L)]:   //指定端点
```

在命令行提示指定圆弧端点时，输入L，选择【弦长】选项，指定弦长创建圆弧，命令行操作如下。

```
命令:_arc↙                                             //启用【起点,圆心,端点】命令
指定圆弧的起点或[圆心(C)]:                               //指定起点
指定圆弧的第二个点或[圆心(C)/端点(E)]:_c↙                //系统选择【圆心】选项
指定圆弧的圆心:                                         //指定圆心
指定圆弧的端点(按住Ctrl键以切换方向)或[角度(A)/弦长(L)]:L↙  //选择【弦长】选项
指定弦长(按住Ctrl键以切换方向):                          //指定弦长
```

用户在指定弦长时，可以通过移动鼠标，单击左键指定。也可以直接在命令行中输入弦长值，按Enter键指定。

➤　起点，圆心，角度：依次指定起点、圆心以及角度创建圆弧，命令行操作如下。

```
命令:_arc↙                                             //启用【起点,圆心,角度】命令
指定圆弧的起点或[圆心(C)]:                               //指定起点
指定圆弧的第二个点或[圆心(C)/端点(E)]:_c↙                //系统选择【圆心】选项
指定圆弧的圆心:                                         //指定圆心
指定圆弧的端点(按住Ctrl键以切换方向)或[角度(A)/弦长(L)]:_a↙  //系统选择【角度】选项
指定夹角(按住Ctrl键以切换方向):65↙                      //指定夹角
```

➤　起点，圆心，长度：依次指定起点、圆心以及弦长创建圆弧，命令行操作如下。

```
命令:_arc↙                                             //启用【起点,圆心,长度】命令
指定圆弧的起点或[圆心(C)]:                               //指定起点
指定圆弧的第二个点或[圆心(C)/端点(E)]:_c↙                //系统选择【圆心】选项
指定圆弧的圆心:                                         //指定圆心
指定圆弧的端点(按住Ctrl键以切换方向)或[角度(A)/弦长(L)]:_L↙  //系统选择【弦长】选项
指定弦长(按住Ctrl键以切换方向):                          //指定弦长
```

➢ 圆心，起点，端点：依次指定圆心、起点、端点绘制圆弧，如图3-65所示，命令行操作
如下。

```
命令：_arc↙                                        //启用【圆心，起点，端点】命令
指定圆弧的起点或 [圆心(C)]：_c↙                      //系统选择【圆心】选项
指定圆弧的圆心：                                     //指定圆心
指定圆弧的起点：                                     //指定起点
指定圆弧的端点(按住Ctrl键以切换方向) 或 [角度(A)/弦长(L)]：  //指定端点
```

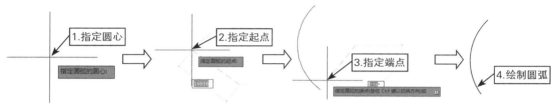

图3-65 指定圆心、起点、端点绘制圆弧

➢ 圆心，起点，角度：依次指定圆心、起点与角度创建圆弧，命令行操作如下。

```
命令：_arc↙                                        //调用【圆心，起点，角度】命令
指定圆弧的起点或[圆心(C)]：_c↙                       //系统选择【圆心】选项
指定圆弧的圆心：                                     //指定圆心
指定圆弧的起点：                                     //指定起点
指定圆弧的端点(按住Ctrl键以切换方向)或[角度(A)/弦长(L)]：_a↙  //系统选择【角度】选项
指定夹角(按住Ctrl键以切换方向)：85↙                  //指定夹角
```

➢ 圆心，起点，长度：依次指定圆心、起点及长度创建圆弧，命令行操作如下。

```
命令：_arc↙                                        //调用【圆心，起点，长度】命令
指定圆弧的起点或[圆心(C)]：_c↙                       //系统选择【圆心】选项
指定圆弧的圆心：                                     //指定圆心
指定圆弧的起点：                                     //指定起点
指定圆弧的端点(按住Ctrl键以切换方向)或[角度(A)/弦长(L)]：_L↙  //系统选择【弦长】选项
指定弦长(按住Ctrl键以切换方向)：4500↙                //指定弦长值
```

➢ 连续：选择命令，以上一步所绘制的圆弧端点为起点，执行绘制圆弧的操作。

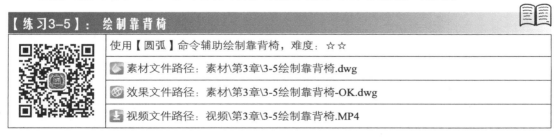

【练习3-5】：绘制靠背椅

	使用【圆弧】命令辅助绘制靠背椅，难度：☆☆
	素材文件路径： 素材\第3章\3-5绘制靠背椅.dwg
	效果文件路径： 素材\第3章\3-5绘制靠背椅-OK.dwg
	视频文件路径： 视频\第3章\3-5绘制靠背椅.MP4

　　单人靠背椅随处可见，例如私人住宅、公共招待处以及办公室等。在利用AutoCAD绘制弧形
靠背椅时，可以借助【圆弧】命令辅助绘制。

01 打开随书配备资源中的"素材\第3章\ 3-5绘制靠背椅.dwg"文件，其中已经绘制好了辅助图
形，如图3-66所示。

02 单击【绘图】面板上【圆弧】按钮下方的实心箭头，在弹出的列表中选择【起点，端点，半径】命令，如图3-67所示。

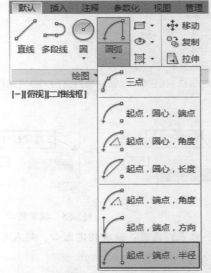

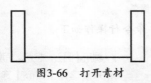

图3-66 打开素材

图3-67 选择命令

03 将光标置于左侧矩形的左上角点，如图3-68所示，指定圆弧的起点。

04 向右移动鼠标，单击右侧矩形的右上角点，如图3-69所示，指定圆弧的端点。

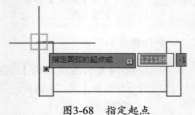

图3-68 指定起点

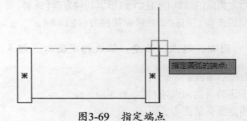

图3-69 指定端点

05 向下移动鼠标，预览圆弧的绘制效果，如图3-70所示。

06 向上移动鼠标，同时按住Ctrl键切换方向。在命令行中输入圆弧的半径值，如图3-71所示。

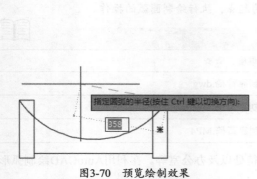

图3-70 预览绘制效果

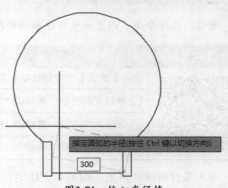

图3-71 输入半径值

07 按Enter键退出命令，绘制圆弧的效果如图3-72所示。

08 重复上述操作，将圆弧半径设置为240，继续创建圆弧，最终结果如图3-73所示。

图3-72　绘制圆弧

图3-73　绘制结果

3.3.3　圆环

执行【圆环】命令，通过指定内径与外径可创建一个圆环。

a. 执行方式

在AutoCAD 2018中调用【圆环】命令的方法有以下几种。

➢ 功能区：单击【绘图】面板中的【圆环】按钮◎，如图3-74所示。

➢ 菜单栏：执行菜单【绘图】|【圆环】命令，如图3-75所示。

➢ 命令行：DONUT或DO。

图3-74　【圆环】按钮

图3-75　【圆环】命令

b. 操作步骤

执行【圆环】命令，依次指定内径与外径，单击鼠标左键，指定中心点位置，创建圆环，命令行操作如下。

```
命令：DONUT↙                                    //启用【圆环】命令
指定圆环的内径<4>:10↙                           //输入内径值
指定圆环的外径<8>:15↙                           //输入外径值
指定圆环的中心点或<退出>:                        //指定中心点
```

c. 初学答疑：改变圆环显示样式的方法

圆环有两种显示样式：一种是实体填充样式，另一种是线段填充样式，如图3-76所示。启用FILL命令，能够在这两种样式之间切换，命令行操作如下。

```
命令：FILL↙                                      //启用命令
输入模式[开(ON)/关(OFF)]<开>:OFF↙                //选择【关】选项
```

选择【开（ON）】模式，切换至实体填充样式。

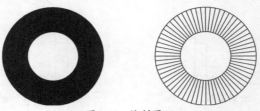

图3-76　绘制圆环

3.3.4　椭圆

执行【椭圆】命令，通过指定中心点与轴端点可创建椭圆。

a. 执行方式

在AutoCAD 2018中调用【椭圆】命令的方法有以下几种。

➢ 功能区：单击【绘图】面板中【椭圆】按钮右侧的向下实心箭头，在弹出的列表中选择绘制方式，如图3-77所示。

➢ 菜单栏：执行菜单【绘图】|【椭圆】命令，在子菜单中选择绘制方式，如图3-78所示。

➢ 命令行：ELLIPSE或EL。

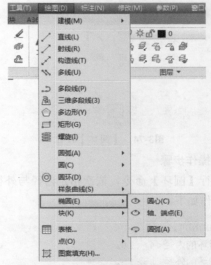

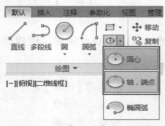

图3-77　【椭圆】命令列表　　　　图3-78　【椭圆】命令子菜单

b. 操作步骤

执行【椭圆】命令，依次指定轴端点与半轴长度创建椭圆，如图3-79所示，命令行操作如下。

命令:ELLIPSE↙　　　　　　　　　　　　　　//调用【椭圆】命令
指定椭圆的轴端点或[圆弧(A)/中心点(C)]:　　　//指定轴端点
指定轴的另一个端点:　　　　　　　　　　　　//向右移动鼠标，指定另一轴端点
指定另一条半轴长度或[旋转(R)]:　　　　　　　//向上移动鼠标，指定半轴长度

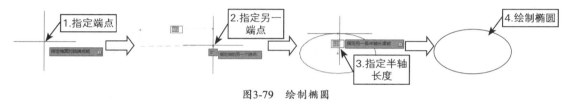

图3-79　绘制椭圆

c. 选项说明

在执行【椭圆】命令的过程中，命令行显示了几个选项供用户使用，这些选项的含义介绍如下。

➤ 圆弧（A）：在命令行中输入A，进入绘制椭圆弧的模式，具体绘制椭圆弧的方法请参考3.3.5小节的内容。

➤ 中心点（C）：在命令行中输入C，选择【中心点】选项，依次指定中心点、端点以及半轴长度创建椭圆，如图3-80所示，命令行操作如下。

命令:ELLIPSE✓	//调用【椭圆】命令
指定椭圆的轴端点或[圆弧(A)/中心点(C)]:C✓	//选择【中心点】选项
指定椭圆的中心点:	//指定中心点
指定轴的端点:	//指定轴端点
指定另一条半轴长度或[旋转(R)]:	//指定半轴长度

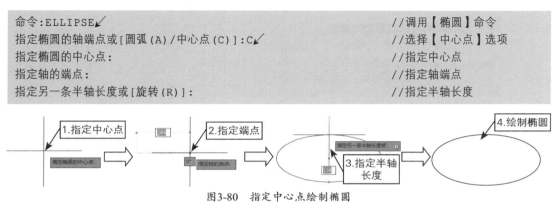

图3-80　指定中心点绘制椭圆

➤ 旋转（R）：在命令行中输入R，选择【旋转】选项，指定旋转角度，绕长轴旋转绘制椭圆，命令行操作如下。

命令:ELLIPSE✓	//调用【椭圆】命令
指定椭圆的轴端点或[圆弧(A)/中心点(C)]:	//指定轴端点
指定轴的另一个端点:1000✓	//指定另一轴端点
指定另一条半轴长度或[旋转(R)]:R✓	//选择【旋转】选项
指定绕长轴旋转的角度:45✓	//指定旋转角度

绕长轴旋转的角度不同，所绘制的椭圆也呈现不同的形式。如图3-81所示，左侧椭圆的旋转角度为45°，右侧椭圆的旋转角度为80°。

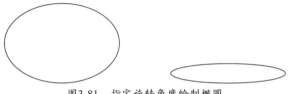

图3-81　指定旋转角度绘制椭圆

3.3.5　椭圆弧

执行【椭圆弧】命令，指定轴端点、轴长度以及起点/端点角度可创建椭圆弧。

a. 执行方式

在AutoCAD 2018中调用【椭圆弧】命令的方法有以下几种。

➢ 功能区：单击【绘图】面板中【椭圆】按钮 ⊙ 右侧的向下实心箭头，在弹出的列表中选择【椭圆弧】命令，如图3-82所示。

➢ 菜单栏：执行菜单【绘图】|【椭圆】命令，在子菜单中选择【圆弧】命令，如图3-83所示。

➢ 命令行：调用ELLIPSE或EL，在命令行中输入A，选择【圆弧】选项。

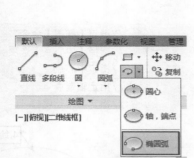

图3-82　选择【椭圆弧】命令

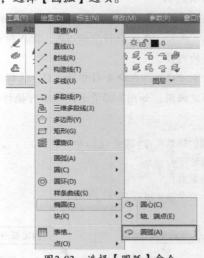

图3-83　选择【圆弧】命令

b. 操作步骤

执行【椭圆弧】命令，依次指定轴端点、半轴长度，以及起点角度、端点角度，创建椭圆弧的结果如图3-84和图3-85所示，命令行操作如下。

```
命令:_ellipse↙                                    //调用【椭圆弧】命令
指定椭圆的轴端点或[圆弧(A)/中心点(C)]:_a↙         //系统选择【圆弧】选项
指定椭圆弧的轴端点或[中心点(C)]:                   //指定轴端点
指定轴的另一个端点:                               //指定另一轴端点
指定另一条半轴长度或[旋转(R)]:                     //指定半轴长度
指定起点角度或[参数(P)]:                           //指定起点角度
指定端点角度或[参数(P)/夹角(I)]:                   //指定端点角度
```

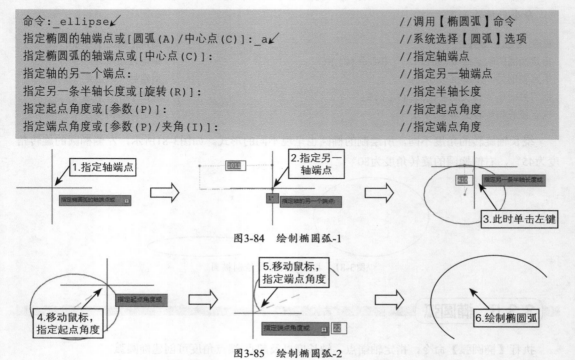

图3-84　绘制椭圆弧-1

图3-85　绘制椭圆弧-2

c. 选项说明

在绘制椭圆弧的过程中，命令行中选项的含义介绍如下。

➤ 参数（P）：在命令行中输入P，选择【参数】选项，依次指定起点参数与端点参数创建椭圆弧，如图3-86所示，命令行操作如下。

命令:_ellipse↙	//调用【椭圆弧】命令
指定椭圆的轴端点或[圆弧(A)/中心点(C)]:_a↙	//系统选择【圆弧】选项
指定椭圆弧的轴端点或[中心点(C)]:	//指定轴端点
指定轴的另一个端点:	//指定另一个端点
指定另一条半轴长度或[旋转(R)]:	//指定半轴长度
指定起点角度或[参数(P)]:P↙	//选择【参数】选项
指定起点参数或[角度(A)]:300↙	//指定起点参数
指定端点参数或[角度(A)/夹角(I)]:800↙	//指定端点参数

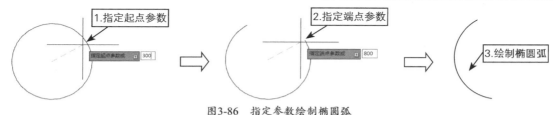

图3-86　指定参数绘制椭圆弧

➤ 夹角（I）：在命令行中输入I，选择【夹角】选项，指定不同的夹角，创建的椭圆弧样式也不同，如图3-87所示，命令行操作如下。

命令:_ellipse↙	//调用【椭圆弧】命令
指定椭圆的轴端点或[圆弧(A)/中心点(C)]:_a↙	//系统选择【圆弧】选项
指定椭圆弧的轴端点或[中心点(C)]:	//指定轴端点
指定轴的另一个端点:	//指定另一轴端点
指定另一条半轴长度或[旋转(R)]:	//指定半轴长度
指定起点角度或[参数(P)]:	//指定起点角度
指定端点角度或[参数(P)/夹角(I)]:I↙	//选择【夹角】选项
指定圆弧的夹角<180>:150↙	//输入角度值

图3-87　指定夹角绘制椭圆弧

【练习3-6】：绘制洗脸盆

使用【椭圆】命令、【椭圆弧】命令绘制洗脸盆，难度：☆☆☆
素材文件路径：无
效果文件路径：素材\第3章\3-6绘制洗脸盆-OK.dwg
视频文件路径：视频\第3章\3-6绘制洗脸盆.MP4

洗脸盆的样式有很多种，如方形、圆形以及椭圆形。下面介绍借助【椭圆】命令、【椭圆弧】命令绘制椭圆形洗脸盆的操作步骤。

01 在命令行中输入EL，调用【椭圆】命令，绘制长轴为511、短轴为219的椭圆，如图3-88所示。

02 在命令行中输入L，调用【直线】命令，绘制水平、垂直辅助线，如图3-89所示。

图3-88　绘制椭圆

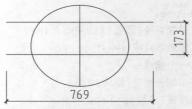

图3-89　绘制辅助线

03 单击【绘图】面板上的【椭圆弧】按钮，调用【椭圆弧】命令。单击指定下方水平辅助线左侧端点为轴端点，如图3-90所示。

04 向右移动鼠标，单击辅助线右侧端点为轴的另一个端点，如图3-91所示。

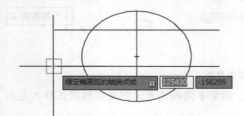

图3-90　指定轴端点

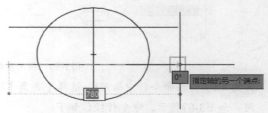

图3-91　指定另一轴端点

05 向上移动鼠标，单击线段交点，指定另一条半轴长度，如图3-92所示。

06 向右上角移动鼠标，单击椭圆轮廓线的交点，如图3-93所示，指定起点角度。

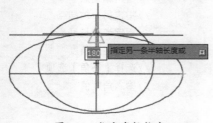

图3-92　指定半轴长度

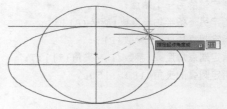

图3-93　指定起点角度

07 向左上角移动鼠标，单击椭圆轮廓线的交点，如图3-94所示，指定端点角度。

08 绘制椭圆弧的效果如图3-95所示。

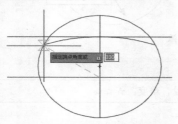

图3-94　指定端点角度

图3-95　绘制椭圆弧

09 在命令行中输入E，启用【删除】命令，删除垂直、水平辅助线。

10 在命令行中输入L，绘制长度为438的水平线段，如图3-96所示。

11 在命令行中输入EL，调用【椭圆】命令，以水平线段的左右两个端点为椭圆长轴端点，绘制长轴为438、短轴为161的椭圆，如图3-97所示。

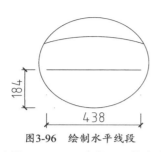

图3-96　绘制水平线段

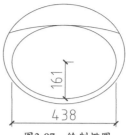

图3-97　绘制椭圆

12 在命令行中输入DO，调用【圆环】命令，设置内径为50、外径为70，绘制圆环作为洗脸盆的流水孔，如图3-98所示。

13 在命令行中输入C，调用【圆】命令，设置半径为11，绘制圆形如图3-99所示。至此，完成洗脸盆的绘制。

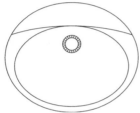

图3-98　绘制圆环

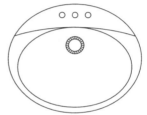

图3-99　绘制圆形

▷▷▷▷▷▷▷▷▷▷▷ 知识链接 ◁◁◁◁◁◁◁◁◁◁◁

关于圆环显示样式的设置方法，请参考本章3.3.3节的内容介绍。

3.4　绘制多边形对象

AutoCAD中的多边形对象包括矩形和多边形，常作为物体的轮廓线出现。本节介绍绘制多边形对象的操作方法。

3.4.1　矩形

矩形就是通常所说的长方形，可以通过指定对角点或长度、宽度以及旋转角度来创建矩形。

使用【矩形】命令不仅能够绘制常规矩形，还可以为其设置倒角、圆角以及宽度和厚度值，生成不同类型的边线和边角效果，如图3-100所示。

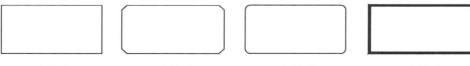

直角矩形　　　　　　倒角矩形　　　　　　圆角矩形　　　　　　宽线矩形

图3-100　不同类型的矩形

a. 执行方式

在AutoCAD 2018中调用【矩形】命令的方法有以下几种。

➢ 功能区：单击【绘图】面板中的【矩形】按钮▢，如图3-101所示。

➢ 菜单栏：执行菜单【绘图】|【矩形】命令，如图3-102所示。

➢ 命令行：RECTANG或REC。

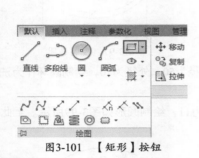

图3-101 【矩形】按钮

图3-102 【矩形】命令

b. 操作步骤

执行【矩形】命令，依次指定对角点创建矩形，如图3-103所示，命令行操作如下。

```
命令：RECTANG↙                                                      //调用【矩形】命令
指定第一个角点或 [倒角(C)/标高(E)/圆角(F)/厚度(T)/宽度(W)]:          //指定第一个角点
指定另一个角点或 [面积(A)/尺寸(D)/旋转(R)]:                          //指定第二个角点
```

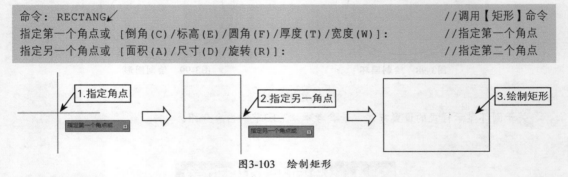

图3-103 绘制矩形

c. 选项说明

在执行【矩形】命令的过程中，命令行显示若干选项，这些选项的含义介绍如下。

➢ 倒角（C）：在命令行中输入C，选择【倒角】选项，依次输入第一个、第二个倒角距离，指定对角点创建矩形，如图3-104所示，命令行操作如下。

```
命令：RECTANG↙                                                      //启用【矩形】命令
指定第一个角点或 [倒角(C)/标高(E)/圆角(F)/厚度(T)/宽度(W)]:C↙         //选择【倒角】选项
指定矩形的第一个倒角距离<0>:100↙                                    //输入距离值
指定矩形的第二个倒角距离<100>:100↙                                  //输入距离值
指定第一个角点或 [倒角(C)/标高(E)/圆角(F)/厚度(T)/宽度(W)]:          //指定角点
指定另一个角点或 [面积(A)/尺寸(D)/旋转(R)]:                          //指定另一角点
```

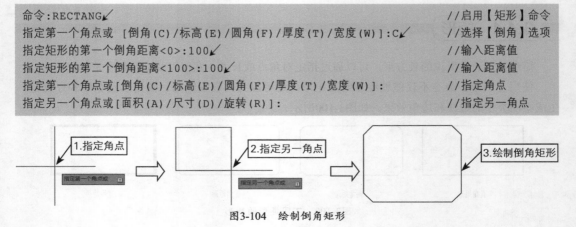

图3-104 绘制倒角矩形

➢ 标高（E）：在命令行中输入E，选择【标高】选项，指定矩形相对于地平面的标高，默认标高为0，命令行操作如下。

```
命令：RECTANG↙                                        //调用【矩形】命令
指定第一个角点或[倒角(C)/标高(E)/圆角(F)/厚度(T)/宽度(W)]:E↙   //选择【标高】选项
指定矩形的标高<0>:500↙                                 //输入标高值
指定第一个角点或[倒角(C)/标高(E)/圆角(F)/厚度(T)/宽度(W)]:      //指定角点
指定另一个角点或[面积(A)/尺寸(D)/旋转(R)]:                   //指定另一角点
```

➢ 圆角（F）：在命令行中输入F，选择【圆角】选项。输入圆角半径，指定对角点创建矩形，如图3-105所示，命令行操作如下。

```
命令:RECTANG↙                                        //调用【矩形】命令
指定第一个角点或[倒角(C)/标高(E)/圆角(F)/厚度(T)/宽度(W)]:F↙   //选择【圆角】选项
指定矩形的圆角半径<0>:200↙                              //输入半径值
指定第一个角点或[倒角(C)/标高(E)/圆角(F)/厚度(T)/宽度(W)]:      //指定角点
指定另一个角点或[面积(A)/尺寸(D)/旋转(R)]:                   //指定另一角点
```

图3-105　绘制圆角矩形

➢ 厚度（T）：在命令行中输入T，选择【厚度】选项，输入矩形的厚度，依次指定对角点创建矩形，如图3-106所示，命令行操作如下。

```
命令:RECTANG↙                                        //调用【矩形】命令
指定第一个角点或[倒角(C)/标高(E)/圆角(F)/厚度(T)/宽度(W)]:T↙   //选择【厚度】选项
指定矩形的厚度<0>:50↙                                  //输入厚度值
指定第一个角点或[倒角(C)/标高(E)/圆角(F)/厚度(T)/宽度(W)]:      //指定角点
指定另一个角点或[面积(A)/尺寸(D)/旋转(R)]:                   //指定对角点
```

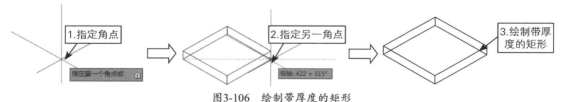

图3-106　绘制带厚度的矩形

➢ 宽度（W）：在命令行中输入W，选择【宽度】选项，输入宽度值，指定对角点创建矩形，如图3-107所示，命令行操作如下。

```
命令:RECTANG↙                                        //调用【矩形】命令
指定第一个角点或[倒角(C)/标高(E)/圆角(F)/厚度(T)/宽度(W)]:W↙   //选择【宽度】选项
指定矩形的线宽<0>:20↙                                  //输入线宽
指定第一个角点或[倒角(C)/标高(E)/圆角(F)/厚度(T)/宽度(W)]:      //指定角点
指定另一个角点或[面积(A)/尺寸(D)/旋转(R)]:                   //指定对角点
```

图3-107　绘制带宽度的矩形

➢ **面积（A）**：在命令行中输入A，选择【面积】选项，输入矩形面积，指定矩形尺寸后可以创建矩形，命令行操作如下。

```
命令:RECTANG↙                                              //调用【矩形】命令
指定第一个角点或[倒角(C)/标高(E)/圆角(F)/厚度(T)/宽度(W)]:      //指定第一个角点
指定另一个角点或[面积(A)/尺寸(D)/旋转(R)]:A↙                   //选择【面积】选项
输入以当前单位计算的矩形面积<600>:3600↙                         //输入面积
计算矩形标注时依据[长度(L)/宽度(W)]<宽度>:L↙                   //选择【长度】选项
输入矩形长度<20>:60↙                                         //指定矩形长度
```

执行上述操作后，所创建的矩形的面积为3600m²。又因为面积=长×宽，所以可以得知矩形的宽度为60。

➢ **尺寸（D）**：在命令行中输入D，选择【尺寸】选项，指定对角点，输入矩形尺寸可以创建矩形，命令行操作如下。

```
命令:RECTANG↙                                              //调用【矩形】命令
指定第一个角点或[倒角(C)/标高(E)/圆角(F)/厚度(T)/宽度(W)]:      //指定角点
指定另一个角点或[面积(A)/尺寸(D)/旋转(R)]:D↙                   //选择【尺寸】选项
指定矩形的长度<60>:100↙                                      //指定长度
指定矩形的宽度<60>:100↙                                      //指定宽度
指定另一个角点或[面积(A)/尺寸(D)/旋转(R)]:                     //指定角点
```

➢ **旋转（R）**：在命令行中输入R，选择【旋转】选项，指定角点，输入旋转角度可以创建矩形，如图3-108所示，命令行操作如下。

```
命令:RECTANG↙                                              //调用【矩形】命令
指定第一个角点或[倒角(C)/标高(E)/圆角(F)/厚度(T)/宽度(W)]:      //指定角点
指定另一个角点或[面积(A)/尺寸(D)/旋转(R)]:R↙                   //选择【旋转】选项
指定旋转角度或[拾取点(P)]<0>:45↙                             //输入角度
指定另一个角点或[面积(A)/尺寸(D)/旋转(R)]:                     //指定角点
```

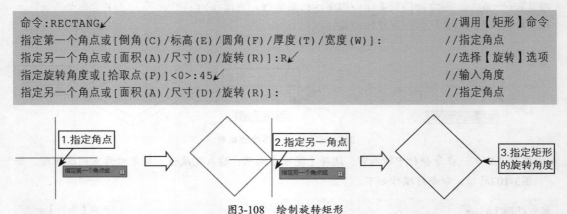

图3-108　绘制旋转矩形

d. 初学解答

在绘制带厚度的矩形时，为了能够观察到矩形的厚度，需要切换至轴测图。单击绘图区域左上角的【视图】控件按钮，向下弹出列表。在列表中显示视图类型，选择【西南等轴测】选项，如图3-109所示。切换至轴测图后,就能够清楚地查看带厚度矩形的创建效果。

为矩形设置宽度,绘制效果如图3-110所示。为了使得矩形的宽度以实体填充的样式显示,需要调用FILL命令,命令行操作如下。

命令:FILL↙   //调用FILL命令
输入模式[开(ON)/关(OFF)]　<关>:ON↙   //选择【开】选项

执行上述操作后,再创建宽度矩形时,其宽度显示为实体填充的样式,见图3-107。

[-][西南等轴测][二维线框]

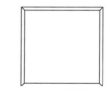

图3-109　视图列表   图3-110　绘制带厚度的矩形

延伸讲解

用户也可以先切换至等轴测图,再创建厚度矩形。

【练习3-7】: 绘制电脑桌　

使用【矩形】命令绘制电脑桌,难度:☆☆
素材文件路径: 无
效果文件路径: 素材\第3章\3-7绘制电脑桌-OK.dwg
视频文件路径: 视频\第3章\3-7绘制电脑桌.MP4

下面通过绘制电脑桌来介绍绘制矩形的操作步骤。

01 在命令行中输入REC,调用【矩形】命令,绘制707×1600大小的矩形,如图3-111所示。

02 在命令行中输入O,调用【偏移】命令,设置偏移距离为30,向内偏移矩形,如图3-112所示。

图3-111　绘制矩形   图3-112　偏移矩形

03 调用【矩形】命令，绘制尺寸为800×450的矩形，如图3-113所示。

04 调入办公椅和电脑图块，完成电脑桌的绘制，如图3-114所示。

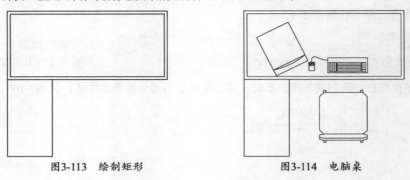

图3-113　绘制矩形　　　　　　　　图3-114　电脑桌

3.4.2　多边形

由三条或三条以上长度相等且首尾相接的直线段组成的图形叫作正多边形，使用【多边形】命令可以绘制多种正多边形，如图3-115所示。多边形的边数范围为3~1024。

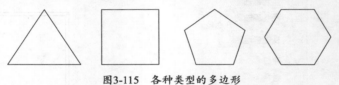

图3-115　各种类型的多边形

a. 执行方式

在AutoCAD 2018中调用【多边形】命令的方法有以下几种。

➤ 功能区：单击【绘图】面板中【矩形】按钮 □ 右侧的实心三角形，在弹出的列表中选择【多边形】命令，如图3-116所示。

➤ 菜单栏：执行菜单【绘图】|【多边形】命令，如图3-117所示。

➤ 命令行：POLYGON或POL。

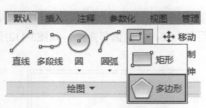

图3-116　选择【多边形】命令1

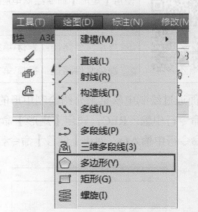

图3-117　选择【多边形】命令2

b. 操作步骤

执行【多边形】命令，指定侧面数、中心点以及半径值来创建多边形，命令行操作如下。

```
命令:POLYGON✓                                    //调用【多边形】命令
输入侧面数<5>:6✓                                 //输入侧面数
指定正多边形的中心点或[边(E)]:                   //指定中心点
输入选项[内接于圆(I)/外切于圆(C)]<I>:I✓          //选择【内接于圆】选项
指定圆的半径:100✓                                //输入半径值
```

c. 选项说明

在执行【多边形】命令的过程中，命令行中各选项的含义如下。

➢ 边（E）：在命令行中输入E，选择【边】选项，指定边长以创建多边形，如图3-118所示，命令行提示如下。

```
命令:_polygon ✓                                  //调用【多边形】命令
输入侧面数<5>:6✓                                 //输入侧面数
指定正多边形的中心点或[边(E)]:E✓                 //选择【边】选项
指定边的第一个端点:                              //指定第一个端点
指定边的第二个端点:                              //指定第二个端点
```

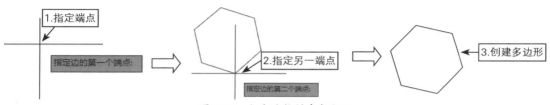

图3-118　指定边长创建多边形

➢ 内接于圆（I）：在命令行中输入I，选择【内接于圆】选项，通过指定正多边形内接于圆半径的方式绘制正多边形，如图3-119所示。

➢ 外切于圆（C）：在命令行中输入C，选择【外切于圆】选项，通过指定正多边形外切于圆半径的方式绘制正多边形，如图3-120所示。

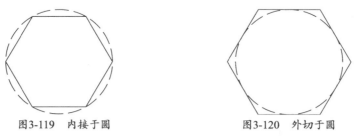

图3-119　内接于圆　　　　　　　　图3-120　外切于圆

【练习3-8】：绘制地面拼花

使用【多边形】命令、【图案填充】命令绘制地面拼花，难度：☆☆
素材文件路径：无
效果文件路径：素材\第3章\3-8绘制地面拼花-OK.dwg
视频文件路径：视频\第3章\3-8绘制地面拼花.MP4

在装饰居室时，常常在玄关、客厅、过道等位置对地砖进行拼贴，创建多样、绚丽的纹样效果。下面将绘制常见的八边形地面拼花，练习多边形的绘制。

01 执行菜单【绘图】|【多边形】命令，绘制边数为8、半径为1800的八边形，如图3-121所示。

02 在命令行中输入O，启用【偏移】命令，设置偏移距离为125，向内偏移多边形，如图3-122所示。

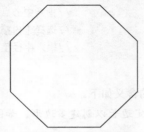

图3-121 绘制八边形

图3-122 偏移多边形

03 在命令行中输入L，启用【直线】命令，绘制水平线段与垂直线段。

04 在命令行中输入O，启用【偏移】命令，设置偏移距离为120，偏移线段，如图3-123所示。

05 在命令行中输入L，启用【直线】命令，绘制对角线，结果如图3-124所示。

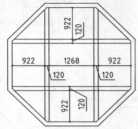

图3-123 偏移线段

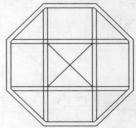

图3-124 绘制对角线

06 执行菜单【绘图】|【多边形】命令，绘制边数为4、半径为449的四边形。

07 在命令行中输入RO，启用【旋转】命令，设置旋转角度为45°，旋转多边形，如图3-125所示。

08 执行菜单【绘图】|【多边形】命令，绘制边数为4、半径为185的四边形，如图3-126所示。

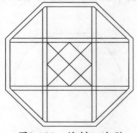

图3-125 绘制四边形

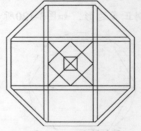

图3-126 绘制结果

09 在命令行中输入TR，启用【修剪】命令，修剪线段，如图3-127所示。

10 在命令行中输入L，启用【直线】命令，绘制直线，如图3-128所示。

图3-127 修剪线段

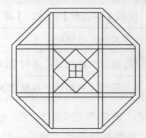

图3-128 绘制直线

⑪ 在命令行中输入H，启用【图案填充】命令，设置参数如图3-129所示。

⑫ 拾取填充区域，按Enter键，填充效果如图3-130所示。

图3-129　设置参数

图3-130　填充图案

⑬ 按Enter键，再次启用【图案填充】命令，修改填充参数，如图3-131所示。

⑭ 在图形中拾取填充区域，填充图案的效果如图3-132所示。

图3-131　修改参数

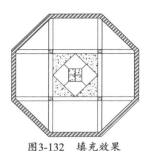

图3-132　填充效果

3.5　思考与练习

1. 选择题

（1）绘制定数等分点的快捷键为（　　　）。

A. DIV　　　　　　　　B. ME　　　　　　　　C. L　　　　　　　　D. CHA

（2）绘制【定距等分点】时，除了选择要定距等分的对象外，还需要设置的参数是（　　　）。

A. 指定线段长度　　　　　　　　　　B. 指定等分点的数目

C. 指定等分点的大小　　　　　　　　D. 指定等分点的类型

（3）【直线】命令相对应的工具按钮为（　　　）。

A. 　　　　　　　　B. 　　　　　　　　C. 　　　　　　　　D.

（4）设置圆环样式的命令是（　　　）。

A. FILTER　　　　　　B. FIND　　　　　　C. FLATSHOT　　　　D. FILL

（5）调用C【圆】命令，命令行中显示（　　　）种绘制方法。

A. 3　　　　　　　　　B. 4　　　　　　　　C. 5　　　　　　　　D. 6

2. 操作题

（1）调用ME【定距等分】命令，设置等分距离为420，绘制等分点；调用L【直线】命令，绘制门扇装饰线，结果如图3-133所示。

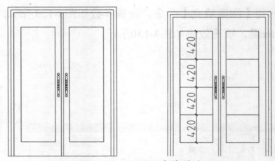

图3-133　绘制门扇装饰线

（2）执行菜单【绘图】|【圆弧】|【起点、端点、半径】命令，以A点为起点，B点为终点，绘制半径为248的圆弧，如图3-134所示。

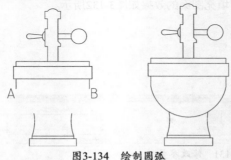

图3-134　绘制圆弧

（3）调用L【直线】命令，绘制电视机的立面装饰，结果如图3-135所示。

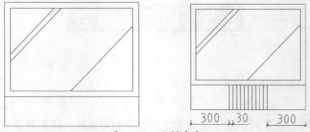

图3-135　绘制直线

（4）调用REC【矩形】命令，绘制柜门装饰线，如图3-136所示。

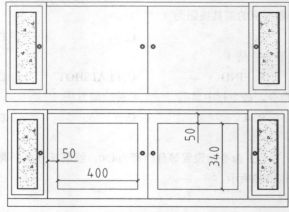

图3-136　绘制矩形

为了提高绘图的效率，AutoCAD提供了一些复合图形绘图工具，能够快速绘制墙体、窗、阳台、地砖图案等复杂的室内图形对象。本章介绍绘制复杂二维图形的方法。

第 4 章
绘制复杂室内图形

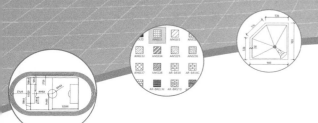

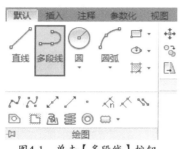

4.1　多段线

调用【多段线】命令，所绘制的图形对象为一个整体。在进行编辑修改时，也是作为一个整体来处理，不能分开编辑。本节介绍绘制和编辑多段线的方法。

4.1.1　绘制多段线

多段线是由直线或圆弧等多条线段构成的复合图形对象。

a. 执行方式

执行【多段线】命令的方法有以下几种。

➢ 功能区：单击【绘图】面板中的【多段线】按钮 ⌐，如图4-1所示。
➢ 菜单栏：执行菜单【绘图】|【多段线】命令，如图4-2所示。
➢ 命令行：PLINE或PL。

图4-1　单击【多段线】按钮　　　　图4-2　选择【多段线】命令

b. 操作步骤

启用【多段线】命令，指定起点与终点绘制多段线，命令行操作如下。

```
命令：PLINE ✓                                              //调用【多段线】命令
指定起点：                                                 //指定起点
当前线宽为 0
指定下一个点或 [圆弧(A)/半宽(H)/长度(L)/放弃(U)/宽度(W)]：    //移动鼠标，指定下一点
```

c. 选项说明

在执行【多段线】命令的过程中，命令行中各选项的含义如下。

➤ 圆弧（A）：在命令行中输入A，选择【圆弧】选项，切换至画圆弧模式，指定起点、下一点与圆弧的端点，绘制圆弧多段线，如图4-3和图4-4所示，命令行操作如下。

```
命令：PLINE✓                                                     //调用【多段线】命令
指定起点：                                                       //指定起点
当前线宽为0
指定下一个点或[圆弧(A)/半宽(H)/长度(L)/放弃(U)/宽度(W)]：           //指定下一点
指定下一点或[圆弧(A)/闭合(C)/半宽(H)/长度(L)/放弃(U)/宽度(W)]：A✓
                                                                 //选择【圆弧】选项
指定圆弧的端点(按住Ctrl键以切换方向)或[角度(A)/圆心(CE)/闭合(CL)/方向(D)/半宽(H)/直线
(L)/半径(R)/第二个点(S)/放弃(U)/宽度(W)]：                          //指定圆弧端点
```

切换至【圆弧（A）】模式后，在命令行中提供多个选项，帮助用户确定圆弧的样式，例如【角度】、【圆心】等。输入选项后的字母，选择选项，设置参数，指定绘制圆弧的参数。

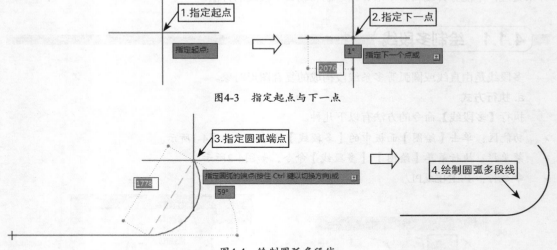

图4-3　指定起点与下一点

图4-4　绘制圆弧多段线

➤ 半宽（H）：在命令行中输入H，选择【半宽】选项，设置多段线起始与结束的上下部分的宽度值，即宽度的两倍。

➤ 长度（L）：在命令行中输入L，选择【长度】选项，绘制出与上一段角度相同的线段。

➤ 放弃（U）：在命令行中输入U，选择【放弃】选项，退回至上一点。

➤ 宽度（W）：在命令行中输入W，选择【宽度】选项，设置多段线起始与结束的宽度值。

4.1.2 编辑多段线

绘制完成的多段线，可以对其进行编辑修改，避免重复绘制。

a. 执行方式

执行【编辑多段线】命令的方法有以下几种。

- 菜单栏：执行菜单【修改】|【对象】|【多段线】命令，如图4-5所示。
- 命令行：PEDIT或PE。
- 双击绘制完成的多段线，在弹出的列表中选择选项，如图4-6所示，进入编辑状态。

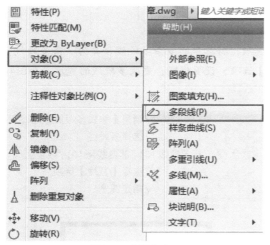

图4-5 选择命令　　　　　　　　　　　图4-6 选择选项

b. 操作步骤

执行【编辑多段线】命令，选择多段线，执行各选项编辑操作，命令行操作如下。

```
命令：PEDIT↙                                          //调用【编辑多段线】命令
选择多段线或 [多条(M)]:
输入选项 [闭合(C)/合并(J)/宽度(W)/编辑顶点(E)/拟合(F)/样条曲线(S)/非曲线化(D)/线型生成
(L)/反转(R)/放弃(U)]:                                 //选择选项，开始编辑多段线
```

c. 选项说明

在执行【编辑多段线】命令的过程中，命令行中各选项含义如下。

- 多条（M）：在命令行中输入M，选择【多条】选项，依次选择多条多段线为编辑对象，命令行操作如下。

```
命令：PEDIT↙                                          //调用【编辑多段线】命令
选择多段线或[多条(M)]:M↙                              //选择【多条】选项
选择对象:找到1个
选择对象:找到1个，总计2个
选择对象:找到1个，总计3个                              //拾取多段线
```

- 闭合（C）：在命令行中输入C，选择【闭合】选项，选择开放多段线，闭合效果如图4-7所示，命令行操作如下。

```
命令:PEDIT↙                                               //调用【编辑多段线】命令
选择多段线或[多条(M)]:                                      //选择对象
输入选项[闭合(C)/合并(J)/宽度(W)/编辑顶点(E)/拟合(F)/样条曲线(S)/非曲线化(D)/线型生成
(L)/反转(R)/放弃(U)]:C↙                                    //选择【闭合】选项
```

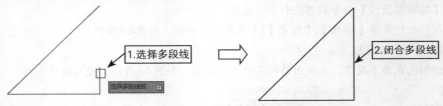

图4-7　闭合多段线

> 合并（J）：在命令行中输入J，选择【合并】选项，将选中的多条多段线合并为一条多段线。
> 宽度（W）：在命令行中输入W，选择【宽度】选项，设置线宽，更改多段线的宽度，如图4-8
>   所示，命令行操作如下。

```
命令:PEDIT↙                                               //调用【编辑多段线】命令
选择多段线或[多条(M)]:                                      //选择多段线
输入选项[闭合(C)/合并(J)/宽度(W)/编辑顶点(E)/拟合(F)/样条曲线(S)/非曲线化(D)/线型生成
(L)/反转(R)/放弃(U)]:W↙                                    //选择【宽度】选项
指定所有线段的新宽度:20↙                                    //指定线宽
```

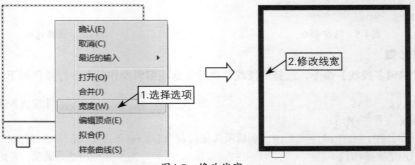

图4-8　修改线宽

> 编辑顶点（E）：在命令行中输入E，选择【编辑顶点】选项，显示多个选项，选择相应的选
>   项，编辑多段线的顶点，命令行操作如下。

```
命令:PEDIT↙                                               //调用【编辑多段线】命令
选择多段线或[多条(M)]:                                      //选择多段线
输入选项[闭合(C)/合并(J)/宽度(W)/编辑顶点(E)/拟合(F)/样条曲线(S)/非曲线化(D)/线型生成
(L)/反转(R)/放弃(U)]:E↙                                    //选择【编辑顶点】选项
输入顶点编辑选项
[下一个(N)/上一个(P)/打断(B)/插入(I)/移动(M)/重生成(R)/拉直(S)/切向(T)/宽度(W)/退出(X)]
<N>:                                                     //输入选项后的字母，选择选项，编辑顶点
```

> 拟合（F）：在命令行中输入F，选择【拟合】选项，删除多段线的角点，将多段线转换为圆
>   滑曲线，如图4-9所示，命令行操作如下。

```
命令:PEDIT↙                                    //启用【编辑多段线】命令
选择多段线或[多条(M)]:                          //选择多段线
输入选项[闭合(C)/合并(J)/宽度(W)/编辑顶点(E)/拟合(F)/样条曲线(S)/非曲线化(D)/线型生成
(L)/反转(R)/放弃(U)]:F↙                        //选择【拟合】选项
```

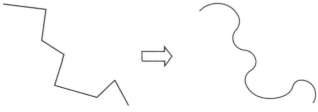

图4-9　【拟合】操作结果

➤ 样条曲线（S）：在命令行中输入S，选择【样条曲线】选项，将多段线转换为样条曲线，如图4-10所示，命令行操作如下。

```
命令:PEDIT↙                                    //调用【编辑样条曲线】命令
选择多段线或[多条(M)]:                          //选择多段线
输入选项 [闭合(C)/合并(J)/宽度(W)/编辑顶点(E)/拟合(F)/样条曲线(S)/非曲线化(D)/线型生成
(L)/反转(R)/放弃(U)]:S↙                        //选择【样条曲线】选项
```

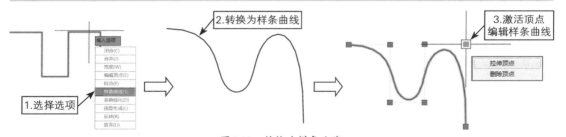

图4-10　转换为样条曲线

➤ 非曲线化（D）：在命令行中输入D，选择【非曲线化】选项，将曲线多段线转换为直线。
➤ 线型生成（L）：在命令行中输入L，选择【线型生成】选项，控制线型生成的模式。

```
命令:PEDIT↙                                    //调用【编辑多段线】命令
选择多段线或[多条(M)]:                          //选择多段线
输入选项[闭合(C)/合并(J)/宽度(W)/编辑顶点(E)/拟合(F)/样条曲线(S)/非曲线化(D)/线型生
成(L)/反转(R)/放弃(U)]:L↙                      //选择【线型生成】选项
输入多段线线型生成选项[开(ON)/关(OFF)]<关>:ON↙  //选择模式
```

【练习4-1】：绘制足球场

	使用【多段线】命令绘制足球场，难度：☆
	素材文件路径：无
	效果文件路径：素材\第4章\4-1绘制足球场-OK.dwg
	视频文件路径：视频\第4章\4-1绘制足球场.MP4

下面通过绘制足球场平面图来学习绘制多段线的操作步骤。

01 在命令行中输入**PL**，调用【多段线】命令，绘制足球场外轮廓，命令行操作如下。

```
命令:PLINE↙                                              //调用【多段线】命令
指定起点:                                                //单击指定多段线的起点
当前线宽为0
指定下一个点或[圆弧(A)/半宽(H)/长度(L)/放弃(U)/宽度(W)]:84390↙
                                                        //鼠标向左水平移动，输入距离值
指定下一点或[圆弧(A)/闭合(C)/半宽(H)/长度(L)/放弃(U)/宽度(W)]:A↙
                                                        //选择【圆弧】选项
指定圆弧的端点或[角度(A)/圆心(CE)/闭合(CL)/方向(D)/半宽(H)/直线(L)/半径(R)/第二个点(S)/
放弃(U)/宽度(W)]:R↙                                      //选择【半径】选项
指定圆弧的半径:46260↙
指定圆弧的端点或[角度(A)]:@0,-92520↙                      //输入相对直角坐标，确定圆弧端点
指定圆弧的端点或[角度(A)/圆心(CE)/闭合(CL)/方向(D)/半宽(H)/直线(L)/半径(R)/第二个点(S)/
放弃(U)/宽度(W)]:L↙                                      //选择【直线】选项
指定下一点或[圆弧(A)/闭合(C)/半宽(H)/长度(L)/放弃(U)/宽度(W)]:84390↙
                                                        //向右移动鼠标，输入直线的长度
指定下一点或[圆弧(A)/闭合(C)/半宽(H)/长度(L)/放弃(U)/宽度(W)]:A↙
指定圆弧的端点或[角度(A)/圆心(CE)/闭合(CL)/方向(D)/半宽(H)/直线(L)/半径(R)/第二个点(S)/
放弃(U)/宽度(W)]:R↙
指定圆弧的半径:46260↙
指定圆弧的端点或[角度(A)]:       //捕捉多段线的起点，完成球场外轮廓绘制，结果如图4-11所示
```

02 在命令行中输入**O**，调用【偏移】命令，设置偏移距离为1220，向内偏移轮廓线6次，如图4-12所示。

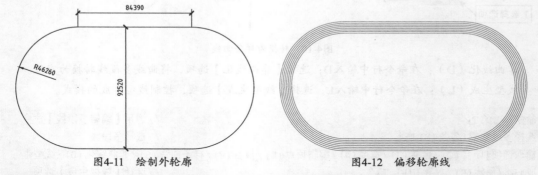

图4-11 绘制外轮廓　　　　　　　　　　　图4-12 偏移轮廓线

03 在命令行中输入**L**，调用【直线】命令；输入**C**，调用【圆】命令，完成足球场平面图的绘制，如图4-13所示。

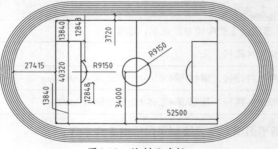

图4-13 绘制足球场

4.2　样条曲线

调用【样条曲线】命令，可以创建平滑的曲线，多用来作为物体的轮廓线。样条曲线绘制完成后，如若对其形态不满意，可以双击进入编辑模式，对其进行修改。

4.2.1　绘制样条曲线

a. 执行方式

执行【样条曲线】命令的方法有以下几种。

➢ 功能区：单击【绘图】面板上的【样条曲线拟合】按钮 ⬚ 或【样条曲线控制】按钮 ⬚ ，如图4-14所示。
➢ 菜单栏：执行菜单【绘图】|【样条曲线】命令，在弹出的子菜单中选择命令，如图4-15所示。
➢ 命令行：SPLINE或SPL。

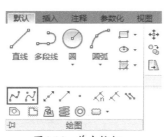

图4-14　单击按钮

图4-15　选择命令

b. 操作步骤

执行【样条曲线】命令，依次指定起点、下一个点，绘制样条曲线，如图4-16所示，命令行操作如下。

命令:SPLINE↙	//调用【样条曲线】命令
当前设置:方式=拟合　节点=弦	
指定第一个点或[方式(M)/节点(K)/对象(O)]:	//指定起点
输入下一个点或[起点切向(T)/公差(L)]:	//指定下一点
输入下一个点或[端点相切(T)/公差(L)/放弃(U)]:	//指定下一点

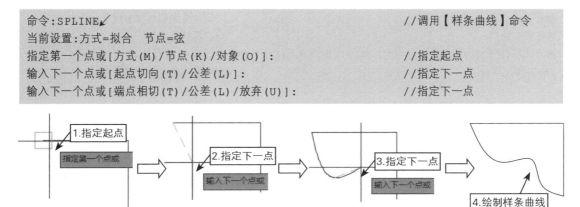

图4-16　绘制样条曲线

c. 选项说明

执行【样条曲线】命令的过程中，命令行中各选项的含义如下。

- 公差（L）：拟合公差，定义曲线的偏差值。值越大，离控制点越远；反之则越近。
- 端点相切（T）：定义样条曲线的起点和结束点的切线方向。
- 放弃（U）：放弃样条曲线的绘制。

4.2.2 编辑样条曲线

绘制完成的样条曲线可以进行合并、编辑顶点等操作，以调整样条曲线的形状和方向。

a. 执行方式

执行【编辑样条曲线】命令的方法有以下几种。

- 菜单栏：执行菜单【修改】|【对象】|【样条曲线】命令，如图4-17所示。
- 命令行：SPLINEDIT或SPE。
- 双击绘制完成的样条曲线，进入编辑状态，在弹出的列表中选择选项，如图4-18所示。

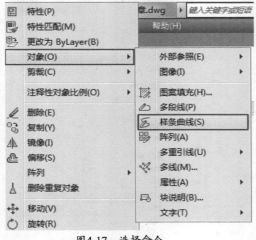

图4-17 选择命令

图4-18 选项列表

b. 操作步骤

执行【编辑样条曲线】命令，命令行操作如下。

```
命令:_splinedit↙                                    //调用【编辑样条曲线】命令
选择样条曲线:                                        //选择样条曲线
输入选项[闭合(C)/合并(J)/拟合数据(F)/编辑顶点(E)/转换为多段线(P)/反转(R)/放弃(U)/退出
(X)]<退出>:                                         //选择选项，编辑样条曲线
```

4.3 多 线

多线是一种由多条平行线组成的组合图形对象，它可以由1~16条平行直线组成。在室内装潢绘图中，经常使用多线来创建墙体、平面窗等图形。

4.3.1　多线样式

系统默认的多线样式为STANDARD样式，它由两条直线组成，但在绘制多线前，通常会根据不同的需要对样式进行专门设置。

a. 执行方式

执行【多线样式】命令的方法有以下几种。

- 菜单栏：执行菜单【格式】|【多线样式】命令。
- 命令行：MLSTYLE或ML。

b. 操作步骤

执行【多线样式】命令，打开【多线样式】对话框。单击【新建】按钮，在打开的【创建新的多线样式】对话框中设置样式名称，新建样式。进入【新建多线样式】对话框，设置样式参数。

【练习4-2】：　创建墙体多线样式	
使用【多线样式】命令创建墙体多线样式，难度：☆	
素材文件路径：无	
效果文件路径：素材\第4章\4-2 创建墙体多线样式-OK.dwg	
视频文件路径：视频\第4章\4-2 创建墙体多线样式.MP4	

下面介绍创建多线样式的操作步骤。

01 执行菜单【格式】|【多线样式】命令，弹出如图4-19所示的【多线样式】对话框，STANDARD样式为系统默认的多线样式。

02 在对话框中单击【新建】按钮，弹出【创建新的多线样式】对话框，在【新样式名】文本框中输入新样式的名称，如图4-20所示。

图4-19　【多线样式】对话框

图4-20　设置样式名称

03 单击【继续】按钮，弹出【新建多线样式：墙体】对话框，在其中的【图元】选项组中设置偏移距离，如图4-21所示。

04 单击【确定】按钮，关闭对话框。在【多线样式】对话框中选择新多线样式，单击【置为当前】按钮，如图4-22所示，将其置为当前使用的样式。

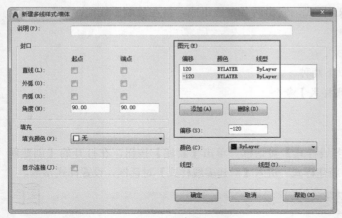

图4-21 设置参数

图4-22 选择新多线样式

c.选项说明

在【新建多线样式】对话框中，部分选项的含义如下。

➤ 封口：设置多线的水平线之间两端封口的样式，各种封口样式如图4-23所示。

➤ 填充：设置封闭的多线内的填充颜色。

➤ 显示连接：显示或隐藏每条多段线线段顶点处的连接。

➤ 图元：构成多线的元素，通过单击【添加】按钮可以添加多线构成元素，也可以通过单击【删除】按钮删除这些元素。

➤ 偏移：设置多线元素从中线的偏移值，正值表示向上偏移，负值表示向下偏移。

➤ 颜色：设置组成多线元素的直线线条颜色。

➤ 线型：设置组成多线元素的直线线条线型。

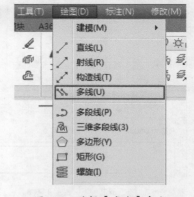

直线封口

外弧封口

内弧封口

图4-23 各种封口样式

4.3.2 绘制多线

多线样式设置完成后，就可以绘制所需的多线。

a.执行方式

执行【多线】命令的方法有以下几种。

➤ 菜单栏：执行菜单【绘图】|【多线】命令，如图4-24所示。

➤ 命令行：MLINE或ML。

b.操作步骤

执行【多线】命令，依次指定起点、下一点绘制多线，命令行操作如下。

图4-24 选择【多线】命令

```
命令:MLINE↙                                      //调用【多线】命令
当前设置:对正=无，比例=1.00，样式=STANDARD          //显示参数设置
指定起点或[对正(J)/比例(S)/样式(ST)]:              //指定起点
指定下一点:                                       //指定下一点
```

c. 选项说明

执行【多线】命令的过程中,命令行中各选项的含义如下。

➤ 对正(J):在命令行中输入J,选择【对正】选项,设置多线的对正类型,如图4-25所示。

➤ 比例(S):在命令行中输入S,选择【比例】选项,设置平行线宽的比例值,如图4-26所示。

➤ 样式(ST):在命令行中输入ST,选择【样式】选项,设置由MLSTYLE定义完成的多线样式。

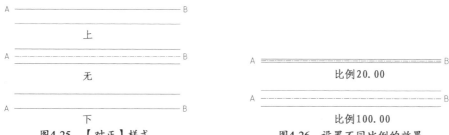

图4-25 【对正】样式   图4-26 设置不同比例的效果

多线的绘制方法与直线相似,不同的是多线由多条线型相同的平行线组成。绘制的每一条多线都是一个完整的整体,不能对其进行偏移、延伸、修剪等编辑操作,只有将其进行分解后才能编辑。

4.3.3 编辑多线

绘制完成的多线,在连接处会出现线条交叉、重叠等情况,需要对其进行编辑修改,以完善图形,如图4-27所示。

a. 执行方式

执行【编辑多线】命令的方法有以下几种。

➤ 菜单栏:执行菜单【修改】|【对象】|【多线】命令,如图4-28所示。

图4-27 编辑多线

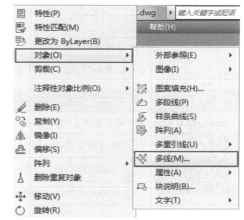

图4-28 选择命令

➤ 命令行:MLEDIT或MLED。

b. 操作步骤

执行上述任意一种方法后,系统弹出如图4-29所示的【多线编辑工具】对话框。在该对话框中选择【T形闭合】、【角点结合】、【十字打开】、【T形打开】等工具,依次单击交叉多线(先单击垂直多线,再单击水平多线),如图4-30所示,完成编辑多线的操作。

图4-29 【多线编辑工具】对话框

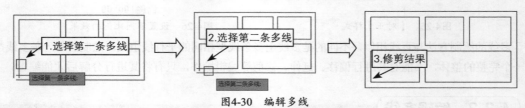

图4-30 编辑多线

延伸讲解

　　【T形闭合】、【T形打开】和【T形合并】的选择对象顺序应先选择T字的下半部分，再选择T字的上半部分，如图4-31所示。如果先选择T字的上半部分，会得到错误的修剪效果，如图4-32所示。

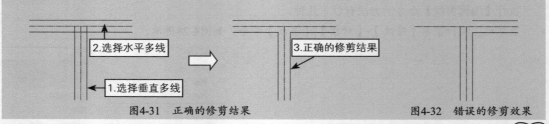

图4-31 正确的修剪结果　　　　　　　　　图4-32 错误的修剪效果

【练习4-3】：绘制平开窗

使用【多线】命令绘制平开窗，难度：☆
素材文件路径：素材\第4章\4-3绘制平开窗.dwg
效果文件路径：素材\第4章\4-3绘制平开窗-OK.dwg
视频文件路径：视频\第4章\4-3绘制平开窗.MP4

　　下面介绍使用【多线】命令绘制平开窗平面图形的操作步骤。

01 按Ctrl+O组合键，打开本书配备资源中的"素材\第4章\4-3 绘制平开窗.dwg"文件，结果如图4-33所示。

02 新建样式名称为【平开窗】的多线样式，参数设置如图4-34所示。

03 在命令行中输入ML，调用【多线】命令，选择【平开窗】样式为当前样式。设置【对正（J）】样式为【上】、【比例（S）】为1，依次指定多线的起点和终点，绘制平开窗的结果如图4-35所示。

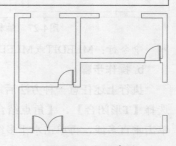

图4-33 打开素材

图4-34　设置参数

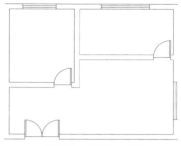

图4-35　绘制平开窗

4.4　图案填充

AutoCAD中的【图案填充】命令可以对指定的图形对象或者物体外轮廓执行图案填充操作，以便更好地表达图形的含义，或者与其他图形进行区分。

4.4.1　创建图案填充

执行【图案填充】命令，通过设置填充角度、比例、颜色等，能够在指定的闭合区域内填充图案。

a. 执行方式

执行【图案填充】命令的方法有以下几种。

➢　功能区：单击【绘图】面板中的【图案填充】按钮▦，如图4-36所示。

➢　菜单栏：执行菜单【绘图】|【图案填充】命令，如图4-37所示。

➢　命令行：HATCH或H。

图4-36　单击按钮

图4-37　选择命令

b. 操作步骤

执行上述任意一种方法后，系统会打开如图4-38所示的【图案填充创建】选项卡。在【图案】面板中选择填充图案的类型，单击【图案】选项右侧的 按钮，打开如图4-39所示的【填充图案选项板】列表框，选择ANGLE填充图案，效果如图4-40所示。

图4-38　【图案填充创建】选项卡

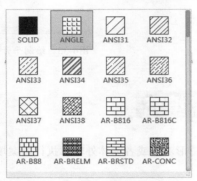

图4-39　图案列表

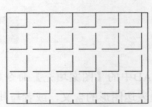

图4-40　填充图案

在【边界】选项组中单击【拾取点】按钮 ，在填充区域内单击鼠标左键。在【原点】选项组中，系统默认【使用当前原点】来创建填充图案。假如单击【单击以设置新原点】按钮 ，在填充区域内重新指定新原点，所绘制的填充图案会更加整齐美观。

选择【使用当前原点】方式定义填充原点，填充图案的效果如图4-41所示。

选择【单击以设置新原点】方式定义填充原点，图案填充的效果如图4-42所示。

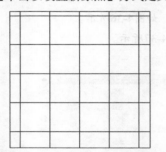

图4-41　以【使用当前原点】定义填充原点

图4-42　以【单击以设置新原点】定义填充原点

4.4.2　编辑图案填充

已绘制完成填充图案，还可以对其进行编辑，以更改图案的样式、填充的角度、比例等。

a. 执行方式

执行【编辑图案填充】命令的方法有以下几种。

➢　功能区：单击【修改】面板中的【编辑图案填充】按钮 ，如图4-43所示。

➢　菜单栏：执行菜单【修改】|【对象】|【图案填充】命令，如图4-44所示。

➢　选择填充图案，按Ctrl+1组合键，打开【特性】选项板。

图4-43 单击按钮

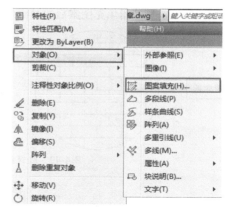

图4-44 选择命令

b. 操作步骤

选择已绘制完成的图案填充，按Ctrl+1组合键，系统会打开如图4-45所示的【特性】选项板，显示图案填充的各项属性。

在【图案】选项卡中，单击【类型】右侧的 □ 按钮，系统将弹出如图4-46所示的【填充图案类型】对话框。在该对话框中单击【图案】按钮，系统将弹出如图4-47所示的【填充图案选项板】对话框，重新选择填充图案的类型。在【图案】选项卡中的【比例】选项中更改填充比例，如图4-48所示。

图4-45 【特性】选项板

图4-46 【填充图案类型】对话框

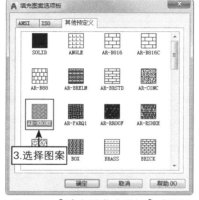

图4-47 【填充图案选项板】对话框

图4-48 修改填充比例

　　编辑填充图案前与编辑填充图案后的对比效果如图4-49所示。

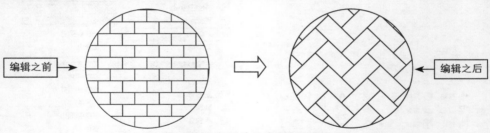

图4-49　编辑操作的前后效果对比

:::::::::::: 技巧提示 ::::::::::::

双击填充图案可以快速打开图案填充的【特性】选项板。

【练习4-4】：绘制居室地面铺装图

使用【图案填充】命令绘制地面铺装图，难度：☆☆
素材文件路径：素材\第4章\4-4 绘制居室地面铺装图.dwg
效果文件路径：素材\第4章\4-4 绘制居室地面铺装图-OK.dwg
视频文件路径：视频\第4章\4-4 绘制居室地面铺装图.MP4

　　地面铺装图是表示地面铺设材料、方式与效果的图样。下面通过绘制居室地面铺装图，练习【图案填充】命令的调用方法。

01 按Ctrl+O组合键，打开本书配备资源中的"素材\第4章\4-4绘制居室地面铺装图.dwg"文件，如图4-50所示。

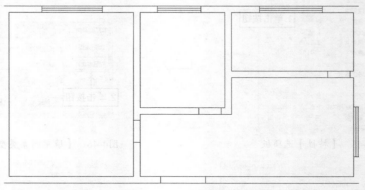

图4-50　打开素材

02 执行菜单【绘图】|【图案填充】命令，在打开的【图案填充创建】选项卡中选择填充图案，设置填充比例，如图4-51所示。

图4-51　设置参数

03 拾取填充区域，创建填充图案的效果如图4-52所示。

04 按Enter键，再次调用【图案填充】命令，在命令行中输入T，选择【设置】选项，弹出【图案填充和渐变色】对话框，设置填充参数，如图4-53所示。

图4-52　填充图案　　　　　　　　　　　图4-53　设置参数

05 单击【添加：拾取点】按钮，在填充轮廓内单击鼠标左键，填充图案的效果如图4-54所示。

06 按Enter键，在【图案填充创建】选项卡中选择AR-PARQ1图案，设置比例为2、角度为0，在填充轮廓内单击鼠标左键，填充图案的效果如图4-55所示。

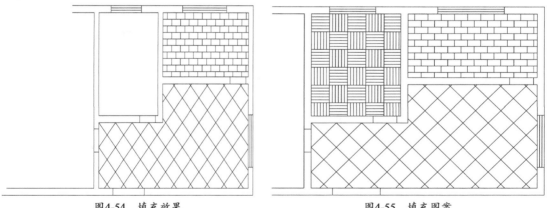

图4-54　填充效果　　　　　　　　　　　图4-55　填充图案

07 按Enter键，在【图案填充创建】选项卡中选择DOLMIT图案，设置比例为23、角度为90，在填充轮廓内单击鼠标左键，填充效果如图4-56所示。

08 居室地面铺装图的最终绘制效果如图4-57所示。

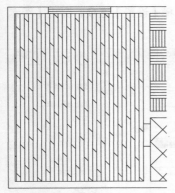
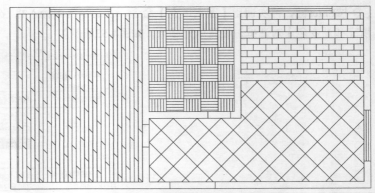

图4-56 填充效果   图4-57 最终效果

4.5 思考与练习

1. 选择题

（1）【多段线】命令的快捷键是（   ）。

A. ML   B. SPL   C. PL   D. XL

（2）调用（   ）命令，可以创建通过或接近指定点的平滑曲线。

A.【样条曲线】   B.【多段线】   C.【多线】   D.【椭圆弧】

（3）打开【多线编辑工具】对话框的方式为（   ）。

A. 双击多线   B. 执行菜单【格式】|【多线样式】命令

C. 选择多线，单击右键   D. 执行菜单【修改】|【对象】|【多线】命令

（4）按（   ）组合键，可以打开【特性】选项板。

A. Ctrl+1   B. Ctrl+2   C. Ctrl+A   D. Ctrl+B

（5）在设置图案填充参数时，需要设置的参数有（   ）。

A. 图案样式   B. 填充比例   C. 填充角度   D. 填充颜色

2. 操作题

（1）调用PL【多段线】命令，绘制整体浴室的外轮廓，如图4-58所示。

（2）调用ML【多线】命令，绘制装饰画的外框，如图4-59所示。

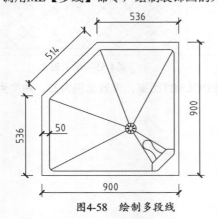
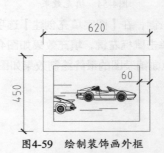

图4-58 绘制多段线   图4-59 绘制装饰画外框

（3）调用H【图案填充】命令，选择名称为CROSS的图案，设置填充角度为0、填充比例为5，为双人床靠背创建填充图案，如图4-60所示。

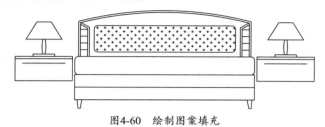

图4-60   绘制图案填充

使用AutoCAD绘图是一个由简到繁、由粗到精的过程，是先绘制基本图形之后再在后期修整得到精确的图形。AutoCAD 2018提供了丰富的图形编辑命令，如复制、移动、镜像、偏移、阵列、拉伸、修剪等。使用这些命令能够方便地改变图形的大小、位置、方向、数量及形状，从而绘制出更为复杂的图形。

05

第 5 章
编辑建筑图形

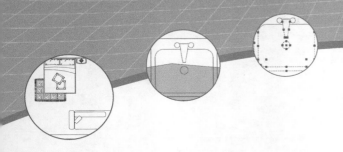

5.1　选择图形

在对图形对象执行编辑操作之前，首先要执行选择图形的操作。在AutoCAD中选择图形的方式有点选、框选、栏选等。本节介绍选择图形的各种操作方法。

5.1.1　点选

点选是最常用的选择图形方式。将光标置于待选的图形之上，如图5-1所示。单击鼠标左键，即可将图形选中，如图5-2所示。连续单击需要选择的对象，可以同时选择多个对象。

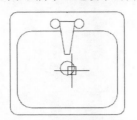

图5-1　将光标置于图形之上

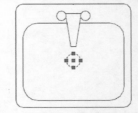

图5-2　选择图形

.... 知识链接 ....

按住Shift键并再次单击已经选中的对象，可以将这些对象从当前选择集中删除。按Esc键，可以取消对当前所有选定对象的选择。

5.1.2　窗口选择

窗口选择是一种通过定义矩形窗口来选择对象的方法。利用该方法选择对象时，从左往右拉出矩形窗口（长按鼠标左键可改为套索工具进行选取），选框覆盖需要选择的对象，此时绘图区域出现一个实线矩形框，选框内的填充颜色为蓝色，如图5-3所示。全部位于选框内的图形对象被选中，结果如图5-4所示。

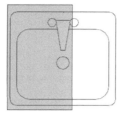

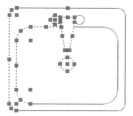

图5-3　绘制选框　　　　　　　　　　　图5-4　选择图形

5.1.3　窗交选择

　　窗交选择对象的选择方向正好与窗口选择相反，它是按住鼠标左键向左上方或左下方拖动，框住需要选择的对象，框选时绘图区域将出现一个虚线的矩形方框，选框内的颜色为绿色，如图5-5所示。释放鼠标后，与方框相交和被方框完全包围的对象都被选中，如图5-6所示。

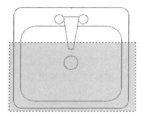

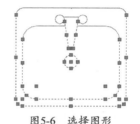

图5-5　绘制选框　　　　　　　　　　　图5-6　选择图形

5.1.4　圈围与圈交

　　圈选是一种多边形窗口选择方式，与窗口选择对象的方法类似，不同的是圈选方法可以构造任意形状的多边形，可绕开不需选择的图形。选择需要的图形，比使用矩形选框更灵活。圈选又分为圈围和圈交，当命令行中出现"选择对象："提示时，输入WP或CP，可以快速启用【圈围】或【圈交】选择方式。

　　圈围方法可以构造任意形状的多边形，如图5-7所示；完全包含在多边形区域内的对象才能被选中，如图5-8所示。

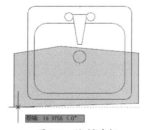

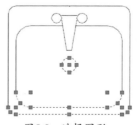

图5-7　绘制选框　　　　　　　　　　　图5-8　选择图形

　　圈交是一种利用多边形窗口选择对象的方法，与窗交选择对象的方法类似。不同的是，圈交方法可以构造任意形状的多边形，如图5-9所示。还能够绘制任意闭合但不能与选择框自身相交或相切的多边形。与多边形选框相交的所有对象都被选中，如图5-10所示。

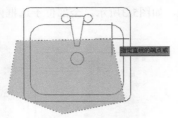

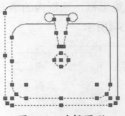

图5-9　绘制多边形选框　　　　　　　　　　图5-10　选择图形

5.1.5　栏选

栏选是指在选择图形时拖曳出任意折线，如图5-11所示；凡是与折线相交的图形对象均被选中，如图5-12所示。当命令行中出现"选择对象："提示时，输入F，可以快速启用【栏选】对象方式。

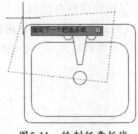

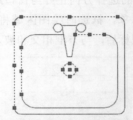

图5-11　绘制任意折线　　　　　　　　　　图5-12　选择图形

5.1.6　快速选择图形

【快速选择】功能是适用于选择具有特定属性（图层、线型、颜色、图案填充等特性）的图形，即通过设置过滤条件以快速选择满足该条件的所有图形对象。

执行菜单【工具】|【快速选择】命令，系统弹出【快速选择】对话框。在该对话框中的【特性】选项框中定义选择图形的条件，比如【图层】，如图5-13所示。在【值】下拉列表中选择待选图形所在的图层。单击【确定】按钮，绘图区域中符合选取条件的图形被选中，结果如图5-14所示。

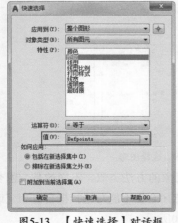

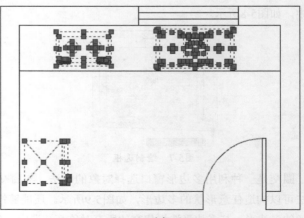

图5-13　【快速选择】对话框　　　　　　　　图5-14　选择图形

5.2 修整图形

初步绘制的图形通常不符合用户要求，此时需要通过修剪、延伸、圆角和打断等操作，对图形局部进行调整和完善。本节就来介绍这些修整编辑命令的调用方法。

5.2.1 删除图形

调用【删除】命令，可以删除指定的图形对象。

a. 执行方式

执行【删除】命令的方法有以下几种。

➢ 功能区：单击【修改】面板上的【删除】按钮，如图5-15所示。

➢ 菜单栏：执行菜单【修改】|【删除】命令，如图5-16所示。

➢ 命令行：ERASE或E。

图5-15 单击按钮

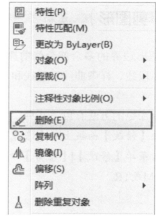
图5-16 选择命令

b. 操作步骤

执行【删除】命令，选择图形，按Enter键删除图形。命令行提示如下。

命令：ERASE↙	//调用【删除】命令
选择对象：找到 1 个	//选择图形

【练习5-1】：删除图形

使用【删除】命令删除图形，难度：☆
素材文件路径：素材\第5章\5-1删除图形.dwg
效果文件路径：素材\第5章\5-1删除图形-OK.dwg
视频文件路径：视频\第5章\5-1删除图形.MP4

下面介绍利用【删除】命令删除图形内文字的操作步骤。

01 按Ctrl+O组合键，打开本书配备资源中的"素材\第5章\5-1删除图形.dwg"文件，如图5-17所示。

02 单击【修改】面板上的【删除】按钮，命令行提示如下。

命令:ERASE ↙
选择对象:找到1个   //选择文字并按Enter键

03 删除图形内部的文字，效果如图5-18所示。

图5-17　打开素材

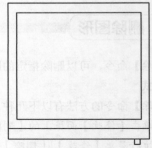

图5-18　删除文字

5.2.2　修剪图形

修剪是指将超出边界的多余部分修剪删除掉，其与橡皮擦的功能相似，修剪操作可以修改直线、圆、圆弧、多段线、样条曲线、射线和填充图案等。

a. 执行方式

执行【修剪】命令的方法有以下几种。

➢ 功能区：单击【修改】面板上的【修剪】按钮 ⊬ 修剪，如图5-19所示。

➢ 菜单栏：执行菜单【修改】|【修剪】命令，如图5-20所示。

➢ 命令行：TRIM或TR。

图5-19　单击按钮

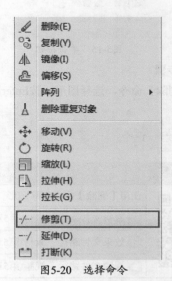

图5-20　选择命令

b. 操作步骤

执行【修剪】命令，选择剪切边界与待修剪的对象，操作过程如图5-21所示，命令行操作如下。

```
命令:TRIM↙                                              //调用【修剪】命令
当前设置:投影=UCS，边=无
选择剪切边...
选择对象或<全部选择>：找到1个                             //选择剪切边
选择对象：
选择要修剪的对象，或按住Shift键选择要延伸的对象，或[栏选(F)/窗交(C)/投影(P)/边(E)/删除
(R)/放弃(U)]：                                          //选择待修剪的对象
```

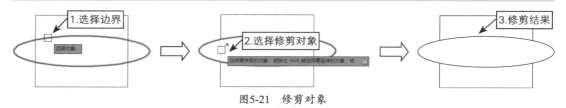

图5-21　修剪对象

在上述操作中，选择椭圆作为修剪边界，拾取垂直线段为修剪对象，结果是位于椭圆内的垂直线段被修剪。

c.选项说明

执行【修剪】命令的过程中，命令行中各选项的含义如下。

➢ 栏选（F）：在命令行中输入F，选择【栏选】选项，选择剪切边界，依次指定第一个栏选点与第二个栏选点，结果选中的对象被修剪，如图5-22所示，命令行操作如下。

```
命令：TRIM↙                                             //调用【修剪】命令
当前设置:投影=UCS，边=无
选择剪切边...
选择对象或<全部选择>：找到1个                             //选择剪切边界
选择对象：
选择要修剪的对象，或按住Shift键选择要延伸的对象，或
[栏选(F)/窗交(C)/投影(P)/边(E)/删除(R)/放弃(U)]：F↙       //选择【栏选】选项
指定第一个栏选点或拾取/拖动光标：                          //指定第一个点
指定下一个栏选点或 [放弃(U)]：                            //选择第二个点
```

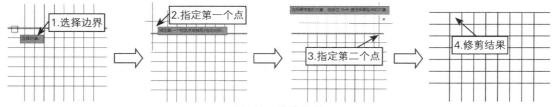

图5-22　修剪过程

➢ 窗交（C）：在命令行中输入C，选择【窗交】选项，选择剪切边界，指定对角点，划定修剪窗口，窗口内的对象被修剪，如图5-23所示，命令行操作如下。

```
命令：TRIM↙                                             //调用【修剪】命令
当前设置:投影=UCS，边=无
选择剪切边...
选择对象：找到4个，总计4个                                 //选择剪切边界
选择对象：
```

选择要修剪的对象，或按住Shift键选择要延伸的对象，或
[栏选(F)/窗交(C)/投影(P)/边(E)/删除(R)/放弃(U)]:C✓   //选择【窗交】选项
指定第一个角点: //指定起点
指定对角点: //指定对角点

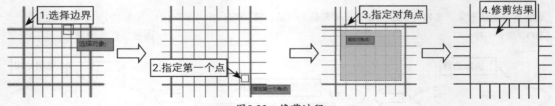

图5-23　修剪过程

➢ 投影（P）：指定修剪对象时使用的投影方式，可以选择修剪对象的空间。

➢ 边（E）：在命令行中输入E，选择【边】选项（默认选择【不延伸】选项），修剪与边界相接的对象。选择【延伸】选项，先将对象延伸至边界，才可修剪对象，如图5-24所示，命令行操作如下。

命令：TRIM✓   //调用【修剪】命令
当前设置:投影=视图，边=不延伸
选择剪切边...
选择对象或 <全部选择>:   //按Enter键
选择要修剪的对象，或按住Shift键选择要延伸的对象，或
[栏选(F)/窗交(C)/投影(P)/边(E)/删除(R)/放弃(U)]:E✓   //选择【边】选项
输入隐含边延伸模式 [延伸(E)/不延伸(N)] <延伸>:E✓   //选择【延伸】选项
选择要修剪的对象，或按住Shift键选择要延伸的对象，或
[栏选(F)/窗交(C)/投影(P)/边(E)/删除(R)/放弃(U)]:   //延伸对象至边界之上
选择要修剪的对象，或按住Shift键选择要延伸的对象，或
[栏选(F)/窗交(C)/投影(P)/边(E)/删除(R)/放弃(U)]:   //选择修剪对象

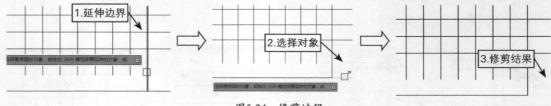

图5-24　修剪过程

【练习5-2】：修剪图形

使用【修剪】命令修剪图形，难度：☆
📁 素材文件路径：素材\第5章\5-2修剪图形.dwg
🌐 效果文件路径：素材\第5章\5-2修剪图形-OK.dwg
📥 视频文件路径：视频\第5章\5-2修剪图形.MP4

下面介绍利用【修剪】命令修剪线段来完善办公桌图形的操作步骤。

01 按Ctrl+O组合键，打开本书配备资源中的"素材\第5章\5-2修剪图形.dwg"文件，如图5-25所示。

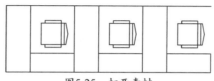

图5-25 打开素材

02 在命令行中输入**TR**，调用【修剪】命令，修剪多余的线段，命令行操作如下。

命令：TRIM↙
当前设置：投影=UCS，边=无
选择剪切边...
选择对象或 <全部选择>：   //选择垂直线段作为修剪边界，如图5-26所示
选择要修剪的对象，或按住 Shift 键选择要延伸的对象，或[栏选(F)/窗交(C)/投影(P)/边(E)/删除
(R)/放弃(U)]：   //单击修剪边界中间的水平线段，如图5-27所示

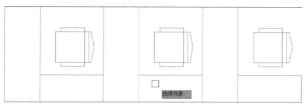   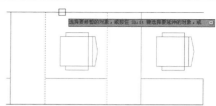

图5-26 选择剪切边界   图5-27 选择线段

03 修剪图形结果如图5-28所示。

04 使用同样的方法，修剪其余两条多余的直线段，得到如图5-29所示的结果。

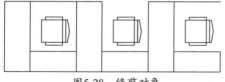   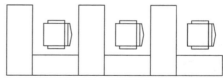

图5-28 修剪对象   图5-29 修剪结果

5.2.3 延伸图形

  延伸是将没有和边界相交的部分延伸补齐，它和修剪是一组相对立的操作。在延伸图形时，需要设置的参数有延伸边界和延伸对象两类。

a. 执行方式

  执行【延伸】命令的方法有以下几种。

➢ 功能区：单击【修改】面板中的【延伸】按钮 ，如图5-30所示。
➢ 菜单栏：执行菜单【修改】|【延伸】命令，如图5-31所示。
➢ 命令行：EXTEND或EX。

b. 操作步骤

  执行【延伸】命令，选择边界，可将对象延伸至边界之上，如图5-32所示，命令行操作如下。

命令：EXTEND↙   //调用【延伸】命令
当前设置：投影=UCS，边=延伸
选择边界的边...

选择对象或<全部选择>: 找到1个   //选择边界
选择对象:
选择要延伸的对象,或按住Shift键选择要修剪的对象,或
[栏选(F)/窗交(C)/投影(P)/边(E)/放弃(U)]:   //选择对象

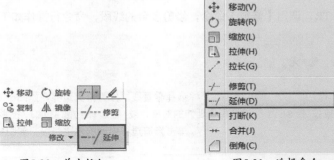

图5-30　单击按钮   图5-31　选择命令

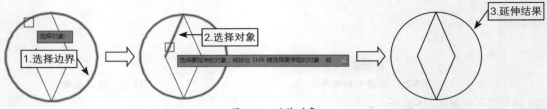

图5-32　延伸对象

【练习5-3】: 延伸图形

	使用【延伸】命令延伸图形,难度:☆
素材文件路径:	素材\第5章\5-3延伸图形.dwg
效果文件路径:	素材\第5章\5-3延伸图形-OK.dwg
视频文件路径:	视频\第5章\5-3延伸图形.MP4

　　下面介绍利用【延伸】命令延伸线段来完善沙发图形的操作步骤。

01 按Ctrl+O组合键,打开本书配备资源中的 "素材\第5章\5-3 延伸图形.dwg" 文件,如图5-33所示。

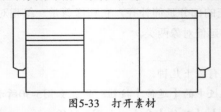

图5-33　打开素材

02 在命令行中输入EX,调用【延伸】命令,将水平线段向右延伸至沙发边界,命令行操作如下。

命令: EXTEND✓
当前设置:投影=UCS,边=无
选择边界的边...
选择对象或 <全部选择>: 找到1个   //选择右侧的垂直线段作为延伸边界,如图5-34所示
选择要延伸的对象,或按住Shift键选择要修剪的对象,或[栏选(F)/窗交(C)/投影(P)/边(E)/放弃
(U)]: 指定对角点: //选择需要延伸的线段,如图5-35所示

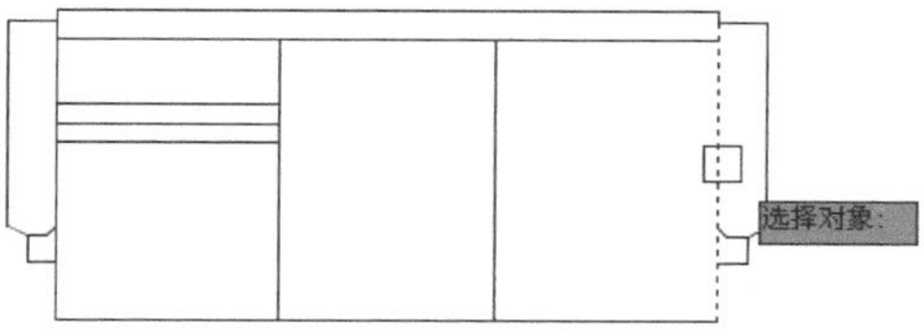

图5-34　选择边界

03 延伸结果如图5-36所示，完成沙发平面图的绘制。

图5-35　选择对象

图5-36　延伸对象

∴∴∴∴∴∴∴∴∴∴∴∴∴∴∴ 知识链接 ∴∴∴∴∴∴∴∴∴∴∴∴∴

　　自AutoCAD 2002开始，【修剪】和【延伸】命令已经可以开始联用。在使用【修剪】命令时，选择修剪对象时按住Shift键，可以将该对象向边界延伸。在使用【延伸】命令时，选择延伸对象时按住Shift键，可以将该对象超过边界部分修剪删除。

5.2.4　打断图形

打断图形有两种方式，分别是打断和打断于点。本节分别介绍这两种打断方式。

1. 打断

【打断】命令可以在两点之间打断选定的对象，使原本是一个整体的线条分离成两段。

a. 执行方式

执行【打断】命令的方法有以下几种。

➤　功能区：单击【修改】面板中的【打断】按钮，如图5-37所示。
➤　菜单栏：执行菜单【修改】|【打断】命令，如图5-38所示。
➤　命令行：BREAK或BR。

图5-37　单击按钮

图5-38　选择命令

b. 操作步骤

执行【打断】命令，在对象上指定第一个、第二个打断点，可以删除打断点之间的图形，如

图5-39所示，命令行操作如下。

```
命令：_break↙                              //调用【打断】命令
选择对象：                                 //选择图形
指定第二个打断点 或 [第一点(F)]:F↙        //选择【第一点】
指定第一个打断点：                         //指定第一点
指定第二个打断点：                         //指定第二点
```

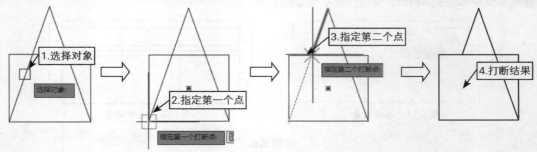

图5-39　打断对象

c. 初学解答

执行【打断】命令后，需要在命令行中输入F，选择【第一点】选项，否则系统会默认光标所在对象的位置为第一点。

启用命令后，单击选择对象。此时光标所在的位置，系统将之认定为"第一点"。选取对象后，命令行提示"指定第二个打断点"，指定第二点，打断对象的操作过程如图5-40所示。

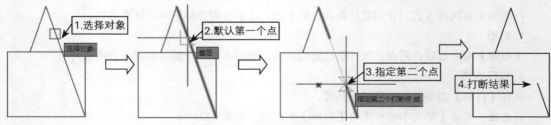

图5-40　操作过程

【练习5-4】：打断图形

使用【打断】命令打断图形，难度：☆
素材文件路径：素材\第5章\5-4打断图形.dwg
效果文件路径：素材\第5章\5-4打断图形-OK.dwg
视频文件路径：视频\第5章\5-4打断图形.MP4

下面介绍利用【打断】命令打断线段来完善座椅图形的操作步骤。

01 按Ctrl+O组合键，打开本书配备资源中的"素材\第5章\5-4打断图形.dwg"文件，如图5-41所示。

02 单击【修改】面板中的【打断】按钮，将多余的中间线段打断删除，命令行操作如下。

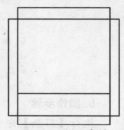

图5-41　打开素材

命令: break↙	//执行【打断】命令
选择对象:	
指定第二个打断点 或 [第一点(F)]:F↙	//选择【第一点】选项
指定第一个打断点:	//如图5-42所示
指定第二个打断点:	//如图5-43所示

03 打断点之间的线段被删除，完善休闲椅平面图的结果如图5-44所示。

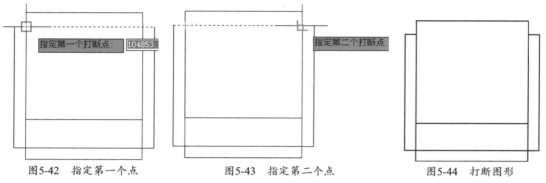

图5-42 指定第一个点 　　　　图5-43 指定第二个点 　　　　图5-44 打断图形

2. 打断于点

打断于点是指通过指定一个打断点，将对象断开。在调用命令的过程中，需要输入的参数有打断对象和第一个打断点。打断对象之间没有间隙。

a. 执行方式

执行【打断于点】命令的方法有以下几种。

➢ 功能区：单击【修改】面板中的【打断于点】按钮，如图5-45所示。

➢ 命令行：**BREAK**。

图5-45 单击按钮

b. 操作步骤

执行【打断于点】命令，在对象上指定打断点，以打断点为基点，将对象分为两个部分，如图5-46所示，命令行操作如下。

命令:_break↙	//调用【打断于点】命令
选择对象:	
指定第二个打断点或[第一点(F)]:_f↙	//系统选择
指定第一个打断点:	//指定第一个打断点
指定第二个打断点:@	//打断对象

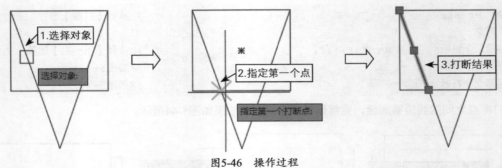

图5-46　操作过程

【练习5-5】：打断洗脸盆轮廓线

	使用【打断于点】命令打断洗脸盆轮廓线，难度：☆
	素材文件路径：　素材\第5章\5-5打断洗脸盆轮廓线.dwg
	效果文件路径：　素材\第5章\5-5打断洗脸盆轮廓线-OK.dwg
	视频文件路径：　视频\第5章\5-5打断洗脸盆轮廓线.MP4

下面介绍利用【打断于点】命令打断洗脸盆轮廓线的操作步骤。

01 按Ctrl+O组合键，打开本书配备资源中的"素材\第5章\5-5打断洗脸盆轮廓线.dwg"文件，如图5-47所示。

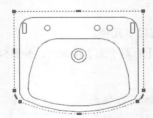

图5-47　打开素材

02 单击【修改】面板中的【打断于点】按钮，命令行操作如下。

```
命令：_break↙
选择对象：
指定第二个打断点 或 [第一点(F)]:_f↙
指定第一个打断点：                        //在上边的中间指定第一点，如图5-48所示
指定第二个打断点:@
```

03 洗脸盆的轮廓线在指定的点打断成两段独立的线段，结果如图5-49所示。

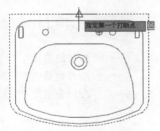

图5-48　指定第一个打断点

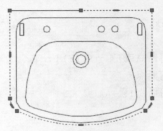

图5-49　打断图形

5.2.5　合并图形

合并是指将相似的图形对象合并为一个整体。可以合并多个对象，包括圆弧、椭圆弧、直线、多段线和样条曲线等。

a. 执行方式

执行【合并】命令的方法有以下几种。

- ➤ 功能区：单击【修改】面板中的【合并】按钮 ↔，如图5-50所示。
- ➤ 菜单栏：执行菜单【修改】|【合并】命令，如图5-51所示。
- ➤ 命令行：JOIN或J。

图5-50　单击按钮　　　　　　　　图5-51　选择命令

b. 操作步骤

执行【合并】命令，选择要合并的对象，可将两条直线合并为一条直线，如图5-52所示，命令行操作如下。

```
命令:JOIN↙                                          //调用【合并】命令
选择源对象或要一次合并的多个对象：找到1个
选择要合并的对象：找到1个，总计2个                    //选择对象
2条直线已合并为1条直线
```

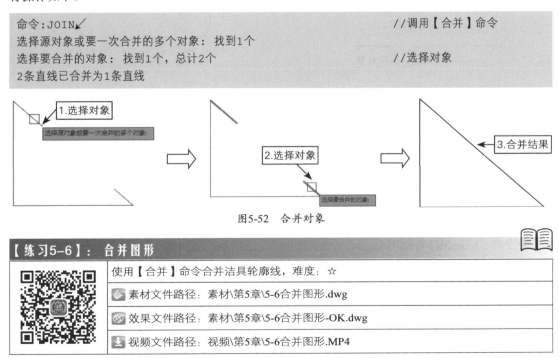

图5-52　合并对象

【练习5-6】：合并图形

使用【合并】命令合并洁具轮廓线，难度：☆
素材文件路径：素材\第5章\5-6合并图形.dwg
效果文件路径：素材\第5章\5-6合并图形-OK.dwg
视频文件路径：视频\第5章\5-6合并图形.MP4

下面介绍利用【合并】命令合并淋浴房外轮廓线的操作步骤。

01 按Ctrl+O组合键，打开本书配备资源中的"素材\第5章\5-6合并图形.dwg"文件，如图5-53所

示。

02 单击【修改】面板中的【合并】按钮➕，命令行操作如下。

命令：join↙
选择源对象或要一次合并的多个对象：找到1个   //如图5-54所示
选择要合并的对象：找到1个，总计2个   //如图5-55所示
2条线段已合并为1条多段线   //合并结果如图5-56所示

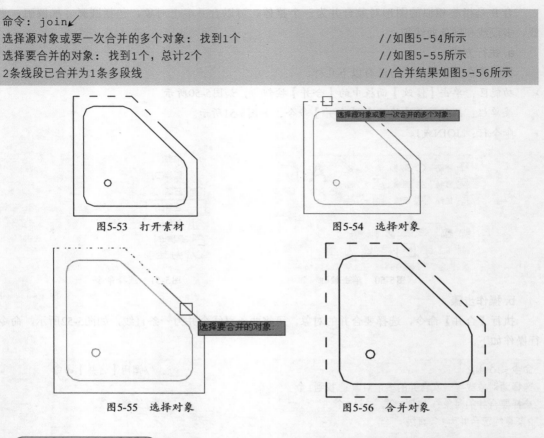

图5-53　打开素材　　　　　　　　　　　　图5-54　选择对象

图5-55　选择对象　　　　　　　　　　　　图5-56　合并对象

5.2.6　倒角图形

使用【倒角】命令可以将两条非平行的相交直线或多段线做出有斜度的倒角。

a. 执行方式

执行【倒角】命令的方法有以下几种。

➤　功能区：单击【修改】面板中的【倒角】按钮，如图5-57所示。

➤　菜单栏：执行菜单【修改】|【倒角】命令，如图5-58所示。

➤　命令行：CHAMFER或CHA。

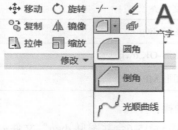

图5-57　单击按钮

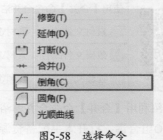

图5-58　选择命令

b. 操作步骤

执行【倒角】命令，指定倒角距离，选择对象，编辑结果如图5-59所示，命令行操作如下。

```
命令：CHAMFER↙                                            //调用【倒角】命令
（"修剪"模式）当前倒角距离1=100，距离2=100
选择第一条直线或 [放弃(U)/多段线(P)/距离(D)/角度(A)/修剪(T)/方式(E)/多个(M)]:D↙
                                                         //选择【距离】选项
指定第一个倒角距离<100>:350↙                              //设置距离值
指定第二个倒角距离<100>:350↙                              //设置距离值
选择第一条直线或 [放弃(U)/多段线(P)/距离(D)/角度(A)/修剪(T)/方式(E)/多个(M)]: //选择对象
选择第二条直线，或按住Shift键选择直线以应用角点或 [距离(D)/角度(A)/方法(M)]:   //选择对象
```

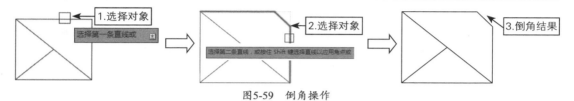

图5-59　倒角操作

c. 选项说明

在执行【倒角】命令的过程中，命令行中各选项的含义如下。

➢ 多段线（P）：在命令行中输入P，选择【多段线】选项，选择二维多段线，对整个图形执行
倒角操作，如图5-60所示，命令行操作如下。

```
命令：CHAMFER↙                                            //调用【倒角】命令
（"修剪"模式）当前倒角距离1=350，距离2=350
选择第一条直线或 [放弃(U)/多段线(P)/距离(D)/角度(A)/修剪(T)/方式(E)/多个(M)]: P↙
                                                         //选择【多段线】选项
选择二维多段线或 [距离(D)/角度(A)/方法(M)]:                 //选择对象
4条直线已被倒角
```

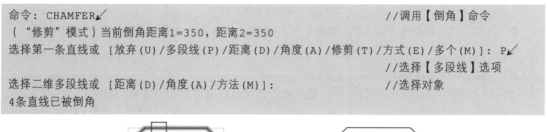

图5-60　修剪多段线

➢ 角度（A）：在命令行中输入A，选择【角度】选项，指定倒角角度修剪对象，如图5-61所示，
命令行操作如下。

```
命令：CHAMFER↙                                            //调用【倒角】命令
（"修剪"模式)当前倒角长度=135，角度=135
选择第一条直线或[放弃(U)/多段线(P)/距离(D)/角度(A)/修剪(T)/方式(E)/多个(M)]:A↙
                                                         //选择【角度】选项
指定第一条直线的倒角长度<135>:65↙                          //输入长度
指定第一条直线的倒角角度<135>:65↙                          //输入长度
选择第一条直线或[放弃(U)/多段线(P)/距离(D)/角度(A)/修剪(T)/方式(E)/多个(M)]:  //选择对象
选择第二条直线，或按住Shift键选择直线以应用角点或 [距离(D)/角度(A)/方法(M)]:   //选择对象
```

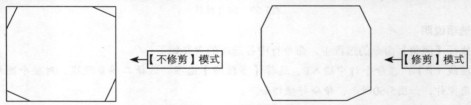

图5-61　设置角度修剪图形

➤ **修剪（T）**：在命令行中输入T，选择【修剪】选项，用户可以选择在执行【倒角】操作后，是否修剪图形，如图5-62所示，命令行操作如下。

```
命令：CHAMFER↙                                        //调用【倒角】命令
（"修剪"模式）当前倒角长度=65，角度=65
选择第一条直线或[放弃(U)/多段线(P)/距离(D)/角度(A)/修剪(T)/方式(E)/多个(M)]：T
                                                     //选择【修剪】选项
输入修剪模式选项[修剪(T)/不修剪(N)]<修剪>：N          //选择【不修剪】选项
选择第一条直线或[放弃(U)/多段线(P)/距离(D)/角度(A)/修剪(T)/方式(E)/多个(M)]：//选择对象
选择第二条直线，或按住Shift键选择直线以应用角点或 [距离(D)/角度(A)/方法(M)]：//选择对象
```

←【不修剪】模式　　　　　　　　　　　　　　←【修剪】模式

图5-62　不同修剪模式对比

➤ **方式（E）**：在命令行中输入E，选择【方式]选项，选择【倒角】模式，命令行操作如下。

```
命令：CHAMFER↙                                        //调用【倒角】命令
（"修剪"模式）当前倒角长度=65，角度=65
选择第一条直线或 [放弃(U)/多段线(P)/距离(D)/角度(A)/修剪(T)/方式(E)/多个(M)]:E↙
                                                     //选择【方式】选项
输入修剪方法 [距离(D)/角度(A)] <角度>：              //选择方式
```

➤ **多个（M）**：在通常情况下，执行一次【倒角】命令，只能创建一个倒角。在命令行中输入M，选择【多个】选项，在创建完毕一个倒角后，可以继续选择对象，结果是可以创建多个倒角，命令行操作如下。

```
命令：CHAMFER↙                                        //调用【倒角】命令
（"修剪"模式）当前倒角长度=65，角度=65
选择第一条直线或 [放弃(U)/多段线(P)/距离(D)/角度(A)/修剪(T)/方式(E)/多个(M)]:M↙
                                                     //选择【多个】选项
```

【练习5-7】：倒角修剪图形

	使用【倒角】命令修剪洁具轮廓线，难度：☆
	素材文件路径：素材\第5章\5-7倒角修剪图形.dwg
	效果文件路径：素材\第5章\5-7倒角修剪图形-OK.dwg
	视频文件路径：视频\第5章\5-7倒角修剪图形.MP4

下面介绍利用【倒角】命令为图形创建倒角的操作步骤。

`01` 按Ctrl+O组合键，打开本书配备资源中的"素材\第5章\5-7倒角修剪图形.dwg"文件，如图5-63所示。

`02` 单击【修改】面板中的【倒角】按钮 🔲 倒角 ，命令行操作如下。

```
命令:CHAMFER✓
("修剪"模式) 当前倒角距离1=10.0000, 距离2=10.0000
选择第一条直线或 [放弃(U)/多段线(P)/距离(D)/角度(A)/修剪(T)/方式(E)/多个(M)]:D✓
                                    //输入D,选择【距离(D)】选项
指定第一个倒角距离 <10.0000>:430✓           //指定第一段倒角距离
指定第二个倒角距离 <430.0000>:430✓          //指定第二段倒角距离
选择第一条直线或 [放弃(U)/多段线(P)/距离(D)/角度(A)/修剪(T)/方式(E)/多个(M)]:
选择第二条直线,或按住 Shift 键选择直线以应用角点或 [距离(D)/角度(A)/方法(M)]:
                                    //分别单击选择上方和右边的轮廓线
```

`03` 倒角结果如图5-64所示。

 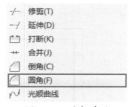

图5-63　打开图形　　　　　　图5-64　倒角结果

5.2.7　圆角图形

使用【圆角】命令可以给对象添加指定半径的圆角。

a. 执行方式

执行【圆角】命令的方法有以下几种。

➢ 功能区：单击【修改】面板中的【圆角】按钮 🔲 圆角 ，如图5-65所示。

➢ 菜单栏：执行菜单【修改】|【圆角】命令，如图5-66所示。

➢ 命令行：FILLET或F。

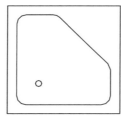 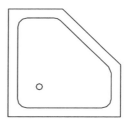

图5-65　单击按钮　　　　　　图5-66　选择命令

b. 操作步骤

执行【圆角】命令，设置圆角半径，选择对象创建圆角，如图5-67所示，命令行操作如下。

```
命令:FILLET✓                                    //调用【圆角】命令
当前设置: 模式=修剪,半径=0
```

选择第一个对象或[放弃(U)/多段线(P)/半径(R)/修剪(T)/多个(M)]:R✓　　　//选择【半径】选项
指定圆角半径<0>: 200　　　　　　　　　　　　　　　　　　　　　　　//输入半径值
选择第一个对象或[放弃(U)/多段线(P)/半径(R)/修剪(T)/多个(M)]:　　　　//选择对象
选择第二个对象,或按住Shift键选择对象以应用角点或 [半径(R)]:　　　　//选择对象

图5-67　圆角修剪

【练习5-8】: 圆角修剪图形

	使用【圆角】命令修剪浴缸轮廓线,难度: ☆
	素材文件路径: 素材\第5章\5-8圆角修剪图形.dwg
	效果文件路径: 素材\第5章\5-8圆角修剪图形-OK.dwg
	视频文件路径: 视频\第5章\5-8圆角修剪图形.MP4

　　　圆角操作也可分为两步:第一步确定圆角大小,通常用【半径】确定;第二步选定两条需要圆角的边。下面介绍修剪浴缸轮廓线的操作步骤。

01 按Ctrl+O组合键,打开本书配备资源中的"素材\第5章\5-8圆角修剪图形.dwg"文件,如图5-68所示。

02 单击【修改】面板中的【圆角】按钮 ⃝ 圆角,对浴缸内矩形下方的边进行圆角操作,命令行操作如下。

命令:FILLET✓　　　　　　　　　　　　　　　　　　　　　　　　//调用【圆角】命令
当前设置: 模式=修剪,半径=0.0000
选择第一个对象或[放弃(U)/多段线(P)/半径(R)/修剪(T)/多个(M)]:R✓
　　　　　　　　　　　　　　　　　　　　　　　　　　//输入R,选择【半径(R)】选项
指定圆角半径<0.0000>:69✓　　　　　　　　　　　　　//输入参数
选择第一个对象或[放弃(U)/多段线(P)/半径(R)/修剪(T)/多个(M)]:
选择第二个对象,或按住Shift键选择对象以应用角点或[半径(R)]:
　　　　　　　　　　　　　　　　　　　　　　　　　　//选择对象,如图5-69所示

图5-68　打开素材

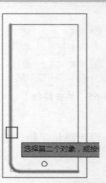

图5-69　选择对象

03 圆角修剪的效果如图5-70所示。

04 按Enter键，重复执行【圆角】命令，对内侧矩形上方的边进行圆角操作，命令行操作如下。

```
命令:FILLET↙                                    //调用【圆角】命令
当前设置: 模式=修剪, 半径=69.0000
选择第一个对象或[放弃(U)/多段线(P)/半径(R)/修剪(T)/多个(M)]:R↙
                                        //输入R, 选择【半径(R)】选项
指定圆角半径<69.0000>:1381
选择第一个对象或[放弃(U)/多段线(P)/半径(R)/修剪(T)/多个(M)]:M↙
                                        //输入M, 选择【多个(M)】选项
选择第一个对象或[放弃(U)/多段线(P)/半径(R)/修剪(T)/多个(M)]:
选择第二个对象, 或按住Shift键选择对象以应用角点或 [半径(R)]:
                //分别选择要进行圆角操作的3条边, 完成圆角操作的结果如图5-71所示
```

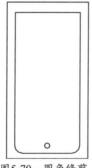
图5-70 圆角修剪

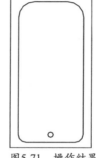
图5-71 操作结果

5.2.8 分解图形

【分解】命令是将某些特殊的对象分解成多个独立的部分，以方便进行具体的编辑操作。此命令主要用于将复合对象（如矩形、多段线、填充图案和块等）还原成一般对象。分解后的对象其颜色、线型和线宽都可能会发生改变。

a. 执行方式

执行【分解】命令的方法有以下几种。

➤ 功能区：单击【修改】面板中的【分解】按钮，如图5-72所示。

➤ 菜单栏：执行菜单【修改】|【分解】命令，如图5-73所示。

图5-72 单击按钮

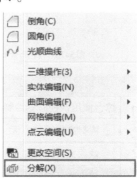
图5-73 选择命令

> 命令行：EXPLODE或X。

b. 操作步骤

执行【分解】命令，选择对象，按Enter键分解对象，如图5-74所示，命令行操作如下。

命令：EXPLODE↙   //调用【分解】命令

选择对象：找到1个   //选择对象

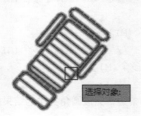 

图5-74　分解对象

【练习5-9】：　分解沙发块	
使用【分解】命令分解沙发块，难度：☆	
素材文件路径：　素材\第5章\5-9分解沙发块.dwg	
效果文件路径：　素材\第5章\5-9分解沙发块-OK.dwg	
视频文件路径：　视频\第5章\5-9分解沙发块.MP4	

下面介绍利用【分解】命令来分解沙发块的操作步骤。

01 按Ctrl+O组合键，打开本书配备资源中的"素材\第5章\5-9分解沙发块.dwg"文件，如图5-75所示。

02 单击【修改】面板中的【分解】按钮，分解沙发块，命令行操作如下。

命令：EXPLODE↙

选择对象：指定对角点：找到1个   //选择沙发块

03 分解沙发块后，可以分别选择沙发的各个图形进行编辑，如图5-76所示。

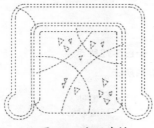 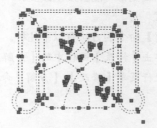

图5-75　打开素材　　　　　　　　　图5-76　分解块

【练习5-10】：　绘制组合沙发	
综合使用各种命令绘制组合沙发图形，难度：☆	
素材文件路径：　无	
效果文件路径：　素材\第5章\5-10绘制组合沙发-OK.dwg	
视频文件路径：　视频\第5章\5-10绘制组合沙发.MP4	

在本节中，介绍综合使用不同类型的命令绘制组合沙发平面图的操作步骤。

01 绘制组合沙发靠背。在命令行中输入REC，调用【矩形】命令，绘制矩形；在命令行中输入TR，调用【修剪】命令，修剪矩形，结果如图5-77所示。

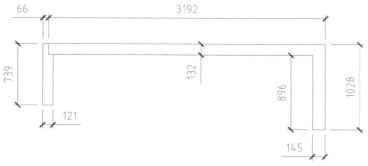

图5-77　绘制组合沙发靠背

02 圆角操作。在命令行中输入F，调用【圆角】命令，设置圆角半径为32，对矩形执行圆角操作，结果如图5-78所示。

图5-78　圆角操作

03 在命令行中输入REC，调用【矩形】命令，绘制矩形，结果如图5-79所示。

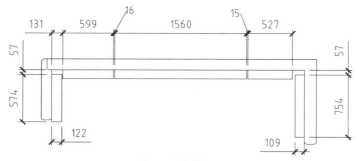

图5-79　绘制矩形

04 在命令行中输入CHA，调用【倒角】命令，设置第一个和第二个倒角距离均为50，对矩形执行倒角操作，结果如图5-80所示。

图5-80　倒角操作

05 按Enter键，再次调用【倒角】命令，修改第一个和第二个倒角距离均为20，对矩形执行倒角操作，结果如图5-81所示。

图5-81　操作结果

06 在命令行中输入X，调用【分解】命令，分解矩形。

07 绘制坐垫。在命令行中输入O，调用【偏移】命令，偏移线段，结果如图5-82所示。

图5-82　绘制坐垫

08 在命令行中输入EX，调用【延伸】命令，激活水平线段的夹点，延伸线段，结果如图5-83所示。

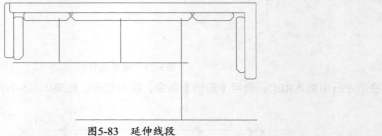

图5-83　延伸线段

09 在命令行中输入L，调用【直线】命令，绘制直线，结果如图5-84所示。

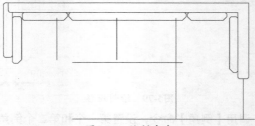

图5-84　绘制直线

10 按Enter键，继续调用【直线】命令，绘制直线，结果如图5-85所示。

图5-85　绘制结果

11 在命令行中输入TR，调用【修剪】命令，修剪线段，结果如图5-86所示。

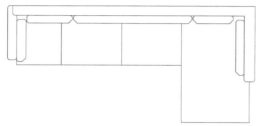

图5-86　修剪线段

12 在命令行中输入F，调用【圆角】命令，设置圆角半径为32，对线段执行圆角操作，结果如图5-87所示。

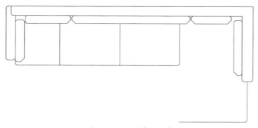

图5-87　圆角操作

13 在命令行中输入L，调用【直线】命令，绘制直线；在命令行中输入F，调用【圆角】命令，保持圆角半径值不变，对线段执行圆角操作，结果如图5-88所示。

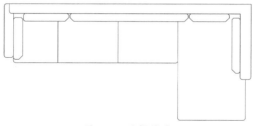

图5-88　编辑结果

14 绘制单个坐垫。在命令行中输入REC，调用【矩形】命令，绘制矩形；在命令行中输入M，调用【移动】命令，调整坐垫的位置，结果如图5-89所示。

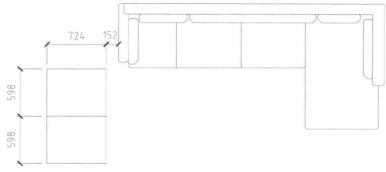

图5-89　绘制单个坐垫

15 在命令行中输入F，调用【圆角】命令，设置圆角半径为32，对坐垫执行圆角操作，结果如图5-90所示。

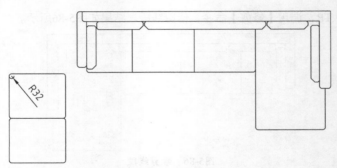

图5-90 圆角操作

在对矩形执行圆角操作时，假如出现某条线段消失的情况，可以调用X（分解）命令，分解矩形，执行分解操作后，即可避免线段消失的情况。

16 绘制茶几。在命令行中输入REC，调用【矩形】命令，绘制矩形，结果如图5-91所示。

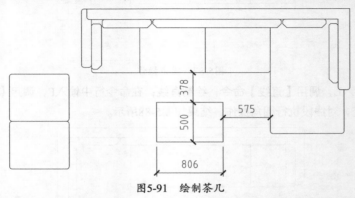

图5-91 绘制茶几

17 打断于点。单击【修改】面板中的【打断于点】按钮，指定a点为打断点，打断结果如图5-92所示。

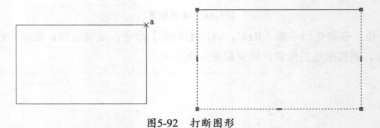

图5-92 打断图形

18 按Enter键，重复调用【打断于点】命令，指定b点为打断点，打断结果如图5-93所示。

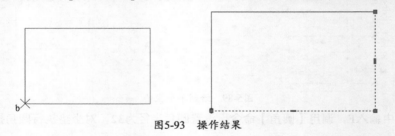

图5-93 操作结果

⑲ 选中执行打断操作得到的线段，单击【特性】工具栏上的【线宽控制】选项框，在弹出的下拉列表中选择线宽值，如图5-94所示。

⑳ 更改线宽的结果如图5-95所示。

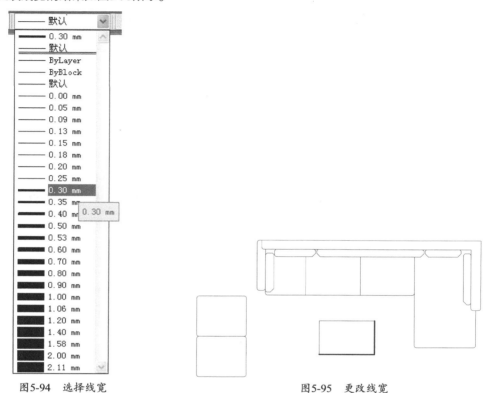

图5-94　选择线宽　　　　　　　　　　　图5-95　更改线宽

㉑ 在命令行中输入REC，调用【矩形】命令，绘制尺寸为586×600的矩形。

㉒ 在命令行中输入C，调用【圆】命令，绘制半径为134的圆形；在命令行中输入L，调用【直线】命令，通过圆心绘制相交直线，结果如图5-96所示。

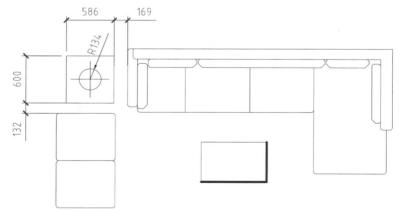

图5-96　操作结果

㉓ 绘制地毯。在命令行中输入REC，调用【矩形】命令，绘制矩形；在命令行中输入O，调用【偏移】命令，向内偏移矩形，结果如图5-97所示。

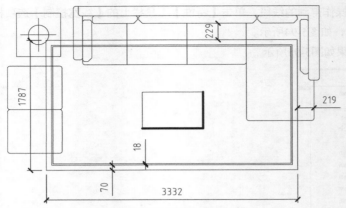

图5-97　绘制矩形

24 打断操作。单击【修改】面板中的【打断】按钮 ，在命令行中输入F，选择【第一点】选项；单击a点为第一个打断点，单击b点为第二个打断点，打断地毯外轮廓的结果如图5-98所示。

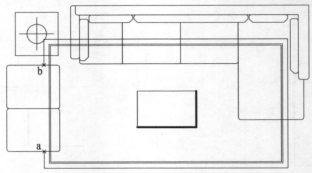

图5-98　打断图形

25 按Enter键，重复执行【打断】命令，继续对地毯图形执行打断操作，完成组合沙发的绘制结果，如图5-99所示。

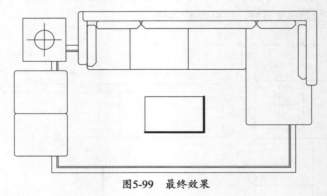

图5-99　最终效果

5.3　复制图形

在室内装潢施工图中含有许多相同的图形对象，它们的差别只是相对位置不同。使用AutoCAD提供的复制、镜像、偏移和阵列工具，可以快速创建这些相同的对象。

5.3.1 复制

复制是指在不改变图形的大小和方向的前提下，重新生成一个或多个与源对象一样的图形。

a. 执行方式

执行【复制】命令的方法有以下几种。

➤ 功能区：单击【修改】面板中的【复制】按钮，如图5-100所示。

➤ 菜单栏：执行菜单【修改】|【复制】命令，如图5-101所示。

➤ 命令行：COPY、CO或CP。

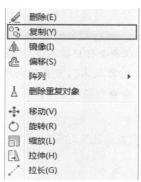

图5-100 单击按钮   图5-101 选择命令

b. 操作步骤

执行【复制】命令，选择对象，指定基点与位移，创建对象副本如图5-102和图5-103所示，命令行操作如下。

```
命令:COPY↙                                          //调用【复制】命令
选择对象：指定对角点：找到65个                        //选择对象
选择对象：
当前设置：复制模式=多个
指定基点或[位移(D)/模式(O)]<位移>：                 //指定起点
指定第二个点或[阵列(A)]<使用第一个点作为位移>：      //指定下一点
```

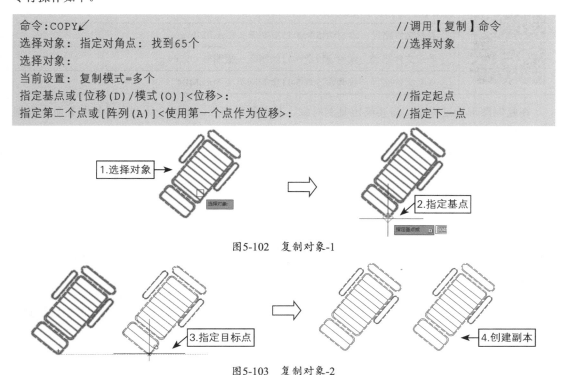

图5-102 复制对象-1

图5-103 复制对象-2

c. 选项说明

在执行【复制】命令的过程中，命令行中各选项的含义如下。

➤ 位移（D）：在命令行中输入D，选择【位移】选项，指定x轴、y轴、z轴上的位移点，指定对象副本的位置，命令行操作如下。

```
命令：COPY↙                                          //调用【复制】命令
选择对象：指定对角点：找到65个                         //选择对象
选择对象：
当前设置：复制模式=多个
指定基点或 [位移(D)/模式(O)]<位移>：D↙                 //选择【位移】选项
指定位移<0,0,0>：                                     //设置参数
```

➤ 模式（O）：在命令行中输入O，选择【模式】选项。默认情况下，选择【多个】模式，可以连续创建多个对象副本，直至结束操作。选择【单个】模式，每执行一次命令，只能创建一个对象副本，命令行操作如下。

```
命令：COPY↙                                          //调用【复制】命令
选择对象：指定对角点：找到65个                         //选择对象
选择对象：
当前设置：复制模式=多个
指定基点或[位移(D)/模式(O)]<位移>：O↙                  //选择【模式】选项
输入复制模式选项[单个(S)/多个(M)] <多个>：M↙            //选择【多个】模式
```

【练习5-11】：复制床头柜图形

调用【复制】命令来复制床头柜，难度：☆
📁 素材文件路径：素材\第5章\5-11复制床头柜图形.dwg
🌐 效果文件路径：素材\第5章\5-11复制床头柜图形-OK.dwg
📥 视频文件路径：视频\第5章\5-11复制床头柜图形.MP4

在复制图形的过程中，需要确定复制对象、基点和目标点。下面介绍利用【复制】命令来创建床头柜副本的操作步骤。

01 按Ctrl+O组合键，打开本书配备资源中的"素材\第5章\5-11复制床头柜图形.dwg"文件，如图5-104所示。

02 单击【修改】面板中的【复制】按钮 🖫 复制 ，创建双人床右侧的床头柜和台灯，命令行操作如下。

```
命令：COPY↙                                          //调用【复制】命令
选择对象：指定对角点：找到1个                           //选择左侧的床头柜和台灯图形
当前设置：复制模式=多个
指定基点或 [位移(D)/模式(O)]<位移>：                    //指定图形的左下角为基点
指定第二个点或[阵列(A)]<使用第一个点作为位移>：           //向右移动鼠标，在目标点单击鼠标左键
```

03 创建床头柜副本的效果如图5-105所示。

图5-104　打开素材

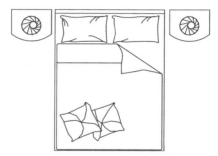

图5-105　创建对象副本

5.3.2　镜像

镜像是一个特殊的复制命令，通过镜像生成的图形对象与源对象相对于对称轴呈对称的关系。

a. 执行方式

执行【镜像】命令的方法有以下几种。

➢　功能区：单击【修改】面板中的【镜像】按钮 ⚐ 镜像，如图5-106所示。

➢　菜单栏：执行菜单【修改】|【镜像】命令，如图5-107所示。

➢　命令行：MIRROR或MI。

图5-106　单击按钮

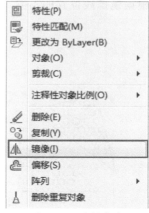

图5-107　选择命令

b. 操作步骤

执行【镜像】命令，选择源对象，指定镜像线的第一点、第二点，在镜像线的一侧创建源对象副本，如图5-108和图5-109所示，命令行操作如下。

```
命令:MIRROR↙                                    //调用【镜像】命令
选择对象:指定对角点:找到4个                        //选择对象
选择对象:
指定镜像线的第一点:                               //指定第一个点
指定镜像线的第二点:                               //指定第二个点
要删除源对象吗? [是(Y)/否(N)]<否>:N↙             //选择【否】选项
```

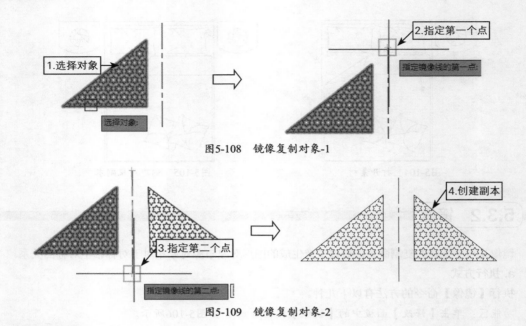

图5-108　镜像复制对象-1

图5-109　镜像复制对象-2

c. 初学解答

在命令行中提示"指定镜像线的第一点"和"指定镜像线的第二点"时，可以在任意方向指定镜像线的位置。根据镜像线位置的不同，源对象副本的位置也会发生相应的变化，如图5-110所示。

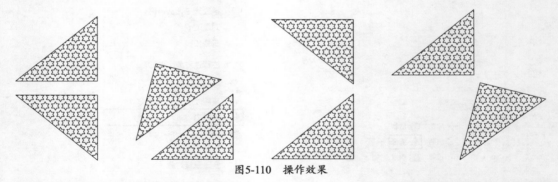

图5-110　操作效果

在命令行中提示"要删除源对象吗？[是（Y）/否（N）]"，选择【是（Y）】选项，源对象被删除，保留对象副本在镜像线的一侧，如图5-111所示。默认情况下，选择【否（N）】选项，保留源对象。

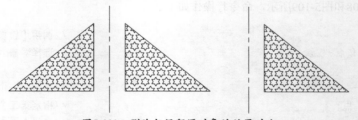

图5-111　删除与保留源对象的效果对比

【练习5-12】：　镜像复制餐椅

调用【镜像】命令来复制餐椅，难度：☆	
📁 素材文件路径：素材\第5章\5-12镜像复制餐椅.dwg	
🌐 效果文件路径：素材\第5章\5-12镜像复制餐椅-OK.dwg	
📥 视频文件路径：视频\第5章\5-12镜像复制餐椅.MP4	

下面介绍利用【镜像】命令来创建餐椅副本的操作步骤。

01 按Ctrl+O组合键，打开本书配备资源中的"素材\第5章\5-12镜像复制餐椅.dwg"文件，如图5-112所示。

02 单击【修改】面板中的【镜像】按钮▲ 镜像，镜像复制创建餐椅图形，命令行操作如下。

```
命令:MIRROR↙                          //调用【镜像】命令
选择对象： 指定对角点:找到1个          //选择桌子下方的椅子图形
选择对象：                             //结束对象选择
指定镜像线的第一点：                   //指定桌子右侧边的中点，如图5-113所示
指定镜像线的第二点：                   //指定桌子左侧边的中点，如图5-114所示
要删除源对象吗？[是(Y)/否(N)]<N>：     //按Enter键，选择【否(N)】选项
```

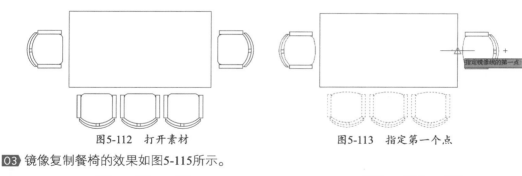

　　　　图5-112　打开素材　　　　　　　　　　　图5-113　指定第一个点

03 镜像复制餐椅的效果如图5-115所示。

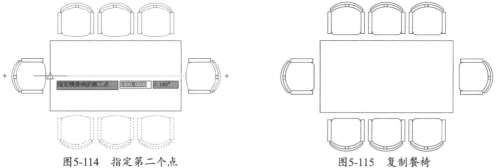

　　　　图5-114　指定第二个点　　　　　　　　　图5-115　复制餐椅

5.3.3　偏移

偏移操作可根据指定的距离或通过点建立一个与所选对象平行的形体，从而使对象数量得到增加。可以进行偏移的图形对象有直线、曲线、多边形、圆、圆弧等。

a. 执行方式

执行【偏移】命令的方法有以下几种。

➢ 功能区：单击【修改】面板中的【偏移】按钮⚲，如图5-116所示。
➢ 菜单栏：执行菜单【修改】|【偏移】命令，如图5-117所示。
➢ 命令行：OFFSET或O。

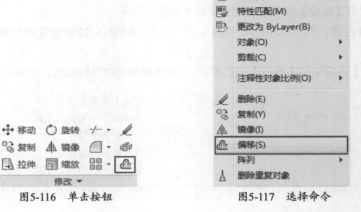

图5-116　单击按钮　　　　　　　　　图5-117　选择命令

b. 操作步骤

执行【偏移】命令，指定偏移距离，可将对象偏移到指定的位置，如图5-118所示，命令行操作如下。

命令:OFFSET✓	//调用【偏移】命令
当前设置：删除源=否　图层=源　OFFSETGAPTYPE=0	
指定偏移距离或[通过(T)/删除(E)/图层(L)]<500>:1000✓	//指定距离
选择要偏移的对象，或[退出(E)/放弃(U)]<退出>:	//选择对象
指定要偏移的那一侧上的点，或[退出(E)/多个(M)/放弃(U)]<退出>:	//指定偏移点

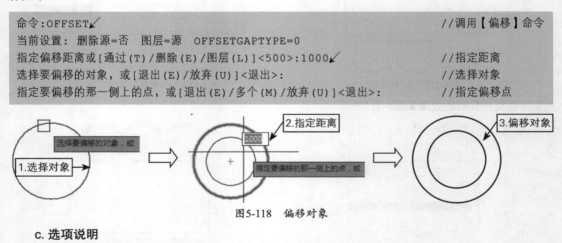

图5-118　偏移对象

c. 选项说明

在执行【偏移】命令的过程中，命令行中各选项的含义如下。

➢ 通过（T）：在命令行中输入T，选择【通过】选项，指定通过点创建对象副本，如图5-119所示，命令行操作如下。

命令:OFFSET✓	//调用【偏移】命令
当前设置:删除源=否　图层=源OFFSETGAPTYPE=0	
指定偏移距离或[通过(T)/删除(E)/图层(L)]<通过>:T✓	//选择【通过】选项
选择要偏移的对象，或[退出(E)/放弃(U)]<退出>:	//选择对象
指定通过点或[退出(E)/多个(M)/放弃(U)]<退出>:	//指定通过点

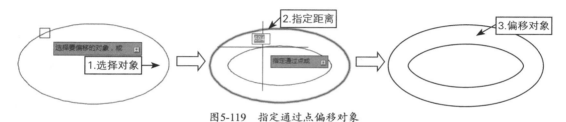

图5-119　指定通过点偏移对象

➢ 删除（E）：在命令行中输入E，选择"删除"选项。选择【是（Y）】选项，在偏移后删除源
对象；反之则保留源对象，命令行操作如下。

```
命令:OFFSET↙                                      //调用【偏移】命令
当前设置: 删除源=否  图层=源OFFSETGAPTYPE=0
指定偏移距离或[通过(T)/删除(E)/图层(L)]<通过>:E↙      //选择【删除】选项
要在偏移后删除源对象?  [是(Y)/否(N)]<否>: N↙          //选择【否（N）】选项
```

➢ 图层（L）：在命令行中输入L，选择【图层】选项。选择【当前】选项，偏移得到的源对象
副本位于当前图层；选择【源】选项，源对象与副本位于同一图层。命令行操作如下。

```
命令:OFFSET↙                                      //调用【偏移】命令
当前设置:删除源=否  图层=源OFFSETGAPTYPE=0
指定偏移距离或[通过(T)/删除(E)/图层(L)]<500>:L↙       //选择【图层】选项
输入偏移对象的图层选项[当前(C)/源(S)]<源>:C↙          //选择【源】选项
```

【练习5-13】：　偏移复制桌子轮廓

调用【偏移】命令来创建桌子轮廓，难度：☆
🅰 素材文件路径：素材\第5章\5-13偏移复制桌子轮廓.dwg
◎ 效果文件路径：素材\第5章\5-13偏移复制桌子轮廓-OK.dwg
⬇ 视频文件路径：视频\第5章\5-13偏移复制桌子轮廓.MP4

　　在偏移操作过程中，需要确定偏移源对象、偏移距离和偏移方向。下面介绍利用【偏移】命
令来创建桌子轮廓的操作步骤。

01 按Ctrl+O组合键，打开本书配备资源中的"素材\第5章\5-13偏移复制桌子轮廓.dwg"文件，如
图5-120所示。

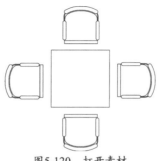

图5-120　打开素材

02 单击【修改】面板中的【偏移】按钮 ，向内偏移桌子轮廓，命令行操作如下。

```
命令：OFFSET↙
当前设置：删除源=否   图层=源OFFSETGAPTYPE=0
指定偏移距离或[通过(T)/删除(E)/图层(L)]<30.0000>:30↙                    //设置偏移距离
选择要偏移的对象，或[退出(E)/放弃(U)]<退出>：                            //选择桌子轮廓线
指定要偏移的那一侧上的点，或[退出(E)/多个(M)/放弃(U)]<退出>：
                                            //在轮廓线内部单击，完成偏移操作，如图5-121所示
```

03 按Enter键，重复调用【偏移】命令，修改偏移距离为90；选择上一步骤中偏移得到的矩形，向内偏移，结果如图5-122所示。

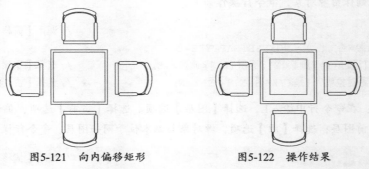

图5-121　向内偏移矩形　　　　　图5-122　操作结果

5.3.4　阵列

　　【复制】、【镜像】和【偏移】命令，一次只能复制得到一个对象副本。如果想要按照一定规律大量复制图形，可以使用【阵列】命令。

　　根据阵列方式不同，可以分为矩形阵列、路径阵列和环形阵列。

1. 矩形阵列

矩形阵列就是将图形呈行列进行排列，如建筑立面图的窗格、规律摆放的桌椅等。

a. 执行方式

执行【矩形阵列】命令的方法有以下几种。

➢ 功能区：单击【修改】面板中的【矩形阵列】按钮 ▦ 阵列，如图5-123所示。
➢ 菜单栏：执行菜单【修改】|【阵列】|【矩形阵列】命令，如图5-124所示。
➢ 命令行：ARRAYRECT。

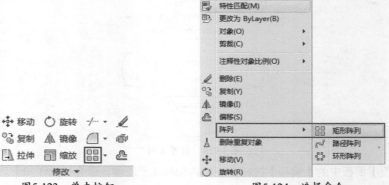

图5-123　单击按钮　　　　　　　图5-124　选择命令

b. 操作步骤

执行【矩形阵列】命令，选择对象，系统按照默认的参数创建图形副本，如图5-125所示。

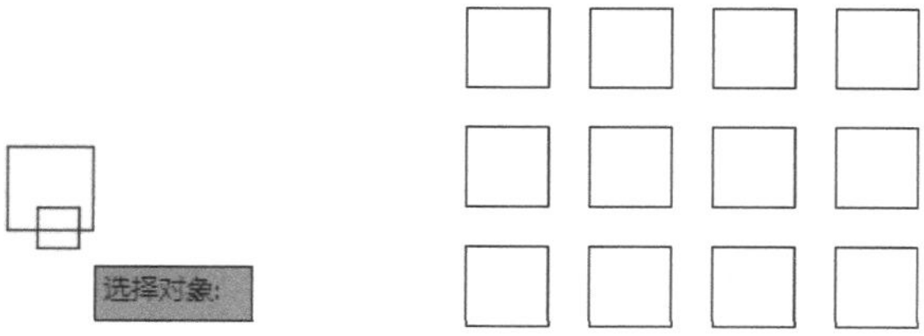

图5-125　矩形阵列

进入【阵列创建】选项卡，在【列】面板、【行】面板、【层级】面板中显示阵列参数，如图5-126所示。修改面板参数，影响阵列结果。

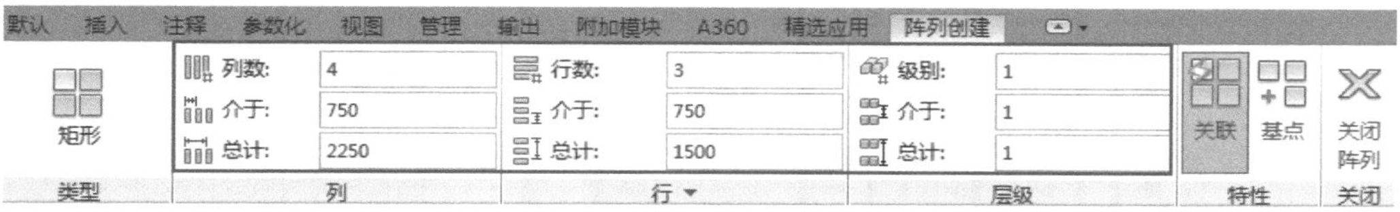

图5-126　显示参数

用户还可以在命令行中设置阵列参数，控制阵列结果，如图5-127所示，命令行操作提示如下。

```
命令：_arrayrect↙                                              //调用【矩形阵列】命令
选择对象：找到1个                                              //选择对象
选择对象：
类型=矩形　关联=是
选择夹点以编辑阵列或 [关联(AS)/基点(B)/计数(COU)/间距(S)/列数(COL)/行数(R)/层数(L)/
退出(X)]<退出>:COU↙                                           //选择【计数】选项
输入列数或[表达式(E)]<4>:7↙                                   //设置列数
输入行数或[表达式(E)]<3>:4↙                                   //设置行数
选择夹点以编辑阵列或[关联(AS)/基点(B)/计数(COU)/间距(S)/列数(COL)/行数(R)/层数(L)/
退出(X)]<退出>:S↙                                             //选择【间距】选项
指定列之间的距离或[单位单元(U)]<750>:1000↙                    //设置列距
指定行之间的距离<750>:1000↙                                   //设置行距
选择夹点以编辑阵列或[关联(AS)/基点(B)/计数(COU)/间距(S)/列数(COL)/行数(R)/层数(L)/
退出(X)]<退出>:
```

在命令行中设置参数后，面板中的阵列参数也随之更新，如图5-128所示。

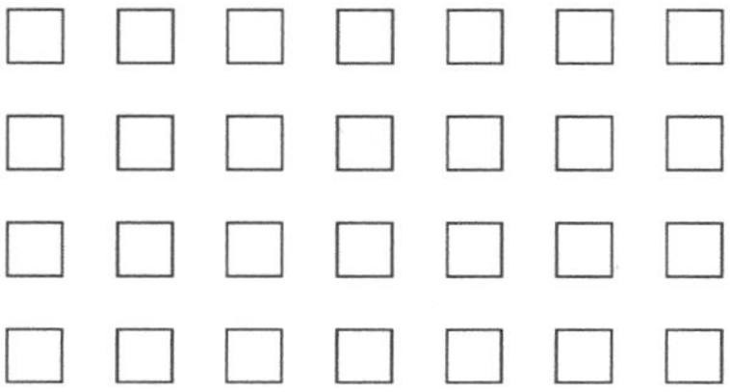

图5-127　矩形阵列对象 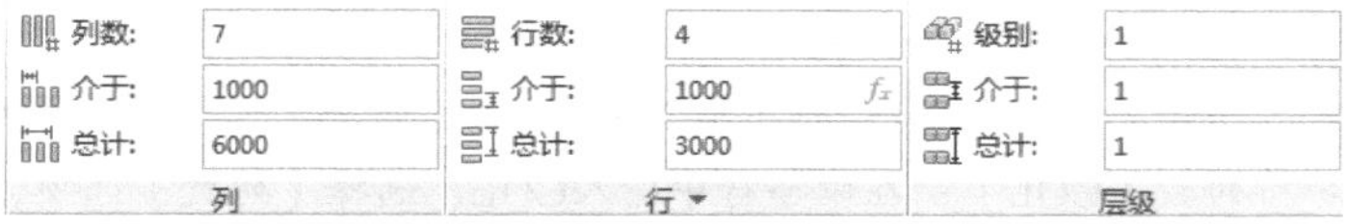　　　　　图5-128　参数更新

c. 选项说明

在执行【矩形阵列】命令的过程中，命令行中各选项的含义如下。

➤ 关联（AS）：在命令行中输入AS，选择【关联】选项。选择【是（Y）】选项，阵列副本对象彼此关联，是一个整体，如图5-129所示。选择【否（N）】选项，阵列对象为独立的个体，如图5-130所示。默认选择【是（Y）】选项，创建关联阵列。命令行提示如下。

```
命令：_arrayrect↙                                        //调用【矩形阵列】命令
选择对象：找到1个                                          //选择对象
选择对象：
类型=矩形   关联=是
选择夹点以编辑阵列或[关联(AS)/基点(B)/计数(COU)/间距(S)/列数(COL)/行数(R)/层数(L)/
退出(X)]<退出>：AS↙                                       //选择【关联】选项
创建关联阵列[是(Y)/否(N)]<是>：N↙                          //选择【否】选项
```

图5-129　关联阵列　　　　　　　图5-130　不关联阵列

➢ 基点（B）：在命令行中输入B，选择【基点】选项。默认情况下，基点位于阵列图形的左下角点。用户可以在执行命令的过程中，自定义基点的位置，如图5-131所示，命令行操作如下。

```
命令：_arrayrect↙                                        //调用【矩形阵列】命令
选择对象：找到1个                                          //选择对象
选择对象：
类型=矩形   关联=是
选择夹点以编辑阵列或[关联(AS)/基点(B)/计数(COU)/间距(S)/列数(COL)/行数(R)/层数(L)/
退出(X)]<退出>：B↙                                        //选择【基点】选项
指定基点或[关键点(K)]<质心>：                               //指定基点位置
```

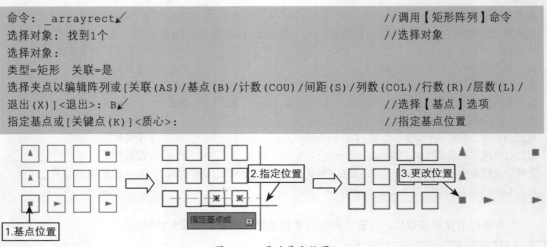

图5-131　更改基点位置

➢ 计数（COU）：在命令行中输入COU，选择【计数】选项。如果用户需要自定义阵列项目的参数，那么需要选择该选项，进入设置参数的模式。
➢ 间距（S）：在命令行中输入S，选择【间距】选项，设置列距、行距参数。
➢ 列数（COL）：在命令行中输入COL，选择【列数】选项，设置列数目。
➢ 行数（R）：在命令行中输入R，选择【行数】选项，设置行数目。
➢ 层数（L）：在命令行中输入L，选择【层数】选项。想要观察设置层数的效果，需要切换至三维视图。在其中可以查看为阵列项目设置层数、层间距的效果，如图5-132所示，命令行操作如下。

```
命令：_arrayrect↙                                                    //调用【矩形阵列】命令
选择对象：找到1个                                                     //选择对象
选择对象：
类型=矩形  关联=是
选择夹点以编辑阵列或[关联(AS)/基点(B)/计数(COU)/间距(S)/列数(COL)/行数(R)/层数(L)/
退出(X)]<退出>:L↙                                                    //选择【层数】选项
输入层数或 [表达式(E)]<1>:5↙                                         //设置层数
指定层之间的距离或[总计(T)/表达式(E)]<1>:1000↙                        //设置层间距
```

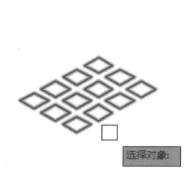

图5-132 设置层数与层间距的效果

【练习5-14】： 矩形阵列图形	
调用【矩形阵列】命令来创建衣物图形，难度：☆	
素材文件路径：素材\第5章\5-14矩形阵列图形.dwg	
效果文件路径：素材\第5章\5-14矩形阵列图形-OK.dwg	
视频文件路径：视频\第5章\5-14矩形阵列图形.MP4	

　　下面介绍利用【矩形阵列】命令来阵列复制衣服图形的操作步骤。

01 按Ctrl+O组合键，打开本书配备资源中的"素材\第5章\5-14矩形阵列图形.dwg"文件，如图5-133所示。

02 单击【修改】面板中的【矩形阵列】按钮📇 阵列，复制衣物图形，命令行操作如下。

```
命令:ARRAYRECT↙                                                     //调用【矩形阵列】命令
选择对象:找到1个                                                     //选择对象
类型=矩形  关联=是
选择夹点以编辑阵列或[关联(AS)/基点(B)/计数(COU)/间距(S)/列数(COL)/行数(R)/层数(L)/
退出(X)]<退出>:COU↙                                                 //输入COU，选择【计数(COU)】选项
输入列数或[表达式(E)]<4>:6↙                                          //设置列数
输入行数或[表达式(E)]<3>:1↙                                          //设置行数
选择夹点以编辑阵列或 [关联(AS)/基点(B)/计数(COU)/间距(S)/列数(COL)/行数(R)/层数(L)/
退出(X)]<退出>:                                                      //按Esc键退出操作
```

03 复制衣物图形的结果如图5-134所示。

图5-133　打开素材

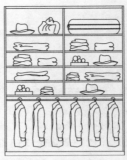

图5-134　矩形阵列

2. 路径阵列

路径阵列可以沿整个路径或部分路径平均分布对象副本。

a. 执行方式

执行【路径阵列】命令的方法有以下几种。

➢　功能区：单击【修改】面板中的【路径阵列】按钮 阵列 ，如图5-135所示。

➢　菜单栏：执行菜单【修改】|【阵列】|【路径阵列】命令，如图5-136所示。

➢　命令行：ARRAYPATH。

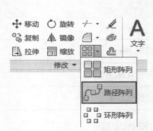

图5-135　单击按钮并选择命令

图5-136　选择命令

b. 操作步骤

执行【路径阵列】命令，选择对象与路径曲线，可以沿着路径分布对象，如图5-137所示，命令行提示如下。

```
命令：_arraypath↙                                    //调用【路径阵列】命令
选择对象：找到1个                                     //选择项目
选择对象：
类型=路径  关联=是
选择路径曲线：                                        //选择路径
选择夹点以编辑阵列或[关联(AS)/方法(M)/基点(B)/切向(T)/项目(I)/行(R)/层(L)/对齐项目(A)/z
方向(Z)/退出(X)]<退出>：
```

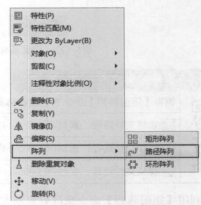

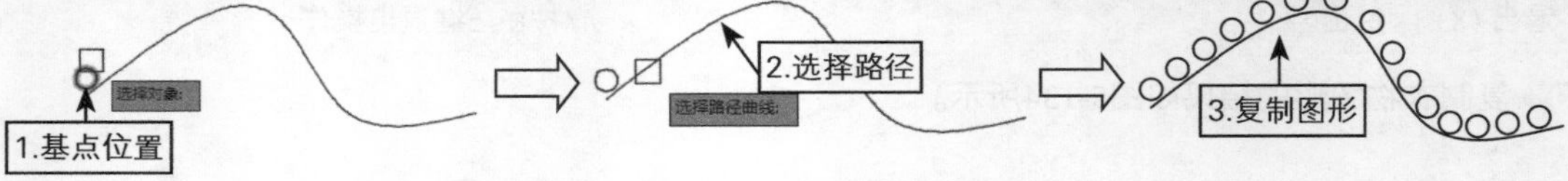

图5-137　路径阵列

在【阵列创建】选项卡中，【项目】面板、【行】面板、【层级】面板显示阵列对象的信息，如图5-138所示。修改参数，能够增/减项目，或者调整项目间距。

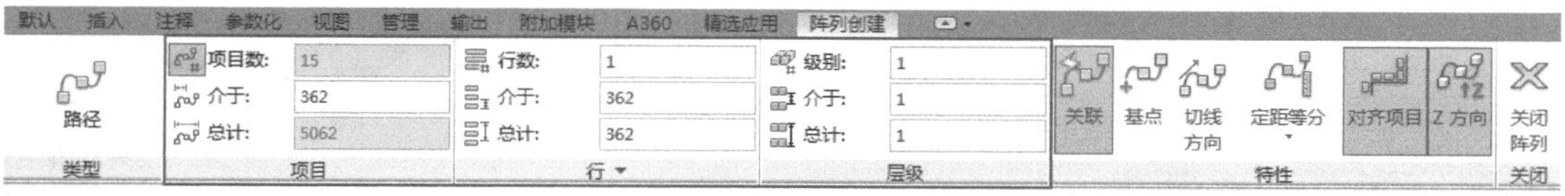

图5-138　显示参数

在执行【路径阵列】命令的过程中，修改命令行中的参数，同样可以调整阵列结果，命令行操作如下。

```
命令：_arraypath↙                          //调用【路径阵列】命令
选择对象：找到1个                          //选择项目
选择对象：
类型=路径　关联=是
选择路径曲线：                             //选择路径
选择夹点以编辑阵列或[关联(AS)/方法(M)/基点(B)/切向(T)/项目(I)/行(R)/层(L)/对齐项目(A)/z
方向(Z)/退出(X)]<退出>:I↙                  //选择【项目】选项
指定沿路径的项目之间的距离或[表达式(E)]<362>:300↙   //指定间距
最大项目数=19                              //系统根据所指定的间距计算得到的项目数
指定项目数或[填写完整路径(F)/表达式(E)]<19>:  //可以自定义项目数
```

c. 选项说明

在执行【路径阵列】命令的过程中，命令行中各选项的含义如下。

➤ 方法（M）：在命令行中输入M，选择【方法】选项，指定沿路径分布项目的方法，有【定距等分】与【定数等分】两种方式供选择。命令行操作如下。

```
命令:ARRAYPATH↙                           //调用【路径阵列】命令
选择对象:找到1个                           //选择项目
选择对象:
类型=路径　关联=是
选择路径曲线：                             //选择路径
选择夹点以编辑阵列或[关联(AS)/方法(M)/基点(B)/切向(T)/项目(I)/行(R)/层(L)/对齐项目(A)/z
方向(Z)/退出(X)]<退出>: M↙                 //选择"方法"选项
输入路径方法[定数等分(D)/定距等分(M)]<定距等分>:  //选择方法
```

➤ 对齐项目（A）：在命令行中输入A，选择【对齐项目】选项。默认情况下，沿着路径分布项目，项目与路径对齐。选择【对齐项目】选项，能够自定义项目是否与路径对齐，如图5-139所示，命令行操作如下。

```
命令:_arraypath↙                          //调用【路径阵列】命令
选择对象：找到1个                          //选择项目
选择对象：
类型=路径　关联=是
选择路径曲线：                             //选择路径
选择夹点以编辑阵列或[关联(AS)/方法(M)/基点(B)/切向(T)/项目(I)/行(R)/层(L)/对齐项目(A)/z
方向(Z)/退出(X)]<退出>: A↙                 //选择【对齐项目】选项
是否将阵列项目与路径对齐? [是(Y)/否(N)]<否>:Y↙  //选择选项
```

图5-139　对齐项目

【练习5-15】：**路径阵列椅子图形**

| 调用【路径阵列】命令来创建椅子图形，难度：☆ |
| 素材文件路径：素材\第5章\5-15路径阵列椅子图形.dwg |
| 效果文件路径：素材\第5章\5-15路径阵列椅子图形-OK.dwg |
| 视频文件路径：视频\第5章\5-15路径阵列椅子图形.MP4 |

　　路径阵列需要设置的参数有阵列路径、阵列对象、阵列数量和方向等。下面介绍利用【路径阵列】命令来创建椅子副本的操作步骤。

01 按Ctrl+O组合键，打开本书配备资源中的"素材\第5章\5-15路径阵列椅子图形.dwg"文件，如图5-140所示。

02 单击【修改】面板中的【路径阵列】按钮　，沿桌面轮廓线布置椅子项目，命令行操作如下。

```
命令：ARRAYPATH↙                              //调用【路径阵列】命令
选择对象：找到1个                              //选择椅子图形
类型=路径　关联=是
选择路径曲线：                                //选择圆桌的外轮廓作为阵列曲线
选择夹点以编辑阵列或[关联(AS)/方法(M)/基点(B)/切向(T)/项目(I)/行(R)/层(L)/对齐项目(A)/Z
方向(Z)/退出(X)]<退出>：I↙                    //输入I，选择【项目(I)】选项
指定沿路径的项目之间的距离或[表达式(E)]<1069.3769>：950↙
最大项目数=13
指定项目数或[填写完整路径(F)/表达式(E)]<13>：13↙   //设置复制椅子数量
选择夹点以编辑阵列或[关联(AS)/方法(M)/基点(B)/切向(T)/项目(I)/行(R)/层(L)/对齐项目(A)/Z
方向(Z)/退出(X)]<退出>：                       //按Esc键退出路径阵列
```

03 沿路径布置椅子图形的结果如图5-141所示。

图5-140　打开素材　　　　　图5-141　复制结果

3. 环形阵列

环形阵列可以绕某个中心点或旋转轴形成的环形图案平均分布对象副本。

a. 执行方式

执行【环形阵列】命令的方法有以下几种。

➢ 功能区：单击【修改】面板中的【环形阵列】按钮 ⚙ 阵列 ，如图5-142所示。

➢ 菜单栏：执行菜单【修改】|【阵列】|【环形阵列】命令，如图5-143所示。

➢ 命令行：ARRAYPOLAR。

图5-142　单击按钮并选择命令

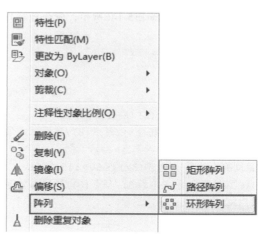

图5-143　选择命令

b. 操作步骤

执行【环形阵列】命令，选择项目，指定中心点，系统沿中心点分布项目，如图5-144所示，命令行操作如下。

```
命令：_arraypolar✓                                              //调用【环形阵列】命令
选择对象：找到1个                                               //选择项目
选择对象：
类型=极轴　关联=是
指定阵列的中心点或[基点(B)/旋转轴(A)]：                          //指定中心点
选择夹点以编辑阵列或[关联(AS)/基点(B)/项目(I)/项目间角度(A)/填充角度(F)/行(ROW)/层(L)/
旋转项目(ROT)/退出(X)]<退出>：
```

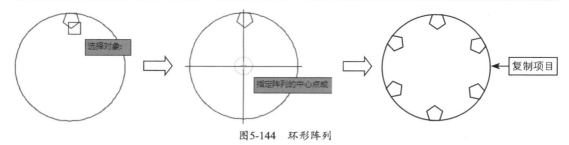

图5-144　环形阵列

在【阵列创建】选项卡中，修改【项目】、【行】、【层级】面板中的参数，如图5-145所示，调整阵列结果。

图5-145　显示参数

c. 选项说明

在执行【环形阵列】命令的过程中，命令行中各选项的含义如下。

➢ 项目间角度（A）：在命令行中输入A，选择"项目间角度"选项，设置角度值，控制项目之间所成夹角的大小，如图5-146所示，命令行操作如下。

命令：_arraypolar↙	//调用【环形阵列】命令
选择对象：找到1个	//选择项目
选择对象：	
类型=极轴　关联=是	
指定阵列的中心点或[基点(B)/旋转轴(A)]：	//指定中心点
选择夹点以编辑阵列或[关联(AS)/基点(B)/项目(I)/项目间角度(A)/填充角度(F)/行(ROW)/层(L)/	
旋转项目(ROT)/退出(X)]<退出>：A↙	//选择【项目间角度】选项
指定项目间的角度或[表达式(EX)]<60>：45↙	//输入角度值
选择夹点以编辑阵列或[关联(AS)/基点(B)/项目(I)/项目间角度(A)/填充角度(F)/行(ROW)/层(L)/	
旋转项目(ROT)/退出(X)]<退出>：	

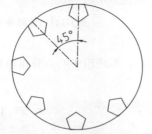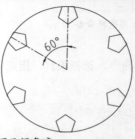

图5-146　设置项目间角度

➢ 填充角度（F）：在命令行中输入F，选择【填充角度】选项，设置一个角度值，使得项目在角度范围内分布，命令行操作如下。

命令：_arraypolar↙	//调用【环形阵列】命令
选择对象：找到1个	//选择项目
选择对象：	
类型=极轴　关联=是	
指定阵列的中心点或[基点(B)/旋转轴(A)]：	//指定中心点
选择夹点以编辑阵列或[关联(AS)/基点(B)/项目(I)/项目间角度(A)/填充角度(F)/行(ROW)/层(L)/	
旋转项目(ROT)/退出(X)]<退出>：F↙	//选择【填充角度】选项
指定填充角度(+=逆时针、-=顺时针)或[表达式(EX)]<360>：280↙	//输入角度值
选择夹点以编辑阵列或[关联(AS)/基点(B)/项目(I)/项目间角度(A)/填充角度(F)/行(ROW)/层(L)/	
旋转项目(ROT)/退出(X)]<退出>：	

➢ 旋转项目（ROT）：在命令行中输入ROT，选择【旋转项目】选项。选择【是（Y）】选项，在阵列复制项目的过程中，项目围绕阵列中心旋转，如图5-147所示。选择【否（N）】选项，仅复制项目，如图5-148所示。命令行操作如下。

命令：_arraypolar↙	//调用【环形阵列】命令
选择对象：找到1个	//选择项目
选择对象：	
类型=极轴　关联=是	

```
指定阵列的中心点或[基点(B)/旋转轴(A)]:                           //指定中心点
选择夹点以编辑阵列或[关联(AS)/基点(B)/项目(I)/项目间角度(A)/填充角度(F)/行(ROW)/层(L)/
旋转项目(ROT)/退出(X)]<退出>:ROT↵                             //选择【旋转项目】选项
是否旋转阵列项目? [是(Y)/否(N)]<是>:N↵                          //选择选项
选择夹点以编辑阵列或[关联(AS)/基点(B)/项目(I)/项目间角度(A)/填充角度(F)/行(ROW)/层(L)/
旋转项目(ROT)/退出(X)]<退出>:
```

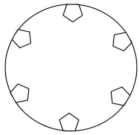

图5-147　旋转项目　　　　　　　　图5-148　不旋转项目

【练习5-16】: 绘制地面拼花　　　　　　　　　　　　　　　

	调用【环形阵列】命令绘制地面拼花图形，难度：☆
	素材文件路径：素材\第5章\5-16绘制地面拼花.dwg
	效果文件路径：素材\第5章\5-16绘制地面拼花-OK.dwg
	视频文件路径：视频\第5章\5-16绘制地面拼花.MP4

　　　环形阵列需要设置的参数有阵列的源对象、项目总数、中心点位置和填充角度。下面介绍利用【环形阵列】命令来绘制地面拼花的操作步骤。

01 按Ctrl+O组合键，打开本书配备资源中的"素材\第5章\5-16绘制地面拼花.dwg"文件，如图5-149所示。

02 单击【修改】面板中的【环形阵列】按钮，复制矩形拼花，命令行操作如下。

```
命令: ARRAYPOLAR↵                                            //调用【环形阵列】命令
选择对象: 找到1个                                            //选择矩形拼花
类型=极轴   关联=是
指定阵列的中心点或[基点(B)/旋转轴(A)]:                           //指定圆心为阵列中心
选择夹点以编辑阵列或[关联(AS)/基点(B)/项目(I)/项目间角度(A)/填充角度(F)/行(ROW)/层(L)/
旋转项目(ROT)/退出(X)]<退出>:                                 //按Esc键退出操作
```

03 绘制的地面拼花效果如图5-150所示。

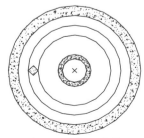
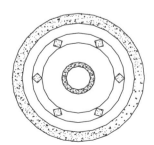

图5-149　打开素材　　　　　　　　图5-150　绘制效果

【练习5-17】： 绘制楼梯

	调用【矩形阵列】命令，绘制楼梯平面图形，难度：☆☆
◈ 素材文件路径：	无
◎ 效果文件路径：	素材\第5章\5-17绘制楼梯-OK.dwg
↓ 视频文件路径：	视频\第5章\5-17绘制楼梯.MP4

下面通过绘制楼梯平面图，综合练习前面所学的编辑命令。

01 绘制楼梯外轮廓。在命令行中输入REC，调用【矩形】命令，绘制矩形，结果如图5-151所示。

02 在命令行中输入X，调用【分解】命令，分解矩形。

03 在命令行中输入O，调用【偏移】命令，偏移矩形边；在命令行中输入TR，调用【修剪】命令，修剪线段，结果如图5-152所示。

图5-151 绘制矩形

图5-152 修剪图形

04 在命令行中输入O，调用【偏移】命令，偏移线段，结果如图5-153所示。

05 在命令行中输入EX，调用【延伸】命令，延伸线段，结果如图5-154所示。

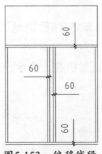

图5-153 偏移线段

图5-154 延伸线段

06 在命令行中输入TR，调用【修剪】命令，修剪线段，结果如图5-155所示。

07 单击【修改】面板中的【矩形阵列】按钮 矩形阵列，调用【矩形阵列】命令，阵列复制楼梯踏步，命令行操作如下。

```
命令:ARRAYRECT↙                                                    //调用【矩形阵列】命令
选择对象:找到1个
选择对象:找到1个,总计2个                                           //选择a、b直线
类型=矩形 关联=是
选择夹点以编辑阵列或[关联(AS)/基点(B)/计数(COU)/间距(S)/列数(COL)/行数(R)/层数(L)/
退出(X)]<退出>:COU↙                                               //选择【计数】选项
输入列数或[表达式(E)]<4>:1↙                                       //设置列数
输入行数或[表达式(E)]<3>:10↙                                      //设置行数
```

选择夹点以编辑阵列或[关联(AS)/基点(B)/计数(COU)/间距(S)/列数(COL)/行数(R)/层数(L)/
退出(X)]<退出>:S✓　　　　　　　　　　　　　　　//选择【间距】选项
指定列之间的距离或[单位单元(U)]<3660>:1✓　　　　　//设置列间距
指定行之间的距离<1>:270✓　　　　　　　　　　　　//设置行间距
选择夹点以编辑阵列或[关联(AS)/基点(B)/计数(COU)/间距(S)/列数(COL)/行数(R)/层数(L)/
退出(X)]<退出>:　　　　　　　　　　　　　//按Esc键退出操作,结果如图5-156所示

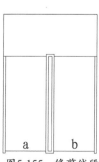

图5-155　修剪线段

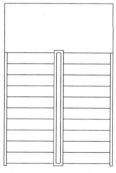

图5-156　复制线段

5.4　移动及变形图形

　　绘制完成的图形有时需要改变其大小和位置,以适合图形的表达需要。AutoCAD中改变图形
大小及位置的命令有移动、旋转、缩放以及拉伸,本节介绍这些命令的操作方法。

5.4.1　移动图形对象

　　【移动】命令可以重新定位图形,而不改变图形的大小、形状和倾斜角度。

a. 执行方式

执行【移动】命令的方法有以下几种。

➢　功能区:单击【修改】面板上的【移动】按钮 ✛移动 ,如图5-157所示。
➢　菜单栏:执行菜单【修改】|【移动】命令,如图5-158所示。
➢　命令行:MOVE或M。

图5-157　单击按钮

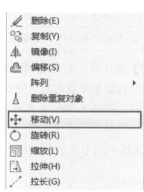

图5-158　选择命令

b. 操作步骤

执行【移动】命令，选择对象，指定起点与终点，更改对象的位置，如图5-159所示，命令行操作如下。

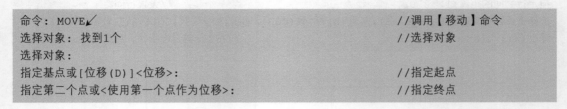

命令：MOVE↙	//调用【移动】命令
选择对象：找到1个	//选择对象
选择对象：	
指定基点或[位移(D)]<位移>：	//指定起点
指定第二个点或<使用第一个点作为位移>：	//指定终点

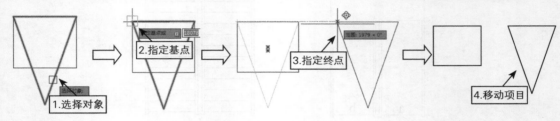

图5-159　移动对象

c. 初学解答

在移动鼠标指定位移的第二点时，可以在命令行中直接输入距离参数，如图5-160所示，明确指定第二点的位置。

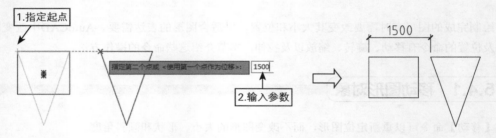

图5-160　输入距离参数

【练习5-18】：调整椅子的位置

| 调用【移动】命令，调整椅子的位置，难度：☆ |
| 素材文件路径：素材\第5章\5-18调整椅子的位置.dwg |
| 效果文件路径：素材\第5章\5-18调整椅子的位置-OK.dwg |
| 视频文件路径：视频\第5章\5-18调整椅子的位置.MP4 |

在进行【移动】操作时，首先选择需要移动的图形对象，然后分别确定基点移动时的起点和终点，就可以将图形对象从基点的起点位置平移到终点位置。

01 按Ctrl+O组合键，打开本书配备资源中的"素材\第5章\5-18调整椅子的位置.dwg"文件，如图5-161所示。

02 单击【修改】面板中的【移动】按钮 ⊕ 移动，调整椅子的位置，命令行操作如下。

命令：MOVE↙	//调用【移动】命令
选择对象：找到1个	//选择办公椅
指定基点或[位移(D)]<位移>：	//选择椅子上一点作为移动基点
指定第二个点或<使用第一个点作为位移>：	//指定目标点

03 完成移动操作的结果如图5-162所示。

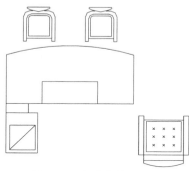

图5-161　打开素材

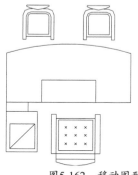

图5-162　移动图形

5.4.2　旋转图形对象

【旋转】命令可以绕基点按照指定的角度旋转对象。

a. 执行方式

执行【旋转】命令的方法有以下几种。

➤　功能区：单击【修改】面板上的【旋转】按钮，如图5-163所示。

➤　菜单栏：执行菜单【修改】|【旋转】命令，如图5-164所示。

➤　命令行：ROTATE或RO。

图5-163　单击按钮

图5-164　选择命令

b. 操作步骤

执行【旋转】命令，选择对象，指定基点与角度，旋转图形如图5-165和图5-166所示，命令行操作如下。

命令：ROTATE↙	//调用【旋转】命令
UCS当前的正角方向：ANGDIR=逆时针　ANGBASE=0	
选择对象：找到1个	//选择对象
选择对象：	

指定基点: //指定基点
指定旋转角度, 或[复制(C)/参照(R)]<270>:35↙   //输入角度

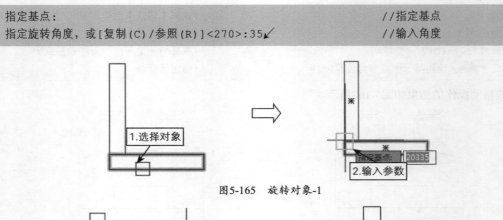

图5-165　旋转对象-1

图5-166　旋转对象-2

c. 初学解答

在执行【旋转】命令的过程中, 在命令行中输入C, 选择【复制】选项, 能够在旋转对象的同时, 创建对象副本, 如图5-167所示, 命令行操作如下。

命令:ROTATE↙   //调用【旋转】命令
UCS 当前的正角方向:ANGDIR=逆时针　ANGBASE=0
选择对象:找到1个   //选择对象
选择对象:
指定基点: //指定旋转基点
指定旋转角度, 或[复制(C)/参照(R)]<270>:C↙   //选择【复制】选项

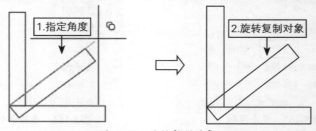

图5-167　旋转复制对象

【练习5-19】:	调整洗脸盆方向	
	调用【旋转】命令, 调整洗脸盆方向, 难度: ☆	
	素材文件路径: 素材\第5章\5-19调整洗脸盆方向.dwg	
	效果文件路径: 素材\第5章\5-19调整洗脸盆方向-OK.dwg	
	视频文件路径: 视频\第5章\5-19调整洗脸盆方向.MP4	

在进行旋转操作时，根据命令行的提示，需要确定旋转对象、旋转基点和旋转角度。逆时针旋转的角度为正值，顺时针旋转的角度为负值。下面介绍利用【旋转】命令来调整洗脸盆方向的操作步骤。

01 按Ctrl+O组合键，打开本书配备资源中的"素材\第5章\5-19调整洗脸盆方向.dwg"文件，如图5-168所示。

02 单击【修改】面板中的【旋转】按钮○ 旋转，调整洗脸盆的方向，命令行操作如下。

```
命令:ROTATE↙                                      //调用【旋转】命令
UCS当前的正角方向:ANGDIR=逆时针  ANGBASE=0
选择对象:指定对角点:找到25个                        //选择洗脸盆
指定基点:                                         //指定图形左下角为旋转基点
指定旋转角度,或[复制(C)/参照(R)]<90>:180↙         //指定旋转角度,按Enter键完成操作
```

03 在命令行中输入M，调用【移动】命令，将图形移动到墙角的指定位置，如图5-169所示。

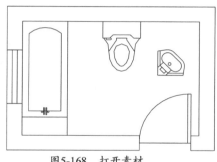
图5-168　打开素材

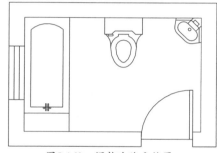
图5-169　调整洗脸盆位置

5.4.3　缩放图形对象

【缩放】命令可以放大或缩小选定的对象，缩放后保持对象的长宽比例不变。

a. 执行方式

执行【缩放】命令的方法有以下几种。

➢ 功能区：单击【修改】面板中的【缩放】按钮 缩放，如图5-170所示。
➢ 菜单栏：执行菜单【修改】|【缩放】命令，如图5-171所示。
➢ 命令行：SCALE或SC。

图5-170　单击按钮

图5-171　选择命令

b. 操作步骤

执行【缩放】命令，选择对象，指定基点与比例因子，能够放大或者缩小图形，如图5-172所

示，命令行操作如下。

命令：SCALE↙	//调用【缩放】命令
选择对象：找到1个	//选择对象
选择对象：	
指定基点：	//指定基点
指定比例因子或[复制(C)/参照(R)]:2.5↙	//输入比例因子

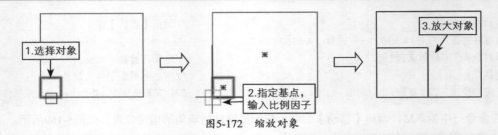

图5-172　缩放对象

延伸讲解

　　比例因子大于1，对象被放大；比例因子小于1，对象被缩小。

【练习5-20】：　缩放图形	
调用【缩放】命令，调整台球的大小，难度：☆	
素材文件路径：素材\第5章\5-20缩放图形.dwg	
效果文件路径：素材\第5章\5-20缩放图形-OK.dwg	
视频文件路径：视频\第5章\5-20缩放图形.MP4	

　　在进行缩放操作的过程中，需要确定缩放对象、缩放基点和比例因子。下面介绍利用【缩放】命令来调整台球大小的操作步骤。

01 按Ctrl+O组合键，打开本书配备资源中的"素材\第5章\5-20缩放图形.dwg"文件，如图5-173所示。

02 单击【修改】面板中的【缩放】按钮，将球缩小为原来的一半，命令行操作如下。

命令：SCALE↙	//调用【缩放】命令
选择对象：找到1个	//选定球体
指定基点：	
指定比例因子或[复制(C)/参照(R)]:0.5↙	//指定比例因子，按Enter键确认

03 缩放结果如图5-174所示。

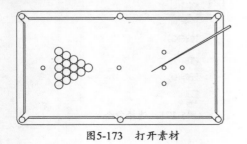

图5-173　打开素材

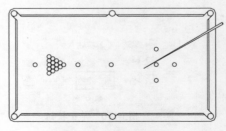

图5-174　缩小图形

5.4.4 拉伸图形对象

【拉伸】命令是通过沿拉伸路径平移图形夹点的位置，使图形产生拉伸变形的效果。该命令可以对选择的对象按规定方向和角度拉伸或压缩，从而使对象的形状发生改变。

a. 执行方式

执行【拉伸】命令的方法有以下几种。

➤ 功能区：单击【修改】面板中的【拉伸】按钮 <kbd>↳ 拉伸</kbd>，如图5-175所示。

➤ 菜单栏：执行菜单【修改】|【拉伸】命令，如图5-176所示。

➤ 命令行：STRETCH或S。

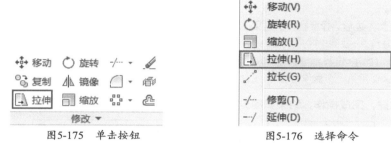

图5-175　单击按钮 　　　　　　　图5-176　选择命令

b. 操作步骤

执行【拉伸】命令，选择对象，指定基点与终点拉伸对象，如图5-177所示，命令行操作如下。

```
命令：STRETCH↙                                    //调用【拉伸】命令
以交叉窗口或交叉多边形选择要拉伸的对象...
选择对象：指定对角点：找到1个                        //选择对象
选择对象：
指定基点或[位移(D)]<位移>：                          //指定基点
指定第二个点或<使用第一个点作为位移>：                //指定终点
```

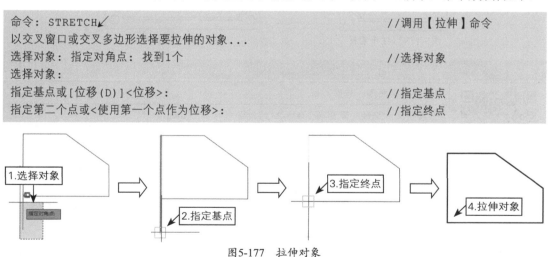

图5-177　拉伸对象

c. 新手提示

在执行【拉伸】命令的过程中，需要确定拉伸对象、拉伸基点的起点和拉伸的位移。其需要遵循以下原则。

➤ 通过单击选择和窗口选择获得的拉伸对象将只被平移，不被拉伸。

➤ 通过交叉选择获得的拉伸对象，如果所有夹点都落入选择框内，图形将发生平移；如果只有部分夹点落入选择框，图形将沿拉伸路径拉伸；如果没有夹点落入选择窗口，图形将保持不变。

【练习5-21】: 拉伸图形

调用【拉伸】命令,调整图形的宽度,难度:☆
素材文件路径:素材\第5章\5-21拉伸图形.dwg
效果文件路径:素材\第5章\5-21拉伸图形-OK.dwg
视频文件路径:视频\第5章\5-21拉伸图形.MP4

下面介绍利用【拉伸】命令来调整图形宽度的操作步骤。

01 按Ctrl+O组合键,打开本书配备资源中的"素材\第5章\5-21拉伸图形.dwg"文件,如图5-178所示。

02 单击【修改】面板中的【拉伸】按钮 拉伸,将图形向右拉伸500,命令行操作如下。

命令:STRETCH✓	//调用【拉伸】命令
以交叉窗口或交叉多边形选择要拉伸的对象...	
选择对象:指定对角点:找到5个	//从右至左窗交选择对象
指定基点或[位移(D)]<位移>:	//指定图形右下角点的拉伸基点
指定第二个点或<使用第一个点作为位移>:500✓	//水平向右移动光标,输入拉伸距离值500

03 单击鼠标左键,完成操作,结果如图5-179所示。

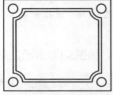

图5-178 打开素材

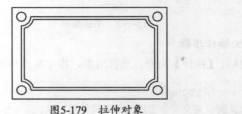

图5-179 拉伸对象

【练习5-22】: 绘制卧室平面图

绘制卧室平面图,难度:☆ ☆
素材文件路径:素材\第5章\5-23 绘制卧室平面图.dwg
效果文件路径:素材\第5章\5-23 绘制卧室平面图-OK.dwg
视频文件路径:视频\第5章\5-23 绘制卧室平面图.MP4

下面通过绘制卧室平面图,综合练习前面所学的编辑命令。

01 按Ctrl+O组合键,打开本书配备资源中的"素材\第5章\5-23绘制卧室平面图.dwg"文件,如图5-180所示。

02 绘制衣柜。在命令行中输入O,调用【偏移】命令,偏移墙线;在命令行中输入TR,调用【修剪】命令,修剪墙线,结果如图5-181所示。

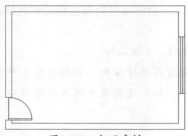

图5-180 打开素材

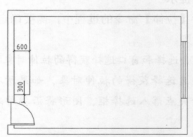

图5-181 绘制衣柜

03 在命令行中输入O，调用【偏移】命令，向内偏移衣柜轮廓线，结果如图5-182所示。

04 调入图块。按Ctrl+O组合键，打开本书配备资源中的"素材\第5章\家具图例.dwg"文件，从中选择衣架图形并复制粘贴至当前视图中，结果如图5-183所示。

图5-182 绘制轮廓线

图5-183 调入块

05 在命令行中输入RO，调用【旋转】命令，设置旋转角度为90°，调整衣架的角度；在命令行中输入M，调用【移动】命令，将衣架图形移动至衣柜轮廓线中，结果如图5-184所示。

06 单击【修改】面板中的【路径阵列】按钮 阵列，调用【路径阵列】命令，阵列复制衣架图形，命令行操作如下。

```
命令：ARRAYPATH↙                                      //调用【路径阵列】命令
选择对象：找到1个                                      //选择对象
类型=路径  关联=是
选择路径曲线：                                        //选择挂衣杆
选择夹点以编辑阵列或[关联(AS)/方法(M)/基点(B)/切向(T)/项目(I)/行(R)/层(L)/对齐项目(A)/Z
方向(Z)/退出(X)]<退出>：I↙                            //输入I，选择【项目(I)】选项
指定沿路径的项目之间的距离或 [表达式(E)] <742.2099>：200↙  //输入间距
最大项目数=16
指定项目数或[填写完整路径(F)/表达式(E)]<16>:15↙        //设置项目数
选择夹点以编辑阵列或[关联(AS)/方法(M)/基点(B)/切向(T)/项目(I)/行(R)/层(L)/对齐项目(A)/Z
方向(Z)/退出(X)]<退出>：                              //按Esc键退出命令操作，阵列结果如图5-185所示
```

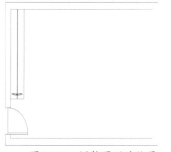

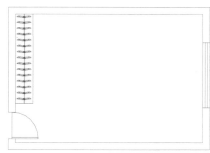

图5-184 调整图形的位置

图5-185 复制图形

07 调入图块。按Ctrl+O组合键，打开本书配备资源中的"素材\第5章\家具图例.dwg"文件，从中选择双人床、书桌图形并复制粘贴至当前视图中。调用【旋转】命令，调整双人床、书桌的角度，结果如图5-186所示。

08 在命令行中输入S，调用【拉伸】命令，设置拉伸距离为300，向左拉伸书桌图形，结果如图5-187所示。

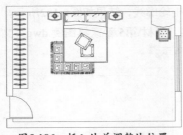

图5-186 插入块并调整块位置

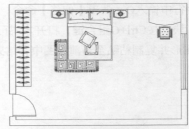

图5-187 拉伸图形

09 按Ctrl+C、Ctrl+V组合键，从"素材\第5章\家具图例.dwg"文件中复制粘贴窗帘平面图形至当前图形中，结果如图5-188所示。

10 在命令行中输入MI，调用【镜像】命令，以左右两边墙体的中点为镜像线的起点和终点，镜像复制窗帘图形，结果如图5-189所示。

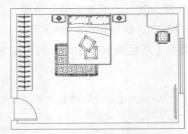

图5-188 插入块

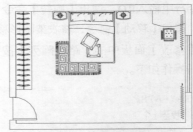

图5-189 复制图形

11 按Ctrl+C、Ctrl+V组合键，从"素材\第5章\家具图例.dwg"文件中复制粘贴贵妃榻平面图形至当前图形中，结果如图5-190所示。

12 在命令行中输入SC，调用【缩放】命令，设置缩放因子为0.7，对贵妃榻图形执行缩放操作。在命令行中输入M，调用【移动】命令，移动贵妃榻至合适位置，结果如图5-191所示。

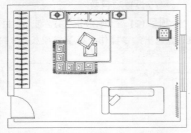

图5-190 插入块

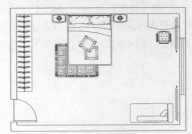

图5-191 调整位置

13 从"素材\第5章\家具图例.dwg"文件中复制粘贴电视机块至当前视图，调用【旋转】命令、【移动】命令，调整块的位置，卧室平面图的绘制结果如图5-192所示。

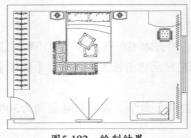

图5-192 绘制结果

5.5　思考与练习

1. 选择题

（1）删除命令的快捷键是（　　　）。

A. C　　　　　　　B. L　　　　　　　C. E　　　　　　　D. A

（2）修剪命令的工具按钮是（　　　）。

A. ⫽　　　　　　　B. ⫽　　　　　　　C. ⬛　　　　　　　D. ⬛

（3）调用圆角命令编辑图形对象，需要设置圆角的（　　　）参数。

A. 半径　　　　　　B. 数目　　　　　　C. 角度　　　　　　D. 范围

（4）在使用旋转命令编辑图形时，输入（　　　），选择【复制】选项，可以旋转复制对象。

A. N　　　　　　　B. W　　　　　　　C. Y　　　　　　　D. C

（5）使用【拉伸】命令拉伸对象，必须（　　　）拉出选框选择待编辑的部分。

A. 从右至左　　　　B. 从左至右　　　　C. 从上到下　　　　D. 从下到上

2. 操作题

（1）调用【修剪】命令，修剪双人床立面图形中的线段，如图5-193所示。

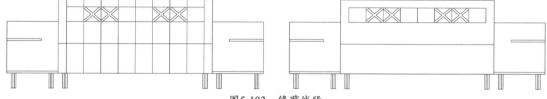

图5-193　修剪线段

（2）调用【圆角】命令，对单人沙发平面图执行圆角操作，如图5-194所示。

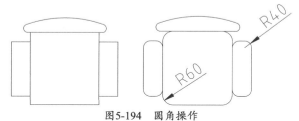

图5-194　圆角操作

（3）调用【镜像】命令，镜像复制办公椅图形，如图5-195所示。

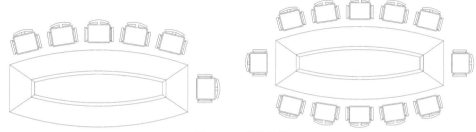

图5-195　镜像复制

（4）调用【环形阵列】命令，绘制吊灯图形，结果如图5-196所示。

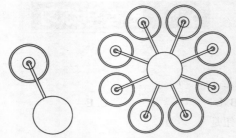

图5-196　环形阵列操作

（5）调用【拉伸】命令，调整钢琴椅的长度，如图5-197所示。

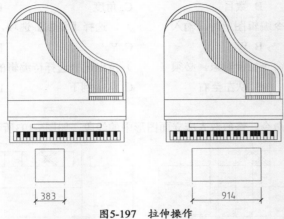

383		914

图5-197　拉伸操作

利用本章所学的对象捕捉、正交、对象追踪等功能，可以在不输入坐标的情况下精确绘图。使用图块、设计中心等工具，则可以快速组织图形，提高工作效率。

第 6 章
高效绘制图形

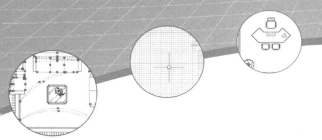

6.1 利用辅助功能绘图

AutoCAD的辅助功能主要指捕捉、栅格以及正交等，根据实际的绘图需要选择合适的辅助功能，可以提高绘图速度以及保证图形的准确度。本节介绍使用各项辅助功能绘图的操作方法。

6.1.1 栅格与捕捉

1. 栅格

栅格是一些按照相等间距排布的网格，就像传统的坐标值一样，能直观地显示图形界限的范围。用户可以根据绘图的需要，开启或关闭栅格在绘图区域的显示，并在【草图设置】对话框中设置栅格间距的大小，从而达到精确绘图的目的。栅格不属于图形的一部分，打印时不会被输出。

启用【栅格】功能的方法有以下几种。

➢ 命令行：GRID或SE。

➢ 快捷键：F7。

➢ 状态栏：单击状态栏上的【栅格】按钮▦。

执行上述任意一种方法后，【栅格】功能被启用，绘图区域的显示效果如图6-1所示。

栅格间的距离可以在【草图设置】对话框中设置，打开该对话框的方法有以下几种。

➢ 菜单栏：执行菜单【工具】|【绘图设置】命令，打开【草图设置】对话框。

➢ 状态栏：在状态栏的【栅格】按钮▦上右击，在弹出的快捷菜单中选择【设置】命令。

➢ 命令行：DSETTINGS。

执行上述任意一种方法后，系统弹出【草图设置】对话框。切换到【捕捉和栅格】选项卡，选择【启用栅格】复选框。在【栅格间距】选项组下设置栅格X轴间距和Y轴间距，如图6-2所示。

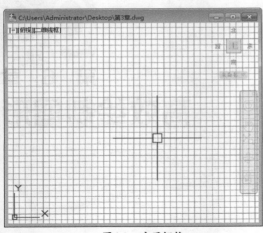

图6-1　启用栅格

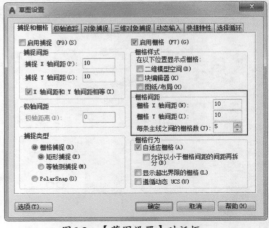

图6-2　【草图设置】对话框

2. 捕捉

开启【捕捉】功能，鼠标可以自动捕捉栅格点，鼠标移动的距离为栅格间距的整数倍。

启用【捕捉】功能的方法有以下几种。

➢　快捷键：F9。

➢　状态栏：单击状态栏上的【捕捉】按钮▦。

执行上述任意一种方法后，即可启用【捕捉】功能。【捕捉】
功能的各项属性同样可以在如图6-2所示的【草图设置】对话框
中设置。

图6-3所示为将栅格间距设置为100，矩形长边起始占据15个
网格，距离为1500；短边占据6个网格，距离为600。

启用【捕捉】功能，可以准确地拾取栅格顶点，保证绘图的
准确性与高效率。

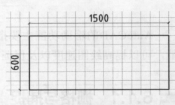

图6-3　捕捉栅格绘图

6.1.2　正交绘图

启用【正交】功能，将光标限制在水平或垂直轴向上，可以快速地绘制横平竖直的直线。

启用【正交】功能的方法有以下几种。

➢　快捷键：F8。

➢　状态栏：单击状态栏上的【正交限制光标】
按钮▙。

在绘制楼梯踏步时启用【正交】功能，配
合【多段线】命令，可以快速绘制图形，如
图6-4所示。

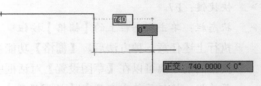

图6-4　绘制楼梯踏步

6.1.3　对象捕捉绘图

启用【对象捕捉】功能，在绘图时可以捕捉图形的特征点，如圆心、中点、端点等。通过准
确地捕捉图形的特征点，可以高效地绘制或编辑图形。

启用【对象捕捉】功能的方法有以下几种。

➤ 快捷键：F3。

➤ 状态栏：单击状态栏上的【光标捕捉到二维参照点】按钮。

在命令行中输入DSETTINGS并按Enter键，调出【草图设置】对话框。切换到【对象捕捉】选项卡，选择对象捕捉模式，如图6-5所示。

编辑圆形时，捕捉圆心的结果如图6-6所示。

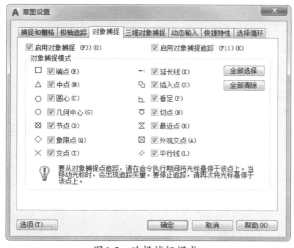

图6-5 选择捕捉模式

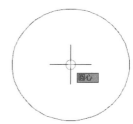

图6-6 捕捉圆心

编辑三角形时，捕捉中点的结果如图6-7所示。

编辑多边形时，捕捉几何中心（质心）的结果如图6-8所示。

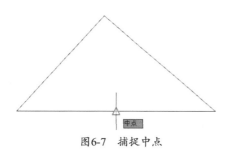

图6-7 捕捉中点

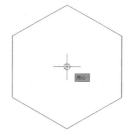

图6-8 捕捉几何中心

6.1.4 极轴追踪绘图

【极轴追踪】功能实际上是极坐标的一个应用。该功能可以使光标沿着指定角度移动，从而找到指定点。

启用【极轴追踪】功能的方法有以下几种。

➤ 快捷键：F10。

➤ 状态栏：单击状态栏上的【按指定角度限制光标】按钮。

在【草图设置】对话框中切换到【极轴追踪】选项卡，设置极轴追踪角度，如图6-9所示。

此外，在状态栏的【按指定角度限制光标】按钮上右击，可在弹出的快捷菜单中快速选择已设定的追踪角度，如图6-10所示。

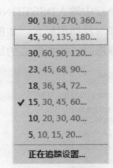

图6-9　设置参数　　　　　　　　　图6-10　选择角度

启用【极轴追踪】功能，捕捉45°角的结果如图6-11所示。捕捉60°角的结果如图6-12所示。

图6-11　捕捉45°角　　　　　　　　　　図6-12　捕捉60°角

6.1.5　对象捕捉追踪绘图

在启用【对象捕捉追踪】功能时，应同时启用【对象捕捉】功能，相互配合来绘制图形。启用【对象捕捉】功能，可以使光标从对象捕捉点开始，沿极轴追踪路径进行追踪，找到精确的位置。

启用【对象捕捉追踪】功能的方法有以下几种。

➤　快捷键：F11。

➤　状态栏：单击状态栏上的【显示捕捉参照线】按钮 ∠。

启用【对象捕捉】功能，分别捕捉五边形边上的中点；再结合【对象捕捉追踪】功能，捕捉由两个中点延伸出来的线段的交点，最终拾取得到多边形的中心点，如图6-13所示。

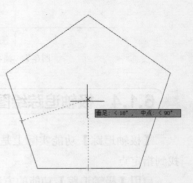

图6-13　对象捕捉追踪绘图

6.2　创建和插入块

在AutoCAD中，可以将绘制完成的图形创建成块，方便后续绘图时使用。创建成块的图形不能被编辑修改，假如编辑修改，需要先分解块。

6.2.1 创建内部块

AutoCAD内部块只能在当前的图形中使用，要是在另外的图形中调用该块，需要执行Ctrl+C、Ctrl+V组合键复制粘贴。或者打开【设计中心】选项板，从中调用图块。

执行【块】命令的方法有以下几种。

➤ 功能区：单击【默认】选项卡的【块】面板中的【创建块】按钮，如图6-14所示。

➤ 菜单栏：执行【绘图】|【块】|【创建】命令，如图6-15所示。

➤ 命令行：BLOCK或B。

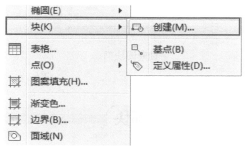

图6-14 单击按钮   图6-15 选择命令

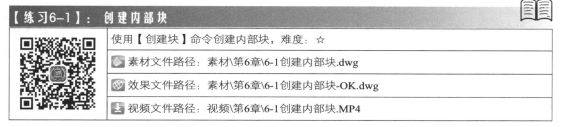

【练习6-1】: 创建内部块

使用【创建块】命令创建内部块，难度：☆

素材文件路径：素材\第6章\6-1创建内部块.dwg

效果文件路径：素材\第6章\6-1创建内部块-OK.dwg

视频文件路径：视频\第6章\6-1创建内部块.MP4

要定义一个新的图块，首先要用绘图和修改命令绘制图形，然后再用块定义命令定义块。下面使用【创建块】命令讲解创建内部块的操作步骤。

01 按Ctrl+O组合键，打开"素材\第6章\6-1创建内部块.dwg"文件。

02 在命令行中输入B，调用【创建块】命令，弹出【块定义】对话框，如图6-16所示。

03 单击【对象】选项组中的【选择对象】按钮，在绘图区域选择需要创建块的图形对象，按Enter键返回对话框。单击【基点】选项组下的【拾取点】按钮，返回绘图区域拾取图形的左上角，按Enter键返回对话框。在【名称】选项框下设置块的名称，如图6-17所示。

图6-16 【块定义】对话框   图6-17 设置名称

04 单击【确定】按钮，关闭对话框，可完成块的创建。

05 创建块后，块的所有图形组合成为一个整体，单击选择整个对象，如图6-18所示。

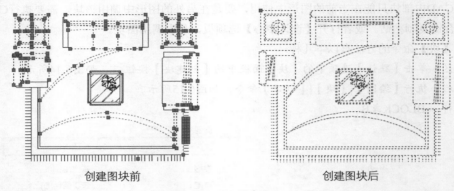

创建图块前　　　　　　　　　　　　　　创建图块后

图6-18　创建块

6.2.2　创建外部块

内部块仅限于在创建块的文件中使用，当其他文件中也需要使用时，需要创建外部块，也就是永久块。外部块以文件的形式单独保存。

在命令行中输入W，调用【写块】命令，弹出如图6-19所示的【写块】对话框。分别单击【选择对象】按钮和【拾取点】按钮，选择创建块的对象，指定块基点。

单击【目标】选项组下的【文件名和路径】右侧的按钮，弹出【浏览图形文件】对话框，在其中设置图块的名称及存储路径，如图6-20所示。

单击【保存】按钮，返回【写块】对话框，单击【确定】按钮，屏幕上方出现写块预览框；待预览框关闭后，表示写块操作完成。打开文件存储文件夹，查看写块命令的操作结果。

图6-19　【写块】对话框

图6-20　设置名称与路径

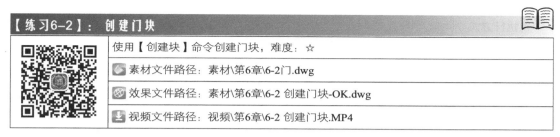

下面通过【创建块】命令来练习创建门块的操作步骤。

01 按Ctrl+O组合键，打开本书配备资源中的"素材\第6章\6-2门.dwg"文件，如图6-21所示。

02 在命令行中输入B，调用【创建块】命令，打开【块定义】对话框，单击【选择对象】按钮 和【拾取点】按钮 ，选择图形并拾取图形的右下角，返回到对话框中设置块名称，如图6-22所示。

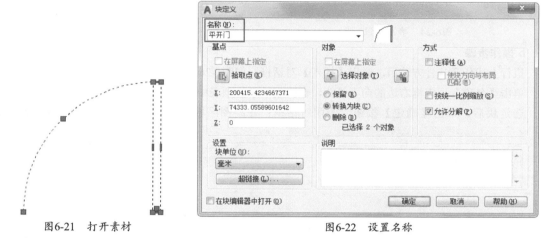

图6-21　打开素材　　　　　　　　　　图6-22　设置名称

03 单击【确定】按钮，关闭对话框，定义块的结果如图6-23所示。

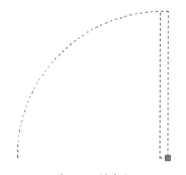

图6-23　创建块

6.2.3　插入块

创建块之后，可根据绘图需要插入块。在插入块时可以缩放块的大小，设置块的旋转角度以及插入块的位置。

a.执行方式

执行【插入块】命令的方法有以下几种。

➢ 功能区：单击【块】面板上的【插入块】按钮 ，如图6-24所示。

➢ 菜单栏：执行菜单【插入】|【块】命令，如图6-25所示。

➢ 命令行：INSERT或I。

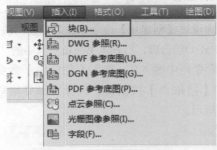

图6-24　单击按钮　　　　　　　　　　　　　图6-25　选择命令

b.操作步骤

执行上述任意一种方法后，弹出【插入】对话框，如图6-26所示。

单击【名称】列表框右边的向下箭头，在弹出的下拉列表中选择块，如图6-27所示。

选定块后，单击【确定】按钮，关闭对话框；在绘图区域指定块的插入点，即可插入块。

图6-26　【插入】对话框　　　　　　　　　　图6-27　选择块

在【比例】选项组的X文本框中设定比例参数，可以定义块X方向上的宽度参数，如图6-28所示。

选择【在屏幕上指定】复选框，可以在绘图区域自定义块的比例。单击鼠标左键，以用户所定义的比例插入块。

取消选择【统一比例】复选框，激活X、Y、Z选项，如图6-29所示，用户可通过设定这3个方向上的参数来定义块的大小。

图6-28　设置比例因子　　　　　　　　　　　图6-29　激活选项

单击【确定】按钮，插入块。以正常的尺寸插入块的结果如图6-30所示；修改块X方向上的比例后插入的结果如图6-31所示。

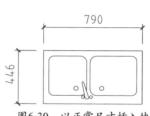

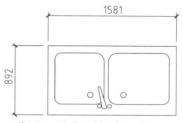

图6-30　以正常尺寸插入块　　　　　　　图6-31　设置比例后插入块

在【旋转】选项组下选择【在屏幕上指定】复选框，可以在绘图区域自定义块的旋转角度。单击鼠标左键，以用户所定义的角度插入块。

在【角度】文本框中定义块的旋转角度，如图6-32所示，指定插入块的角度。

图6-32　修改角度

单击【确定】按钮，插入块。以正常角度插入块的结果如图6-33所示；将旋转角度定义为45°角后插入块的结果如图6-34所示。

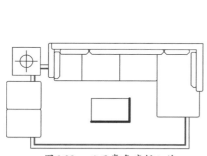

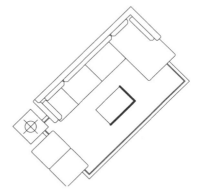

图6-33　以正常角度插入块　　　　　　　图6-34　修改角度后插入块

【练习6-3】： **插入门块**	
使用【插入块】命令插入门块，难度：☆	
◈ 素材文件路径：素材\第6章\6-3插入门块.dwg	
◎ 效果文件路径：素材\第6章\6-3插入门块-OK.dwg	
⬇ 视频文件路径：视频\第6章\6-3插入门块.MP4	

下面为卧室平面图插入门块，练习插入块的方法。

01 按Ctrl+O组合键，打开本书配备资源中的"素材\第6章\6-3 插入门块.dwg"文件，如图6-35所示。

02 在命令行中输入I，调用【插入】命令，系统弹出【插入】对话框，选择块，分别设定插入的比例、角度，如图6-36所示。

03 单击【确定】按钮，关闭对话框。在绘图区域指定插入点，插入块的结果如图6-37所示。

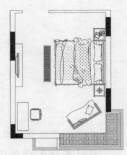

图6-35　打开素材

图6-36　设置参数

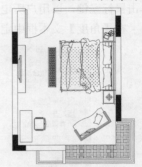

图6-37　插入块

【练习6-4】：　创建窗动态块	
使用【块编辑器】命令创建窗动态块，难度：☆☆	
素材文件路径：　素材\第6章\6-4创建窗动态块.dwg	
效果文件路径：　素材\第6章\6-4创建窗动态块-OK.dwg	
视频文件路径：　视频\第6章\6-4创建窗动态块.MP4	

动态块含有被赋予的一系列动作，通过这些动作可以改变块的大小或形态，不需要分解块。下面具体讲解动态块的创建和使用方法。

01 按Ctrl+O组合键，打开本书配备资源中的"素材\第6章\6-4创建窗动态块"文件。

02 执行菜单【工具】|【块编辑器】命令，弹出【编辑块定义】对话框，如图6-38所示。

03 在对话框左侧的列表框中选择待添加动作的图块，如图6-39所示。

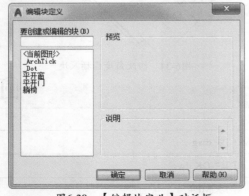

图6-38　【编辑块定义】对话框

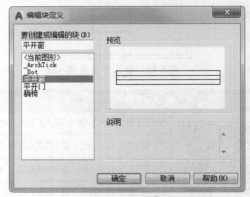

图6-39　选择块

04 单击【确定】按钮，关闭对话框，进入块编辑器界面，如图6-40所示。

图6-40　编辑界面

05 通过界面左侧的块编写选项板，为图形添加参数和动作，为窗户添加了旋转、拉伸、缩放动作的结果如图6-41所示。

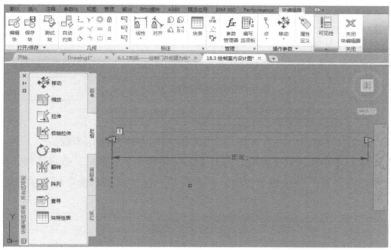

图6-41　添加动作

06 单击界面上方的【关闭块编辑器】按钮，弹出【块-未保存更改】警告框，如图6-42所示。

07 单击【将更改保存到窗户】按钮，在窗户块上显示了旋转、拉伸、缩放动作的夹点，如图6-43所示。选中这些夹点，可以对窗户执行修改操作。

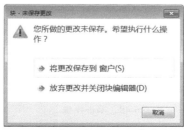

图6-42　【块-未保存更改】警告框

图6-43　添加动作的效果

08 选中拉伸夹点，移动鼠标拉伸块，如图6-44所示。

09 选中旋转夹点，移动鼠标旋转块，如图6-45所示。

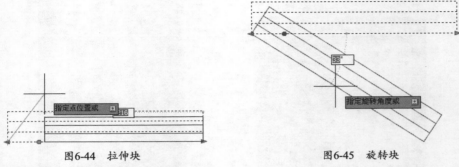

图6-44　拉伸块　　　　　　　　　　　　　图6-45　旋转块

10 选中缩放夹点，移动鼠标缩放块，如图6-46所示。

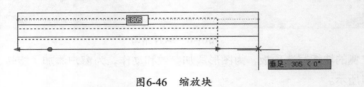

图6-46　缩放块

【练习6-5】：创建门动态块

	使用【块编辑器】命令创建门动态块，难度：☆☆
	素材文件路径：素材\第6章\6-2创建门块.dwg
	效果文件路径：素材\第6章\6-5创建门动态块-OK.dwg
	视频文件路径：视频\第6章\6-5创建门动态块.MP4

　　下面以在练习6-2中创建的门块为素材，介绍创建门动态块的操作步骤。

01 执行菜单【工具】|【块编辑器】命令，打开【编辑块定义】对话框，选择图块，如图6-47所示。

02 单击【确定】按钮，进入块编辑器界面。单击界面左侧的块编写选项板上的【线性】按钮，如图6-48所示。

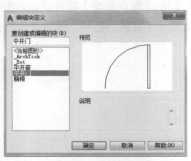

图6-47　选择块

图6-48　单击按钮

03 单击【线性】参数的起点，如图6-49所示。

04 单击【线性】参数的端点，如图6-50所示。

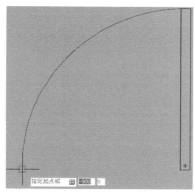

图6-49　指定起点

图6-50　指定端点

05 向下移动鼠标，选择标签的位置，单击左键，创建【线性】参数的结果如图6-51所示。

06 单击界面左侧的块编写选项板上的【旋转】按钮，如图6-52所示。

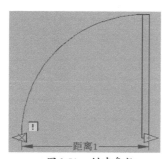

图6-51　创建参数

图6-52　单击按钮

07 单击指定【旋转】参数的基点，如图6-53所示。

08 指定【旋转】参数的半径，如图6-54所示。

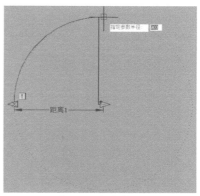

图6-54　指定半径

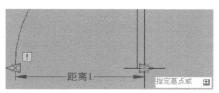

图6-53　指定基点

09 移动鼠标，指定【旋转】角度，如图6-55所示。

10 单击鼠标左键，创建【旋转】参数的结果如图6-56所示。

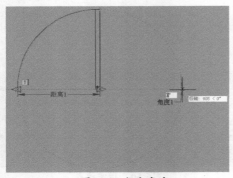

图6-55 指定角度

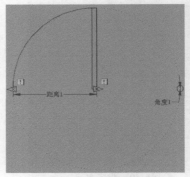

图6-56 创建参数

11 选择界面左边的块编写选项板上的【动作】选项卡，单击【缩放】按钮，如图6-57所示。

12 根据命令行的提示，选择【线性】参数及门块，结果如图6-58所示。

图6-57 单击按钮

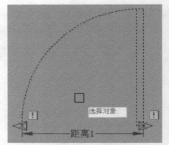

图6-58 选择参数与块

13 创建【缩放】动作的结果如图6-59所示。

14 单击【旋转】按钮，选择【旋转】参数及门块，按Enter键，创建【旋转】动作的结果如图6-60所示。

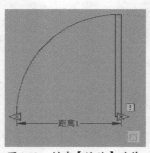

图6-59 创建【缩放】动作

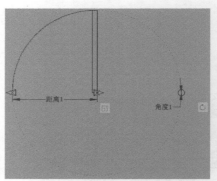

图6-60 创建【旋转】动作

[15] 保存操作并返回绘图区域，添加动作的结果如图6-61所示。

[16] 单击【缩放】夹点，调整门的大小，如图6-62所示。

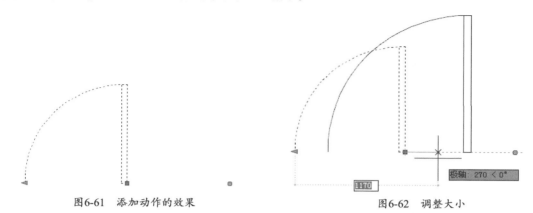

图6-61　添加动作的效果

图6-62　调整大小

[17] 单击【旋转】夹点，调整门的角度，如图6-63所示。

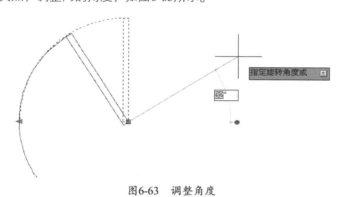

图6-63　调整角度

6.3　使用块属性

块有两种属性，分别为图形属性和非图形属性。非图形属性是指除了图形属性外的一切属性，包括文字、尺寸等。包含非图形属性的图块，可以更清晰地表达块的信息。

【练习6-6】：定义块属性

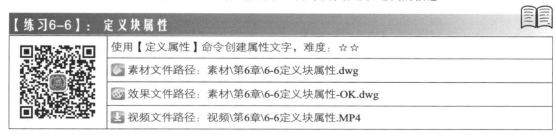

使用【定义属性】命令创建属性文字，难度：☆☆
素材文件路径：素材\第6章\6-6定义块属性.dwg
效果文件路径：素材\第6章\6-6定义块属性-OK.dwg
视频文件路径：视频\第6章\6-6定义块属性.MP4

调用【定义属性】命令，为选定的图形创建属性。下面介绍为块定义属性的操作步骤。

[01] 执行菜单【绘图】|【块】|【定义属性】命令，弹出【属性定义】对话框，如图6-64所示。

[02] 在【属性定义】对话框中设置属性值，如图6-65所示。

图6-64　【属性定义】对话框　　　　　　图6-65　设置参数

03 单击【确定】按钮，关闭对话框，根据命令行的提示将属性文字放在块上方，如图6-66所示。

2000

图6-66　创建属性

04 在命令行中输入B，调用【创建块】命令，将图形和属性一起创建成块，如图6-67所示，方便以后插入块时一起调用块属性。

05 单击【确定】按钮，关闭对话框，弹出【编辑属性】对话框，如图6-68所示。用户可以在其中定义块的属性值。

图6-67　【块定义】对话框　　　　　　图6-68　【编辑属性】对话框

【练习6-7】：编辑块属性

介绍编辑块属性的方法，难度：☆

素材文件路径：素材\第6章\6-6定义块属性.dwg

效果文件路径：素材\第6章\6-7编辑块属性-OK.dwg

视频文件路径：视频\第6章\6-7编辑块属性.MP4

　　属性被定义后，并非不可改变，可以在使用的过程中根据需要，对其进行实时修改。

01 按Ctrl+O组合键，打开本书配备资源中的"素材\第6章\6-6定义块属性"文件。

02 双击创建属性后的块，弹出【增强属性编辑器】对话框，在其中更改属性值，如图6-69所示。

03 选择【文字选项】选项卡，设置文字的显示样式，如图6-70所示，包括文字样式、对齐样式以及高度等。

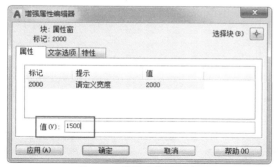

图6-69　【属性】选项卡

图6-70　设置参数

04 选择【特性】选项卡，设置属性的图层、线型、颜色及线宽等，如图6-71所示。

05 单击【确定】按钮，关闭对话框，编辑块属性的结果如图6-72所示。

图6-71　【特性】选项卡

图6-72　修改结果

【练习6-8】：创建标高属性块

介绍创建标高属性块的方法，难度：☆☆
素材文件路径：素材\第6章\6-8创建标高属性块.dwg
效果文件路径：素材\第6章\6-8创建标高属性块-OK.dwg
视频文件路径：视频\第6章\6-8创建标高属性块.MP4

下面通过创建标高属性块，练习块属性的创建和编辑。

01 按Ctrl+O组合键，打开本书配备资源中的"素材\第6章\6-8创建标高属性块.dwg"文件，如图6-73所示。

02 执行菜单【绘图】|【块】|【定义属性】命令，在弹出的【属性定义】对话框中设置属性参数，如图6-74所示。

图6-73　打开素材

03 单击【确定】按钮，关闭对话框，将属性值置于标高块之上，结果如图6-75所示。

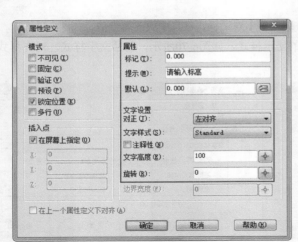

图6-74　设置参数

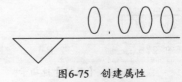

图6-75　创建属性

04 在命令行中输入B，调用【创建块】命令，将块和属性创建成属性块。

05 双击属性块，弹出【增强属性编辑器】对话框，更改标高参数，如图6-76所示。

06 单击【确定】按钮，关闭对话框，完成编辑属性的操作，结果如图6-77所示。

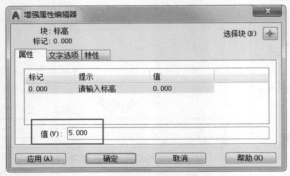

图6-76　修改参数

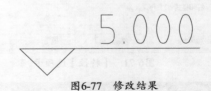

图6-77　修改结果

6.4　使用设计中心管理图形

AutoCAD中的设计中心以对话框的形式显示计算机中所包含的块以及AutoCAD图形的各属性，包括文字样式、标注样式以及图层样式等。在设计中心可以插入、预览块，以及复制与粘贴尺寸样式、文字样式等各类样式。

使用设计中心管理图形，首先要打开【设计中心】选项板，有以下几种方法。

➢ 功能区：单击【选项板】面板中的【设计中心】按钮🔳。

➢ 组合键：Ctrl+2。

➢ 命令行：ADCENTER/ADC。

执行上述任意一种方法后，打开如图6-78所示的【设计中心】选项板。设计中心的外观与Windows资源管理器非常相似，选项板左侧显示的是文件夹目录，右侧显示当前选择图形文件下包含的所有内容，包括各种样式、块等。

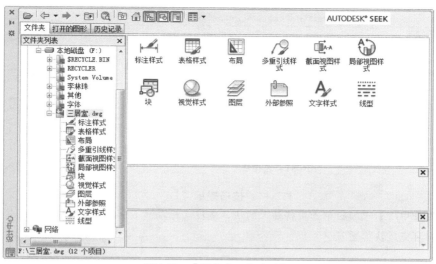

图6-78　【设计中心】选项板

【练习6-9】：　利用设计中心插入块

介绍利用设计中心插入块的方法，难度：☆
素材文件路径：素材\第6章\6-9利用设计中心插入块.dwg
效果文件路径：素材\第6章\6-9利用设计中心插入块-OK.dwg
视频文件路径：视频\第6章\6-9利用设计中心插入块.MP4

使用设计中心插入块的好处是可以在插入块之前预览块。下面以布置室内厨房餐厅块为例，介绍通过设计中心插入块的操作步骤。

01 按Ctrl+O组合键，打开本书配备资源中的"素材\第6章\6-9利用设计中心插入块.dwg"文件，如图6-79所示。

02 按Ctrl+2组合键，打开【设计中心】选项板。在待插入的块上右击，在弹出的快捷菜单中选择【插入为块】命令，如图6-80所示。

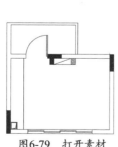

图6-79　打开素材

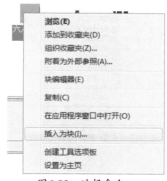

图6-80　选择命令

03 系统弹出【插入】对话框，选择块，如图6-81所示。

04 单击【确定】按钮，关闭对话框，在绘图区域指定块的插入点，插入块的结果如图6-82所示。

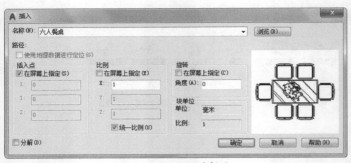

图6-81　选择块

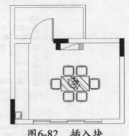

图6-82　插入块

━━━━━━━━━━━━━━━━ **技巧提示** ·················

在【设计中心】选项板中选中待插入的块，按住鼠标左键不放，将块拖曳至绘图区域，释放鼠标左键即可完成块的插入。

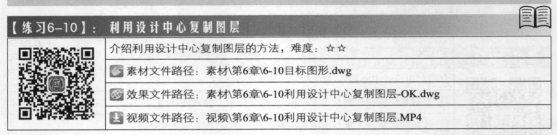

【练习6-10】: 利用设计中心复制图层
介绍利用设计中心复制图层的方法，难度：☆☆
素材文件路径：素材\第6章\6-10目标图形.dwg
效果文件路径：素材\第6章\6-10利用设计中心复制图层-OK.dwg
视频文件路径：视频\第6章\6-10利用设计中心复制图层.MP4

通过【设计中心】选项板还可实现图块、样式的复制。下面以复制图层为例，介绍通过设计中心执行复制操作的方法。

01 按Ctrl+O组合键，打开本书配备资源中的"素材\第6章\6-10目标图形.dwg"文件，其中含有名称分别为004、005和006的3个图层。

02 按Ctrl+2组合键，打开【设计中心】选项板。选择名称为"源图形.dwg"的素材文件，单击树状表下的【图层】选项，可在选项板的右侧窗口预览图层，如图6-83所示。

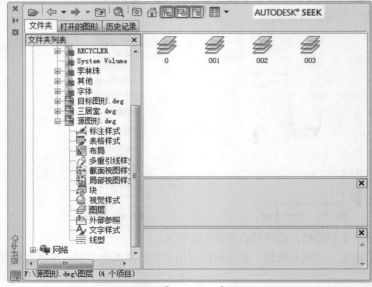

图6-83　【设计中心】选项板

03 选中名称为001、002和003的图层，右击，在如图6-84所示的快捷菜单中选择【添加图层】命令。

04 此时在选项板的左边选择"目标图形.dwg"素材文件，单击树状表下的【图层】选项，可在选项板的右侧窗口预览添加得到的图层样式，如图6-85所示。

图6-84　选择命令

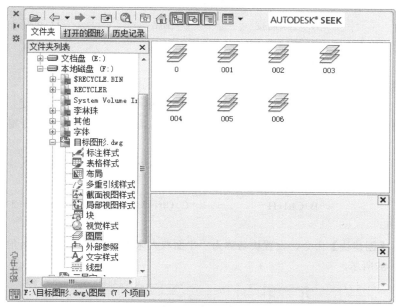

图6-85　复制样式

05 关闭【设计中心】选项板，返回绘图区域，打开如图6-86所示的【图层特性管理器】选项板，在其中可以修改新添加图层的特性。

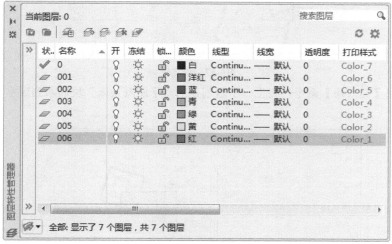

图6-86　【图层特性管理器】选项板

6.5 思考与练习

1. 选择题

（1）捕捉功能通常与（　　）功能一起配合使用。

A. 极轴　　　　　　　B. 对象捕捉　　　　　　C. 栅格　　　　　　　D. 正交

（2）【创建块】命令的快捷键是（　　）。

A. EL　　　　　　　　B. D　　　　　　　　　C. B　　　　　　　　　D. W

（3）创建块的动态属性，应先添加（　　）属性。

A. 动作　　　　　　　B. 参数　　　　　　　　C. 长度　　　　　　　D. 角度

（4）使用【定义属性】命令为图形对象创建属性后，需要调用（　　）命令将图形与属性创建成块。

A. 写块　　　　　　　B. 创建块　　　　　　　C. 动态块　　　　　　D. 插入块

（5）打开【设计中心】选项板的组合键是（　　）。

A. Ctrl+D　　　　　　B. Ctrl+H　　　　　　　C. Ctrl+3　　　　　　D. Ctrl+2

2. 操作题

（1）调用【创建块】命令，设置块名称为"平面双人床"，拾取基点为左上角点，执行创建块操作，如图6-87所示。

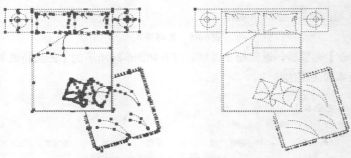

图6-87　创建块

（2）调用【插入块】命令，将上一小题创建的"平面双人床"块插入到卧室平面图中，如图6-88所示。

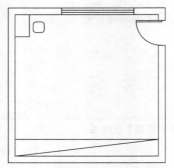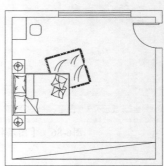

图6-88　插入块

（3）执行【定义属性】命令，为平开门创建数字属性。调用【创建块】命令，将块和属性创建成块，块名称为"平开门"，如图6-89所示。

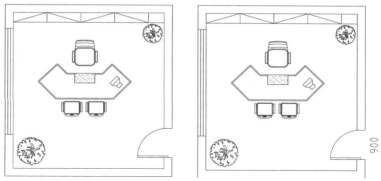

图6-89　创建属性块

图层是AutoCAD提供给用户的组织图形的强有力的工具，可以统一控制类似图形的外观和状态。本章将详细讲解图层的创建、管理及图层特性的设置方法。

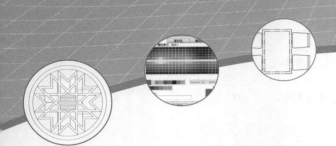

07

第 7 章

使用图层管理图形

7.1 创建图层

在使用图层工具对图形进行管理操作之前，必须先创建图层，才能编辑指定的图层。本节介绍创建图层的方法。

7.1.1 创建图层

执行【新建图层】命令，创建一个以【图层1】命名的新图层。新图层的各项属性均是系统给定的原始值，用户可以再对新图层的各项特性进行编辑修改。

打开【图层特性管理器】选项板的方法有以下几种。

➢ 功能区：单击【图层】面板上的【图层特性】按钮，如图7-1所示。

➢ 菜单栏：执行菜单【格式】|【图层】命令，如图7-2所示。

➢ 命令行：LAYRE或LA。

图7-1　单击按钮

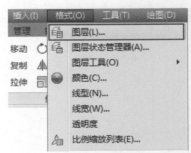

图7-2　选择命令

执行上述任意一种方法后，弹出如图7-3所示的【图层特性管理器】选项板。0图层是系统默认创建的图层，不能将其删除。

图7-3 【图层特性管理器】选项板

选中已有的图层，例如0图层，右击，在弹出的快捷菜单中选择【新建图层】命令，如图7-4所示。新建图层的结果如图7-5所示。

在选项板中单击【新建图层】按钮；或选中已有的图层，按Alt+N组合键，也可执行【新建图层】的操作。

图7-4 选择命令

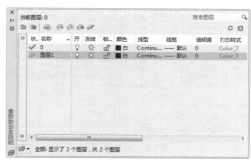

图7-5 新建图层

7.1.2 设置图层属性

每个新图层的属性都是一致的，均为系统默认值。用户需要设定各图层的属性，以适应各类图形的需要，否则便失去了利用图层管理图形的目的。

在【图层特性管理器】选项板中，显示了图层的各种属性，如颜色、线型、线宽等。单击各属性列表下的指示按钮，可以在弹出的对话框中修改图层的属性，或者通过改变状态按钮的显示样式来改变图层的属性。例如，单击【颜色】选项列表下的■白按钮，弹出【选择颜色】对话框，选择需要的颜色，如图7-6所示。单击【确定】按钮，关闭对话框，修改图层的颜色，如图7-7所示。

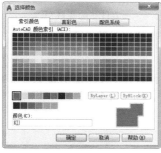

图7-6 选择颜色

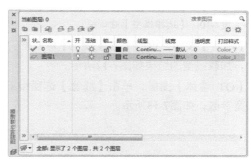

图7-7 修改颜色

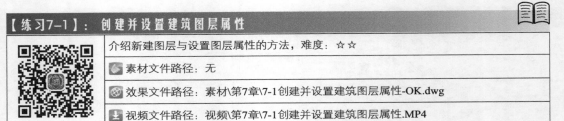

【练习7-1】：创建并设置建筑图层属性

介绍新建图层与设置图层属性的方法，难度：☆☆
📄 素材文件路径：无
⊗ 效果文件路径：素材\第7章\7-1创建并设置建筑图层属性-OK.dwg
⤓ 视频文件路径：视频\第7章\7-1创建并设置建筑图层属性.MP4

　　下面以创建并设置建筑图层为例，介绍创建图层和设置图层的操作步骤。

01 执行菜单【格式】|【图层】命令，调出【图层特性管理器】选项板。单击【新建图层】按钮🖧，新建图层，并为各图层定义名称，结果如图7-8所示。

02 参考前面介绍的设置图层颜色的方法，将【ZX_轴线】图层的颜色更改为红色，结果如图7-9所示。

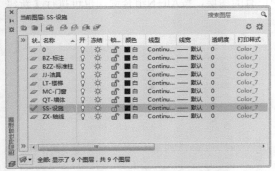

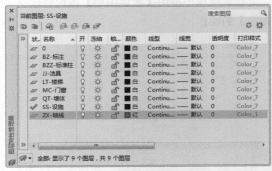

图7-8　新建图层　　　　　　　　　　　　　　图7-9　修改颜色

03 单击【线型】选项组下的Continu...按钮，弹出如图7-10所示的【选择线型】对话框。

04 在【选择线型】对话框中单击【加载】按钮，弹出【加载或重载线型】对话框，选择名称为CENTER的线型，如图7-11所示。

图7-10　【选择线型】对话框　　　　　　　　　图7-11　选择线型

05 单击【确定】按钮，返回【选择线型】对话框。选中刚才加载的线型，单击【确定】按钮，关闭对话框，加载线型的结果如图7-12所示。

06 选择【QT_墙体】图层，单击【线宽】选项组下的 —— 默认 按钮，弹出【线宽】对话框，在其中选择线宽参数，如图7-13所示。

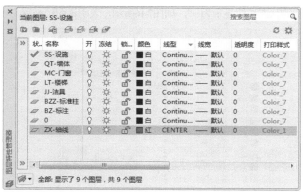 

图7-12　更改线型　　　　　　　　　　图7-13　选择线宽

07 单击【确定】按钮，关闭对话框，设置线宽的结果如图7-14所示。

08 使用相同的操作方法，设置其他图层的属性参数，结果如图7-15所示。

 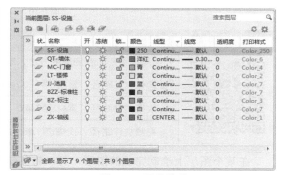

图7-14　更改线宽　　　　　　　　　　图7-15　设置结果

7.2　图层管理

图层管理主要是指管理图层的状态，如开/关、冻结/不冻结、锁定/不锁定图层等。比如，单击
【开】选项列表下的灯泡按钮♀，当灯泡为暗显状态时，如♀，表示该图层被关闭。

本节介绍管理图层状态的方法。

7.2.1　设置当前图层

将图层置为当前图层，当前所进行的绘图或编辑操作都以该图层为平台进行显示，并继承该
图层的属性，比如颜色、线型、线宽等。

将图层置为当前图层的方法有以下几种。

➢ 工具栏：在【图层特性管理器】选项板中选定待编辑的图层，单击【置为当前】按钮✔。

➢ 快捷键：在【图层特性管理器】选项板中选定待编辑的图层，按Alt+C组合键。

➢ 快捷菜单：在【图层特性管理器】选项板中选定待编辑的图层，右击，在弹出的快捷菜单中
选择【置为当前】命令。

执行上述任意一种方法后，图层名称前的状态按钮显示为 ✔，如图7-16所示，表明该图层被置为当前。

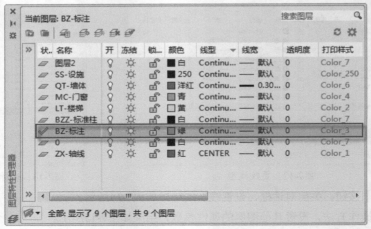

图7-16 设置当前图层

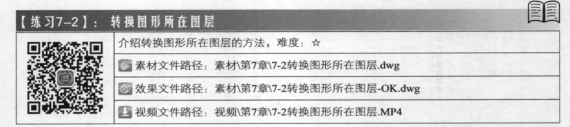

在某个图层上绘制完成的图形，可以将其转换至其他图层，这时图形继承其他图层的属性。下面介绍转换图形所在图层的操作步骤。

01 按Ctrl+O组合键，打开本书配备资源中的"素材\第7章\7-2转换图形所在图层.dwg"文件，如图7-17所示。

02 选中墙体，单击【图层】列表框右侧的向下箭头，在弹出的列表中选择【QT_墙体】图层，如图7-18所示。

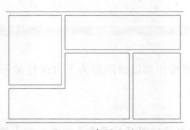

图7-17 素材文件

图7-18 选择图层

03 此时可以观察到原本以【BZ_标注】图层属性显示的墙体已经以【QT_墙体】图层的属性来显示，包括颜色和线宽，结果如图7-19所示。

04 同理，将图形转换至【ZX_轴线】图层，也可继承该图层的属性，结果如图7-20所示。

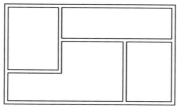

图7-19 继承图层属性

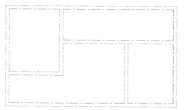

图7-20 显示结果

7.2.2 控制图层状态

图层状态包括图层的开/关、冻结/不冻结、锁定/不锁定，控制图层的状态，可以控制图层上的图形显示样式。

➤ 开/关：在【图层特性管理器】选项板中选择图层，单击【开】状态下的灯泡按钮♀，将其切换为暗显状态♀，如图7-21所示。灯泡按钮暗显表示图层被关闭，位于该图层上的图形也被隐藏。当再次开启图层，图形又会显示在绘图区域中。

➤ 冻结/不冻结：在【图层特性管理器】选项板中选中图层，单击【冻结】状态下的太阳按钮☼，将其切换为雪花状态❄时，表示图层被冻结，如图7-22所示。位于图层上的图形也被隐藏，直至解冻图层后方可显示。

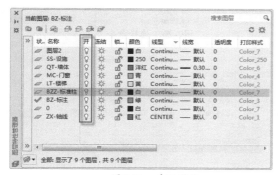

图7-21 关闭图层

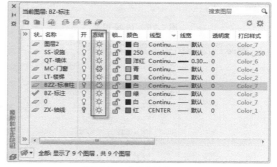

图7-22 冻结图层

➤ 锁定/不锁定：在【图层特性管理器】选项板中选中图层，单击【锁定】状态下的锁按钮🔓，切换为关闭锁的按钮🔒，表示图层被锁定，如图7-23所示。该图层上的图形不会被隐藏，只是显示为灰色，不可对其执行编辑操作，如图7-24所示。

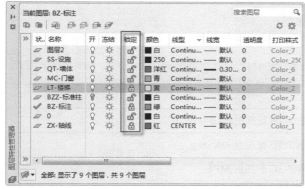

图7-23 锁定图层

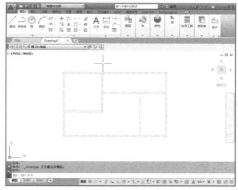

图7-24 图形显示为灰色

7.2.3 删除多余图层

多余的图层会给图层的管理带来麻烦，因此，可以删除不必要的图层。

删除图层的方法有以下几种。

➤ 按钮：在【图层特性管理器】选项板中选定待删除的图层，单击【删除图层】按钮 。

➤ 快捷键：在【图层特性管理器】选项板中选定待删除的图层，按Alt+D组合键。

➤ 快捷菜单：在【图层特性管理器】选项板中选择图层，右击，在弹出的快捷菜单中选择【删除图层】命令。

选择待删除的图层，如图7-25所示，右击，在弹出的快捷菜单中选择【删除图层】命令，如图7-26所示。

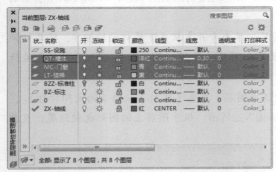
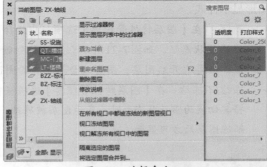

图7-25　选择图层　　　　　　　　　　　图7-26　选择命令

删除图层的结果如图7-27所示。

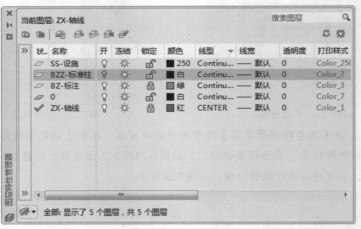

图7-27　删除图层

【练习7-3】：匹配图层

介绍匹配图层的方法，难度：☆	
素材文件路径：素材\第7章\7-3匹配图层.dwg	
效果文件路径：素材\第7章\7-3匹配图层-OK.dwg	
视频文件路径：视频\第7章\7-3匹配图层.MP4	

各图层之间不同的属性，可以通过特性匹配操作实现转换。执行【特性匹配】命令，可以将指定图层上的图形属性匹配至另一图层中的图形。执行匹配操作后，被选中的目标图形除了会继承原图形的属性外，也会被移动到原图形所在的图层上。

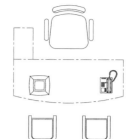

`01` 按Ctrl+O组合键，打开本书配备资源中的"素材\第7章\7-3匹配图层.dwg"文件。

`02` 办公桌图形位于【ZX_轴线】图层上，继承了图层的颜色及线型，如图7-28所示。

图7-28 显示绘制效果

`03` 在命令行中输入MA，调用【特性匹配】命令。根据命令行的提示，选择办公桌外轮廓；此时在命令行中输入S，弹出【特性设置】对话框，选择基本特性参数，如图7-29所示。

`04` 单击【确定】按钮，关闭对话框，在绘图区域中选择目标对象，即餐桌图形。完成匹配操作的效果如图7-30所示。

图7-29 【特性设置】对话框

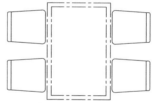

图7-30 匹配图层的效果

7.3 设置对象特性

图形对象在继承了所在图层的特性后，还可以在不改变图形位置及图层属性的情况下更改指定图形的属性。本节介绍如何设置及编辑图形对象的特性，包括图形的线型、线宽、线的颜色等。

【练习7-4】：设置对象特性

介绍设置对象特性的方法，难度：☆☆
素材文件路径：素材\第7章\7-4设置对象特性.dwg
效果文件路径：素材\第7章\7-4设置对象特性-OK.dwg
视频文件路径：视频\第7章\7-4设置对象特性.MP4

设置对象的特性主要是指对指定图形的属性进行设定，包括图形的线型、线宽等。下面介绍设置对象特性的方法。

`01` 按Ctrl+O组合键，打开本书配备资源中的"素材\第7章\7-4设置对象特性.dwg"文件。

`02` 选择图形，单击【特性】工具栏上颜色控制栏右侧的向下箭头，在弹出的下拉列表中可以为选定的图形赋予指定的颜色，如图7-31所示。

03 如果下拉列表中没有需要的颜色，可以选择【选择颜色】选项，打开【选择颜色】对话框，选择适用的颜色。

04 选择图形，单击【特性】工具栏上线型控制栏右侧的向下箭头，在弹出的下拉列表中设置线型，如图7-32所示。

图7-31　选择颜色　　　　　　图7-32　设置线型列表

05 在线型下拉列表中选择【其他】选项，弹出如图7-33所示的【线型管理器】对话框，在其中可以看到当前已加载的线型。

06 单击【加载】按钮，弹出如图7-34所示的【加载或重载线型】对话框，选择待加载的线型。单击【确定】按钮，返回【线型管理器】对话框，选择已加载的线型，单击【确定】按钮，关闭对话框，可将该线型添加到线型控制栏的下拉列表中。

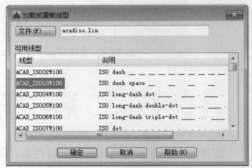

图7-33　【线型管理器】对话框　　　　图7-34　选择线型

07 选择线段，如图7-35所示。单击【特性】工具栏上线型控制栏右侧的向下箭头，在弹出的下拉列表中选择刚添加的ACAD_IS003W100线型。

08 更改线段的线型的效果如图7-36所示。

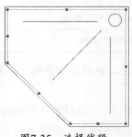

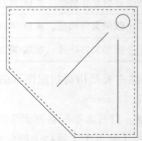

图7-35　选择线段　　　　　　图7-36　更改线型

09 选择图形，单击【特性】工具栏上线宽控制栏右边的向下箭头，在弹出的下拉列表中选择线宽，如图7-37所示。

10 将整体浴室的外轮廓线的线宽更改为0.3mm，效果如图7-38所示。

图7-37　选择线宽

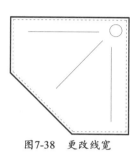

图7-38　更改线宽

【练习7-5】：　编辑对象特性

介绍编辑对象特性的方法，难度：☆
素材文件路径：素材\第7章\7-5编辑对象特性.dwg
效果文件路径：素材\第7章\7-5编辑对象特性-OK.dwg
视频文件路径：视频\第7章\7-5编辑对象特性.MP4

　　为图形对象赋予一定的特性后，还可以对其指定的特性进行更改，而不会影响图形其他特性的显示。下面介绍编辑对象特性的操作步骤。

01 按Ctrl+O组合键，打开本书配备资源中的"素材\第7章\7-5编辑对象特性.dwg"文件。

02 选择图形，按Ctrl+1组合键，打开如图7-39所示的【特性】选项板。

03 在选项板中选择【常规】选项组，单击【线型】特性右侧的向下箭头，在弹出的下拉列表中选择线型，如图7-40所示。

图7-39　【特性】选项板

图7-40　选择线型

04 在【线型比例】选项中更改比例参数，如图7-41所示。

05 更改比例参数，可以使所选的线型完整地显示，效果如图7-42所示。

此外，在【特性】选项板中还可以修改图形的【常规】特性、【三维效果】特性、【打印样式】特性以及【视图】特性等。

图7-41　更改比例值

图7-42　编辑效果

7.4　思考与练习

1. 选择题

（1）打开【图层特性管理器】选项板的快捷键是（　　）。

A. ME　　　　　　　　B. LA　　　　　　　　C. TR　　　　　　　　D. O

（2）名称为（　　）的图层不能被删除。

A. 0　　　　　　　　　B. 1　　　　　　　　　C. 3　　　　　　　　　D. 4

（3）对图层执行（　　）操作后，图层上的图形虽没被隐藏，但也不能被编辑修改。

A. 锁定　　　　　　　　B. 冻结　　　　　　　　C. 禁止打印　　　　　　D. 关闭

2. 操作题

（1）在【图层特性管理器】选项板中创建室内制图图层，如图7-43所示。

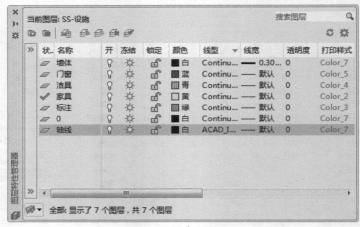

图7-43　创建室内图层

（2）在【特性】选项板中修改洗衣机图形的线宽、线型特性，如图7-44所示。

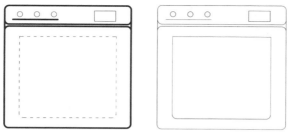

图7-44　设置图形特性

　（3）在【特性】选项板中更改左边填充图案的比例和角度，使其与右边的填充图案相同，如图7-45所示。

图7-45　编辑图形特性

室内装潢图纸中的文字和表格承担了辅助说明的作用。在图形表达不清楚时，附上文字或表格说明，可以起到事半功倍的效果。在输入文字和表格说明之前，首先应设置文字或表格样式，然后根据所定义的样式来输入文字或表格说明。

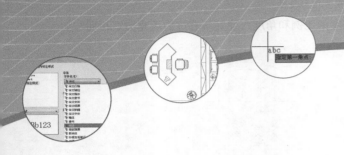

08
第 8 章
使用文字和表格

8.1　输入及编辑文字

在绘制文字标注之前，应根据所要绘制的文字标注来定义文字样式。本节介绍设置文字样式、绘制文字标注及编辑文字标注的操作方法。

8.1.1　文字样式

文字样式定义了文字的外观，是对文字特性的一种描述，包括字体、高度、宽度比例、倾斜角度以及排列方式等。

执行【文字样式】命令的方法有以下几种。

➢ 功能区：单击【注释】面板上的【文字样式】按钮Ａ，如图8-1所示。
➢ 菜单栏：执行菜单【格式】|【文字样式】命令，如图8-2所示。
➢ 命令行：STYLE或ST。

图8-1　单击按钮

图8-2　选择命令

【练习8-1】： 创建文字样式

介绍利用【文字样式】命令创建文字样式的方法，难度：☆☆
素材文件路径：无
效果文件路径：素材\第8章\8-1创建文字样式-OK.dwg
视频文件路径：视频\第8章\8-1创建文字样式.MP4

下面介绍利用命令创建文字样式的操作步骤。

01 执行菜单【格式】|【文字样式】命令，弹出如图8-3所示的【文字样式】对话框，Standard文字样式为系统默认样式，不能删除。

02 单击【新建】按钮，弹出【新建文字样式】对话框，输入新样式的名称，如图8-4所示。

图8-3 【文字样式】对话框

图8-4 设置名称

03 单击【确定】按钮，关闭对话框，新建文字样式。

04 单击【字体】选项组下的【字体名】下拉按钮，在弹出的下拉列表中选择字体，如图8-5所示。

05 在【大小】选项组中定义图纸文字高度，如图8-6所示。

图8-5 选择字体

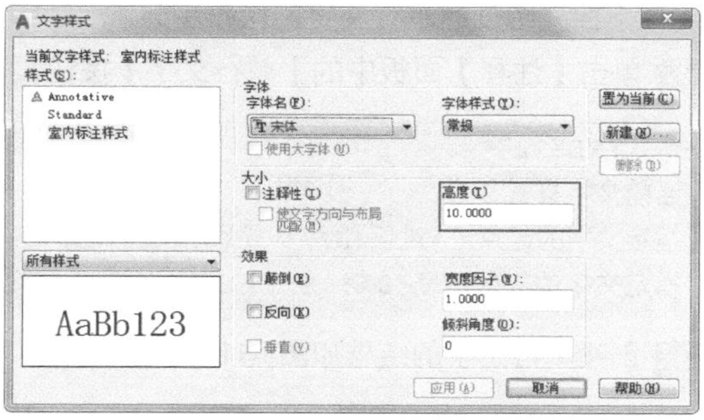

图8-6 设置字体高度

06 选中【室内标注样式】，单击【置为当前】按钮，弹出如图8-7所示的AutoCAD信息提示框，询问用户是否保存旧的文字样式。单击【是】按钮，保存样式。

07 单击【关闭】按钮，关闭【文字样式】对话框，结束操作。

图8-7 提示框

8.1.2　创建单行文字

使用【单行文字】命令可以创建一行文字，其中每行文字都是独立的对象，可对其进行重定位、调整格式或进行其他修改。

执行【单行文字】命令的方法有以下几种。

➢ 功能区：单击【注释】面板中的【单行文字】按钮A，如图8-8所示。

➢ 菜单栏：执行菜单【绘图】|【文字】|【单行文字】命令，如图8-9所示。

➢ 命令行：DTEXT、TEXT或DT。

图8-8　单击按钮

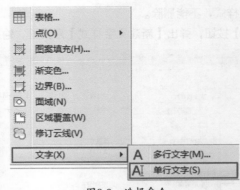

图8-9　选择命令

【练习8-2】：　创建单行文字	
	介绍创建单行文字的方法，难度：☆
	素材文件路径：无
	效果文件路径：素材\第8章\8-2创建单行文字-OK.dwg
	视频文件路径：视频\第8章\8-2创建单行文字.MP4

下面介绍创建单行文字的操作步骤。

01 单击【注释】面板中的【单行文字】按钮A，命令行操作如下。

```
命令:TEXT↙                              //调用【单行文字】命令
当前文字样式：          "室内标注样式"文字高度：10.0000  注释性:是  对正:左
指定文字的起点或[对正(J)/样式(S)]:      //在绘图区中单击文字的起点，如图8-10所示
指定文字的旋转角度<0>:                  //输入单行文字内容，按Ctrl+Enter组合键结束文字的输入
```

02 创建单行文字的结果如图8-11所示。

图8-10　指定起点

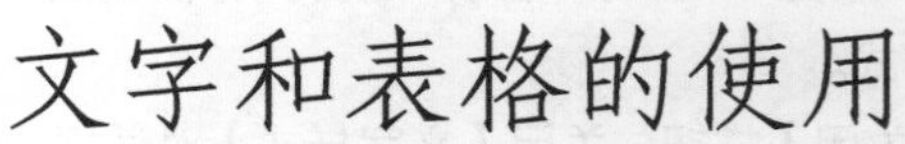

文字和表格的使用

图8-11　创建单行文字

8.1.3 创建多行文字

【多行文字】命令用于输入含有多种格式的大段文字。与单行文字不同的是，多行文字整体是一个文字对象，每一单行不再是单独的文字对象，也不能单独编辑。

执行【多行文字】命令的方法有以下几种。

➢ 功能区：单击【注释】面板中的【多行文字】按钮 A ，如图8-12所示。

➢ 菜单栏：执行菜单【绘图】|【文字】|【多行文字】命令，如图8-13所示。

➢ 命令行：MTEXT或MT。

图8-12 单击按钮

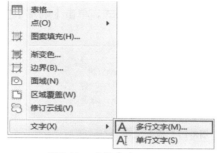

图8-13 选择命令

【练习8-3】： 创建多行文字

介绍创建多行文字的方法，难度：☆ ☆	
素材文件路径：无	
效果文件路径：素材\第8章\8-3创建多行文字-OK.dwg	
视频文件路径：视频\第8章\8-3创建多行文字.MP4	

下面介绍利用【多行文字】命令创建多行文字的操作步骤。

01 在命令行中输入MT，调用【多行文字】命令，命令行操作如下。

```
命令:MTEXT↙
当前文字样式:"室内标注样式"  文字高度:10  注释性:是
指定第一角点:                           //指定多行文字左上角位置点,如图8-14所示
指定对角点或[高度(H)/对正(J)/行距(L)/旋转(R)/样式(S)/宽度(W)/栏(C)]:
                                        //指定多行文字右下角点,如图8-15所示
```

图8-14 指定起点

图8-15 指定对角点

02 进入如图8-16所示的多行文字编辑器。

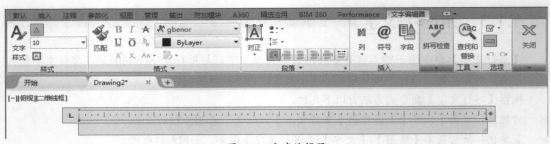

图8-16 文字编辑器

03 在编辑器中输入多行文字的内容，如图8-17所示。

04 根据需要设置文字的字体和格式，单击【确定】按钮，关闭文字编辑器完成创建多行文字，结果如图8-18所示。

AutoCAD是Autodesk公司开发的计算机辅助绘图和设计软件，被广泛应用于机械、建筑、电子、航天、石油化工、土木工程、冶金、气象、纺织、轻工业等领域。

图8-17 输入文字

AutoCAD是Autodesk公司开发的计算机辅助绘图和设计软件，被广泛应用于机械、建筑、电子、航天、石油化工、土木工程、冶金、气象、纺织、轻工业等领域。

图8-18 创建多行文字

8.1.4 输入特殊符号

在绘制文字标注时，有时需要输入一些特殊的符号，如直径、半径、百分比等。这些特殊字符不能从键盘上直接输入，因此AutoCAD提供了相应的控制符，以满足标注的需要。

特殊符号的代码及含义见表8-1。

表 8-1 特殊符号的代码及含义

控制符代码	含 义
%%C	直径符号()
%%P	正负公差符号(±)
%%D	度(°)
%%O	上画线
%%U	下画线

延伸讲解

在AutoCAD的控制符中，"%%O"和"%%U"分别是上画线与下画线的开关。第一次出现此符号时，可打开上画线或下画线；第二次出现此符号时，则会关掉上画线或下画线。

【练习8-4】： 输入特殊符号

介绍输入特殊符号的方法，难度：☆
素材文件路径：无
效果文件路径：素材\第8章\8-4输入特殊符号-OK.dwg
视频文件路径：视频\第8章\8-4输入特殊符号.MP4

下面介绍输入特殊符号的操作步骤。

01 执行菜单【绘图】|【文字】|【多行文字】命令，在绘图区域指定输入文字的矩形区域。

02 单击【文字格式】工具栏上的【符号】按钮 @ ，在弹出的下拉列表中选择特殊符号，如图8-19所示。

03 输入直径符号的结果如图8-20所示。

图8-19　选择符号 　　　　　　　　　　　图8-20　输入符号

04 输入其他文字标注，即可完成带特殊符号的文字标注，结果如图8-21所示。

ϕ20mm钢管支架

图8-21　输入文字

另外，在文字的在位编辑框中右击，在弹出的快捷菜单中选择【符号】命令，接着在弹出的子菜单中同样可以选择特殊符号，如图8-22所示。

图8-22　【符号】子菜单

8.1.5 编辑文字内容

绘制单行文字或多行文字标注后,还可以编辑修改文字标注的内容、格式,使得文字的内容或样式更符合使用要求。

执行【编辑文字】命令的方法有以下几种。

➢ 菜单栏:执行菜单【修改】|【对象】|【文字】|【编辑】命令,如图8-23所示。

➢ 命令行:DDEDIT或ED。

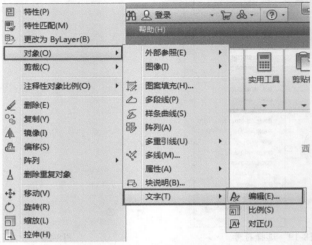

图8-23 选择命令

【练习8-5】: 编辑文字内容	
介绍编辑文字内容的方法,难度:☆☆	
素材文件路径:素材\第8章\8-5编辑文字内容.dwg	
效果文件路径:素材\第8章\8-5编辑文字内容-OK.dwg	
视频文件路径:视频\第8章\8-5编辑文字内容.MP4	

下面介绍编辑文字标注的操作步骤。

01 按Ctrl+O组合键,打开本书配备资源中的"素材\第8章\8-5编辑文字内容.dwg"文件,如图8-24所示。

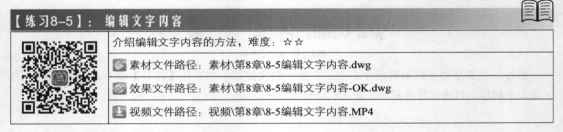

备注:
　　插座以施工单位与业主(甲方)以及设计单位在现场核对确定为准,
原有可利用的插座可保留。
　　在不与承重结构冲突的前提下,布线原则应以最短距离相接为原则,
且遵循横平竖直的布线原则,线管内严禁接驳线头,以利于检修。
　　本平面插座位置仅为位置示意图,具体插座高度及立面位置参照各立
面图所标尺寸位置。

图8-24 打开文件

02 双击文字内容,进入【文字编辑器】选项卡。选中正文内容,单击【项目符号和编号】按钮,如图8-25所示。

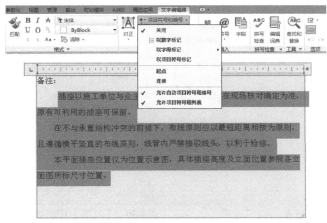

图8-25 单击按钮

03 在弹出的下拉列表中选择【以数字标记】选项，完成标记操作，结果如图8-26所示。

04 此外，文字段落的行距过大，可以适当地进行调整。选中文字内容，单击【行距】按钮，在弹出的下拉列表中选择行距系数，如图8-27所示。

图8-26 添加标记

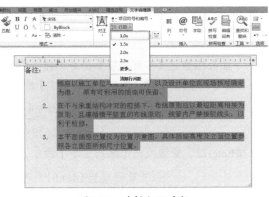

图8-27 选择行距系数

05 在下拉列表中选择1.0x选项，调整文字内容和行距的结果如图8-28所示。

备注：
1. 插座以施工单位与业主（甲方）以及设计单位在现场核对确定为准，原有可利用的插座可保留。
2. 在不与承重结构冲突的前提下，布线原则应以最短距离相接为原则，且遵循横平竖直的布线原则，线管内严禁接驳线头，以利于检修。
3. 本平面插座位置仅为示意图，具体插座高度及立面位置参照各立面图所标尺寸位置。

图8-28 调整行距

此外，在【文字编辑器】选项卡中提供了多种文字对正方式。单击【多行文字对正】按钮，在弹出的下拉列表中选择文字的对正方式，如图8-29所示。

单击【段落】右侧的按钮，弹出【段落】对话框，设定文字段落的具体样式，如图8-30所示。选中对话框中的【左对齐】、【居中】、【右对齐】、【两端对齐】、【分散对齐】单选按钮，编辑修改选中的文字内容。

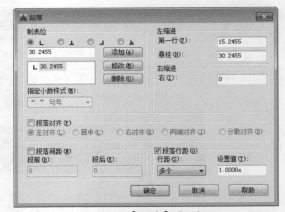

图8-29　对正方式列表　　　　　　　　图8-30　【段落】对话框

【练习8-6】：绘制室内设计说明文字

	介绍绘制室内设计说明文字的方法，难度：☆☆
	素材文件路径：无
	效果文件路径：素材\第8章\8-6绘制室内设计说明文字-OK.dwg
	视频文件路径：视频\第8章\8-6绘制室内设计说明文字.MP4

下面介绍通过【多行文字】命令创建室内装修说明文字的操作步骤。

01 在命令行中输入**MT**，调用【多行文字】命令，绘制室内装潢设计说明的标题，如图8-31所示。

星河盛世14栋01户型样板房装饰工程施工图说明

图8-31　绘制标题

02 按Enter键，重复执行【多行文字】命令，绘制设计说明内容标题，如图8-32所示。

星河盛世14栋01户型样板房装饰工程施工图说明
适用范围
设计内容
基本说明

图8-32　绘制内容标题

03 内容标题的字号过大，更改字高，比设计说明的标题小一号，如图8-33所示。

星河盛世14栋01户型样板房装饰工程施工图说明
适用范围
设计内容
基本说明

图8-33　调整字高

04 在【文字编辑器】选项卡的【段落】面板中单击【项目符号和编号】按钮，为内容标题添加数字编号，如图8-34所示。

星河盛世14栋01户型样板房装饰工程施工图说明
1.　　适用范围
2.　　设计内容
3.　　基本说明

图8-34　添加编号

05 在各内容标题下方输入设计说明的内容，结果如图8-35所示。

06 设置设计说明的标题文字的字号，并将其置为居中对齐，结果如图8-36所示。

星河盛世14栋01户型样板房装饰工程施工图说明
1. 适用范围
本施工图适用于一般民用建筑装饰装修及工业建筑装饰装修工程。
2. 设计内容
本施工图包括装饰装修地面、踢脚，内外墙面、墙裙，顶棚，室外绿化、室内绿化、饰品、家私，等部分的饰面效果，结构工艺做法，结构节点大样。
3. 基本说明
本套图为金众·葛兰溪谷14栋01户型样板房装饰工程施工图。
本套图纸除特别注明外，标高单位为米，其余尺寸单位为毫米。
施工方在施工前应在现场核对所有图纸内容，发现非常规误差，及旧土建不规范施工所造成的尺寸不符，应及时向设计方反馈，以便设计师制订出合理处理方案，经甲方书面确认后方可施工。
现场施工过程中，由于气候、工期、材料运输加工工艺等原因及设计的合理性、尺寸标注等问题所引起的设计变更，请与设计沟通、商讨、最后由设计方决定修改设计方案。
本套图纸所涉及的角钢及其它金属构件，非不锈钢部分应作防锈处理，防火处理符合消防防火规范要求。
施工现场必须严格按照国家防火规范及当地政府颁布的防火规范细则进行操作。施工中使用的所有易燃、有毒材料必须符合达到消防、环保要求，经过相应工艺处理方可使用。
相关专业图纸（强电、弱电、给排水、空调、消防等）应与本图纸相配合，施工中各专业工程师应与室内设计师协调，配合。
施工现场必须制定相应的消防、保安、卫生防疫等制度及有效措施，以保证施工顺利进行。
本套图纸的设计或说明如有与中华人民共和国相关法规相抵触的部分，应按国家法规执行。
凡本套图纸未说明的部分，按国家颁布的相应施工规范执行施工。

图8-35　输入内容

星河盛世14栋01户型样板房装饰工程
施工图说明
1. 适用范围
本施工图适用于一般民用建筑装饰装修及工业建筑装饰装修工程。
2. 设计内容
本施工图包括装饰装修地面、踢脚，内外墙面、墙裙，顶棚，室内绿化、室内绿化、饰品、家私，等部分的饰面效果，结构工艺做法，结构节点大样。
3. 基本说明
本套图为金众·葛兰溪谷14栋01户型样板房装饰工程施工图。
本套图纸除特别注明外，标高单位为米，其余尺寸单位为毫米。
施工方在施工前应在现场核对所有图纸内容，发现非常规误差，及旧土建不规范施工所造成的尺寸不符，应及时向设计方反馈，以便设计师制订出合理处理方案，经甲方书面确认后方可施工。
现场施工过程中，由于气候、工期、材料运输加工工艺等原因及设计的合理性、尺寸标注等问题所引起的设计变更，请与设计沟通、商讨、最后由设计方决定修改设计方案。
本套图纸所涉及的角钢及其它金属构件，非不锈钢部分应作防锈处理，防火处理符合消防防火规范要求。
施工现场必须严格按照国家防火规范及当地政府颁布的防火规范细则进行操作。施工中使用的所有易燃、有毒材料必须符合达到消防、环保要求，经过相应工艺处理方可使用。
相关专业图纸（强电、弱电、给排水、空调、消防等）应与本图纸相配合，施工中各专业工程师应与室内设计师协调，配合。
施工现场必须制定相应的消防、保安、卫生防疫等制度及有效措施，以保证施工顺利进行。
本套图纸的设计或说明如有与中华人民共和国相关法规相抵触的部分，应按国家法规执行。
凡本套图纸未说明的部分，按国家颁布的相应施工规范执行施工。

图8-36　调整结果

07 在【文字编辑器】选项卡的【段落】面板中单击【项目符号和编号】按钮 ，为标题【3.基本说明】的说明内容添加小写字母编号，完成创建装饰工程施工图说明，如图8-37所示。

星河盛世14栋01户型样板房装饰工程
施工图说明

1. 适用范围
本施工图适用于一般民用建筑装饰装修及工业建筑装饰装修工程。
2. 设计内容
本施工图包括装饰装修地面、踢脚，内外墙面、墙裙，顶棚，室外绿化、室内绿化、饰品、家私，等部分的饰面效果，结构工艺做法，结构节点大样。
3. 基本说明
a. 本套图为金众·葛兰溪谷14栋01户型样板房装饰工程施工图。
b. 本套图纸除特别注明外，标高单位为米，其余尺寸单位为毫米。
c. 施工方在施工前应在现场核对所有图纸内容，发现非常规误差，及旧土建不规范施工所造成的尺寸不符，应及时向设计方反馈，以便设计师制订出合理处理方案，经甲方书面确认后方可施工。
d. 现场施工过程中，由于气候、工期、材料运输加工工艺等原因及设计的合理性、尺寸标注等问题所引起的设计变更，请与设计沟通、商讨、最后由设计方决定修改设计方案。
e. 本套图纸所涉及的角钢及其它金属构件，非不锈钢部分应作防锈处理，防火处理符合消防防火规范要求。
f. 施工现场必须严格按照国家防火规范及当地政府颁布的防火规范细则进行操作。施工中使用的所有易燃、有毒材料必须符合达到消防、环保要求，经过相应工艺处理方可使用。
g. 相关专业图纸（强电、弱电、给排水、空调、消防等）应与本图纸相配合，施工中各专业工程师应与室内设计师协调，配合。
h. 施工现场必须制定相应的消防、保安、卫生防疫等制度及有效措施，以保证施工顺利进行。
i. 本套图纸的设计或说明如有与中华人民共和国相关法规相抵触的部分，应按国家法规执行。
j. 凡本套图纸未说明的部分，按国家颁布的相应施工规范执行施工。

图8-37　添加编号

8.2 使用表格绘制图形

表格可以清晰明了且图文并茂地表达设计内容。在室内装潢制图中，经常以表格的形式来绘制图纸目录，以列表的方式书写各类图纸名称及与其相对应的备注说明。本节介绍绘制和编辑表格的操作方法。

8.2.1 创建表格样式

在绘制表格之前，首先应定义表格的样式，以便按照所定义的样式来创建表格。表格的样式内容包括表格的文字样式、对齐方式、边框样式等。

执行【表格样式】命令的方法有以下几种。

➢ 功能区：单击【注释】面板中的【表格样式】按钮，如图8-38所示。
➢ 菜单栏：执行菜单【格式】|【表格样式】命令，如图8-39所示。
➢ 命令行：TABLESTYLE或TS。

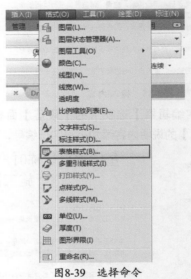

图8-38 单击按钮　　　　图8-39 选择命令

【练习8-7】：创建表格样式

介绍创建表格样式的方法，难度：☆☆

| 素材文件路径：无 |
| 效果文件路径：素材\第8章\8-7创建表格样式-OK.dwg |
| 视频文件路径：视频\第8章\8-7创建表格样式.MP4 |

下面介绍创建表格样式的操作步骤。

01 在命令行中输入TS，调用【表格样式】命令，弹出如图8-40所示的【表格样式】对话框。其中，Standard表格样式为系统默认样式，可以修改其参数，但是不可删除。

02 单击【新建】按钮，弹出【创建新的表格样式】对话框，设置新样式的名称，如图8-41所示。

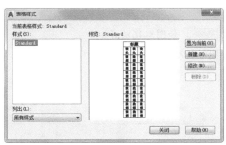

图8-40 【表格样式】对话框   图8-41 设置名称

03 单击【继续】按钮，弹出【新建表格样式：室内表格】对话框。切换到【常规】选项卡，设置参数如图8-42所示。

04 切换到【文字】选项卡，单击【文字样式】右侧的□按钮，在弹出的【文字样式】对话框中选择名称为【室内标注样式】的文字样式，修改【高度】参数，如图8-43所示。

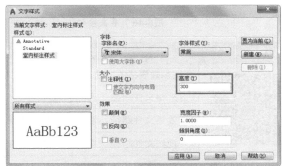

图8-42 设置【常规】属性   图8-43 修改字体高度

05 单击【应用】按钮，关闭【文字样式】对话框，返回【新建表格样式：室内表格】对话框，如图8-44所示。

06 切换到【边框】选项卡，设置表格边框的特性，如图8-45所示。

07 单击【确定】按钮，关闭对话框，返回【表格样式】对话框。将【室内表格】样式设置为当前样式，单击【关闭】按钮，关闭对话框，结束操作。

图8-44 设置【文字】特性   图8-45 设置【边框】特性

8.2.2 绘制表格

设置表格样式之后，就可以根据样式创建所需的表格了。

执行【表格】命令的方法有以下几种。

➢ 功能区：单击【注释】面板中的【表格】按钮 ，如图8-46所示。
➢ 菜单栏：执行菜单【绘图】|【表格】命令，如图8-47所示。
➢ 命令行：TABLE或TB。

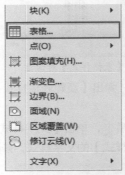

图8-46 单击按钮　　　　　　　图8-47 选择命令

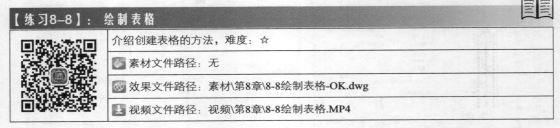

【练习8-8】：绘制表格

介绍创建表格的方法，难度：☆

素材文件路径：无

效果文件路径：素材\第8章\8-8绘制表格-OK.dwg

视频文件路径：视频\第8章\8-8绘制表格.MP4

下面介绍绘制表格的方法。

01 在命令行中输入TB，调用【表格】命令，弹出【插入表格】对话框，设定表格的行数和列数，如图8-48所示。

02 选择表格的插入方式为【指定窗口】，命令行操作如下。

命令：TABLE↙　　　　　　　　　　　//调用【表格】命令
指定第一个角点：
指定第二角点：　　　　　　　　　　　//在绘图区中分别指定表格的左上角点和右下角点

03 绘制表格的结果如图8-49所示。

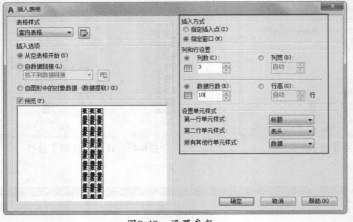

图8-48 设置参数

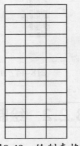

图8-49 绘制表格

【练习8-9】： 编辑表格

介绍编辑表格的方法，难度：☆☆
素材文件路径：素材\第8章\8-9编辑表格.dwg
效果文件路径：素材\第8章\8-9编辑表格-OK.dwg
视频文件路径：视频\第8章\8-9编辑表格.MP4

　　直接创建的表格一般都不能满足要求，用户可以通过修改表格的宽度、高度，添加/删除行与列，或者合并单元格，得到所需的效果。下面介绍编辑表格的操作步骤。

01 按Ctrl+O组合键，打开本书配备资源中的"素材\第8章\8-9编辑表格.dwg"文件。

02 选择表格单元格，弹出【表格单元】选项卡，如图8-50所示，激活工具开始编辑表格。

图8-50　【表格单元】选项卡

03 选择单元格，如图8-51所示。

04 选择【合并】面板中【合并单元】下拉列表中的【合并全部】选项，如图8-52所示。

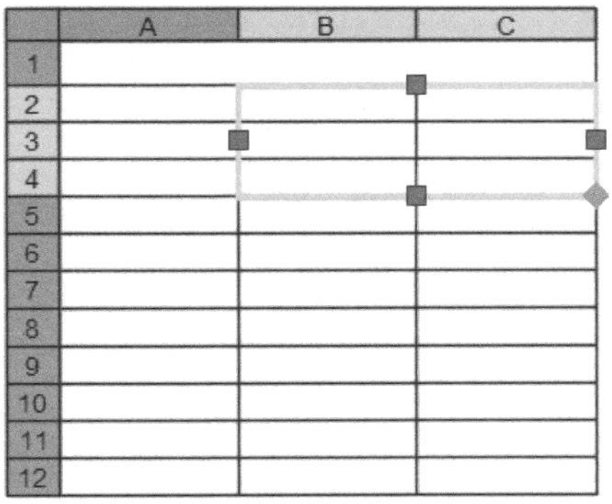

图8-51　选择单元格

图8-52　选择选项

05 以【合并全部】方式合并单元格，结果如图8-53所示。

06 选择【按行合并】方式，合并表格单元格的结果如图8-54所示。

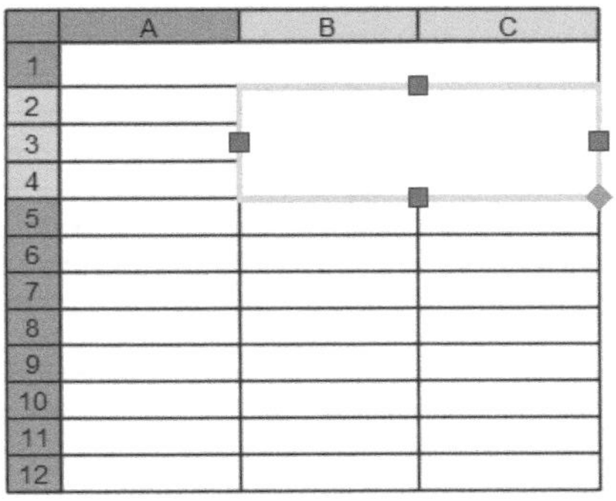

图8-53　【合并全部】方式

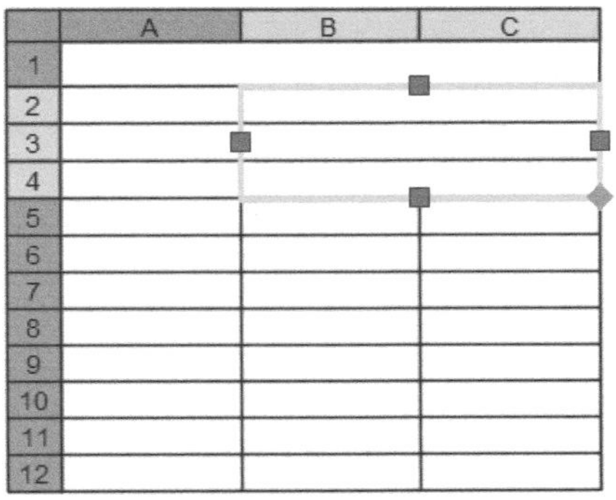

图8-54　【按行合并】方式

07 选择【按列合并】方式，合并单元格的结果如图8-55所示。

08 单击【取消合并单元】按钮 ，如图8-56所示，撤销合并操作，恢复单元格的本来样式。

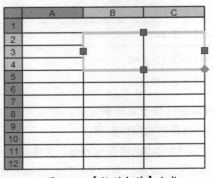

图8-55 【按列合并】方式

图8-56 单击按钮

09 选择表行，在【表格单元】选项卡中单击【行】面板中的【从上方插入】按钮 ，如图8-57所示。

10 在选定的表行上插入新行，结果如图8-58所示。

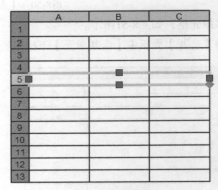

图8-58 插入新行

图8-57 单击按钮

11 同理，单击【从下方插入】按钮 ，可以在选定的行下插入一行。

12 在【表格单元】选项卡中单击【列】面板中的【从左侧插入】按钮 ，如图8-59所示。

13 在选定的表列左侧插入一新列，结果如图8-60所示。

图8-59 单击按钮

图8-60 插入新列

同理，单击【从右侧插入】按钮 ，可以在选定的表列右侧插入新列。单击【删除行】按钮 和【删除列】按钮 ，可以删除选定的表行或表列。

【练习8-10】：绘制室内图纸目录

介绍绘制图纸目录的方法，难度：☆☆
素材文件路径：无
效果文件路径：素材\第8章\8-10绘制室内图纸目录-OK.dwg
视频文件路径：视频\第8章\8-10绘制室内图纸目录.MP4

下面介绍绘制室内图纸目录的操作步骤。

01 执行菜单【绘图】|【表格】命令，弹出【插入表格】对话框，设置表格参数，如图8-61所示。

02 单击【确定】按钮，关闭对话框。在绘图区域分别指定表格的左上角点和右下角点，绘制表格的结果如图8-62所示。

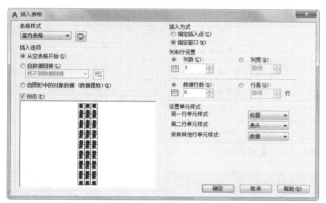

图8-61　设置参数

图8-62　绘制表格

03 双击表格标题栏，进入【文字编辑器】选项卡。在光标闪烁位置输入图纸目录名称，结果如图8-63所示。

04 在单元格中输入文字，结果如图8-64所示。

星河盛世样板房装饰图纸目录		

图8-63　输入标题文字

星河盛世样板房装饰图纸目录		
序号	图号	图纸名称

图8-64　输入文字

05 选中表格，单击表格列上的夹点，通过移动夹点调整表格的列宽，结果如图8-65所示。

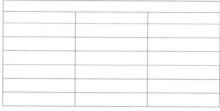

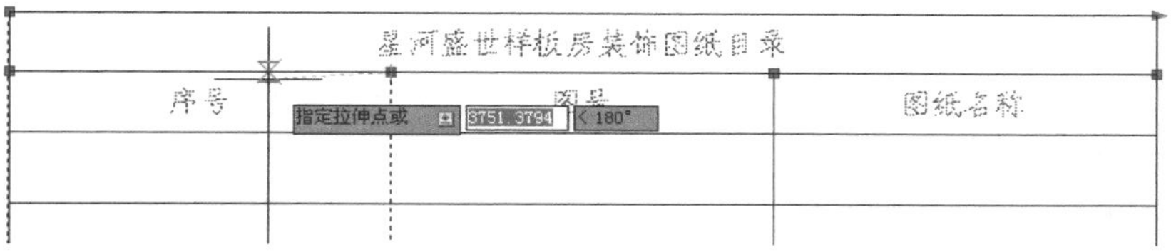

图8-65　激活夹点

06 调整表格列宽的结果如图8-66所示。

07 在单元格中输入目录内容，结果如图8-67所示。

星河盛世样板房装饰图纸目录		
序号	图号	图纸名称

图8-66　调整列宽

星河盛世样板房装饰图纸目录		
序号	图号	图纸名称
P.001		图纸封面
P.002		图纸目录
P.003		施工设计说明
P.004	IP-01	原建筑平面图
P.005	IP-02	平面布置图
P.006	IP-03	地材布置图

图8-67　输入表格内容

【练习8-11】：绘制建筑制图标题栏

介绍绘制图纸标题栏的方法，难度：☆☆	
素材文件路径：无	
效果文件路径：素材\第8章\8-11绘制建筑制图标题栏-OK.dwg	
视频文件路径：视频\第8章\8-11绘制建筑制图标题栏.MP4	

下面介绍绘制建筑制图中标题栏的操作步骤。

01 单击【绘图】工具栏上的【表格样式】按钮，弹出【插入表格】对话框，设置表格参数，如图8-68所示。

02 单击【确定】按钮，关闭对话框。在绘图区域中分别指定表格的左上角点和右下角点，创建的表格如图8-69所示。

图8-68　设置参数

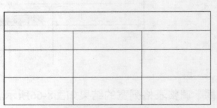

图8-69　创建表格

03 单击表格单元格，弹出【表格单元】选项卡，激活表格编辑工具。选择待合并的单元格，单击【合并单元】按钮，合并表格单元格，结果如图8-70所示。

04 双击表格，弹出【文字格式】对话框，在其中设置文字属性，调整单元格中文字的显示样式，结果如图8-71所示。

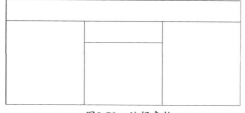

图8-70　编辑表格

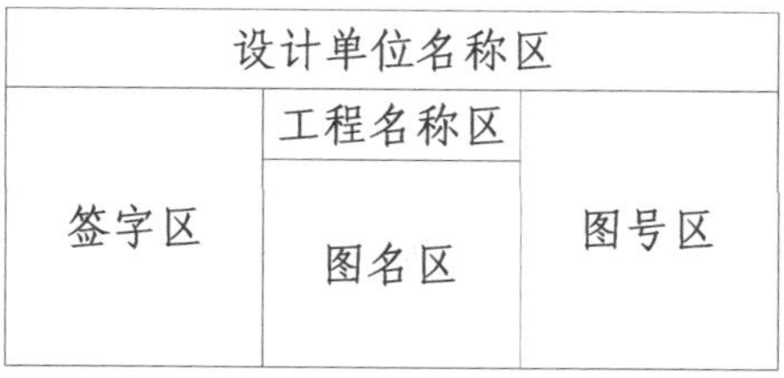

设计单位名称区		
签字区	工程名称区	图号区
	图名区	

图8-71　输入文字

8.3　思考与练习

1. 选择题

（1）【文字样式】命令的快捷键是（　　）。

A. MT　　　　　　　B. ST　　　　　　　C. TX　　　　　　　D. MA

（2）【多行文字】命令相对应的工具按钮是（　　）。

A. 　　　　　　　B. 　　　　　　　C. 　　　　　　　D.

（3）表格的单元样式有（　　）种。

A. 3　　　　　　　　B. 4　　　　　　　　C. 5　　　　　　　　D. 6

（4）表格的插入方式除了指定窗口外，还有（　　）。

A. 指定宽度　　　　　B. 指定高度　　　　　C. 指定颜色　　　　　D. 指定基点

（5）（　　），可以弹出【表格】对话框，在其中修改参数更改表格的显示样式。

A. 单击表格　　　　　B. 双击表格　　　　　C. 单击表格单元格　　　D. 分解表格

2. 操作题

（1）创建一个新文字样式，样式名称为【黑体样式】，字体为【黑体】，文字高度为300。

（2）沿用上一小题中创建的文字样式，调用【单行文字】命令，绘制文字标注，如图8-72所示。

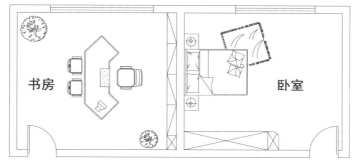

图8-72　绘制单行文字标注

（3）调用【多行文字】命令，绘制开关插座安装说明，如图8-73所示。

注：
1. 开关安装高度1.15m。
2. 插座安装高度0.3m。
3. 厨房操作台插座安装高度1.2m。
4. 卫生间采用防水插座。

图8-73　绘制多行文字标注

（4）调用【表格】命令，绘制表格，如图8-74所示。

（5）在上一小题创建的表格的基础上，调入灯具图块，输入文字说明，并调整表格的列宽，完成灯具图例表的绘制，结果如图8-75所示。

序号	图形	名称
1	✧	吊灯
2	▦	单管日光灯
3	⊞	35X35日光灯
4	⊠	换风扇
5	⊗	筒灯
6	◆	射灯
7	⊗	壁灯

图8-74　创建表格　　　　　　　　　　图8-75　输入文字

文字标注可以表达图形的设计理念，尺寸标注可以标注图形各部分的尺寸，为施工人员施工时提供参考。在绘制尺寸标注之前，应先设置尺寸标注样式，以统一标注的格式和外观。

第 9 章
室内尺寸标注

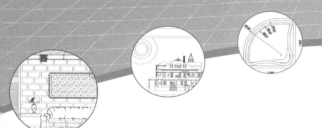

9.1　标注样式

标注样式用来控制标注的外观，如箭头样式、文字位置和尺寸公差等。在一个AutoCAD文档中，可以同时定义多个不同的标注样式。修改某个样式后，就可以自动修改所有用该样式创建的对象。

9.1.1　室内标注的规定

《房屋建筑室内装饰装修制图统一标准》JGJ/T 244—2011规定了尺寸标注的画法。

图形的尺寸标注，包括尺寸界线、尺寸线、尺寸起止符号和尺寸数字，如图9-1所示。

尺寸界线应用细实线绘制，一般应与被注长度垂直，其一端离开图样轮廓线不应小于2mm，另一端宜超出尺寸线2~3mm。图样轮廓线可以用作尺寸界线，如图9-2所示。

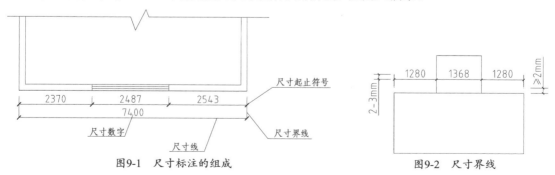

图9-1　尺寸标注的组成

图9-2　尺寸界线

尺寸线应该使用细实线绘制，应与被注长度平行。图样本身的任何图线均不得用作尺寸线。

尺寸起止符号一般使用中粗斜短线来绘制，其倾斜方向应与尺寸界线成顺时针45°角，长度宜为2~3mm。半径、直径、角度与弧长的尺寸起止符号，宜用箭头来表示，如图9-3所示。

国标规定，工程图样上标注的尺寸，除标高及总平面图以米（m）为单位外，其余尺寸一般以毫米（mm）为单位，图上的尺寸数字都不再标注单位。假如使用其他单位，必须予以说明。另外，图样上的尺寸，应以所注尺寸数字为准，不得从图样上直接量取。

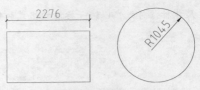

图9-3　尺寸起止符号

9.1.2　创建标注样式

标注样式的创建和编辑需要在【标注样式管理器】对话框中来完成。

a.执行方式

打开【标注样式管理器】对话框的方法有以下几种。

➤ 功能区：单击【注释】面板中的【标注样式】按钮，如图9-4所示。

➤ 菜单栏：执行菜单【格式】|【标注样式】命令，如图9-5所示。

➤ 命令行：DIMSTYLE或D。

图9-4　单击按钮

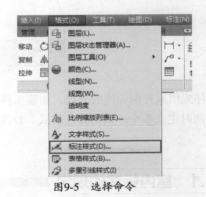

图9-5　选择命令

b.操作步骤

执行上述任意一种方法后，打开如图9-6所示的【标注样式管理器】对话框，在该对话框中可以创建新的尺寸标注样式，或者编辑已有的标注样式。

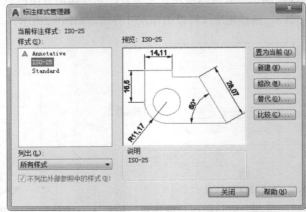

图9-6　【标注样式管理器】对话框

【标注样式管理器】对话框内各选项的含义介绍如下。

➤ 【样式】区域：用来显示已创建的尺寸样式，其中蓝色背景显示的是当前尺寸样式。

> ➤ 【列出】下拉列表框：用来控制【样式】区域显示的是【所有样式】还是【正在使用的样式】。
> ➤ 【预览】区域：用来显示当前样式的预览效果。

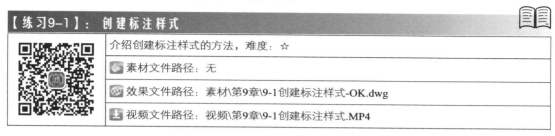

【练习9-1】：创建标注样式	
介绍创建标注样式的方法，难度：☆	
素材文件路径：无	
效果文件路径：素材\第9章\9-1创建标注样式-OK.dwg	
视频文件路径：视频\第9章\9-1创建标注样式.MP4	

下面介绍创建标注样式的操作步骤。

01 在命令行中输入D，调用【标注样式】命令，打开【标注样式管理器】对话框。

02 单击【新建】按钮，弹出【创建新标注样式】对话框，设置新标注样式的名称，如图9-7所示。

03 单击【继续】按钮，弹出【新建标注样式:新标注样式】对话框，单击【确定】按钮，关闭对话框，返回【标注样式管理器】对话框，查看新创建的标注样式，结果如图9-8所示。

图9-7 设置新标注样式名称

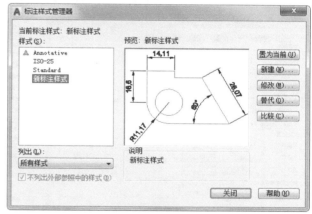

图9-8 新建样式

【练习9-2】：修改标注样式	
介绍修改标注样式的方法，难度：☆ ☆	
素材文件路径：素材\第9章\9-1创建标注样式-OK.dwg	
效果文件路径：素材\第9章\9-2编辑标注样式-OK.dwg	
视频文件路径：视频\第9章\9-2编辑标注样式.MP4	

在绘图的过程中，常常需要根据绘图的实际情况对标注样式进行修改。样式修改完成后，用该样式创建的所有尺寸标注对象都将自动被修改。

01 执行菜单【格式】|【标注样式】命令，调出【标注样式管理器】对话框。选中上一小节创建的【新标注样式】，单击【修改】按钮，弹出【修改标注样式:新标注样式】对话框。

02 切换到【线】选项卡，设置尺寸界线的参数，如图9-9所示。

03 切换到【符号和箭头】选项卡，设置箭头的样式和大小等参数，如图9-10所示。

图9-9 设置尺寸界线参数

图9-10 设置符号和箭头参数

04 切换到【文字】选项卡，设置文字的样式及其他各项参数，如图9-11所示。

05 切换到【主单位】选项卡，设置标注的精度参数，如图9-12所示。

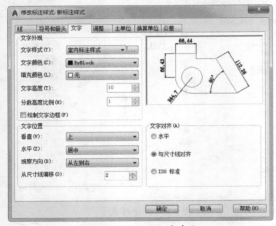

图9-11 设置文字参数

图9-12 设置单位格式

06 绘制角度标注，查看编辑标注样式的结果，如图9-13所示。

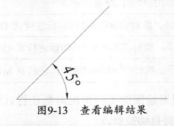

图9-13 查看编辑结果

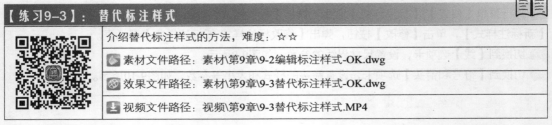

【练习9-3】：替代标注样式

介绍替代标注样式的方法，难度：☆☆

素材文件路径：素材\第9章\9-2编辑标注样式-OK.dwg

效果文件路径：素材\第9章\9-3替代标注样式-OK.dwg

视频文件路径：视频\第9章\9-3替代标注样式.MP4

　　替代标注样式是指在已有标注样式的基础上，修改某个参数，创建一个与源标注样式不相同的替代标注样式。创建替代标注样式后，源标注样式不受影响。

　　值得注意的是，创建替代标注样式的源标注样式，必须是当前正在使用的样式，否则不能执行创建操作。

01 在命令行中输入D，调用【标注样式】命令，打开【标注样式管理器】对话框，单击【替代】按钮，弹出【替代当前样式：新标注样式】对话框。

02 切换到【符号和箭头】选项卡，设置箭头的样式及大小，如图9-14所示。这里选择了圆点作为箭头。

03 切换到【文字】选项卡，设置文字样式及高度值，如图9-15所示。

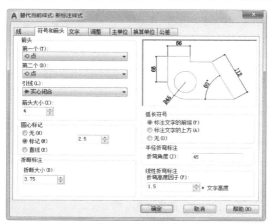

图9-14　修改符号参数　　　　　　　图9-15　修改文字参数

04 单击【确定】按钮，关闭对话框，返回【标注样式管理器】对话框，查看新创建的【样式替代】标注样式，如图9-16所示。

05 绘制尺寸标注，查看创建替代标注样式的结果，如图9-17所示。

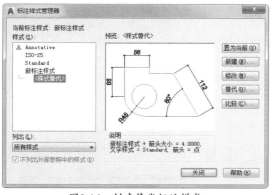

图9-16　创建替代标注样式

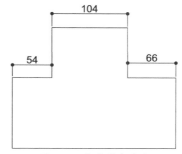

图9-17　查看创建结果

【练习9-4】：创建室内尺寸标注样式

	介绍创建室内尺寸标注样式的方法，难度：☆☆
素材文件路径：	无
效果文件路径：	素材\第9章\9-4创建室内尺寸标注样式-OK.dwg
视频文件路径：	视频\第9章\9-4创建室内尺寸标注样式.MP4

　　下面介绍创建室内尺寸标注样式的操作步骤。

01 执行菜单【格式】|【标注样式】命令，打开【标注样式管理器】对话框，单击【新建】按钮，弹出【创建新标注样式】对话框，设置新标注样式的名称，如图9-18所示。

02 单击【继续】按钮，打开【新建标注样式：室内标注样式】对话框，切换到【线】选项卡，设置参数如图9-19所示。

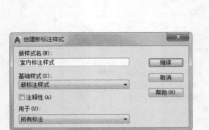

图9-18　设置名称

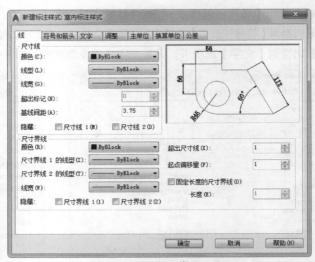

图9-19　设置参数

03 切换到【符号和箭头】选项卡，设置箭头的样式和大小，如图9-20所示。

04 切换到【文字】选项卡，单击【文字外观】选项组下的【文字样式】选项右侧的□按钮，打开【文字样式】对话框，单击【新建】按钮，打开【新建文字样式】对话框，如图9-21所示。

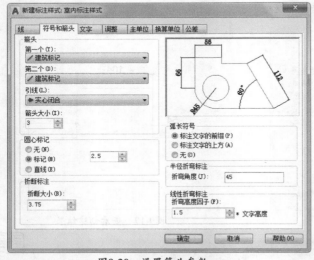

图9-20　设置箭头参数

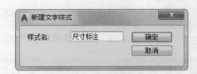

图9-21　设置样式名称

05 单击【确定】按钮，返回【文字样式】对话框，设置新文字样式的字体样式、高度值等参数，如图9-22所示。

06 单击【应用】按钮，将新文字样式应用至当前设置的尺寸标注样式中，单击【关闭】按钮，返回【新建标注样式：室内标注样式】对话框，设置文字的其他参数，如图9-23所示。

图9-22 设置样式参数

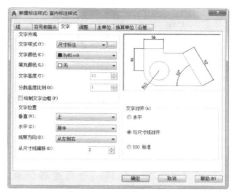

图9-23 设置其他参数

07 为餐桌绘制尺寸标注,查看新建室内标注样式的结果,如图9-24所示。

图9-24 创建尺寸标注

9.2 标注图形尺寸

为了更方便、快捷地标注图纸中的各个方向和形式的尺寸,AutoCAD提供了线性标注、对齐标注、角度标注和半径/直径标注等多种标注类型。掌握这些标注方法可以为各种图形灵活添加尺寸标注。

9.2.1 智能标注

【智能标注】命令可以根据选定的对象类型自动创建相应的标注。自动创建的标注类型包括垂直标注、水平标注、对齐标注、旋转的线性标注、角度标注、半径标注、直径标注、折弯半径标注、弧长标注、基线标注、连续标注等。如果需要,可以使用命令行选项更改标注类型。

a.执行方式

执行【智能标注】命令的方法有以下几种。

➢ 功能区:单击【注释】面板中的【标注】按钮。

➢ 命令行:DIM。

b.操作步骤

启动【智能标注】命令,命令行操作如下。

```
命令:DIM↙                                              //调用【智能标注】命令
选择对象或指定第一个尺寸界线原点或[角度(A)/基线(B)/连续(C)/坐标(O)/对齐(G)/分发(D)/图
层(L)/放弃(U)]:                                        //指定尺寸界线的原点
指定第二个尺寸界线原点或[放弃(U)]:                      //指定原点
指定尺寸界线位置或第二条线的角度[多行文字(M)/文字(T)/文字角度(N)/放弃(U)]:
                                                      //指定尺寸界线位置
```

c.选项说明

命令行中各选项的含义如下。

- ➢ **角度（A）**：创建一个角度标注来显示3个点或两条直线之间的角度，操作方法基本同角度标注。
- ➢ **基线（B）**：从上一个或选定标准的第一条界线创建线性、角度或坐标标注，操作方法基本同基线标注。
- ➢ **连续（C）**：从选定标注的第二条尺寸界线创建线性、角度或坐标标注，操作方法基本同连续标注。
- ➢ **坐标（O）**：创建坐标标注，提示选取部件上的点，如端点、交点或对象中心点。
- ➢ **对齐（G）**：多个平行、同心或同基准的标注对齐到选定的基准标注。
- ➢ **分发（D）**：指定可用于分发一组选定的孤立线性标注或坐标标注的方法。
- ➢ **图层（L）**：为指定的图层指定新标注，以替代当前图层。输入Use Current或.以使用当前图层。

【练习9-5】： 创建智能标注

介绍创建智能标注的方法，难度：☆
📄 素材文件路径：素材\第9章\9-5创建智能标注.dwg
💿 效果文件路径：素材\第9章\9-5创建智能标注-OK.dwg
⬇ 视频文件路径：视频\第9章\9-5创建智能标注.MP4

下面介绍创建智能标注的操作步骤。

01 按Ctrl+O组合键，打开本书配备资源中的"素材\第9章\9-5创建智能标注.dwg"文件。

02 在命令行中输入DIM，调用【智能标注】命令，分别捕捉端点A、B、C、D和线BC、CD进行标注。

03 捕捉圆及圆弧创建标注，结果如图9-25所示。

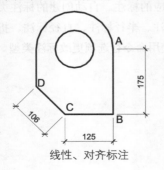

线性、对齐标注

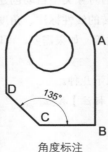

角度标注

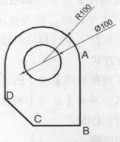

半径、直径标注

图9-25 创建智能标注

9.2.2　线性标注

使用【线性标注】命令可以创建水平或垂直的线性标注。

a.执行方式

执行【线性标注】命令的方法有以下几种。

- ➢ 功能区：单击【注释】面板中的【线性】按钮，如图9-26所示。
- ➢ 菜单栏：执行菜单【标注】|【线性】命令，如图9-27所示。
- ➢ 命令行：DIMLINEAR或DLI。

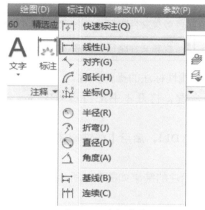

图9-26　单击按钮　　　　　图9-27　选择命令

b.操作步骤

执行【线性标注】命令，命令行操作如下。

```
命令:DIMLINEAR↙                                    //调用【线性标注】命令
指定第一个尺寸界线原点或<选择对象>:                   //指定原点
指定第二条尺寸界线原点:                             //指定原点
指定尺寸线位置或[多行文字(M)/文字(T)/角度(A)/水平(H)/垂直(V)/旋转(R)]:
                                                  //指定位置
标注文字=19010                                     //创建尺寸标注
```

c.选项说明

命令行中各选项的含义如下。

- ➢ 多行文字（M）：选择该选项将进入多行文字编辑模式，可以使用【多行文字编辑器】对话框输入并设置标注文字。其中，文字输入窗口中的尖括号（<>）表示系统测量值。
- ➢ 文字（T）：以单行文字形式输入尺寸文字。
- ➢ 角度（A）：设置标注文字的旋转角度。图9-28所示为定义角度参数为45°时，标注文字的结果。
- ➢ 水平（H）和垂直（V）：标注水平尺寸和垂直尺寸。可以直接确定尺寸线的位置，也可以选择其他选项来指定标注文字的内容或标注文字的旋转角度。
- ➢ 旋转（R）：旋转标注对象的尺寸线。图9-29所示为定义旋转角度为45°时，尺寸线的旋转结果。

图9-28 旋转标注文字　　　　图9-29 旋转尺寸线

【练习9-6】：创建线性标注

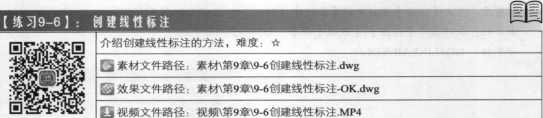

介绍创建线性标注的方法，难度：☆

素材文件路径：素材\第9章\9-6创建线性标注.dwg

效果文件路径：素材\第9章\9-6创建线性标注-OK.dwg

视频文件路径：视频\第9章\9-6创建线性标注.MP4

下面介绍创建线性标注的操作步骤。

01 按Ctrl+O组合键，打开本书配备资源中的"素材\第9章\9-6创建线性标注.dwg"文件，如图9-30所示。

02 在命令行中输入DLI，启用【线性标注】命令，分别捕捉桌子外轮廓端点，标注桌子的长度和宽度。

03 创建线性尺寸标注的结果如图9-31所示。

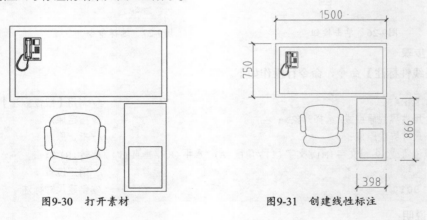

图9-30 打开素材　　　　图9-31 创建线性标注

9.2.3 对齐标注

在对线段进行标注时，如果该线段的倾斜角度未知，那么使用线性标注的方法将无法得到准确的测量结果，这时可以使用对齐命令进行标注。对齐标注可以创建与尺寸界线的原点对齐的线性标注。

执行【对齐标注】命令的方法有以下几种。

➤ 功能区：单击【注释】面板中的【对齐】按钮，如图9-32所示。

➤ 菜单栏：执行菜单【标注】|【对齐】命令，如图9-33所示。

➤ 命令行：DIMALIGNED或DAL。

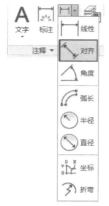

图9-32　单击按钮

图9-33　选择命令

【练习9-7】：　创建对齐标注

介绍创建对齐标注的方法，难度：☆
素材文件路径：素材\第9章\9-7创建对齐标注.dwg
效果文件路径：素材\第9章\9-7创建对齐标注-OK.dwg
视频文件路径：视频\第9章\9-7创建对齐标注.MP4

下面介绍创建对齐标注的操作步骤。

01 按Ctrl+O组合键，打开本书配备资源中的"素材\第9章\9-7创建对齐标注.dwg"文件，如图9-34所示。

02 单击【注释】面板中的【对齐】按钮，标注桌子各线段的长度，命令行操作如下。

```
命令:DIMALIGNED↙                          //调用【对齐标注】命令
指定第一个尺寸界线原点或<选择对象>:        //指定原点
指定第二条尺寸界线原点:                     //指定原点
指定尺寸线位置或[多行文字(M)/文字(T)/角度(A)]:  //指定位置
标注文字=894                               //创建尺寸标注
```

03 创建对齐标注的结果如图9-35所示。

图9-34　打开素材

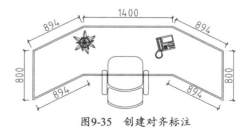

图9-35　创建对齐标注

9.2.4　角度标注

角度标注不仅可以标注两条呈一定角度的直线或3个点之间的夹角，还可以标注圆弧的圆心角。执行【角度标注】命令的方法有以下几种。

➢ 功能区：单击【注释】面板中的【角度】按钮△ 角度，如图9-36所示。

➢ 菜单栏：执行菜单【标注】|【角度】命令，如图9-37所示。

➢ 命令行：DIMANGULAR或DAN。

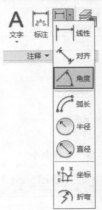

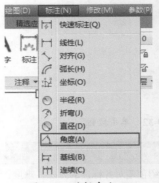

图9-36 单击按钮   图9-37 选择命令

【练习9-8】：创建角度标注

	介绍创建角度标注的方法，难度：☆
	素材文件路径：素材\第9章\9-8创建角度标注.dwg
	效果文件路径：素材\第9章\9-8创建角度标注-OK.dwg
	视频文件路径：视频\第9章\9-8创建角度标注.MP4

下面介绍创建角度标注的操作步骤。

01 按Ctrl+O组合键，打开本书配备资源中的"素材\第9章\9-8创建角度标注.dwg"文件，如图9-38所示。

02 在命令行中输入DAN，调用【角度标注】命令，标注休闲椅的倾斜角度，命令行操作如下。

```
命令:DIMANGULAR↙                                          //调用【角度标注】命令
选择圆弧、圆、直线或<指定顶点>:
选择第二条直线:                                            //选择第一、二条直线
指定标注弧线位置或[多行文字(M)/文字(T)/角度(A)/象限点(Q)]:   //指定位置
标注文字=51                                                //创建标注
```

03 创建角度标注的结果如图9-39所示。

图9-38 打开素材   图9-39 创建角度标注

技巧讲解

　　在命令行中提示"指定标注弧线位置或[多行文字（M）/文字（T）/角度（A）/象限点（Q）]"时，输入Q，选择【象限点（Q）】选项，可以在标注弧线上指定标注数字的位置，结果如图9-40所示。

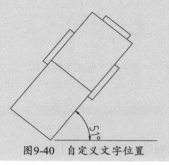

图9-40　自定义文字位置

9.2.5　半径标注

　　使用【半径标注】命令，可以测量选定圆或圆弧的半径，并显示前面带有半径符号的标注文字。

a.执行方式

　　执行【半径标注】命令的方法有以下几种。

➢　功能区：单击【注释】面板中的【半径】按钮 ⊙半径，如图9-41所示。

➢　菜单栏：执行菜单【标注】|【半径】命令，如图9-42所示。

➢　命令行：DIMRADIUS或DRA。

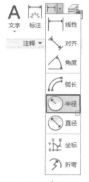

图9-41　单击按钮

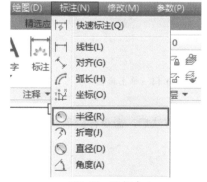

图9-42　选择命令

b.操作步骤

　　执行上述任意一种方法后，命令行提示如下。

```
命令:DIMRADIUS↙                              //调用【半径标注】命令
选择圆弧或圆:                                 //选择圆形
标注文字=600
指定尺寸线位置或[多行文字(M)/文字(T)/角度(A)]:    //指定位置
```

　　指定尺寸线的位置，创建半径标注的结果如图9-43所示。

图9-43　创建半径标注

9.2.6　直径标注

使用【直径标注】命令，可以创建圆或圆弧的直径标注。

a.执行方式

执行【直径标注】命令的方法有以下几种。

➢ 功能区：单击【注释】面板中的【直径】按钮 ⊘ 直径 ，如图9-44所示。

➢ 菜单栏：执行菜单【标注】|【直径】命令，如图9-45所示。

➢ 命令行：DIMDIAMETER或DDI。

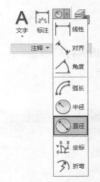

图9-44　单击按钮

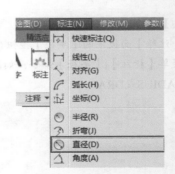

图9-45　选择命令

b.操作步骤

执行上述任意一种方法后，命令行提示如下。

命令:DIMDIAMETER✓	//调用【直径标注】命令
选择圆弧或圆:	//选择对象
标注文字=544	
指定尺寸线位置或[多行文字(M)/文字(T)/角度(A)]:	//指定尺寸线的位置

创建直径标注的结果如图9-46所示。

图9-46　创建直径标注

9.2.7　连续标注

连续标注又称为链式标注或尺寸链，是多个线性尺寸的组合，是指从某一基准尺寸界线开始，按某一方向顺序标注一系列尺寸，相邻的尺寸共用一条尺寸界线，而且所有的尺寸线都在同一直线上。

执行【连续标注】命令的方法有以下几种。

➢ 功能区：在【注释】选项卡中，单击【标注】面板中的【连续】按钮 ，如图9-47所示。

➢ 菜单栏：执行菜单【标注】|【连续】命令，如图9-48所示。

➢ 命令行：DIMCONTINUE或DCO。

图9-47　单击按钮　　　　　　　　　图9-48　选择命令

【练习9-9】：　创建连续标注

介绍创建连续标注的方法，难度：☆
素材文件路径：素材\第9章\9-9创建连续标注.dwg
效果文件路径：素材\第9章\9-9创建连续标注-OK.dwg
视频文件路径：视频\第9章\9-9创建连续标注.MP4

下面介绍创建连续标注的操作步骤。

01 按Ctrl+O组合键，打开本书配备资源中的"素材\第9章\9-9创建连续标注.dwg"文件，如图9-49所示。

02 在命令行中输入DCO，调用【连续标注】命令，标注电视机和音箱上方的尺寸，命令行操作如下。

```
命令:DIMCONTINUE↙                               //调用【连续标注】命令
指定第二条尺寸界线原点或[放弃(U)/选择(S)]<选择>：S↙   //输入S，选择【选择(S)】选项
选择连续标注：                                    //选择标注数字为222的线性标注
指定第二条尺寸界线原点或[放弃(U)/选择(S)]<选择>：
标注文字=153
指定第二条尺寸界线原点或[放弃(U)/选择(S)]<选择>：
标注文字=1173
指定第二条尺寸界线原点或[放弃(U)/选择(S)]<选择>：
标注文字=253
指定第二条尺寸界线原点或[放弃(U)/选择(S)]<选择>：
标注文字=222
指定第二条尺寸界线原点或[放弃(U)/选择(S)]<选择>：
//单击点取下一个尺寸界线原点
```

03 创建连续标注的结果如图9-50所示。

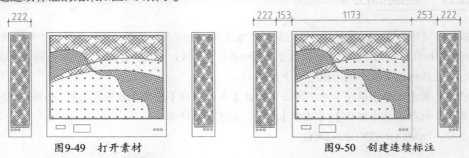

图9-49　打开素材　　　　　　　　　　　　　图9-50　创建连续标注

9.2.8　基线标注

基线标注是指以同一尺寸界线为基准的一系列尺寸标注，即以从某一点引出的尺寸界线作为第一条尺寸界线，依次进行多个对象的尺寸标注。

执行【基线标注】命令的方法有以下几种。

➢ 功能区：在【注释】选项卡中，单击【标注】面板中的【基线】按钮 ⊟ 基线 ，如图9-51所示。

➢ 菜单栏：执行菜单【标注】|【基线】命令，如图9-52所示。

➢ 命令行：DIMBASELINE或DBA。

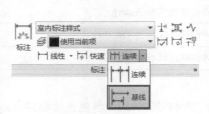

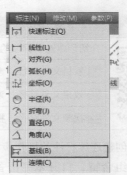

图9-51　单击按钮　　　　　　　　图9-52　选择命令

【练习9-10】：创建基线标注

介绍创建基线标注的方法，难度：☆

素材文件路径：　素材\第9章\9-10创建基线标注.dwg

效果文件路径：　素材\第9章\9-10创建基线标注-OK.dwg

视频文件路径：　视频\第9章\9-10创建基线标注.MP4

下面介绍创建基线标注的操作步骤。

01 按Ctrl+O组合键，打开本书配备资源中的"素材\第9章\9-10创建基线标注.dwg"文件。

02 在命令行中输入DLI，调用【线性标注】命令，为图形创建线性标注，结果如图9-53所示。

03 执行菜单【标注】|【基线】命令，标注基线尺寸，命令行提示如下。

```
命令:DIMBASELINE↙                              //调用【基线标注】命令
指定第二条尺寸界线原点或[放弃(U)/选择(S)]<选择>:      //指定尺寸界线原点
```

标注文字=2743

指定第二条尺寸界线原点或[放弃(U)/选择(S)]<选择>:

标注文字=4663

指定第二条尺寸界线原点或[放弃(U)/选择(S)]<选择>:

标注文字=5486

指定第二条尺寸界线原点或[放弃(U)/选择(S)]<选择>:   //绘制基线标注的结果如图9-54所示

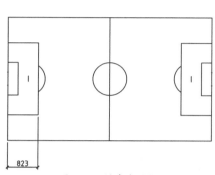

图9-53 创建线性标注

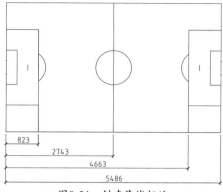

图9-54 创建基线标注

延伸讲解

　　修改基线标注的间距，可以在【标注样式管理器】对话框中单击【修改】按钮，打开【修改标注样式：新标注样式】对话框，切换到【线】选项卡，在【基线间距】选项中设置距离，如图9-55所示。

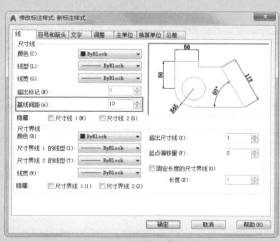

图9-55 修改参数

9.2.9 多重引线标注

　　使用【多重引线】命令，可以创建包含箭头、水平基线、引线或曲线和多行文字对象或块的多重引线对象。

a.执行方式

　　执行【多重引线】命令的方法有以下几种。

➤ 功能区：在【默认】选项卡中，单击【注释】面板中的【引线】按钮，如图9-56所示。

➤ 菜单栏：执行菜单【标注】|【多重引线】命令，如图9-57所示。

➤ 命令行：MLEADER或MLD。

图9-56　单击按钮　　　　　图9-57　选择命令

b.操作步骤

执行上述任意一种方法后，命令行提示如下。

```
命令:MLEADER↙                        //调用【多重引线】命令
指定引线箭头的位置或 [引线基线优先(L)/内容优先(C)/选项(O)] <选项>：
指定引线基线的位置：              //分别指定引线箭头、引线基线的位置，进入【文字编辑
                                  器】选项卡，如图9-58所示
```

图9-58　【文字编辑器】选项卡

输入标注内容，在【文字编辑器】选项卡中单击【关闭】面板中的【关闭文字编辑器】按钮，退出命令，创建多重引线标注的结果如图9-59所示。

绘制多重引线标注

图9-59　创建多重引线标注

【练习9-11】：标注客厅D立面图

介绍标注客厅D立面图的方法，难度：☆☆
素材文件路径：素材\第9章\9-11标注客厅D立面图.dwg
效果文件路径：素材\第9章\9-11标注客厅D立面图-OK.dwg
视频文件路径：视频\第9章\9-11标注客厅D立面图.MP4

下面介绍调用【线性标注】命令以及【多重引线】命令标注客厅D立面图的操作步骤。

01 按Ctrl+O组合键，打开本书配备资源中的"素材\第9章\9-11标注客厅D立面图.dwg"文件，如

图9-60所示。

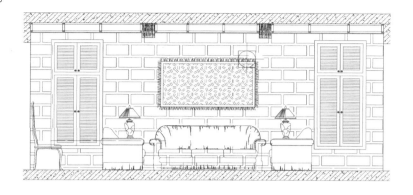

客厅D立面图　　　1:50

图9-60　打开素材

02 在命令行中输入DLI，调用【线性标注】命令，为客厅立面图绘制尺寸标注，结果如图9-61
所示。

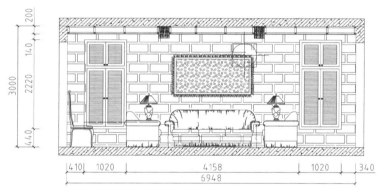

图9-61　绘制尺寸标注

03 在命令行中输入MLD，调用【多重引线】命令，为立面图绘制材料标注，结果如图9-62所示。

客厅D立面图　　　1:50

图9-62　绘制多重引线标注

9.3　编辑图形尺寸标注

尺寸标注绘制完成后，可以对整个尺寸标注或仅对标注文字进行编辑修改。AutoCAD分别设置了【编辑标注】和【编辑标注文字】两个命令，以方便对标注执行编辑修改操作。

9.3.1　编辑标注

【编辑标注】命令可以编辑标注文字或延伸线，包括旋转、修改或恢复标注文字、更改尺寸界线的倾斜角等。

a.执行方式

执行【编辑标注】命令的方法有以下几种。

➢ 功能区：在【注释】选项卡中，单击【标注】面板中的【倾斜】或【文字角度】按钮，如图9-63所示。

➢ 命令行：DIMEDIT或DED。

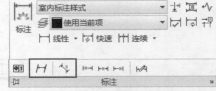

图9-63　单击按钮

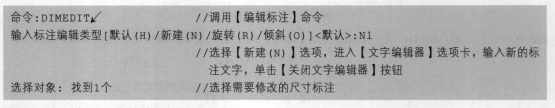

【练习9-12】：　编辑标注	
介绍编辑标注的方法，难度：☆	
📄 素材文件路径：素材\第9章\9-12 编辑标注.dwg	
⚙ 效果文件路径：素材\第9章\9-12编辑标注-OK.dwg	
⬇ 视频文件路径：视频\第9章\9-12编辑标注.MP4	

下面介绍编辑标注的操作步骤。

01 按Ctrl+O组合键，打开本书配备资源中的"素材\第9章\9-12编辑标注.dwg"文件，如图9-64所示。

02 在命令行中输入DED，调用【编辑标注】命令，命令行操作如下。

```
命令:DIMEDIT↙               //调用【编辑标注】命令
输入标注编辑类型[默认(H)/新建(N)/旋转(R)/倾斜(O)]<默认>:N↙
                           //选择【新建(N)】选项，进入【文字编辑器】选项卡，输入新的标
                             注文字，单击【关闭文字编辑器】按钮
选择对象：找到1个             //选择需要修改的尺寸标注
```

03 修改尺寸标注文字的结果如图9-65所示。

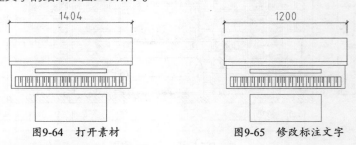

图9-64　打开素材　　　　　　　　图9-65　修改标注文字

b.延伸讲解：其他编辑方法

在执行【编辑标注】命令时，在命令行中选择【旋转（R）】选项，可以调整标注文字的旋转

角度，命令行操作如下。

```
命令:DIMEDIT✓                              //调用【编辑标注】命令
输入标注编辑类型[默认(H)/新建(N)/旋转(R)/倾斜(O)]<默认>:R✓
                                          //选择【旋转(R)】选项
指定标注文字的角度:45✓                     //设置旋转角度
选择对象:找到1个                           //选择标注文字,旋转结果如图9-66所示
```

图9-66　旋转标注文字

在命令行中选择【倾斜（O）】选项，可以倾斜标注，命令行操作如下。

```
命令:DIMEDIT✓                              //调用【编辑标注】命令
输入标注编辑类型[默认(H)/新建(N)/旋转(R)/倾斜(O)]<默认>:O1
                                          //选择【倾斜(O)】选项
选择对象:找到1个                           //选择待编辑的尺寸标注
输入倾斜角度(按 Enter 表示无):1201         //定义角度参数,倾斜结果如图9-67所示
```

图9-67　倾斜尺寸标注

9.3.2　编辑标注文字

【编辑标注文字】命令可以改变尺寸文字的放置位置。

a.执行方式

执行【编辑标注文字】命令的方法如下。

➢ 功能区：在【注释】选项卡中，单击【标注】面板
中的【左对正】、【居中对正】或【右对正】按
钮，如图9-68所示。

➢ 命令行：DIMTEDIT。

图9-68　单击按钮

【练习9-13】：　编辑标注文字

介绍编辑标注文字的方法，难度：☆	
素材文件路径：素材\第9章\9-13编辑标注文字.dwg	
效果文件路径：素材\第9章\9-13编辑标注文字-OK.dwg	
视频文件路径：视频\第9章\9-13编辑标注文字.MP4	

下面介绍编辑标注文字的操作步骤。

01 按Ctrl+O组合键，打开本书配备资源中的"素材\第9章\9-13编辑标注文字.dwg"文件，如图9-69所示。

02 单击【标注】面板中的【左对正】按钮 ⊢⊢⊣ ，将标注文字移动至标注左侧，命令行操作如下。

```
命令:DIMTEDIT↙                        //调用【编辑标注文字】命令
选择标注:                              //选择尺寸标注
为标注文字指定新位置或[左对齐(L)/右对齐(R)/居中(C)/默认(H)/角度(A)]:L↙
                                     //输入L，选择【左对齐(L)】选项，操作结果如图9-70所示
```

b. 延伸讲解：其他对正方式

在执行【编辑标注文字】命令的过程中，在命令行中输入R，选择【右对齐（R）】选项，将得到如图9-71所示的文字对齐效果。

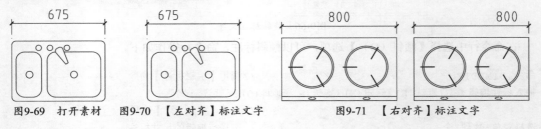

图9-69　打开素材　　图9-70　【左对齐】标注文字　　　图9-71　【右对齐】标注文字

9.4   思考与练习

1. 选择题

（1）打开【标注样式管理器】对话框的快捷键是（　　　）。

A. E   B. F   C. D   D. H

（2）【线性标注】命令相对应的工具按钮是（　　　）。

A. ⊢⊣   B. ⬈   C. ⬋   D. ⬓

（3）调用（　　　）命令，可以创建与尺寸界线的原点对齐的线性标注。

A. 线性标注   B. 快速标注   C. 基线标注   D. 对齐标注

（4）直径标注的前缀是（　　　）。

A. φ   B. μ   C. π   D. α

（5）对尺寸标注的编辑不包括（　　　）。

A. 新建   B. 旋转   C. 复制   D. 倾斜

2. 操作题

（1）调用【标注样式】命令，创建新标注样式。要求：名称为【习题标注样式】，箭头样式为【倾斜】，文字样式为【黑体】，主单位格式为【小数】，精度为0。

（2）将上一小题所创建的标注样式置为当前正在使用的样式。要求：调用【线性标注】和【半径标注】命令，为图形绘制尺寸标注，如图9-72所示。

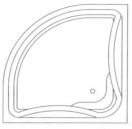

图9-72　绘制尺寸标注

（3）调用【对齐标注】和【直径标注】命令，为钢琴平面图绘制尺寸标注，如图9-73所示。

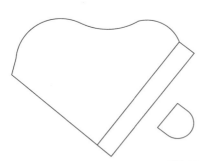

图9-73　标注结果

（4）调用【多重引线】命令，绘制立面门的材料标注，如图9-74所示。

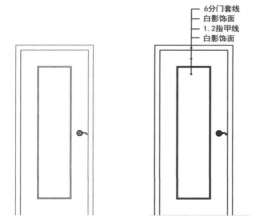

图9-74　绘制多重引线标注

（5）调用【编辑标注】命令，设置旋转角度为45°，对标注文字执行旋转操作；设置倾斜角度为60°和150°，对尺寸线执行倾斜操作，结果如图9-75所示。

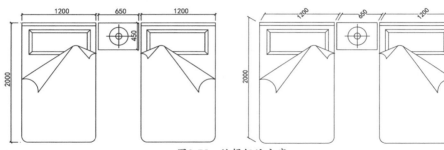

图9-75　编辑标注文字

家具的设计和布置是室内装潢设计的重要内容，家具的风格和样式必须与室内环境和谐统一。家具种类繁多，有客厅家具、卧室家具等。本章介绍各类常用家具的绘制方法。

10

第10章
绘制室内常用家具

10.1　绘制室内家具平面配景图

　　室内家具，如组合沙发、双人床、餐桌、办公桌等，是在客厅、卧室、餐厅、书房等室内区域经常见到的家具，因而在绘制施工图时也是表现设计意图必不可少的元素。

10.1.1　组合沙发和茶几

　　组合沙发和茶几一般在家庭的公共区域，比如客厅、视听室、活动室等，可以满足多人同时休闲娱乐的需求。

　　图10-1所示为不同样式的组合沙发和茶几的使用效果。

图10-1　组合沙发和茶几的使用效果

【练习10-1】：绘制组合沙发和茶几

介绍绘制组合沙发和茶几的方法，难度：☆☆☆

	素材文件路径：无
	效果文件路径：素材\第10章\10-1绘制组合沙发和茶几-OK.dwg
	视频文件路径：视频\第10章\10-1绘制组合沙发和茶几.MP4

下面介绍绘制组合沙发与茶几的操作步骤。

01 绘制三人座沙发。在命令行中输入REC，调用【矩形】命令，绘制矩形。在命令行中输入F，调用【圆角】命令，对矩形执行圆角操作，结果如图10-2所示。

02 在命令行中输入X，调用【分解】命令，分解矩形。在命令行中输入O，调用【偏移】命令，偏移矩形边，结果如图10-3所示。

图10-2　绘制矩形

图10-3　偏移矩形边

03 激活偏移得到的线段的夹点，延长线段，结果如图10-4所示。

04 在命令行中输入F，调用【圆角】命令，设置圆角半径为100，对线段执行圆角操作，结果如图10-5所示。

图10-4　延长线段

图10-5　圆角操作

05 在命令行中输入L，调用【直线】命令，绘制直线，结果如图10-6所示。

06 在命令行中输入F，调用【圆角】命令，对线段执行圆角操作，结果如图10-7所示。

图10-6　绘制直线

图10-7　圆角操作

07 在命令行中输入O，调用【偏移】命令，偏移矩形边。在命令行中输入TR，调用【修剪】命令，修剪矩形边，结果如图10-8所示。

08 在命令行中输入F，调用【圆角】命令，设置圆角半径为50，圆角修剪矩形边，结果如图10-9所示。

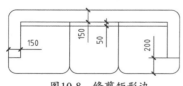

图10-8　修剪矩形边

图10-9　圆角修剪

09 在命令行中输入L，调用【直线】命令，绘制直线，结果如图10-10所示。

10 在命令行中输入F，调用【圆角】命令，对线段执行圆角操作，结果如图10-11所示。

图10-10　绘制直线

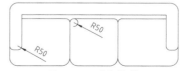

图10-11　圆角修剪

11 在命令行中输入REC，调用【矩形】命令，绘制尺寸为600×50的矩形；在命令行中输入F，调用【圆角】命令，设置圆角半径为20，圆角修剪矩形边，结果如图10-12所示。

12 调用REC【矩形】命令、X【分解】命令、O【偏移】命令、TR【修剪】命令和F【圆角】命令，绘制二人座沙发，结果如图10-13所示。

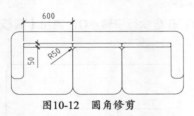

图10-12　圆角修剪

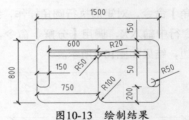

图10-13　绘制结果

13 绘制休闲座椅。在命令行中输入REC，调用【矩形】命令，绘制矩形。在命令行中输入X，调用【分解】命令，分解矩形。在命令行中输入O，调用【偏移】命令，偏移矩形边，结果如图10-14所示。

14 在命令行中输入A，调用【圆弧】命令，绘制圆弧，结果如图10-15所示。

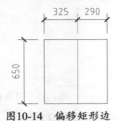

图10-14　偏移矩形边

图10-15　绘制圆弧

15 在命令行中输入O，调用【偏移】命令，偏移线段。调用E【删除】命令和TR【修剪】命令，删除并修剪线段，结果如图10-16所示。

16 在命令行中输入A，调用【圆弧】命令，绘制圆弧，完成休闲座椅的绘制，结果如图10-17所示。

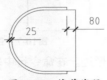

图10-16　修剪线段

图10-17　绘制圆弧

17 绘制茶几。在命令行中输入REC，调用【矩形】命令，绘制矩形。在命令行中输入O，调用【偏移】命令，设置偏移距离为30，向内偏移矩形，结果如图10-18所示。

18 填充茶几图案。在命令行中输入H，调用【图案填充】命令，再在命令行中输入T，选择【设置】选项，弹出【图案填充和渐变色】对话框，选择填充图案，设置填充比例为1，如图10-19所示。

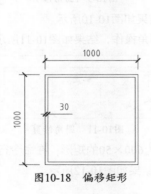

图10-18　偏移矩形

图10-19　设置参数

19 在绘图区域内单击,拾取填充区域,按Enter键返回对话框,单击【确定】按钮,关闭对话框,完成填充操作,结果如图10-20所示。

20 绘制台灯底座。在命令行中输入REC,调用【矩形】命令,绘制矩形。在命令行中输入C,调用【圆】命令,绘制半径为128的圆形,结果如图10-21所示。

图10-20 填充图案

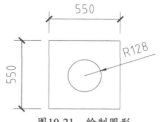

图10-21 绘制圆形

21 在命令行中输入O,调用【偏移】命令,设置偏移距离为64,选择圆形向内偏移。修改偏移距离为55,选择圆形向外偏移,结果如图10-22所示。

22 在命令行中输入L,调用【直线】命令,绘制直线。在命令行中输入E,调用【删除】命令,删除多余的圆形,结果如图10-23所示。

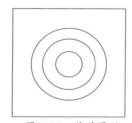

图10-22 偏移圆形

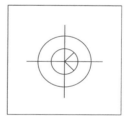

图10-23 绘制线段

23 在命令行中输入M,调用【移动】命令,移动绘制完成的各家具图形,结果如图10-24所示。

24 绘制地毯。在命令行中输入REC,调用【矩形】命令,绘制矩形。在命令行中输入O,调用【偏移】命令,偏移矩形,结果如图10-25所示。

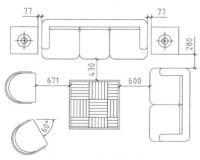

图10-24 移动图形

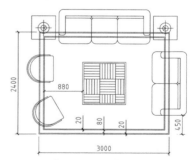

图10-25 绘制矩形

25 在命令行中输入TR,调用【修剪】命令,修剪矩形边,结果如图10-26所示。

26 填充地毯图案。在命令行中输入H,调用【图案填充】命令,再在命令行中输入T,选择【设置】选项,弹出【图案填充和渐变色】对话框,选择填充图案,设置填充比例为10,如图10-27所示。

27 在绘图区域单击,拾取填充区域,按Enter键返回对话框,单击【确定】按钮,关闭对话框,完成填充操作,结果如图10-28所示。

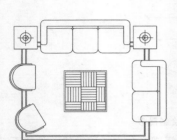

图10-26 修剪图形

图10-27 设置参数

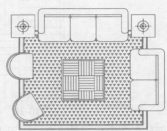

图10-28 填充图案

10.1.2 组合餐桌和椅子

餐桌和椅子是家庭必备的家具之一，常置于餐厅或厨房，作为家庭成员用餐的平台。餐桌的大小应根据家庭成员的人数来定，不应买过大或过小的餐桌。

图10-29所示为不同样式餐桌的使用效果。

图10-29 组合餐桌和椅子

【练习10-2】： 绘制组合餐桌和椅子

介绍绘制组合餐桌和椅子的方法，难度：☆☆	
素材文件路径：无	
效果文件路径：素材\第10章\10-2绘制组合餐桌和椅子-OK.dwg	
视频文件路径：视频\第10章\10-2绘制组合餐桌和椅子.MP4	

下面介绍绘制组合餐桌和椅子的操作步骤。

01 绘制餐桌。在命令行中输入REC，调用【矩形】命令，绘制矩形。在命令行中输入O，调用【偏移】命令，向内偏移矩形，结果如图10-30所示。

02 在命令行中输入X，调用【分解】命令，分解偏移得到的矩形。在命令行中输入O，调用【偏移】命令，偏移矩形边。在命令行中输入TR，调用【修剪】命令，修剪线段，结果如图10-31所示。

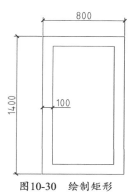

图10-30　绘制矩形

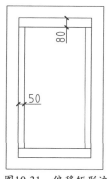

图10-31　偏移矩形边

03 绘制桌脚。单击【绘图】面板上的【多边形】按钮◯，命令行操作如下。

命令:POLYGON↙	//调用【多边形】命令
输入侧面数<4>:6↙	//定义边数
指定正多边形的中心点或[边(E)]:	//单击指定多边形的中心点
输入选项[内接于圆(I)/外切于圆(C)]<C>:I↙	//输入I，选择【内接于圆(I)】选项
指定圆的半径:24↙	//设置圆的半径值，绘制多边形的结果如图10-32所示

04 在命令行中输入CO，调用【复制】命令，移动复制绘制完成的六边形，结果如图10-33所示。

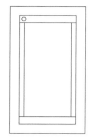

图10-32　绘制六边形

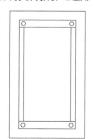

图10-33　复制图形

05 绘制座椅。在命令行中输入REC，调用【矩形】命令，绘制矩形。在命令行中输入F，调用【圆角】命令，设置圆角半径为30，对所绘制的矩形执行圆角操作，结果如图10-34所示。

06 绘制扶手及椅背。在命令行中输入REC，调用【矩形】命令，绘制矩形，结果如图10-35所示。

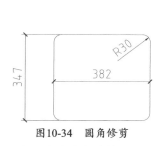

图10-34　圆角修剪

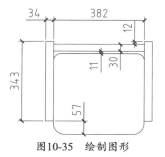

图10-35　绘制图形

07 为坐垫填充图案。在命令行中输入H，调用【图案填充】命令，再在命令行中输入T，选择【设置】选项，弹出【图案填充和渐变色】对话框，选择填充图案，设置填充比例为7，如图10-36所示。

08 在该对话框中单击【添加：拾取点】按钮，在绘图区域单击鼠标左键，拾取填充区域，按Enter键返回对话框，单击【确定】按钮，关闭对话框，完成填充操作，结果如图10-37所示。

图10-36　设置参数　　　　　　　　　　　　　图10-37　填充图案

09 绘制座椅。调用REC【矩形】命令和X【分解】命令，绘制并分解矩形。调用L【直线】命令，绘制直线，结果如图10-38所示。

10 在命令行中输入E，调用【删除】命令，删除线段，结果如图10-39所示。

图10-38　绘制座椅　　　　　　　　　　　　图10-39　删除线段

11 在命令行中输入F，调用【圆角】命令，设置圆角半径为30，对图形执行圆角操作，结果如图10-40所示。

12 绘制靠背。在命令行中输入O，调用【偏移】命令，偏移线段。在命令行中输入REC，调用【矩形】命令，绘制矩形，结果如图10-41所示。

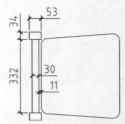

图10-40　圆角修剪　　　　　　　　　　　　图10-41　绘制靠背

13 为坐垫填充图案。在命令行中输入H，调用【图案填充】命令，再在命令行中输入T，选择【设置】选项，弹出【图案填充和渐变色】对话框，选择填充图案，设置填充参数，如图10-42所示。

14 在该对话框中单击【添加：拾取点】按钮，在绘图区域单击左键，拾取填充区域，按Enter键返回对话框，单击【确定】按钮，关闭对话框，完成填充操作，结果如图10-43所示。

15 在命令行中输入M，调用【移动】命令，移动家具图形，结果如图10-44所示。

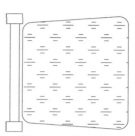

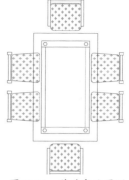

图10-42　设置参数　　　　　图10-43　填充图案　　　图10-44　移动家具图形

10.1.3　床与床头柜

床与床头柜是卧室的必备家具，床的大小应该根据房间的面积或使用人数来决定。一般双人床常用的宽度尺寸为1500、1800、2000，单人床常用的宽度尺寸为800、1200。床头柜不但具备装饰效果，还起着一定的收纳作用，可以根据房间面积的大小来决定是摆放一个或两个床头柜。

图10-45所示为不同样式的床的使用效果。

图10-45　不同样式的床

【练习10-3】：绘制床与床头柜

介绍绘制床和床头柜的方法，难度：☆☆☆
素材文件路径：无
效果文件路径：素材\第10章\10-3绘制床和床头柜-OK.dwg
视频文件路径：视频\第10章\10-3绘制床和床头柜.MP4

下面介绍绘制床和床头柜的操作步骤。

01 绘制双人床轮廓。在命令行中输入REC，调用【矩形】命令，绘制矩形，结果如图10-46所示。

02 绘制被子。在命令行中输入X，调用【分解】命令，分解矩形。在命令行中输入O，调用【偏移】命令，偏移矩形边，结果如图10-47所示。

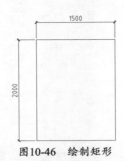

图10-46 绘制矩形

图10-47 偏移矩形边

03 在命令行中输入F，调用【圆角】命令，设置圆角半径为20，对线段执行圆角操作，结果如图10-48所示。

04 在命令行中输入L，调用【直线】命令，绘制直线，结果如图10-49所示。

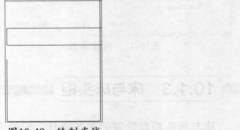

图10-48 圆角修剪

图10-49 绘制直线

05 在命令行中输入F，调用【圆角】命令，对线段执行圆角操作，结果如图10-50所示。

06 在命令行中输入O，调用【偏移】命令，偏移线段，结果如图10-51所示。

图10-50 圆角修剪

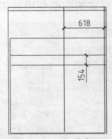

图10-51 偏移线段

07 在命令行中输入L，调用【直线】命令，绘制直线，结果如图10-52所示。

08 在命令行中输入A，调用【圆弧】命令，绘制圆弧，结果如图10-53所示。

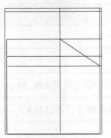

图10-52 绘制直线

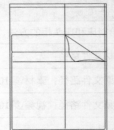

图10-53 绘制圆弧

09 调用TR【修剪】命令、E【删除】命令，修剪并删除线段，结果如图10-54所示。

10 绘制床头柜。在命令行中输入REC，调用【矩形】命令，绘制矩形，结果如图10-55所示。

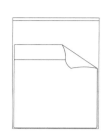
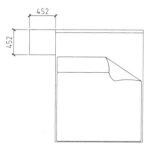

图10-54　修剪并删除线段　　　　图10-55　绘制矩形

11 绘制台灯。在命令行中输入C，调用【圆】命令，绘制圆形，结果如图10-56所示。

12 在命令行中输入L，调用【直线】命令，过圆心绘制直线，结果如图10-57所示。

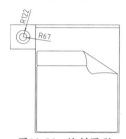
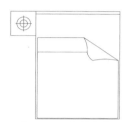

图10-56　绘制圆形　　　　　图10-57　绘制直线

13 在命令行中输入MI，调用【镜像】命令，镜像复制床头柜以及台灯图形，结果如图10-58所示。

14 调入图块。按Ctrl+O组合键，打开本书配备资源中的"素材\第10章\家具图例.dwg"文件，从中复制粘贴枕头图形至当前视图中，结果如图10-59所示。

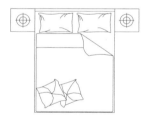

图10-58　镜像复制图形　　　　图10-59　调入图块

10.1.4　组合办公桌

办公桌常置于书房，兼具办公与学习之用。选择办公桌时要考虑多方面的要求，如使用人的需求、居室的风格、书房的面积等。选择恰当的办公桌，可以对工作或学习起到事半功倍的作用。

图10-60所示为不同样式的组合办公桌的使用效果。

图10-60　不同样式的组合办公桌

【练习10-4】： 绘制组合办公桌 📖📖

介绍绘制组合办公桌的方法，难度：☆ ☆	
💾 素材文件路径：无	
🌐 效果文件路径：素材\第10章\10-4绘制组合办公桌-OK.dwg	
⬇ 视频文件路径：视频\第10章\10-4绘制组合办公桌.MP4	

下面介绍绘制组合办公桌的操作步骤。

01 绘制办公桌轮廓线。在命令行中输入PL，调用【多段线】命令，命令行操作如下。

```
命令：PLINE↙                      //调用【多段线】命令
指定起点：
当前线宽为0
指定下一个点或 [圆弧(A)/半宽(H)/长度(L)/放弃(U)/宽度(W)]：836↙
                                 //鼠标向上移动，输入距离参数
指定下一点或 [圆弧(A)/闭合(C)/半宽(H)/长度(L)/放弃(U)/宽度(W)]：1824↙
                                 //鼠标向右移动，输入距离参数
指定下一点或 [圆弧(A)/闭合(C)/半宽(H)/长度(L)/放弃(U)/宽度(W)]：1289↙
                                 //鼠标向右下角移动，输入距离参数
指定下一点或 [圆弧(A)/闭合(C)/半宽(H)/长度(L)/放弃(U)/宽度(W)]：1094↙
                                 //鼠标向下移动，输入距离参数
指定下一点或 [圆弧(A)/闭合(C)/半宽(H)/长度(L)/放弃(U)/宽度(W)]：522↙
                                 //鼠标向左移动，输入距离参数
指定下一点或 [圆弧(A)/闭合(C)/半宽(H)/长度(L)/放弃(U)/宽度(W)]：774↙
                                 //鼠标向上移动，输入距离参数
指定下一点或 [圆弧(A)/闭合(C)/半宽(H)/长度(L)/放弃(U)/宽度(W)]：556↙
                                 //鼠标向左上角移动，输入距离参数
指定下一点或 [圆弧(A)/闭合(C)/半宽(H)/长度(L)/放弃(U)/宽度(W)]：C↙
                                 //输入C，选择【闭合(C)】选项，绘制结果如图10-61所示
```

02 在命令行中输入O，调用【偏移】命令，设置偏移距离为20，向内偏移轮廓线，结果如图10-62所示。

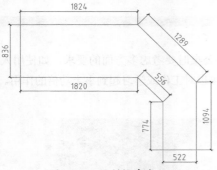

图10-61 绘制轮廓线

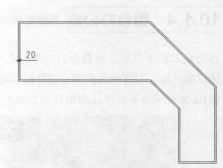

图10-62 偏移线段

03 绘制台灯灯罩。在命令行中输入C，调用【圆】命令，分别绘制半径为273、94、35的圆形，结果如图10-63所示。

04 在命令行中输入L，调用【直线】命令，绘制直线，结果如图10-64所示。

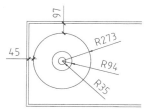

图10-63 绘制圆形

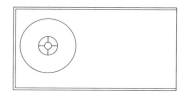

图10-64 绘制直线

05 绘制办公区域。在命令行中输入L，调用【直线】命令，绘制直线。在命令行中输入O，调用【偏移】命令，偏移直线，结果如图10-65所示。

06 填充皮质图案。在命令行中输入H，调用【图案填充】命令，再在命令行中输入T，选择【设置】选项，弹出【图案填充和渐变色】对话框，选择填充图案，设置填充比例为25，如图10-66所示。

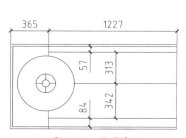

图10-65 偏移线段

图10-66 设置参数

07 在该对话框中单击【添加：拾取点】按钮，在绘图区域单击鼠标左键，拾取填充区域，按Enter键返回对话框，单击【确定】按钮，关闭对话框，完成填充操作，结果如图10-67所示。

08 调入图块。按Ctrl+O组合键，打开本书配备资源中的"素材\第10章\家具图例.dwg"文件，从中复制粘贴办公椅及计算机等图形至当前视图中。调用TR【修剪】命令，修剪线段，结果如图10-68所示。

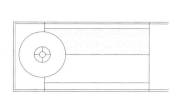

图10-67 填充图案

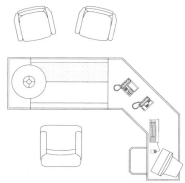

图10-68 调入图块

10.2 绘制室内电器配景图

电器可以满足人们平时的使用需求，因而成为除家具外不可或缺的居室装潢物品。常用的室内电器有洗衣机、电冰箱、电视机等。本节就来介绍室内常用电器配景图的绘制方法。

10.2.1 平面洗衣机

洗衣机一般放置于卫生间或阳台，以满足日常洗涤需求。洗衣机的大小可根据家庭人口来确定，过小不能满足使用需求，过大则会造成浪费。

图10-69所示为将洗衣机置于不同场合的效果。

图10-69 位于不同场合的洗衣机

【练习10-5】：绘制平面洗衣机

介绍绘制平面洗衣机的方法，难度：☆☆
素材文件路径：无
效果文件路径：素材\第10章\10-5绘制平面洗衣机-OK.dwg
视频文件路径：视频\第10章\10-5绘制平面洗衣机.MP4

下面介绍绘制平面洗衣机的操作步骤。

01 绘制洗衣机外轮廓。在命令行中输入REC，调用【矩形】命令，绘制矩形。在命令行中输入O，调用【偏移】命令，设置偏移距离为40，向内偏移矩形，结果如图10-70所示。

02 在命令行中输入F，调用【圆角】命令，设置圆角半径为50，对外层矩形执行圆角操作，结果如图10-71所示。

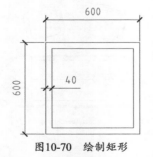

图10-70 绘制矩形   图10-71 圆角修剪

03 调用X【分解】命令，分解矩形。调用O【偏移】命令，偏移矩形边。调用L【直线】命令，绘制直线。调用TR【修剪】命令，修剪线段，结果如图10-72所示。

04 在命令行中输入F，调用【圆角】命令，设置圆角半径为10，对外侧矩形执行圆角操作，结果如图10-73所示。

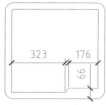

图10-72　修剪线段　　　　　　　　　图10-73　圆角修剪

05 绘制洗衣机的上盖。在命令行中输入O，调用【偏移】命令，偏移线段，结果如图10-74所示。

06 绘制按钮。在命令行中输入REC，调用【矩形】命令，分别绘制尺寸为89×10、34×167的矩形，结果如图10-75所示。

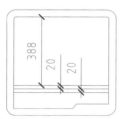

图10-74　偏移线段　　　　　　　　　图10-75　绘制按钮

10.2.2　立面冰箱

冰箱兼具冷藏和存储的作用，可以储藏物品、保持食物的新鲜度，为家居生活不可或缺的电器。根据居室的特点，冰箱可以置于餐厅或厨房。

图10-76所示为将冰箱置于不同场合的效果。

图10-76　位于不同场合的冰箱

【练习10-6】：　绘制立面冰箱

介绍绘制立面冰箱的方法，难度：☆☆
素材文件路径：无
效果文件路径：素材\第10章\10-6绘制立面冰箱-OK.dwg
视频文件路径：视频\第10章\10-6绘制立面冰箱.MP4

下面介绍绘制立面冰箱的操作步骤。

01 绘制冰箱外轮廓。在命令行中输入REC，调用【矩形】命令，绘制矩形，结果如图10-77所示。

02 调用X【分解】命令，分解矩形。调用O【偏移】命令，偏移矩形边。调用TR【修剪】命令，修剪线段，结果如图10-78所示。

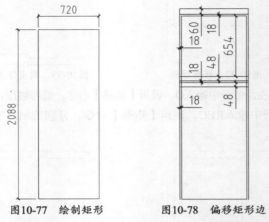

图10-77　绘制矩形　　　　　　图10-78　偏移矩形边

03 绘制商标。在命令行中输入REC，调用【矩形】命令，分别绘制尺寸为7×163、14×43的矩形，结果如图10-79所示。

04 按Enter键，调用REC【矩形】命令，绘制尺寸为31×31的矩形，结果如图10-80所示。

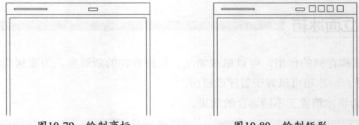

图10-79　绘制商标　　　　　　图10-80　绘制矩形

05 绘制把手。调用REC【矩形】命令，绘制尺寸为49×149的矩形。调用O【偏移】命令，设置偏移距离为7，向内偏移矩形，结果如图10-81所示。

06 绘制冰箱底部支撑。调用REC【矩形】命令，绘制尺寸为42×22的矩形，结果如图10-82所示。

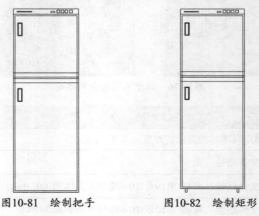

图10-81　绘制把手　　　　　　图10-82　绘制矩形

10.2.3　立面电视机

电视机作为家庭必不可少的娱乐设施，已成为家庭电器的主角，所以在室内装饰装潢中，电视背景墙的装饰设计也相应地成为重点。电视机可以放在客厅、视听室、起居室、娱乐室、卧室等区域。

图10-83所示为将电视机置于不同区域的使用效果。

图10-83　位于不同区域的电视机

【练习10-7】：　绘制立面电视机

介绍绘制立面电视机的方法，难度：☆☆
素材文件路径：无
效果文件路径：素材\第10章\10-7绘制立面电视机-OK.dwg
视频文件路径：视频\第10章\10-7绘制立面电视机.MP4

下面介绍绘制立面电视机的操作步骤。

01 绘制电视机外轮廓。在命令行中输入REC，调用【矩形】命令，绘制矩形。在命令行中输入F，调用【圆角】命令，设置圆角半径为25，对矩形执行圆角操作，结果如图10-84所示。

02 绘制喇叭。调用X【分解】命令，分解矩形。调用O【偏移】命令，偏移矩形边。调用L【直线】命令，绘制直线。调用TR【修剪】命令，修剪线段，结果如图10-85所示。

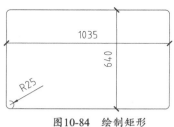

图10-84　绘制矩形

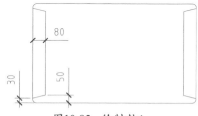

图10-85　绘制喇叭

03 在命令行中输入F，调用【圆角】命令，设置圆角半径为10，对线段执行圆角操作，结果如图10-86所示。

04 填充喇叭图案。在命令行中输入H，调用【图案填充】命令，再在命令行中输入T，选择【设置】选项，弹出【图案填充和渐变色】对话框，选择填充图案，设置填充角度为45°，填充间距为15，如图10-87所示。

图10-87　设置参数

图10-86　圆角修剪

05 在该对话框中单击【添加：拾取点】按钮，在绘图区域内单击鼠标左键，拾取填充区域，按Enter键返回对话框，单击【确定】按钮，关闭对话框，完成填充操作，结果如图10-88所示。

06 绘制屏幕。调用O【偏移】命令，偏移线段。调用F【圆角】命令，设置圆角半径为0，修剪线段，结果如图10-89所示。

图10-88　填充图案

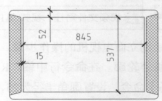

图10-89　绘制屏幕

07 在命令行中输入O，调用【偏移】命令，设置偏移距离为6，向内偏移线段。在命令行中输入F，调用【圆角】命令，设置圆角半径为0，修剪线段的结果如图10-90所示。

08 在命令行中输入F，调用【圆角】命令，设置圆角半径为6，对外矩形执行圆角操作，结果如图10-91所示。

图10-90　圆角修剪

图10-91　圆角修剪

09 绘制标识。调用MT【多行文字】命令、C【圆】命令和REC【矩形】命令，绘制电视机的标识，结果如图10-92所示。

10 填充喇叭图案。在命令行中输入H，调用【图案填充】命令，再在命令行中输入T，选择【设置】选项，弹出【图案填充和渐变色】对话框，选择填充图案，设置填充角度为45°，填充比例为25，如图10-93所示。

图10-93　设置参数

图10-92　绘制标识

11 在该对话框中单击【添加：拾取点】按钮，在绘图区域单击鼠标左键，拾取填充区域，按Enter键返回对话框，单击【确定】按钮，关闭对话框，完成填充操作，结果如图10-94所示。

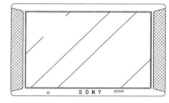

图10-94　填充图案

10.2.4　立面饮水机

饮水机因其便利及实用等特性正逐渐成为家庭的新宠。根据使用习惯或居室交通流线的设计，饮水机可以放置于不同的地方，包括客厅、餐厅等区域的角落。

图10-95所示为将饮水机置于不同区域的使用效果。

图10-95　位于不同区域的饮水机

【练习10-8】：绘制立面饮水机

介绍绘制立面饮水机的方法，难度：☆☆☆	
素材文件路径：无	
效果文件路径：素材\第10章\10-8绘制立面饮水机-OK.dwg	
视频文件路径：视频\第10章\10-8绘制立面饮水机.MP4	

下面介绍绘制立面饮水机的操作步骤。

01 绘制饮水机轮廓线。在命令行中输入REC，调用【矩形】命令，绘制矩形，结果如图10-96所示。

02 调用X【分解】命令，分解矩形。调用O【偏移】命令，偏移矩形边，结果如图10-97所示。

图10-96　绘制矩形

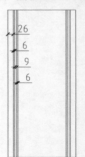

图10-97　偏移矩形边

03 调用O【偏移】命令，偏移矩形边。调用TR【修剪】命令，修剪线段，结果如图10-98所示。

04 绘制水流开关。在命令行中输入REC，调用【矩形】命令，绘制矩形，结果如图10-99所示。

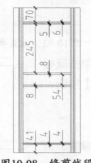

图10-98　修剪线段

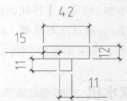

图10-99　绘制水流开关

05 按Enter键，调用REC【矩形】命令，绘制矩形，结果如图10-100所示。

06 在命令行中输入EL，调用【椭圆】命令，绘制椭圆，结果如图10-101所示。

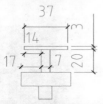

图10-100　绘制矩形

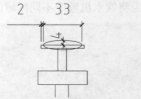

图10-101　绘制椭圆

07 在命令行中输入TR，调用【修剪】命令，修剪图形，结果如图10-102所示。

08 在命令行中输入CO，调用【复制】命令，移动复制绘制完成的开关图形，结果如图10-103所示。

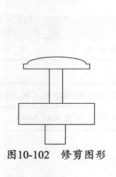

图10-102　修剪图形

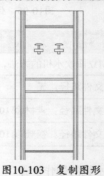

图10-103　复制图形

09 绘制水桶。调用REC【矩形】命令，绘制矩形。调用F【圆角】命令，设置圆角半径为4，对矩形执行圆角操作，结果如图10-104所示。

10 调用REC【矩形】命令，绘制矩形。调用F【圆角】命令，设置圆角半径为3，对矩形执行圆角操作，结果如图10-105所示。

图10-104　绘制水桶

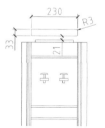
图10-105　圆角操作

11 在命令行中输入L，调用【直线】命令，绘制直线，结果如图10-106所示。

12 调用O【偏移】命令，偏移线段。调用TR【修剪】命令，修剪线段，结果如图10-107所示。

图10-106　绘制直线

图10-107　修剪线段

13 调用A【圆弧】命令，绘制圆弧。调用TR【修剪】命令，修剪线段，结果如图10-108所示。

14 在命令行中输入REC，调用【矩形】命令，绘制矩形，结果如图10-109所示。

图10-108　修剪线段

图10-109　绘制矩形

15 调用MI【镜像】命令，镜像复制图形。调用E【删除】命令，删除多余直线，结果如图10-110所示。

16 立面饮水机图形的绘制结果如图10-111所示。

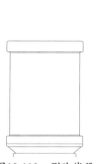
图10-110　删除线段

图10-111　立面饮水机图形

10.3 绘制室内洁具与厨具配景图

室内洁具与厨具是日常生活必需的盥洗、烹饪用具，在使用上要求方便、洁净，以满足人们的使用要求。本节介绍室内洁具和厨具配景图的绘制方法。

10.3.1 平面洗碗池

洗碗池是厨房必备的厨具之一，现在市场上的洗碗池一般都为不锈钢材质，因为其具备了耐腐蚀、易清洗等特点。

图10-112所示为不同样式的洗碗池。

图10-112 不同样式的洗碗池

【练习10-9】： 绘制平面洗碗池

介绍绘制平面洗碗池的方法，难度：☆☆

素材文件路径：无

效果文件路径：素材\第10章\10-9绘制平面洗碗池-OK.dwg

视频文件路径：视频\第10章\10-9绘制平面洗碗池.MP4

下面介绍绘制平面洗碗池的操作步骤。

01 绘制洗碗槽外轮廓。调用REC【矩形】命令，绘制矩形。调用F【圆角】命令，设置圆角半径为53，对矩形执行圆角操作。调用O【偏移】命令，向内偏移矩形，结果如图10-113所示。

02 调用REC【矩形】命令，绘制矩形。调用F【圆角】命令，设置圆角半径为46，对矩形执行圆角操作，结果如图10-114所示。

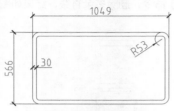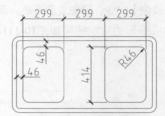

图10-113 绘制矩形   图10-114 圆角修剪

03 调用REC【矩形】命令，绘制尺寸为276×207的矩形。调用F【圆角】命令，设置圆角半径为46，对矩形执行圆角操作，结果如图10-115所示。

04 在命令行中输入C，调用【圆】命令，绘制半径为35的圆形，表示流水孔；绘制半径为23的圆形，表示水流开关，结果如图10-116所示。

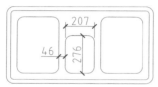

图10-115　编辑结果

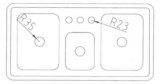

图10-116　绘制圆形

05 在命令行中输入C，调用【圆】命令，绘制半径为11的圆形，结果如图10-117所示。

06 在命令行中输入L，调用【直线】命令，绘制直线，结果如图10-118所示。

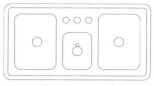

图10-117　绘制圆形

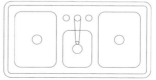

图10-118　绘制直线

07 在命令行中输入TR，调用【修剪】命令，修剪线段，结果如图10-119所示。

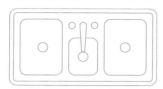

图10-119　洗碗池平面图

10.3.2　平面燃气灶

常用的燃气灶多为两眼燃气灶，也有一些家庭使用三眼、四眼燃气灶。

图10-120所示为不同样式的燃气灶。

图10-120　不同样式的燃气灶

【练习10-10】：绘制平面燃气灶

介绍绘制平面燃气灶的方法，难度：☆☆
素材文件路径：无
效果文件路径：素材\第10章\10-10绘制平面燃气灶-OK.dwg
视频文件路径：视频\第10章\10-10 绘制平面燃气灶.MP4

下面介绍绘制平面燃气灶的操作步骤。

01 绘制外轮廓。调用REC【矩形】命令，绘制矩形。调用X【分解】命令，分解矩形。调用O【偏移】命令，偏移矩形边，结果如图10-121所示。

02 绘制灶眼。调用REC【矩形】命令，绘制矩形。调用O【偏移】命令，偏移矩形，结果如图10-122所示。

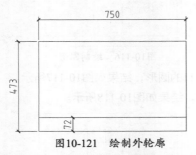

图10-121　绘制外轮廓

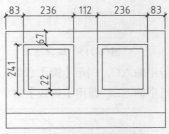

图10-122　绘制矩形

03 在命令行中输入F，调用【圆角】命令，设置圆角半径为22，对矩形执行圆角处理，结果如图10-123所示。

04 在命令行中输入C，调用【圆】命令，分别绘制半径为89、34的圆形，结果如图10-124所示。

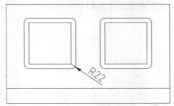

图10-123　圆角修剪

图10-124　绘制圆形

05 在命令行中输入L，调用【直线】命令，绘制辅助线，结果如图10-125所示。

06 在命令行中输入REC，调用【矩形】命令，绘制尺寸为35×10的矩形，结果如图10-126所示。

07 在命令行中输入TR，调用【修剪】命令，修剪线段，结果如图10-127所示。

图10-125　绘制直线

图10-126　绘制矩形

图10-127　修剪图形

08 绘制开关。在命令行中输入C，调用【圆】命令，绘制半径为18的圆形，结果如图10-128所示。

09 调用REC【矩形】命令，绘制尺寸为42×10的矩形。调用TR【修剪】命令，修剪线段，结果如图10-129所示。

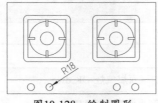

图10-128　绘制圆形

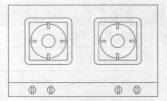

图10-129　燃气灶平面图

10.3.3　平面洗脸盆

洗脸盆是必备的盥洗用具，一般置于卫生间、洗漱间等盥洗场所。洗脸盆的材质多为瓷质，形状多种多样，有圆形、椭圆形、方形等，可根据个人的喜好来选购。

图10-130所示为不同样式的洗脸盆。

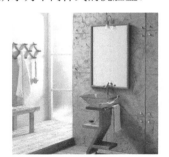

图10-130　不同样式的洗脸盆

【练习10-11】：绘制平面洗脸盆

介绍绘制平面洗脸盆的方法，难度：☆☆	
素材文件路径：无	
效果文件路径：素材\第10章\10-11绘制平面洗脸盆-OK.dwg	
视频文件路径：视频\第10章\10-11 绘制平面洗脸盆.MP4	

下面介绍绘制平面洗脸盆的操作步骤。

01 绘制洗脸盆外轮廓。在命令行中输入EL，调用【椭圆】命令，根据图示的尺寸分别绘制椭圆，如图10-131所示。

02 在命令行中输入O，调用【偏移】命令，设置偏移距离为8，向外偏移椭圆，结果如图10-132所示。

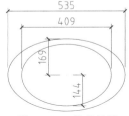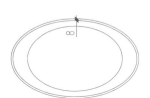

图10-131　绘制椭圆　　　　　　　　　　　图10-132　偏移椭圆

03 在命令行中输入EL，调用【椭圆】命令，绘制长轴为285、短轴为65的椭圆，结果如图10-133所示。

04 在命令行中输入TR，调用【修剪】命令，修剪椭圆，结果如图10-134所示。

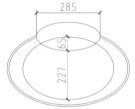

图10-133　绘制椭圆　　　　　　　　　　　图10-134　修剪图形

05 绘制水流开关。在命令行中输入C，调用【圆】命令，绘制半径为16的圆形，结果如图10-135所示。

06 绘制流水孔。调用C【圆】命令，分别绘制半径为24、16的圆形，结果如图10-136所示。

07 在命令行中输入L，调用【直线】命令，绘制直线，结果如图10-137所示。

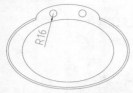  

图10-135　绘制圆形　　　　　图10-136　绘制结果　　　　　图10-137　洗脸盆平面图

10.4　绘制室内其他装潢配景图

　　室内其他装潢配景可以起到辅助装饰装修的作用，如地面瓷砖的图案、墙砖的拼贴、绿植花卉的种植等都属于室内配景的范围。本节就来介绍室内装潢配景图的绘制方法。

10.4.1　地板砖

　　地板砖的装饰图案可以自由拼贴，也可由专业人员根据居室风格来进行设计。在进行瓷砖拼贴时，要注意瓷砖的切割，以免浪费材料。

　　图10-138所示为墙砖拼贴与地砖拼贴的效果。

图10-138　砖拼贴效果

【练习10-12】：绘制地板砖

介绍绘制地板砖的方法，难度：☆☆
📁 素材文件路径：无
⊗ 效果文件路径：素材\第10章\10-12绘制地板砖-OK.dwg
📥 视频文件路径：视频\第10章\10-12绘制地板砖.MP4

　　下面介绍绘制地板砖的操作步骤。

01 绘制地板砖外轮廓。调用REC【矩形】命令，绘制矩形。调用X【分解】命令，分解矩形。调用O【偏移】命令，偏移矩形边，结果如图10-139所示。

02 绘制地板砖拼贴图案。在命令行中输入C，调用【圆】命令，分别绘制半径为375、175、140的圆形，结果如图10-140所示。

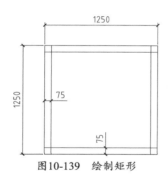

图10-139 绘制矩形

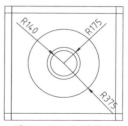

图10-140 绘制圆形

03 在命令行中输入L，调用【直线】命令，绘制对角线，结果如图10-141所示。

04 在命令行中输入TR，调用【修剪】命令，修剪线段，结果如图10-142所示。

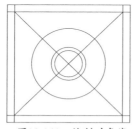

图10-141 绘制对角线

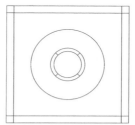

图10-142 修剪图形

05 调用L【直线】命令，绘制直线。调用TR【修剪】命令，修剪线段，结果如图10-143所示。

06 在命令行中输入L，调用【直线】命令，绘制辅助线，结果如图10-144所示。

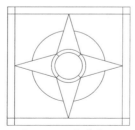

图10-143 修剪线段

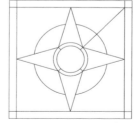

图10-144 绘制辅助线

07 在命令行中输入RO，调用【旋转】命令，设置旋转角度为11°，旋转复制辅助线，结果如图10-145所示。

08 调用E【删除】命令，删除辅助线。调用L【直线】命令，绘制直线。调用TR【修剪】命令，修剪线段，结果如图10-146所示。

图10-145 旋转复制线段

图10-146 修剪图形

09 调用MI【镜像】命令，镜像复制绘制完成的图形。调用TR【修剪】命令，修剪线段，结果如图10-147所示。

10 填充地板砖图案。在命令行中输入H，调用【图案填充】命令，再在命令行中输入T，选择【设置】命令，弹出【图案填充和渐变色】对话框，选择图案，设置填充比例为8，如图10-148所示。

11 在该对话框中单击【添加:拾取点】按钮，在绘图区域单击鼠标左键，拾取填充区域，按Enter键返回对话框，单击【确定】按钮，关闭对话框，填充结果如图10-149所示。

图10-147　复制图形　　　　　　　　　图10-148　设置参数　　　　　　　　图10-149　填充图案

10.4.2　盆景

盆景花卉可以增加室内氧离子、净化空气、吸收噪音，因此为大多数家庭所青睐。室内盆景不宜过大，否则会阻碍视觉及行动路线。

图10-150所示为在不同场合摆放盆景的效果。

图10-150　盆景的装饰效果

【练习10-13】：绘制盆景

介绍绘制盆景的方法，难度：☆☆
素材文件路径：无
效果文件路径：素材\第10章\10-13绘制盆景-OK.dwg
视频文件路径：视频\第10章\10-13绘制盆景.MP4

下面介绍绘制盆景的操作步骤。

01 绘制枝条。在命令行中输入L，调用【直线】命令，绘制直线，结果如图10-151所示。

02 在命令行中输入PL，调用【多段线】命令，绘制树叶，结果如图10-152所示。

图10-151 绘制直线　　　　　图10-152 绘制多段线

03 在命令行中输入L，调用【直线】命令，绘制盆景的分枝，结果如图10-153所示。

04 在命令行中输入PL，调用【多段线】命令，绘制分枝上的叶子，结果如图10-154所示。

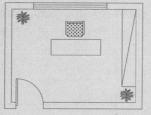 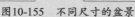

图10-153 绘制分支　　　　　图10-154 绘制叶子

延伸讲解

盆景的大小没有明确的限制，在不同的使用场合，可以使用SC【缩放】命令，改变盆景的大小，如图10-155所示。

图10-155 不同尺寸的盆景

10.4.3 室内装饰画

室内装饰画可以彰显居室的装饰风格以及主人的品位，因此在选择装饰画时应格外注意。
图10-156所示为在不同的场合装饰画的装饰效果。

图10-156 装饰画的装饰效果

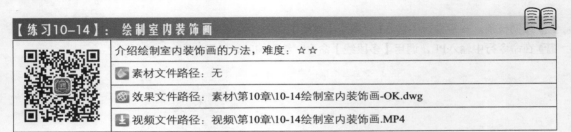

介绍绘制室内装饰画的方法,难度:☆☆

素材文件路径:无

效果文件路径:素材\第10章\10-14绘制室内装饰画-OK.dwg

视频文件路径:视频\第10章\10-14绘制室内装饰画.MP4

下面介绍绘制室内装饰画的操作步骤。

01 绘制画框。调用REC【矩形】命令,绘制尺寸为1127×711的矩形。调用O【偏移】命令,设置偏移距离分别为16、12、23、12,向内偏移矩形,结果如图10-157所示。

02 绘制画布。在命令行中输入O,调用【偏移】命令,设置偏移距离为69,向内偏移矩形,结果如图10-158所示。

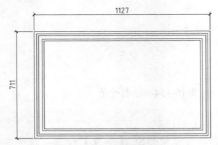

图10-157 绘制矩形

图10-158 偏移矩形

03 调用X【分解】命令,分解矩形。调用O【偏移】命令,偏移矩形边,结果如图10-159所示。

04 调用L【直线】命令,绘制直线。调用C【圆】命令,绘制半径为107的圆形,结果如图10-160所示。

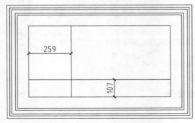

图10-159 偏移矩形边

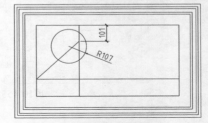

图10-160 绘制圆形

05 调用O【偏移】命令,偏移矩形边。调用TR【修剪】命令,修剪矩形边,结果如图10-161所示。

06 调用A【圆弧】命令,绘制圆弧。调用TR【修剪】命令,修剪线段,结果如图10-162所示。

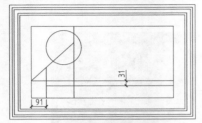

图10-161 修剪矩形边

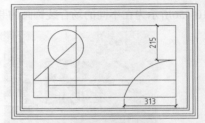

图10-162 修剪图形

07 在命令行中输入REC,调用【矩形】命令,分别绘制尺寸为150×146、229×211的矩形,结果如图10-163所示。

08 在命令行中输入C,调用【圆】命令,绘制半径为28的圆形,结果如图10-164所示。

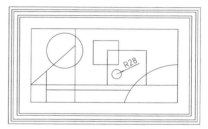

图10-163　绘制矩形　　　　　　　　　　图10-164　绘制圆形

09 填充地砖图案。在命令行中输入H，调用【图案填充】命令，再在命令行中输入T，选择【设置】选项，弹出【图案填充和渐变色】对话框，选择图案，设置填充的角度为90°，填充比例为2，如图10-165所示。

10 在该对话框中单击【添加:拾取点】按钮，在绘图区域单击鼠标左键，拾取填充区域，按Enter键返回对话框，单击【确定】按钮，关闭对话框，填充结果如图10-166所示。

图10-165　设置参数　　　　　　　　　　图10-166　填充图案

11 填充地砖图案。在命令行中输入H，调用【图案填充】命令，再在命令行中输入T，选择【设置】选项，弹出【图案填充和渐变色】对话框，选择图案，设置填充的比例为0.2，如图10-167所示。

12 在该对话框中单击【添加:拾取点】按钮，在绘图区域单击鼠标左键，拾取填充区域，按Enter键返回对话框，单击【确定】按钮，关闭对话框，填充结果如图10-168所示。

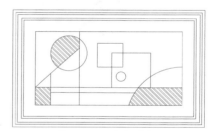

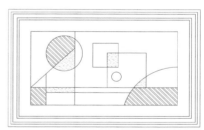

图10-167　设置参数　　　　　　　　　　图10-168　填充图案

10.5 绘制电气图例

在绘制电气图和冷热水管走向图的时候，需要用到各种电气图例，例如开关、灯具、插座等。在本节中介绍各类电气图例的绘制方法。

10.5.1 三联单控开关

三联单控开关的含义如下。

（1）装在一处。有3个控制开关，如果顶面的吸顶灯有12个灯泡，按第一个开关4个灯泡亮，按第二个开关8个灯泡亮，按第三个开关12个灯泡都亮，等等。

（2）装在三处。分别在三处装有3个开关，这3个开关都可以对同一个光源进行控制。

图10-169所示为常见的三联单控开关。

图10-169　　三联单控开关

【练习10-15】：绘制三联单控开关

介绍绘制三联单控开关的方法，难度：☆
📄 素材文件路径：无
⊛ 效果文件路径：素材\第10章\10-15绘制三联单控开关-OK.dwg
⬇ 视频文件路径：视频\第10章\10-15绘制三联单控开关.MP4

下面介绍绘制三联单控开关的操作步骤。

`01` 调用C【圆】命令、L【直线】命令和O【偏移】命令，绘制如图10-170所示的图形。

`02` 在命令行中输入RO，调用【旋转】命令，设置旋转角度为–30°，对短直线执行旋转操作，绘制的三联单控开关如图10-171所示。

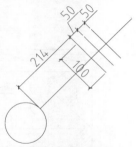

图10-170　绘制图形　　　　　　　图10-171　三联单控开关

10.5.2　双极开关

双极开关就是两个翘板的开关，也叫双刀开关。双极开关控制两个支路，是对应单极（单刀）开关来说的。对于照明电路来说，双极开关可以同时切断火线和零线，在使用中更安全。

图10-172所示为双极开关接线图。

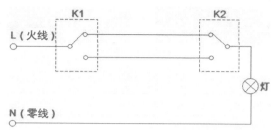

图10-172　双极开关接线图

【练习10-16】：　绘制双极开关

介绍绘制双极开关的方法，难度：☆	
素材文件路径：无	
效果文件路径：素材\第10章\10-16绘制双极开关-OK.dwg	
视频文件路径：视频\第10章\10-16绘制双极开关.MP4	

下面介绍绘制双极开关的操作步骤。

01 调用C【圆】命令，绘制半径为100的圆形。调用PL【多段线】命令，绘制多段线，结果如图10-173所示。

02 在命令行中输入TR，调用【修剪】命令，修剪线段，结果如图10-174所示。

03 沿用上述操作，继续绘制双控单极开关，结果如图10-175所示。

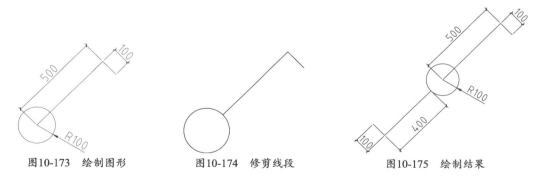

图10-173　绘制图形　　　　图10-174　修剪线段　　　　图10-175　绘制结果

10.5.3　吊灯

吊灯是指吊装在室内天花板上的高级装饰用照明灯。吊灯不能吊得太矮，以避免阻碍人正常的视线或令人觉得刺眼。

图10-176所示为常见的吊灯。

图10-176　吊灯

【练习10-17】：　绘制吊灯

介绍绘制吊灯的方法，难度：☆ ☆

素材文件路径：无

效果文件路径：素材\第10章\10-16绘制吊灯-OK.dwg

视频文件路径：视频\第10章\10-16绘制吊灯.MP4

　　下面介绍绘制吊灯的操作步骤。

01 在命令行中输入C，调用【圆】命令，分别绘制半径为199、266、362的圆形，结果如图10-177所示。

02 在命令行中输入L，调用【直线】命令，过圆心绘制直线，结果如图10-178所示。

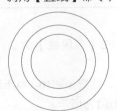

图10-177　绘制圆形　　　　　　图10-178　绘制线段

03 在命令行中输入E，调用【删除】命令，删除半径为362的圆形，结果如图10-179所示。

04 在命令行中输入RO，调用【旋转】命令，设置旋转角度为45°，对上一步骤所绘制的直线执行旋转复制操作，结果如图10-180所示。

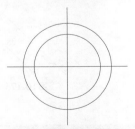

图10-179　删除圆形　　　　　　图10-180　旋转效果

05 在命令行中输入C，调用【圆】命令，绘制半径为62的圆形，结果如图10-181所示。

06 在命令行中输入AR，调用【阵列】命令，阵列复制圆形，命令行操作如下。

命令：ARRAY↙　　　　　　　　　　　//调用【阵列】命令
选择对象：找到1个　　　　　　　　　//选择半径为62的圆形

```
选择对象:输入阵列类型[矩形(R)/路径(PA)/极轴(PO)]<路径>:PO↙
                                        //输入PO,选择【极轴(PO)】选项
类型=极轴　关联=是
指定阵列的中心点或[基点(B)/旋转轴(A)]://单击直线的交点
选择夹点以编辑阵列或[关联(AS)/基点(B)/项目(I)/项目间角度(A)/填充角度(F)/行(ROW)/层(L)/
旋转项目(ROT)/退出(X)] <退出>:I↙            //输入I,选择【项目(I)】选项
输入阵列中的项目数或[表达式(E)]<6>:8↙
选择夹点以编辑阵列或[关联(AS)/基点(B)/项目(I)/项目间角度(A)/填充角度(F)/行(ROW)/层(L)/
旋转项目(ROT)/退出(X)]<退出>:*取消*            //按Esc键退出绘制,阵列结果如图10-182所示
```

图10-181　绘制圆形　　　　　图10-182　阵列圆形

10.5.4　吸顶灯

吸顶灯安装在房间内部,由于灯具上部较平,紧靠屋顶安装,像是吸附在屋顶上,所以称为吸顶灯。光源有普通白灯泡、荧光灯、高强度气体放电灯、卤钨灯等。

图10-183所示为常见的吸顶灯。

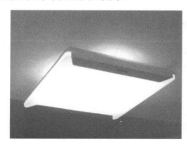 

图10-183　吸顶灯

【练习10-18】：绘制吸顶灯　

| 介绍绘制吸顶灯的方法,难度:☆ |
| 素材文件路径:无 |
| 效果文件路径:素材\第10章\10-17绘制吸顶灯-OK.dwg |
| 视频文件路径:视频\第10章\10-17绘制吸顶灯.MP4 |

下面介绍绘制吸顶灯的操作步骤。

01 调用C【圆】命令,分别绘制半径为371、215、129的圆形。调用L【直线】命令,过圆心绘制直线,结果如图10-184所示。

02 在命令行中输入E,调用【删除】命令,删除半径为371的圆形,绘制吸顶灯的结果如图10-185所示。

03 调用RO【旋转】命令，对绘制完成的吸顶灯图形进行45°的旋转，可得到另一样式的吸顶灯图例，结果如图10-186所示。

 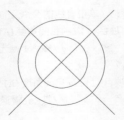 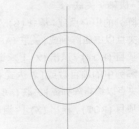

图10-184 绘制图形 图10-185 删除圆形 图10-186 其他样式的吸顶灯图例

10.5.5 电源插座

电源是指为家用电器提供电源接口的电气设备，也是住宅电气设计中使用较多的电气配件，它与人们的生活有着十分密切的关系。电源插座是有插槽或凹洞的母接头，用来让有棒状或铜板状的电源插头插入，以将电力经插头传导到电器。

图10-187所示为常见的电源插座。

 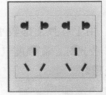

图10-187 电源插座

【练习10-19】: 绘制电源插座

	介绍绘制电源插座的方法，难度：☆
素材文件路径：	无
效果文件路径：	素材\第10章\10-18绘制电源插座-OK.dwg
视频文件路径：	视频\第10章\10-18绘制电源插座.MP4

下面介绍绘制电源插座的操作步骤。

01 调用C【圆】命令，绘制圆形。调用L【直线】命令，绘制直线，结果如图10-188所示。

02 调用TR【修剪】命令、E【删除】命令，修剪圆形并删除直线，结果如图10-189所示。

03 在命令行中输入L，调用【直线】命令，绘制直线，绘制的电源插座图例如图10-190所示。

 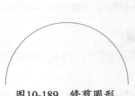 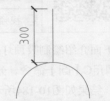

图10-188 绘制图形 图10-189 修剪圆形 图10-190 电源插座图例

10.5.6　信息插座

信息插座一般安装在墙面上，也有桌面型和地面型的，主要是为了方便计算机等设备的移动，并保持整体布线的美观。

图10-191所示为常见的信息插座。

图10-191　信息插座

【练习10-20】：　绘制信息插座

	介绍绘制信息插座的方法，难度：☆
素材文件路径：	无
效果文件路径：	素材\第10章\10-19绘制信息插座-OK.dwg
视频文件路径：	视频\第10章\10-19绘制信息插座.MP4

下面介绍绘制信息插座的操作步骤。

01 在命令行中输入REC，调用【矩形】命令，绘制矩形，如图10-192所示。

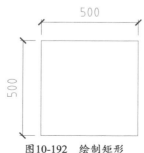

图10-192　绘制矩形

02 在命令行中输入L，调用【直线】命令，绘制直线，如图10-193所示。

03 在命令行中输入MT，调用【多行文字】命令，在矩形内绘制文字标注，绘制的信息插座图例如图10-194所示。

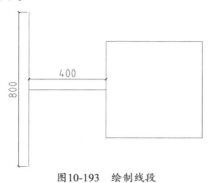

图10-193　绘制线段

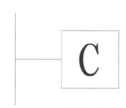

图10-194　信息插座图例

10.6 思考与练习

（1）绘制组合沙发立面图。调用L【直线】、O【偏移】、TR【修剪】、F【圆角】等绘制命令或编辑命令，绘制如图10-195所示的立面图。

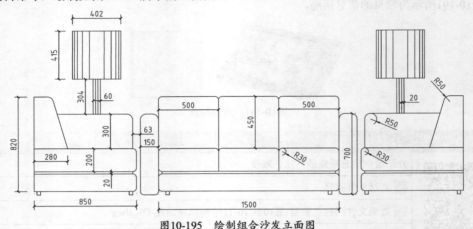

图10-195 绘制组合沙发立面图

（2）绘制洗衣机立面图。调用REC【矩形】、C【圆】、L【直线】等绘制或编辑命令，绘制如图10-196所示的立面图。

（3）绘制坐便器立面图。调用L【直线】、A【圆弧】、F【圆角】、TR【修剪】等绘制或编辑命令，绘制如图10-197所示的立面图。

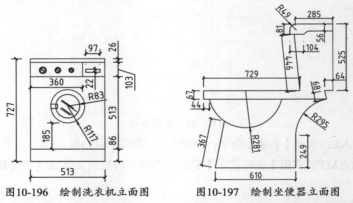

图10-196 绘制洗衣机立面图　　　　　图10-197 绘制坐便器立面图

（4）绘制植物立面图。调用L【直线】、PL【多段线】、H【填充】等绘制或编辑命令，绘制如图10-198所示的立面图。

图10-198 绘制植物立面图

（5）绘制射灯。调用REC【矩形】命令、C【圆】命令和L【直线】命令，绘制射灯图例，如图10-199所示。

（6）绘制三相插座。调用A【圆弧】命令、CO【复制】命令和L【直线】命令，绘制三相插座图例，如图10-200所示。

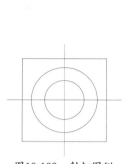

图10-199　射灯图例　　　　　图10-200　三相插座图例

住宅室内设计是为满足人们生活的要求而有意识地营造理想化、舒适化的内部空间。同时，住宅室内设计是建筑设计的有机组成部分，是建筑设计的深化和再创造。

11

第11章
绘制住宅室内平面图

住宅平面图可以表明建筑平面布局、装饰空间及功能区域的划分，表明家具的布置、绿化及陈设的摆放等，是定义平面空间装饰尺度的主要依据。本章通过一套四室二厅的户型，讲解住宅平面设计的相关知识以及绘制住宅平面图的方法。

11.1 住宅室内平面设计概述

住宅平面图是根据一定的投影原理及设计理念形成的，其表达、识读、画法都有一定的规定。本节介绍住宅平面图的形成、表达与识读等方面的知识。

11.1.1 室内平面图的形成与表达

室内平面图是假想用一个水平剖切平面，沿着建筑物每层的门窗洞口位置进行水平的剖切，移去剖切线以上的部分，对剖切线以下的部分所做的水平正投影图，又称为建筑平面图。

剖切线的位置应选择在每层门窗洞口的高度范围内，剖切的位置如果没有特别的需要，可以不在立面设计图中标明。

建筑平面图与平面布置图一样，都是一种水平剖面图，习惯上都称为平面布置图，常用1：100的比例绘制。

被剖切到的墙、柱轮廓线在平面布置图中用粗实线表示，未被剖切到的图形，比如家具、地面分格、楼梯台阶灯，则使用细实线来表示。

在平面布置图中应标示门的开启方向，开启方向线应使用细实线来表示。

图11-1所示为绘制完成的平面布置图。

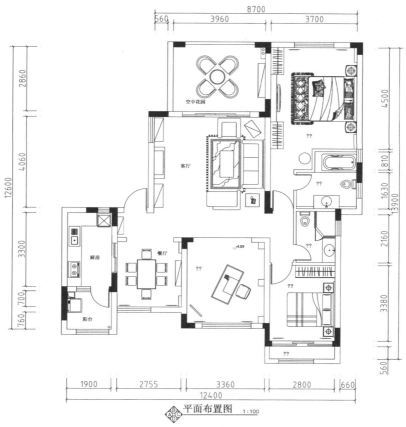

图11-1 平面布置图

11.1.2 室内平面图的识读

现以图11-1所示的四居室平面布置图为例，介绍建筑平面图的识读步骤。

1）浏览平面布置图中各房间的功能布局、图样比例等，了解图中基本内容。从图中可以看到，室内的主要布局：北向为客厅；南向为餐厅、玄关及厨房；左侧为次卧室、卫生间、书房兼客房；右侧为主卧室、主卫及书房。玄关与餐厅相连，房屋中间为水吧休闲区。绘图比例为1∶100。

2）注意各功能区域的平面尺寸、地面标高、家具及陈设布局。客厅是住宅中的主要空间，图11-1中客厅开间为4584mm，进深为5080mm，布置有组合沙发、盆景、电视机、电视柜、空调等，并有台阶与水吧休闲区相连。在平面布局中，家具陈设等都应该按照比例来绘制，不应过大或过小，一般选用细实线来绘制。

3）餐厅与水吧休闲区以玻璃推拉门相隔，与玄关共用一个区域。玄关右边是厨房，餐厅与厨房相连，可以增加使用的便利性。

4）理解平面布置图中的内视符号。在图11-1中水吧休闲区绘制了四面墙的内视符号，表示以该符号为站点，分别以A、B、C、D 4个方向观看所指的墙面，且以该字母命名所指墙面立面图的编号。

11.1.3　室内平面图的图示内容

室内装潢设计平面布置图应包含以下内容。

1）墙体、标准柱及定位轴线、房间布局与名称等。另外，门窗位置及编号、门的样式及开启方向等也要进行标识。

2）室内各区域的地面标高。

3）室内固定家具、活动家具以及基本家用电器的位置。

4）室内装饰、陈设、绿化、美化等的位置及图例符号。

5）室内立面图的内视投影符号，按照顺时针方向从上至下在圆圈中进行编号。

6）房屋的外围尺寸。

7）详图索引符号、图名及必要的设计说明等。

11.1.4　室内平面图的画法

建筑平面图的一般绘制方法如下。

1）绘制定位轴线。

2）绘制墙体、柱子。

3）确定门窗洞口的位置。

4）绘制门窗图形。

5）绘制阳台、台阶灯附属设施。

6）绘制各功能区域布置图。

7）绘制尺寸标注、标高标注、文字标注以及图名标注。

11.2　住宅室内空间设计

住宅室内根据使用功能的不同，可以划分为不同的空间，主要有客厅、餐厅、卧室等。由于每个功能区的功能不同，因而其设计理念也不同。本节介绍住宅室内各空间的设计理念。

11.2.1　客厅的设计

客厅为会客及休闲娱乐的场所，是居室装饰装修的重点，所以客厅的色彩、风格应有一个基调，一般以淡雅色或偏冷色为主。

客厅中的家具和陈设品要协调统一，细节处可摆放一两件出挑一点的小物件，大局强调统一、完整；要体现风格特点，注意搭配要和谐；而风格不同的混搭，则应注重比例和轻重。

图11-2所示为客厅装饰设计的效果。

图11-2　客厅装饰效果

11.2.2　餐厅的设计

　　餐厅是用餐的区域，在设计时首先要考虑它的使用功能。一般餐厅会与厨房毗邻，目前大多数家庭都用封闭式隔断或墙体将餐厅与厨房隔开，以防止油烟气体的挥发。

　　在美式风格装饰中，厨房多为开放式。开放式的厨房不做隔断，与客餐厅连成一体。但是这种设计方法比较适合复式或别墅式房型。因为卧室一般在二楼，不会受到油烟的影响。

　　餐厅的陈设主要是组合餐桌椅，在选择餐桌椅时要和整体居室风格相配。例如，实木餐桌体现自然、稳健；金属透明玻璃充满现代感。

　　图11-3所示为餐厅装饰设计的效果。

图11-3　餐厅装饰效果

11.2.3　厨房的设计

　　厨房的设计要点如下。

　　1）足够的操作空间。厨房兼具烹饪、洗涤等职能，所以各操作职能之间的流线要清晰，不受阻碍，为烹饪、洗涤提供充足的空间。

　　2）要有较大的存储空间。厨房里烹饪、洗涤用具很多，所以需要有丰富的储存空间。家庭厨房多采用组合式吊柜、吊架，组合橱柜经常使用下面部分来储存较重、较大的瓶、罐、米等物品；操作台前可设置能伸缩的存放油、酱料、糖等调味品及餐具的柜、架等。另外，煤气灶、水槽下方都是可利用的储物空间。

　　3）要有充分的活动空间。应将炉灶、冰箱和洗涤池组成一个三角形，洗涤槽和炉灶间的距离调整为1.22～1.83m较为合理。

　　与厅、室相连的敞开式厨房要搞好间隔，可用吊柜、立柜制作隔断，也可安装玻璃推拉门，尽量使油烟不渗入厅、室。

　　吊柜下、工作台上面的照明最好用日光灯，就餐时照明则使用明亮的白炽灯。颜色在厨房中的应用也是很重要的，淡白色或白色的瓷砖墙面，有利于清除污垢。

　　图11-4所示为厨房装饰设计的效果。

图11-4　厨房装饰效果

11.2.4　卫生间的设计

　　卫生间的装饰设计要讲究实用，并考虑卫生用具和整体装饰效果的协调性。在卫生间内可安装取暖、照明、排气三合一的浴霸，既可以节约成本，又可以减少顶面空间的占用。

　　墙面和地面可以铺贴瓷砖，可采用白色、浅绿色等色彩。有时也可将卫生洁具作为主色调，与墙面、地面形成对比，可以使卫生间呈现立体感。而卫生洁具的选择应从整体上考虑，尽量与整体布置相协调。

顶面可以制作防水吊顶，现在大多数居室选择制作铝扣板吊顶，因其具有经济实惠、易清洗等优点。

地漏安装于卫生间的地面上，用以排除地面污水或积水，并防止垃圾流入管子，堵塞管道。地漏的表面采用花格式漏孔板与地面平齐，中间还可有一活络孔盖；取出活络孔盖，可插入洗衣机的排水管。

图11-5所示为卫生间装饰设计的效果。

图11-5　卫生间装饰效果

11.2.5　卧室的设计

卧室内的颜色应柔和，比如米灰、淡蓝；有利于营造温和、闲适、愉悦、宁静的氛围，从而保证睡眠质量。而橘红、草绿等过于亮丽的颜色，属于兴奋型的颜色，不适合在卧室里使用。

卧室应保证其私密性，所选用的窗帘应厚实、颜色较深、遮光性强。床头灯最好配有调光的开关。如果居室内的空间允许，可以另外制作衣帽间存放衣物；而卧室内仅置放轻便的矮橱，以存储常用的物品。

另外，卧室内电视机的尺寸要根据房间的大小来选用，不应过大。

图11-6所示为卧室装饰设计的效果。

图11-6　卧室装饰效果

11.3　绘制户型平面图

本节以住宅平面布置图为例，介绍绘制户型平面图的操作方法，主要内容包括轴网、墙体、门窗以及附属设施等图形的绘制。

11.3.1　轴网与墙体

轴网为绘制墙体提供定位功能，所以在绘制平面图之前，首先应绘制轴网，以为后续的绘图工作打下基础。

墙体是主要的建筑构件，用于明确划分居室的开间和进深。在轴网的基础上绘制墙体，可以准确定位，保证墙体位置的准确性。

【练习11-1】：　绘制轴网和墙体

	介绍绘制轴网和墙体的方法，难度：☆☆
	📁 素材文件路径：无
	🖼 效果文件路径：素材\第11章\11-1绘制轴网和墙体.dwg
	⬇ 视频文件路径：视频\第11章\11-1绘制轴网和墙体.MP4

下面介绍绘制轴网和墙体的操作步骤。

01 在命令行中输入L，调用【直线】命令，分别绘制垂直直线和水平直线，结果如图11-7所示。

02 在命令行中输入O，调用【偏移】命令，偏移直线，结果如图11-8所示。

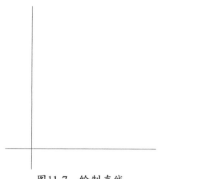

图11-7 绘制直线

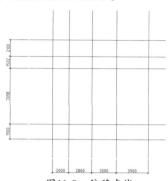

图11-8 偏移直线

03 在命令行中输入O，调用【偏移】命令，设置偏移距离为100，选择轴线，分别向左右两侧偏移，结果如图11-9所示。

04 在命令行中输入E，调用【删除】命令，删除位于中间的轴线，结果如图11-10所示。

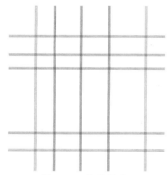

图11-9 偏移轴线

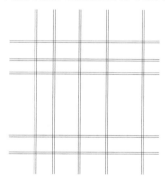

图11-10 删除轴线

05 调用TR【修剪】命令，修剪轴线。调用L【直线】命令，绘制直线，绘制墙体的结果如图11-11所示。（注：墙体的宽度均为200。）

06 修剪墙体。调用L【直线】命令，绘制墙线。调用TR【修剪】命令，修剪墙线，结果如图11-12所示。

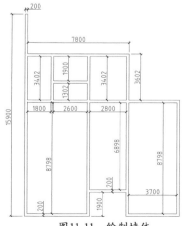

图11-11 绘制墙体

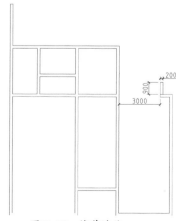

图11-12 修剪墙体

07 绘制隔墙。调用O【偏移】命令和TR【修剪】命令，偏移并修剪墙线，结果如图11-13所示。

08 绘制多边形房间墙体。调用L【直线】命令，绘制直线。调用O【偏移】命令，偏移直线，绘制结果如图11-14所示。

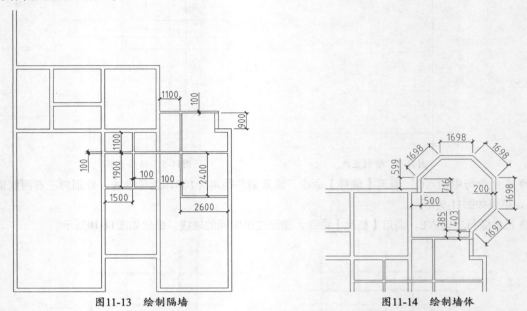

图11-13　绘制隔墙　　　　　　　　　　　　　　　图11-14　绘制墙体

09 调用L【直线】命令、O【偏移】命令和TR【修剪】命令，对墙线进行编辑修改，结果如图11-15所示。

10 绘制承重墙。调用L【直线】命令，绘制直线。调用O【偏移】命令，偏移直线，绘制结果如图11-16所示。

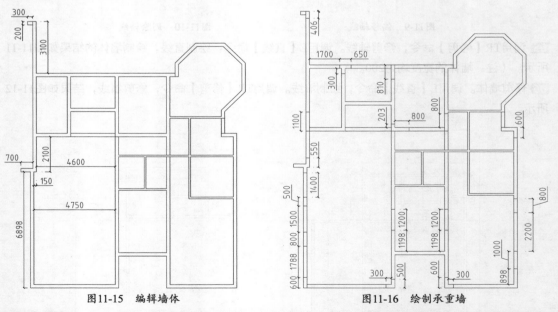

图11-15　编辑墙体　　　　　　　　　　　　　　　图11-16　绘制承重墙

11 填充图案。在命令行中输入H，调用【图案填充】命令，再在命令行中输入T，选择【设置】

选项，弹出【图案填充和渐变色】对话框，设置填充参数，如图11-17所示。

12 在该对话框中单击【添加：拾取点】按钮，在绘图区域内单击鼠标左键，拾取填充区域，按Enter键返回对话框，单击【确定】按钮，关闭对话框，完成填充的操作，结果如图11-18所示。

图11-17　设置参数

图11-18　填充图案

11.3.2　门窗

门窗兼具通风和采光的功能，是主要的建筑构件之一。在绘制门窗图形之前应先确定门窗洞的位置，再绘制居室的门窗。

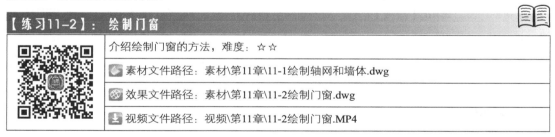

【练习11-2】：绘制门窗	
	介绍绘制门窗的方法，难度：☆☆
	素材文件路径：素材\第11章\11-1绘制轴网和墙体.dwg
	效果文件路径：素材\第11章\11-2绘制门窗.dwg
	视频文件路径：视频\第11章\11-2绘制门窗.MP4

下面介绍绘制门窗的操作步骤。

01 绘制门窗洞口。调用L【直线】命令，绘制直线。调用TR【修剪】命令，修剪墙线，结果如图11-19所示。

02 绘制入户子母门。在命令行中输入REC，调用【矩形】命令，分别绘制尺寸为850×50、350×50的矩形，结果如图11-20所示。

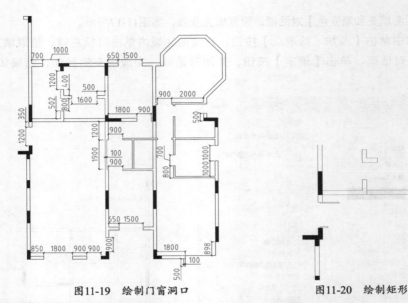

图11-19　绘制门窗洞口　　　　　　　　图11-20　绘制矩形

03 在命令行中输入A，调用【圆弧】命令，绘制圆弧，结果如图11-21所示。

04 绘制推拉门。调用REC【矩形】命令，分别绘制尺寸为850×50、750×50的矩形。调用L【直线】命令，绘制直线，结果如图11-22所示。

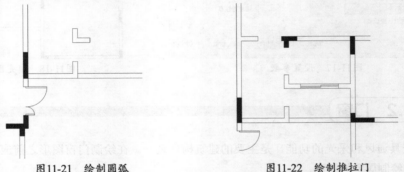

图11-21　绘制圆弧　　　　　　　　图11-22　绘制推拉门

05 绘制平开窗。调用L【直线】命令，绘制直线。调用O【偏移】命令，偏移直线，结果如图11-23所示。

06 绘制飘窗。调用PL【多段线】命令，绘制多段线。调用O【偏移】命令，偏移多段线，结果如图11-24所示。

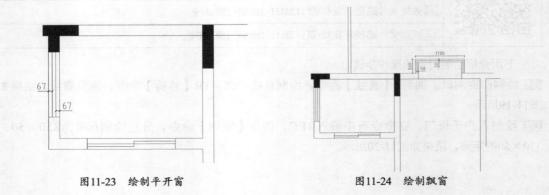

图11-23　绘制平开窗　　　　　　　　图11-24　绘制飘窗

07 绘制扶手。调用O【偏移】命令和TR【修剪】命令，偏移并修剪线段，结果如图11-25所示。

08 重复操作，继续绘制门窗图形，结果如图11-26所示。

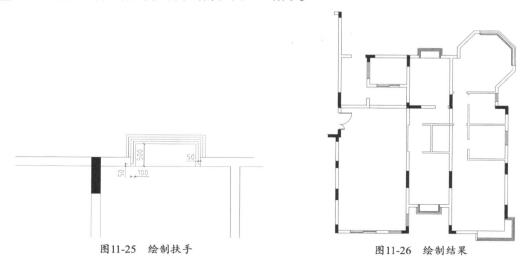

图11-25　绘制扶手　　　　　　　　　图11-26　绘制结果

11.3.3　阳台

阳台拓展了居室的室内空间，属于居室的建筑面积的范围之一。阳台可以提供休闲娱乐、眺望等功能，对阳台进行合理的规划设计，可以提升阳台的使用功能。

【练习11-3】：绘制阳台

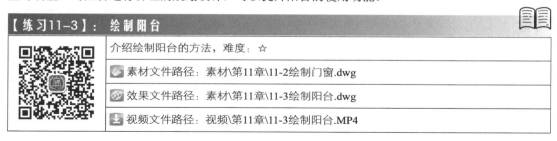

	介绍绘制阳台的方法，难度：☆
素材文件路径：	素材\第11章\11-2绘制门窗.dwg
效果文件路径：	素材\第11章\11-3绘制阳台.dwg
视频文件路径：	视频\第11章\11-3绘制阳台.MP4

下面介绍绘制阳台的操作步骤。

01 绘制直线。调用L【直线】命令，绘制直线。调用O【偏移】命令，偏移直线，结果如图11-27所示。

02 绘制阳台和天台轮廓。调用PL【多段线】命令，绘制多段线。调用O【偏移】命令，偏移多段线，结果如图11-28所示。

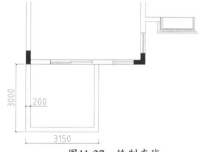

图11-27　绘制直线　　　　　　　　　图11-28　绘制轮廓线

03 划分阳台与天台区域。调用L【直线】命令，绘制直线。调用O【偏移】命令，偏移直线，结果如图11-29所示。

04 在命令行中输入PL，调用【多段线】命令，绘制折断线，结果如图11-30所示。

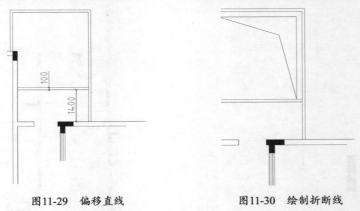

图11-29 偏移直线　　　　　　　　图11-30 绘制折断线

11.3.4 附属设施

　　附属设施包括飘窗、空调位、楼梯踏步等。附属设施可以延伸房屋的功能，是完善房屋使用功能不可或缺的。改造飘窗后，可以增大房间的使用面积。空调位用来放置空调的外机等。

【练习11-4】: 绘制附属设施	
	介绍绘制附属设施的方法，难度：☆☆
	📁 素材文件路径：素材\第11章\11-3绘制阳台.dwg
	⚙️ 效果文件路径：素材\第11章\11-4绘制附属设施.dwg
	⬇️ 视频文件路径：视频\第11章\11-4绘制附属设施.MP4

　　下面介绍绘制附属设施的操作步骤。

01 绘制主卧室飘窗外沿设施。调用PL【多段线】命令，绘制多段线。调用O【偏移】命令，偏移多段线，结果如图11-31所示。

02 绘制空调位。调用PL【多段线】命令和O【偏移】命令，绘制并偏移多段线，结果如图11-32所示。

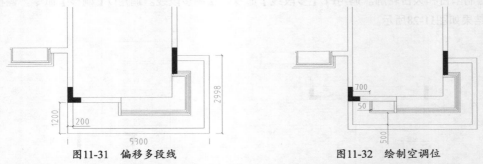

图11-31 偏移多段线　　　　　　　　图11-32 绘制空调位

03 调用L【直线】命令，绘制直线。调用O【偏移】命令，偏移直线，结果如图11-33所示。

04 调用L【直线】命令和O【偏移】命令，绘制并偏移直线。调用PL【多段线】命令，绘制折断线，结果如图11-34所示。

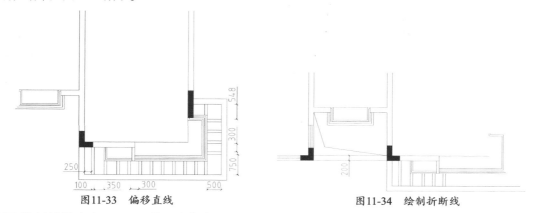

图11-33　偏移直线　　　　　　　　　　　　图11-34　绘制折断线

05 绘制楼梯踏步。调用L【直线】命令，绘制直线。调用O【偏移】命令，偏移直线，结果如图11-35所示。

06 绘制指示箭头。在命令行中输入PL，调用【多段线】命令，命令行操作如下。

```
命令:PLINE↙              //调用【多段线】命令
指定起点:                 //指定多段线的起点
当前线宽为0
指定下一个点或[圆弧(A)/半宽(H)/长度(L)/放弃(U)/宽度(W)]:
                         //向上移动鼠标，单击指定第二点
指定下一点或[圆弧(A)/闭合(C)/半宽(H)/长度(L)/放弃(U)/宽度(W)]:W↙
                         //输入W，选择【宽度】选项
指定起点宽度<0>:50↙
指定端点宽度<50>:0↙       //分别指定起点和端点的宽度
指定下一点或[圆弧(A)/闭合(C)/半宽(H)/长度(L)/放弃(U)/宽度(W)]:
指定下一点或[圆弧(A)/闭合(C)/半宽(H)/长度(L)/放弃(U)/宽度(W)]:
                         //指定箭头的起点和终点，绘制指示箭头的结果如图11-36所示
```

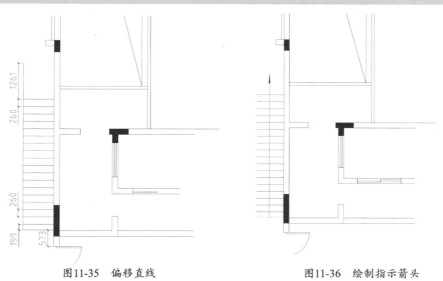

图11-35　偏移直线　　　　　　　　　　　　图11-36　绘制指示箭头

07 尺寸标注。在命令行中输入DLI，调用【线性标注】命令，绘制原始结构图的开间和进深尺寸标注，结果如图11-37所示。

08 图名标注。调用MT【多行文字】命令，指定对角点，划定文字的输入范围，在弹出的文字编辑框中输入图名标注文字。调用L【直线】命令，在图名标注下方绘制下画线，并将其中一条下画线的线宽更改为0.4mm，绘制结果如图11-38所示。

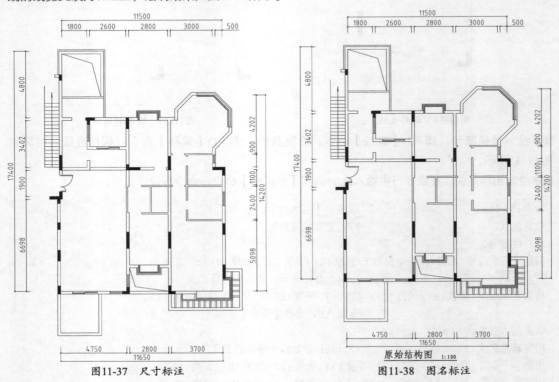

图11-37 尺寸标注   图11-38 图名标注

11.4 住宅室内平面布置图设计

住宅室内各功能区域经过设计改造后，可以更符合人们的使用需求。本节介绍住宅室内平面布置图的绘制方法。

11.4.1 拆改平面图

在对房屋的原始结构进行设计改造时，有时需要对墙体等设施进行拆除重建，以便符合设计要求。拆改平面图就是表示房屋中被拆除的构件与新建造的构件的图示。

原餐厅的墙体除承重墙外，全部进行拆除；厨房的墙体部分拆除。墙体拆除后，可以布置开放式厨房，并与餐厅连在一起，充分利用改造后得到的空间。

客厅新建对称的墙体，方便制作立面造型。主卧衣帽间的墙体往南移动，可以增大过道的空间。

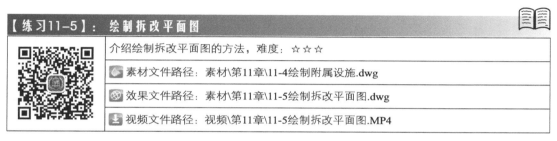

【练习11-5】： 绘制拆改平面图

介绍绘制拆改平面图的方法，难度：☆☆☆

素材文件路径：素材\第11章\11-4绘制附属设施.dwg

效果文件路径：素材\第11章\11-5绘制拆改平面图.dwg

视频文件路径：视频\第11章\11-5绘制拆改平面图.MP4

下面介绍绘制拆改平面图的操作步骤。

01 划分待拆墙体范围。调用O【偏移】命令，偏移墙线。调用TR【修剪】命令，修剪墙线，结果如图11-39所示。

02 将待拆墙体的线型更改为虚线，结果如图11-40所示。

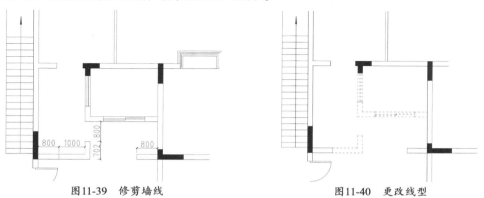

图11-39　修剪墙线　　　　　　　　图11-40　更改线型

03 在命令行中输入H，调用【图案填充】命令，再在命令行中输入T，选择【设置】选项，弹出【图案填充和渐变色】对话框，选择名称为ANSI32的图案，设置填充比例为10，如图11-41所示。

04 拾取待拆墙体，填充图案的结果如图11-42所示。

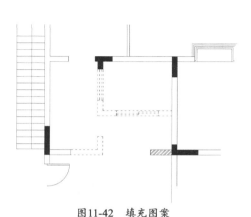

图11-41　设置参数　　　　　　　　图11-42　填充图案

05 绘制拆改平面图。调用L【直线】、O【偏移】、TR【修剪】等命令，绘制拆改平面图，结果如图11-43所示。

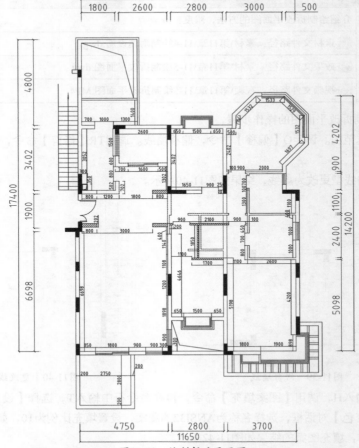

图11-43　绘制拆改平面图

06 绘制图例表。调用REC【矩形】命令，绘制矩形。调用X【分解】命令，分解矩形。调用O【偏移】命令，偏移矩形边，结果如图11-44所示。

07 调用REC【矩形】命令和H【图案填充】命令，绘制图例。调用MT【多行文字】命令，绘制文字标注，结果如图11-45所示。

图11-44　绘制表格

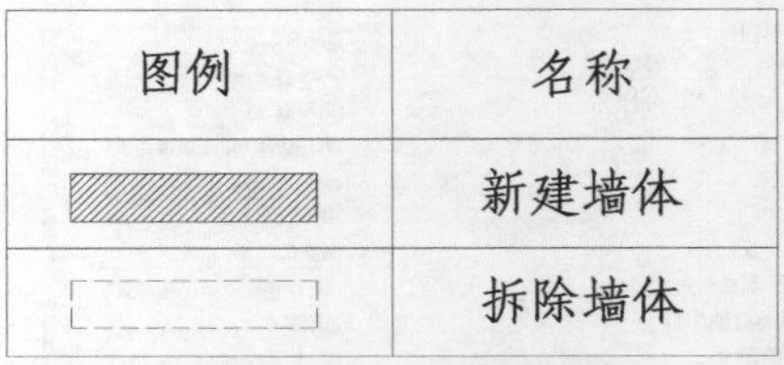

图例	名称
	新建墙体
	拆除墙体

图11-45　绘制标注文字

■ 11.4.2　布置客厅和阳台

　　客厅和阳台通常相邻，所以在对这两个区域进行设计改造时，可以一起考虑两个功能区之间的互补性。客厅需满足会客、娱乐等要求，而阳台则可作为客厅的拓展空间，将会客、休闲娱乐的功能延伸至其中。

	介绍绘制客厅和阳台平面布置图的方法，难度：☆☆
素材文件路径：	素材\第11章\11-5绘制拆改平面图.dwg
效果文件路径：	素材\第11章\11-6绘制客厅和阳台平面布置图.dwg
视频文件路径：	视频\第11章\11-6绘制客厅和阳台平面布置图.MP4

下面介绍绘制客厅和阳台平面布置图的操作步骤。

01 整理图形。在命令行中输入E，调用【删除】命令，删除待拆除的墙体，整理图形的结果如图11-46所示。

02 按Enter键，调用E【删除】命令，删除新建墙体的填充图案，方便绘制平面布置图，结果如图11-47所示。

图11-46 删除墙体

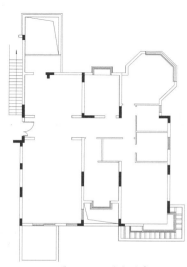

图11-47 删除图案

03 绘制客厅背景墙装饰。在命令行中输入L，调用【直线】命令，绘制直线，结果如图11-48所示。

04 填充背景墙图案。在命令行中输入H，调用【图案填充】命令，再在命令行中输入T，选择【设置】选项，弹出【图案填充和渐变色】对话框，设置填充参数，结果如图11-49所示。

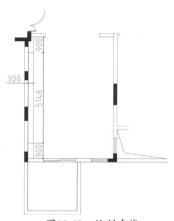

图11-48 绘制直线

图11-49 设置参数

05 在对话框中单击【添加：拾取点】按钮■，拾取填充区域，按Enter键返回对话框，单击【确定】按钮，关闭对话框完成填充操作，结果如图11-50所示。

06 绘制壁炉位。在命令行中输入REC，调用【矩形】命令，绘制矩形，结果如图11-51所示。

07 插入图块。按Ctrl+O组合键，打开本书配备资源中的"素材\第11章\家具图例.dwg"文件，将其中的组合沙发、休闲桌椅、盆景等图例复制粘贴至当前图形中，结果如图11-52所示。

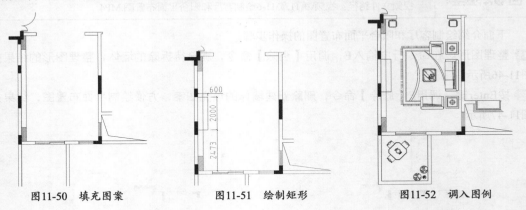

图11-50 填充图案　　　　图11-51 绘制矩形　　　　图11-52 调入图例

11.4.3 布置餐厅和厨房

餐厅和厨房作为功能互补的两个空间，在进行设计改造时，要考虑两个区域间的连贯性。本节中的厨房为开放式，与餐厅相连；在充分利用空间的同时也兼顾了厨房的实用性。

【练习11-7】： 绘制厨房和餐厅平面布置图	
	介绍绘制厨房和餐厅平面布置图的方法，难度：☆☆
	📁 素材文件路径：素材\第11章\11-6绘制客厅和阳台平面布置图.dwg
	⚙ 效果文件路径：素材\第11章\11-7绘制厨房和餐厅平面布置图.dwg
	⬇ 视频文件路径：视频\第11章\11-7绘制厨房和餐厅平面布置图.MP4

下面介绍绘制厨房和餐厅平面布置图的操作步骤。

01 绘制橱柜台面线。在命令行中输入L，调用【直线】命令，绘制直线，结果如图11-53所示。

02 绘制矮柜。调用REC【矩形】命令，绘制矩形。调用O【偏移】命令，偏移墙线，结果如图11-54所示。

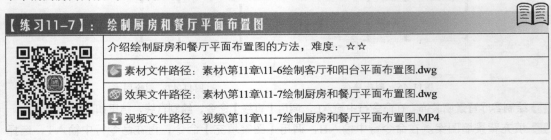
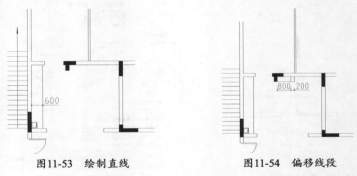

图11-53 绘制直线　　　　　　　　图11-54 偏移线段

03 调用L【直线】命令，绘制对角线。调用H【图案填充】命令，选择ANSI31图案，填充比例为15，如图11-55所示。

04 拾取填充区域，填充图案，结果如图11-56所示。

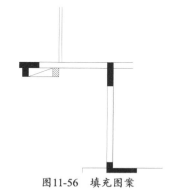

图11-55　设置参数　　　　　图11-56　填充图案

05 绘制餐边柜。调用REC【矩形】命令，绘制矩形。调用L【直线】命令，绘制对角线，结果如图11-57所示。

06 绘制平开门。调用REC【矩形】命令，绘制尺寸为1000×50的矩形。调用A【圆弧】命令，绘制圆弧，结果如图11-58所示。

07 插入图块。按Ctrl+O组合键，打开本书配备资源中的"素材\第11章\家具图例.dwg"文件，将其中的餐桌、厨具等图例复制粘贴至当前的图形中，结果如图11-59所示。

图11-57　绘制餐边柜　　　　图11-58　绘制平开门　　　　图11-59　调入图例

11.4.4　布置书房

　　书房的主要功能为学习或工作，本节中书房的面积较小，因而仅配备了必需的办公桌和书柜。面积较大的书房可以酌情增加其他的使用物品，比如休闲沙发供阅读用，盆栽用于净化空气、美化环境，等等。

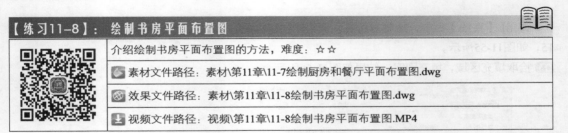

【练习11-8】： 绘制书房平面布置图

介绍绘制书房平面布置图的方法，难度：☆☆

素材文件路径：素材\第11章\11-7绘制厨房和餐厅平面布置图.dwg

效果文件路径：素材\第11章\11-8绘制书房平面布置图.dwg

视频文件路径：视频\第11章\11-8绘制书房平面布置图.MP4

下面介绍绘制书房平面布置图的操作步骤。

01 绘制书柜。调用O【偏移】命令，偏移墙线。调用L【直线】命令，绘制对角线，结果如图11-60所示。

02 填充图案。在命令行中输入H，调用【图案填充】命令，再在命令行中输入T，选择【设置】选项，弹出【图案填充和渐变色】对话框，设置填充参数，如图11-61所示。

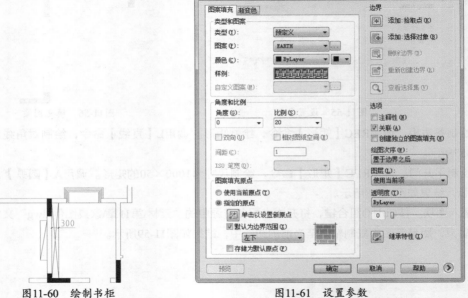

图11-60　绘制书柜　　　　　　　　　　图11-61　设置参数

03 在对话框中单击【添加：拾取点】按钮，拾取填充区域，按Enter键返回对话框，单击【确定】按钮，关闭对话框，完成填充操作，结果如图11-62所示。

04 绘制平开门。调用REC【矩形】命令，绘制尺寸为900×50的矩形。调用A【圆弧】命令，绘制圆弧，结果如图11-63所示。

05 插入图块。按Ctrl+O组合键，打开本书配备资源中的"素材\第11章\家具图例.dwg"文件，将其中的书桌图例复制粘贴至当前图形中，结果如图11-64所示。

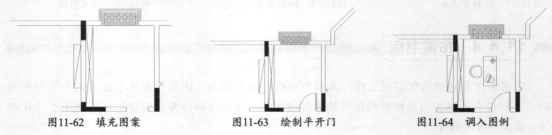

图11-62　填充图案　　　　　　图11-63　绘制平开门　　　　　　图11-64　调入图例

11.4.5 布置主卫

主卫的使用者通常为两个人，所以应考虑到两个人需要同时使用的情况。本节中主卫的面积较大，因此可以同时设置淋浴器和浴缸，以满足不同的使用需求。两个洗脸盆是为了避免需要同时使用时起冲突。

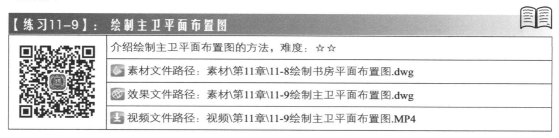

【练习11-9】： **绘制主卫平面布置图**	
介绍绘制主卫平面布置图的方法，难度：☆☆	
素材文件路径：素材\第11章\11-8绘制书房平面布置图.dwg	
效果文件路径：素材\第11章\11-9绘制主卫平面布置图.dwg	
视频文件路径：视频\第11章\11-9绘制主卫平面布置图.MP4	

下面介绍绘制主卫平面布置图的操作步骤。

01 绘制淋浴间。调用O【偏移】命令，偏移墙线。调用TR【修剪】命令，修剪墙线，结果如图11-65所示。

02 填充图案。在命令行中输入H，调用【图案填充】命令，再在命令行中输入T，选择【设置】选项，弹出【图案填充和渐变色】对话框，设置填充参数，如图11-66所示。

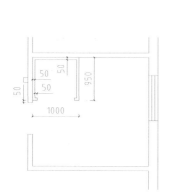

图11-65 修剪墙线

图11-66 设置参数

03 在对话框中单击【添加：拾取点】按钮，拾取填充区域，按Enter键返回对话框，单击【确定】按钮，关闭对话框。填充图案的结果如图11-67所示。

04 绘制木桶洗浴区和洗手台。调用L【直线】命令，绘制直线。调用REC【矩形】命令，绘制矩形，结果如图11-68所示。

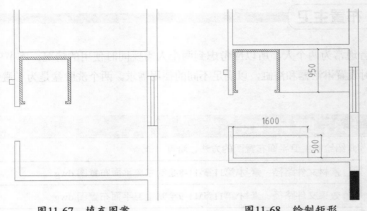

图11-67 填充图案　　　　　　　　图11-68 绘制矩形

05 绘制平开门。调用REC【矩形】命令，绘制尺寸为700×50的矩形。调用A【圆弧】命令，绘制圆弧，结果如图11-69所示。

06 插入图块。按Ctrl+O组合键，打开本书配备资源中的"素材\第11章\家具图例.dwg"文件，将其中的洁具图例复制粘贴至当前图形中，结果如图11-70所示。

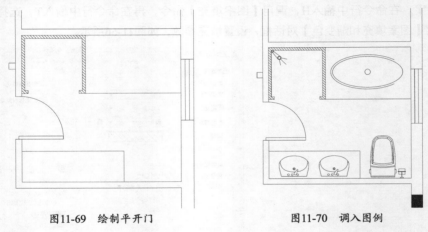

图11-69 绘制平开门　　　　　　　　图11-70 调入图例

11.4.6　布置主卧

卧室的主要功能为休息，但是随着现代生活节奏的加快，卧室的功能也得到延伸。视听、阅读等行为也开始在卧室中完成。因此，卧室的设计理念也需要进行必要的更改，以满足这些要求。因为主卧较大，所以可以兼具视听、学习、阅读等功能。

【练习11-10】：　绘制主卧室平面布置图

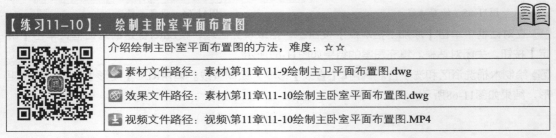

	介绍绘制主卧室平面布置图的方法，难度：☆☆
	素材文件路径：素材\第11章\11-9绘制主卫平面布置图.dwg
	效果文件路径：素材\第11章\11-10绘制主卧室平面布置图.dwg
	视频文件路径：视频\第11章\11-10绘制主卧室平面布置图.MP4

下面介绍绘制主卧室平面布置图的操作步骤。

01 绘制电视柜、书桌。调用REC【矩形】命令，绘制尺寸为1800×300的矩形作为电视柜，绘制尺寸为1200×450的矩形作为书桌，结果如图11-71所示。

02 填充图案。在命令行中输入H，调用【图案填充】命令，再在命令行中输入T，选择【设置】选项，弹出【图案填充和渐变色】对话框，选择名称为EARTH的图案，设置填充比例为20，如图11-72所示。

图11-71　绘制矩形

图11-72　设置参数

03 填充图案的结果如图11-73所示。

04 绘制平开门。调用REC【矩形】命令，绘制尺寸为900×50的矩形。调用A【圆弧】命令，绘制圆弧，结果如图11-74所示。

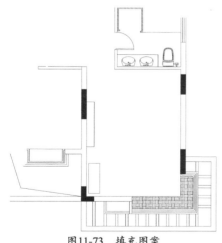

图11-73　填充图案

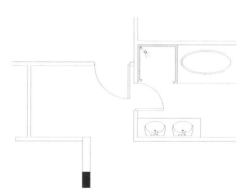

图11-74　绘制平开门

05 绘制衣柜。调用REC【矩形】命令，绘制矩形。调用L【直线】命令，绘制直线，结果如图11-75所示。

06 插入图块。按Ctrl+O组合键，打开本书配备资源中的"素材\第11章\家具图例.dwg"文件，将其中的双人床、电视机等图例复制粘贴至当前图形中，结果如图11-76所示。

[01] 绘制床位。调用REC【矩形】命令、PLINE【多段线】命令绘制床板，并调用C【复制】命令、M【移动】命令将其移动至合适位置，绘制1200×450的床头柜，绘制结果如图11-75所示。

[02] 调入图例。按Ctrl+O快捷键调用【打开】对话框，打开配套资源提供的素材。选择【复制】与【粘贴】命令，将图例粘贴至当前图形中，重命名为HARTH图层，绘制结果如图11-76所示。

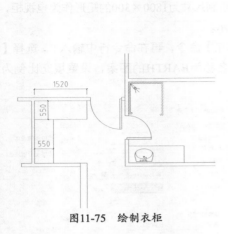
图11-75　绘制衣柜

图11-76　调入图例

11.4.7　尺寸标注和文字标注

为平面图绘制尺寸标注，表明开间、进深尺寸是必需的，这有助于读图和施工。文字标注则可以弥补尺寸标注的不足，为图纸做进一步的设计说明。

【练习11-11】：绘制尺寸标注与文字标注

介绍绘制尺寸标注与文字标注的方法，难度：☆☆
素材文件路径：素材\第11章\11-10绘制主卧室平面布置图.dwg
效果文件路径：素材\第11章\11-11绘制尺寸标注与文字标注.dwg
视频文件路径：视频\第11章\11-11绘制尺寸标注与文字标注.MP4

下面介绍绘制尺寸标注与文字标注的操作步骤。

[01] 沿用上述的绘制方法，继续绘制其他区域的平面布置图，绘制结果如图11-77所示。

[02] 绘制文字标注。在命令行中输入MT，调用【多行文字】命令，绘制文字标注，如图11-78所示。

图11-77　绘制结果

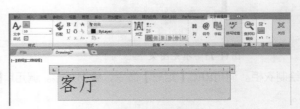
图11-78　输入文字

[03] 绘制文字标注的结果如图11-79所示。

04 重复操作，继续为其他区域添加文字标注，结果如图11-80所示。

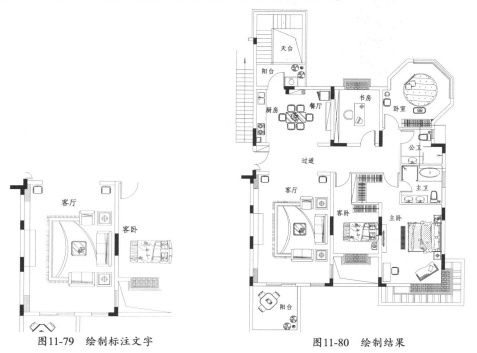

图11-79 绘制标注文字

图11-80 绘制结果

05 绘制尺寸标注。在命令行中输入DLI，调用【线性标注】命令，为平面布置图绘制尺寸标注，结果如图11-81所示。

06 图名标注。调用MT【多行文字】命令，绘制图名标注。调用L【直线】命令，在文字标注下方绘制下画线，并将其中一条下画线的线宽更改为0.4mm，绘制结果如图11-82所示。

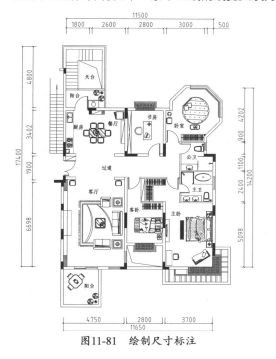

图11-81 绘制尺寸标注

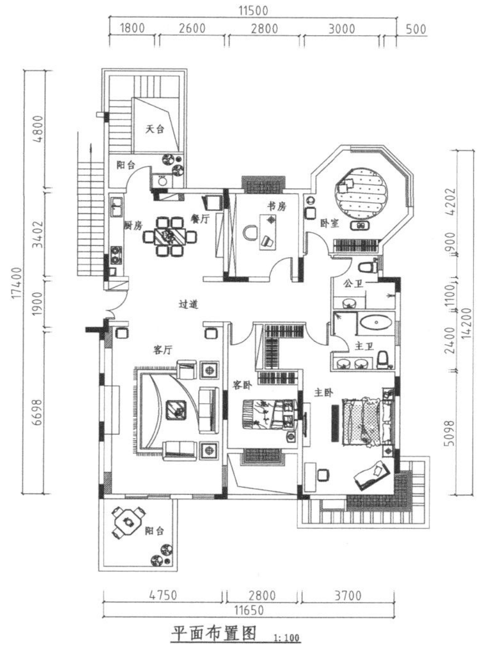

图11-82 绘制图名标注

11.5 地面布置图

地面布置图可以表明室内各区域地面制作的使用材料、铺贴工艺等，成为室内装修设计图纸中不可缺少的一项。本节中地面布置所用到的材料主要有木地板、地毯、石材等，应根据不同区域的不同使用功能来选择相应的材料及制作方法。

【练习11-12】: 绘制地面布置图

	介绍绘制地面布置图的方法，难度：☆☆☆
	素材文件路径：素材\第11章\11-11绘制尺寸标注与文字标注.dwg
	效果文件路径：素材\第11章\11-12绘制地面布置图.dwg
	视频文件路径：视频\第11章\11-12绘制地面布置图.MP4

下面介绍绘制地面布置图的操作步骤。

01 整理图形。调用CO【复制】命令，创建平面布置图副本。调用E【删除】命令，删除多余的图形，结果如图11-83所示。

02 在命令行中输入L，调用【直线】命令，在门洞位置绘制门槛线，结果如图11-84所示。

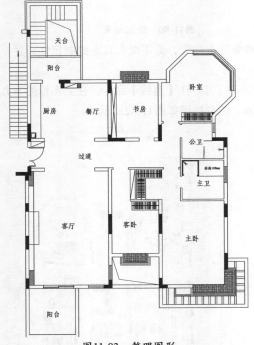

图11-83 整理图形

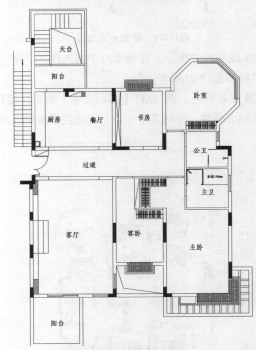

图11-84 绘制门槛线

03 填充客餐厅地面图案。在命令行中输入H，调用【图案填充】命令，再在命令行中输入T，选择【设置】选项，弹出【图案填充和渐变色】对话框，设置填充参数，如图11-85所示。

04 在该对话框中单击【添加：拾取点】按钮图，拾取填充区域，按Enter键返回对话框，单击【确定】按钮，关闭对话框，填充结果如图11-86所示。

图11-85　设置参数

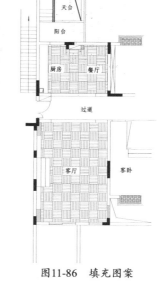

图11-86　填充图案

05 填充卧房地面图案。调用H【图案填充】命令，再在命令行中输入T，选择【设置】选项，弹出【图案填充和渐变色】对话框，设置填充参数，如图11-87所示。

06 在该对话框中单击【添加：拾取点】按钮，拾取填充区域，按Enter键返回对话框，单击【确定】按钮，关闭对话框，填充结果如图11-88所示。

图11-87　设置参数

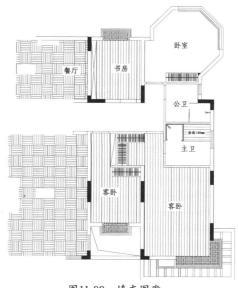

图11-88　填充图案

07 填充主卫地面图案。调出【图案填充和渐变色】对话框，更改【角度】为0，填充图案的结果如图11-89所示。

08 填充阳台、公共卫生间地面图案。调用H【图案填充】命令，在【图案填充和渐变色】对话框中设置填充参数，如图11-90所示。

图11-89 填充图案

图11-90 设置参数

09 在该对话框中单击【添加：拾取点】按钮⊞，拾取填充区域，按Enter键返回对话框，单击【确定】按钮，关闭对话框，填充结果如图11-91所示。

10 填充过道地面图案。调用H【图案填充】命令，在【图案填充和渐变色】对话框中设置填充参数，如图11-92所示。

图11-91 填充图案

图11-92 设置参数

11 在该对话框中单击【添加：拾取点】按钮⊞，拾取填充区域，按Enter键返回对话框，单击【确定】按钮，关闭对话框，填充结果如图11-93所示。

图11-93　填充图案

12 填充壁炉前方地面图案。调用H【图案填充】命令，在【图案填充和渐变色】对话框中设置填充参数，如图11-94所示。

13 在该对话框中单击【添加：拾取点】按钮，拾取填充区域，按Enter键返回对话框，单击【确定】按钮，关闭对话框，填充结果如图11-95所示。

图11-94　设置填充参数

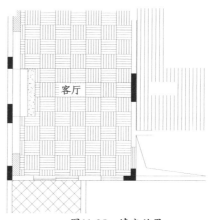

图11-95　填充效果

14 填充门槛线图案。调用H【图案填充】命令，在【图案填充和渐变色】对话框中设置填充参数，如图11-96所示。

15 在该对话框中单击【添加：拾取点】按钮，拾取填充区域，按Enter键返回对话框，单击【确定】按钮，关闭对话框，填充结果如图11-97所示。

图11-96　设置参数

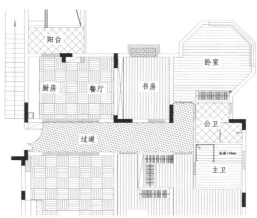

图11-97　填充效果

16 地面布置图的绘制结果如图11-98所示。

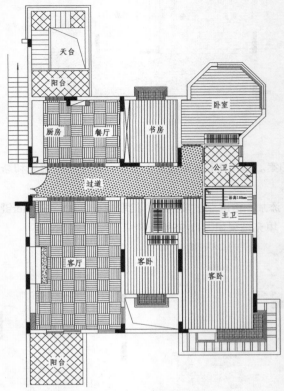

图11-98　填充效果

17 绘制材料标注。调用MLD【多重引线】命令，输入材料标注文字，结果如图11-99所示。

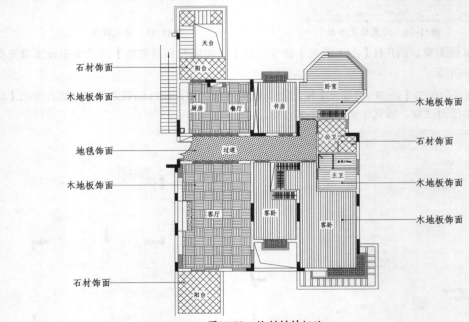

图11-99　绘制材料标注

18 绘制尺寸标注、图名标注。调用DLI【线性标注】、MT【多行文字】和L【直线】命令，绘制尺寸标注和图名标注，结果如图11-100所示。

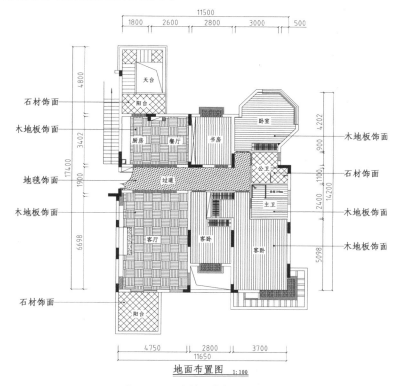

图11-100 绘制尺寸与图名标注

11.6 思考与练习

（1）沿用本章介绍的方法，绘制如图11-101所示的别墅一层原始结构图。

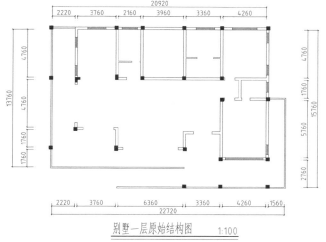

图11-101 绘制别墅一层原始结构图

（2）沿用本章介绍的方法，绘制如图11-102所示的别墅一层平面布置图。

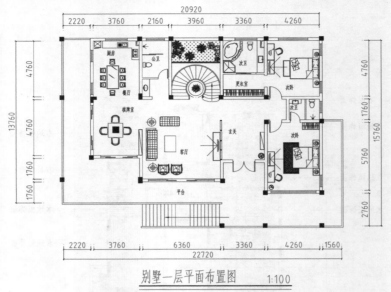

图11-102 绘制别墅一层平面布置图

（3）沿用本章介绍的方法，绘制如图11-103所示的别墅一层地面布置图。

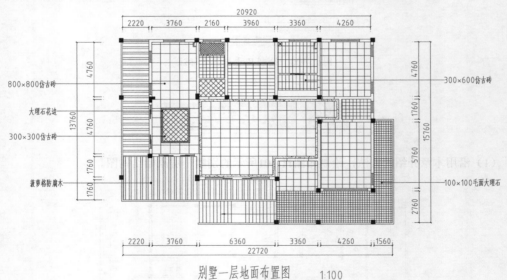

图11-103 绘制别墅一层地面布置图

顶棚图是以镜像投影法画出的反映顶棚平面形状、灯具位置、材料选用、尺寸标高以及构造做法等内容的水平镜像投影图，是室内设计装饰装修施工图的主要图样之一。

本章首先介绍室内顶棚平面图的相关知识，然后通过具体实例讲解顶棚图的绘制方法与操作步骤。

12

第 1 2 章
绘制住宅顶棚布置图

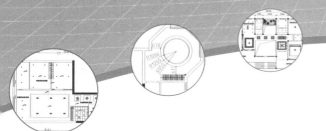

12.1　住宅顶棚平面图概述

住宅顶棚要依据室内空间、居室装饰风格等进行设计改造。本节介绍顶棚图的形成、表达与绘制等。

12.1.1　室内顶棚图的形成与表达

住宅顶棚布置图常用1∶100的比例来绘制。在顶棚平面中剖切到的墙柱用粗实线表示，未剖切到的但是能看到的顶棚造型、灯具、风口等使用细实线来表示。

图12-1所示为绘制完成的居室顶棚布置图。

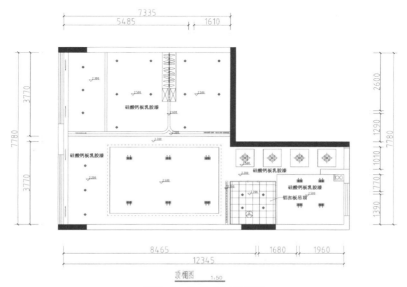

图12-1　居室顶棚布置图

12.1.2　室内顶棚图的识读

下面以图12-1所示的顶棚布置图为例，介绍顶棚图的识读方法。

1）在识读顶棚图之前，应先了解顶棚所在的房间平面布置的基本情况。因为在装饰设计中，平面布置图的功能分区、交通流线及尺度等与顶棚的形式、顶面标高、选材等有着密切的关系。只有在了解平面布置图的基础上，才能够读懂顶棚布置图。

2）识读顶棚造型、灯具布置及其底面标高。顶棚的底面标高是指顶棚造型制作完成后的表面高度，相当于该部分的建筑标高。为了方便施工和识图，习惯上都将顶棚底面标高以所在楼层底面完成面为起点进行标注。例如，图12-1所示的2.800标高就是指客厅一层地面到顶棚最高处（即直接顶棚）的距离，单位为m，2.800标高处为吊顶做法。

3）明确顶棚的尺寸、做法。在图12-1中客厅2.800标高为吊顶顶棚标高，此处吊顶宽为351mm，做法为轻钢龙骨纸面石膏板饰面、刮白后罩白色乳胶漆。内侧虚线代表隐藏的灯槽板，其中设有日光灯带。餐厅吊顶也为轻钢龙骨纸面石膏板做法，预留窗帘盒，饰面为白色乳胶漆。卧室为平顶。

4）卫生间为铝扣板吊顶，中间安装浴霸。厨房也为铝扣板吊顶，中间安装防雾灯。

5）注意图中各窗口中有无窗帘及窗帘盒做法，并明确其尺寸。在图12-1中，客厅、餐厅、卧室等都设计制作了窗帘盒。

6）识读图中有无与吊顶相连接的吊柜、壁柜等家具。在图12-1中，与主卫门口相对的位置有壁柜，在图中用"×"符号来表示。

12.1.3　室内顶棚图的图示内容

室内顶棚图的图示内容如下。

1）门窗洞口、门绘制门边线即可，不画门扇及开启线。

2）室内顶棚的造型、尺寸、做法及说明。

3）室内顶棚灯具符号及具体位置。

4）室内各种顶棚的完成面标高，按照每一层楼地面为±0.000标注顶棚装饰面标高，这也是实际施工中常用的方法。

5）与顶棚相接的家具、设备的位置及尺寸。

6）窗帘及窗帘盒的位置、尺寸等。

7）空调送风口位置、消防自动报警及与吊顶有关的音频设备的平面位置形式及安装位置。

8）图外标注开间、进深、总长、总宽等尺寸。

9）标注索引符号、说明文字、图名及比例等。

12.1.4　室内顶棚图的画法

顶棚图在平面布置图的基础上绘制。首先应复制一份已绘制完成的平面布置图，将平面布置图上的活动家具、门图形删除，保留固定的吊柜、壁柜等家具。在门洞处绘制门口线，划分各功能分区的吊顶区域。在所划分的吊顶区域内绘制顶面造型，填充顶面装饰材料的图案。

绘制灯带，调入灯具图块。标注顶面尺寸，绘制标高标注。标注顶棚图外部尺寸，绘制图名标注及比例，完成室内顶棚图的绘制。

12.2　绘制各空间顶棚图

为室内各空间的顶面设计制作装饰造型，可以满足装饰需求，体现居室风格。本节介绍住宅各空间顶棚图的绘制方法。

12.2.1　客厅、餐厅顶棚图

顶棚图在平面布置图的基础上绘制。复制一份平面布置图，将平面图上多余的家具图形删除，以免影响顶面造型的表现。

客厅、餐厅作为住宅中主要的活动区域，其顶面装饰当然也不能含糊。由于客厅、餐厅距离较近，因此其顶棚的设计制作要注意整体性。本节中的客厅、餐厅在顶棚设计制作了木质梁，梁间使用木材饰面，既富有整体性，又体现了居室风格。

【练习12-1】：绘制客厅、餐厅顶棚图	
	介绍绘制客厅、餐厅顶棚图的方法，难度：☆☆
	素材文件路径：素材\第11章\11-11绘制尺寸标注与文字标注.dwg
	效果文件路径：素材\第12章\12-1绘制客厅、餐厅顶棚图.dwg
	视频文件路径：视频\第12章\12-1绘制客厅、餐厅顶棚图.MP4

下面介绍绘制客厅、餐厅顶棚图的操作步骤。

01 按Ctrl+O组合键，打开本书配备资源中的"素材\第11章\11-11绘制尺寸标注与文字标注.dwg"文件。

02 调用CO【复制】命令，创建平面布置图副本。调用E【删除】命令，删除平面布置图中多余的图形。调用L【直线】命令，绘制门槛线，结果如图12-2所示。

03 绘制壁炉吊顶位。在命令行中输入REC，调用【矩形】命令，绘制矩形，结果如图12-3所示。

图12-2　整理图形

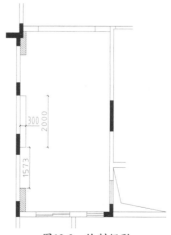

图12-3　绘制矩形

04 绘制客厅吊顶木结构。在命令行中输入O，调用【偏移】命令，偏移墙线，结果如图12-4所示。

05 绘制餐厅吊顶木结构。按Enter键，调用O【偏移】命令，偏移橱柜台面线，结果如图12-5所示。

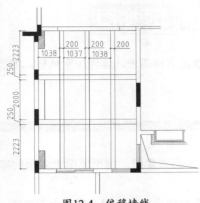

图12-4　偏移墙线

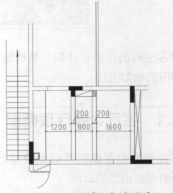

图12-5　偏移橱柜台面线

06 填充顶面图案。在命令行中输入H，调用【图案填充】命令，再在命令行中输入T，选择【设置】选项，弹出【图案填充和渐变色】对话框，设置填充参数，如图12-6所示。

07 在该对话框中选择【添加：拾取点】填充方式，选择填充区域，单击【确定】按钮，关闭对话框，填充的结果如图12-7所示。

图12-6　设置参数

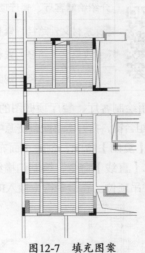

图12-7　填充图案

12.2.2　卧室顶棚

由于居室选用的是田园装饰风格，所以卧室顶面的装饰风格沿袭了客厅、餐厅的装饰风格，也使用木材饰面的制作方法。

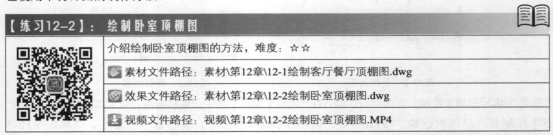

【练习12-2】：绘制卧室顶棚图

	介绍绘制卧室顶棚图的方法，难度：☆☆
	素材文件路径：素材\第12章\12-1绘制客厅餐厅顶棚图.dwg
	效果文件路径：素材\第12章\12-2绘制卧室顶棚图.dwg
	视频文件路径：视频\第12章\12-2绘制卧室顶棚图.MP4

下面介绍绘制卧室顶棚图的操作步骤。

01 绘制主卧室和次卧室的吊顶木结构。在命令行中输入O，调用【偏移】命令，偏移墙线，结果如图12-8所示。

02 填充卧室顶面图案。调用H【图案填充】命令，参照图12-6所示的【图案填充和渐变色】对话框中的填充参数，为顶面绘制填充图案，结果如图12-9所示。

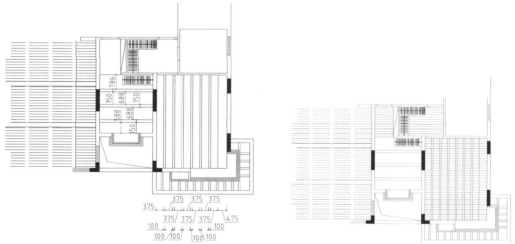

图12-8　偏移墙线　　　　　　　　　　　　　　　　图12-9　填充图案

03 绘制多边形卧室圆形吊顶。调用C【圆】命令，分别绘制半径为1200、1000、950的圆形，结果如图12-10所示。

04 填充顶面图案。在命令行中输入H，调用【图案填充】命令，再在命令行中输入T，选择【设置】选项，弹出【图案填充和渐变色】对话框，设置填充参数，如图12-11所示。

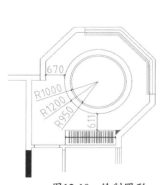

图12-10　绘制圆形　　　　　　　　　图12-11　设置参数

05 在该对话框中选择【添加：拾取点】填充方式，选择填充区域，单击【确定】按钮，填充结果如图12-12所示。

06 绘制过道吊顶。调用O【偏移】命令，偏移墙线。调用TR【修剪】命令，修剪墙线，绘制过道吊顶木结构的结果如图12-13所示。

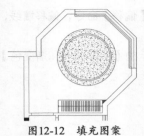

图12-12 填充图案

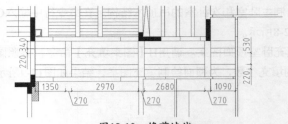

图12-13 修剪墙线

07 在命令行中输入H，调用【图案填充】命令，再在命令行中输入T，选择【设置】选项，弹出
【图案填充和渐变色】对话框，设置填充参数，如图12-14所示。

08 在该对话框中选择【添加：拾取点】填充方式，选择填充区域，单击【确定】按钮，填充结果
如图12-15所示。

图12-14 设置参数

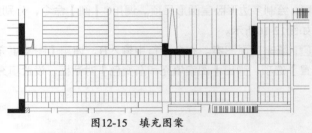

图12-15 填充图案

09 重复上述操作，继续绘制卫生间以及阳台的顶面装饰图案，结果如图12-16所示。

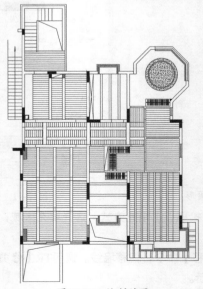

图12-16 绘制结果

12.3 布置灯具和标注

在设计制作完成吊顶造型后，就需要在顶面上安装灯具，以完善顶面造型的实用功能。本节介绍在居室顶面中设计安装灯具及绘制尺寸、文字标注的操作方法。

12.3.1 顶棚灯具

各区域由于功能不同，所以其顶面的灯具种类也不同。一般都是吸顶灯、吊灯作为主要照明灯具，射灯、筒灯提供辅助照明。

【练习12–3】：**布置顶棚灯具**	
	介绍布置顶棚灯具的方法，难度：☆☆
	素材文件路径：素材\第12章\12-2绘制卧室顶棚图.dwg
	效果文件路径：素材\第12章\12-3布置顶棚灯具.dwg
	视频文件路径：视频\第12章\12-3布置顶棚灯具.MP4

下面介绍布置顶棚灯具的操作步骤。

01 布置客厅灯具。按Ctrl+O组合键，打开本书配备资源中的"素材\第12章\灯具图例.dwg"文件，将其中的斗胆射灯图例复制粘贴至当前图形中，结果如图12-17所示。

02 在命令行中输入L，调用【直线】命令，绘制辅助线，结果如图12-18所示。

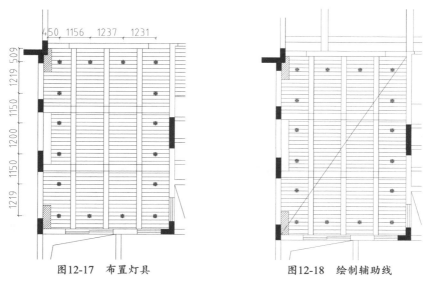

图12-17 布置灯具   图12-18 绘制辅助线

03 从"素材\第12章\灯具图例.dwg"文件中复制吊灯图形，将其置于辅助线的中点上，结果如图12-19所示。

04 沿用上述操作，继续为其他区域布置灯具图形，结果如图12-20所示。

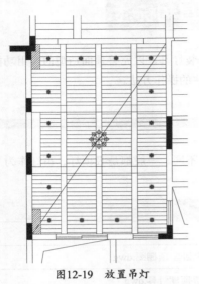

图12-19 放置吊灯

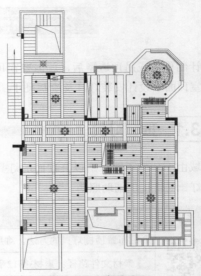

图12-20 布置结果

05 绘制灯具图例表。调用REC【矩形】命令，绘制尺寸为3924×3349的矩形。调用X【分解】命令，分解矩形。调用O【偏移】命令，偏移矩形边，结果如图12-21所示。

06 在命令行中输入CO，调用【复制】命令，从顶面布置图中移动复制灯具图例至表格中，结果如图12-22所示。

07 在命令行中输入MT，调用【多行文字】命令，在表格中绘制文字标注，结果如图12-23所示。

图12-21 绘制表格

图12-22 复制图例

图例	
✾	吊灯
✖	吸顶灯
≋	客厅出风口
✦	斗胆射灯

图12-23 绘制标注文字

12.3.2 标高标注和文字标注

顶面的标高有助于了解顶面造型的距地高度，通过高度的差别，可以表现顶面造型之间的落差关系。另外，顶面材料的文字标注也是必要的，有助于了解顶面造型材料的种类，为施工提供指导。

【练习12-4】：绘制标高标注与文字标注

介绍绘制标高标注与文字标注的方法，难度：☆☆

| 素材文件路径：素材\第12章\12-3布置顶棚灯具.dwg |
| 效果文件路径：素材\第12章\12-4绘制标高标注与文字标注.dwg |
| 视频文件路径：视频\第12章\12-4绘制标高标注与文字标注.MP4 |

下面介绍绘制标高标注与文字标注的操作步骤。

01 插入标高图块。在命令行中输入I，调用【插入】命令，弹出【插入】对话框，选择【标高】图块，如图12-24所示。

02 单击【确定】按钮，命令行操作如下。

```
命令:INSERT↙                                    //调用【插入】命令
指定插入点或[基点(B)/比例(S)/旋转(R)]:S↙        //选择【比例】选项
指定 XYZ 轴的比例因子<1>:2↙                      //设置比例因子
```

03 单击标高标注的插入点，弹出【编辑属性】对话框，输入标高值，如图12-25所示。

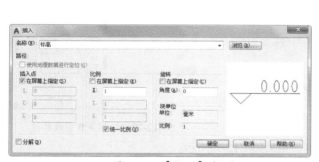

图12-24 【插入】对话框   图12-25 输入标高值

04 单击【确定】按钮，关闭对话框，绘制标高标注的结果如图12-26所示。

05 重复操作，绘制吊顶区域的标高标注，结果如图12-27所示。

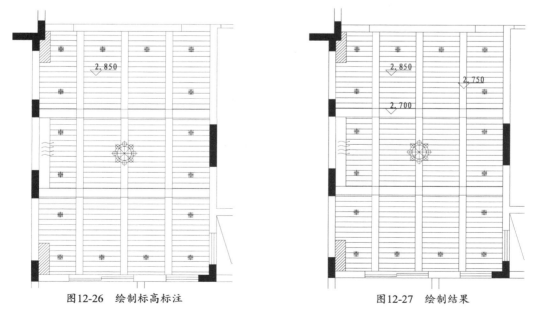

图12-26 绘制标高标注   图12-27 绘制结果

06 继续执行I【插入】命令，绘制标高标注的结果如图12-28所示。

07 绘制吊顶材料标注。在命令行中输入MLD，调用【多重引线】命令，标注顶面装饰材料，结果如图12-29所示。

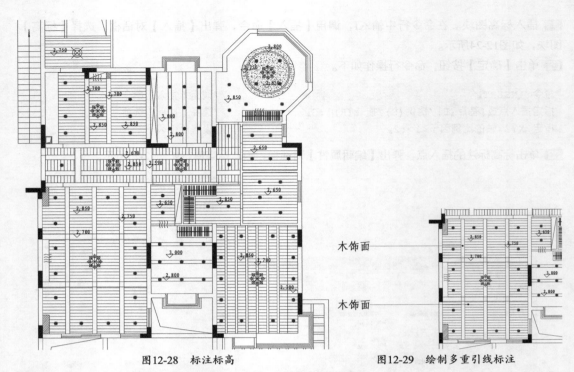

图12-28　标注标高　　　　　　　图12-29　绘制多重引线标注

08 重复操作，标注其他区域的顶面材料，结果如图12-30所示。

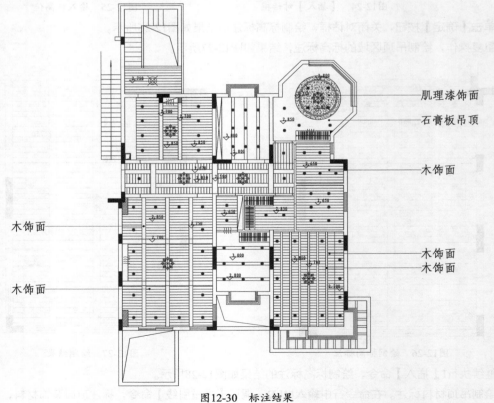

图12-30　标注结果

12.3.3 标注图名

顶面图绘制完成后,需要绘制图名和比例,以表达该图纸所表现的范围和内容。

【练习12-5】: 绘制图名标注	
	介绍绘制图名标注的方法,难度: ☆
	📁 素材文件路径: 素材\第12章\12-4绘制标高标注与文字标注.dwg
	🎬 效果文件路径: 素材\第12章\12-5绘制图名标注.dwg
	⬇ 视频文件路径: 视频\第12章\12-5绘制图名标注.MP4

下面介绍绘制图名标注的操作步骤。

01 绘制图名和比例标注。调用MT【多行文字】命令,绘制图名与比例标注,结果如图12-31所示。

顶面布置图 1:100

图12-31 绘制图名和比例标注

02 在命令行中输入REC,调用【矩形】命令,绘制尺寸为5219×29的矩形,结果如图12-32所示。

图12-32 绘制矩形

03 填充图案。在命令行中输入H,调用【图案填充】命令,选择名称为SOLID的图案,拾取矩形为填充区域,填充结果如图12-33所示。

图12-33 填充图案

04 调用M【移动】命令,将填充图案后的矩形移动至图名和比例标注的下方。调用L【直线】命令,在矩形下方绘制同等长度的直线,结果如图12-34所示。

顶面布置图 1:100

图12-34 绘制线段

05 尺寸标注。在命令行中输入DLI,调用【线性标注】命令,为顶面图绘制尺寸标注,结果如图12-35所示。

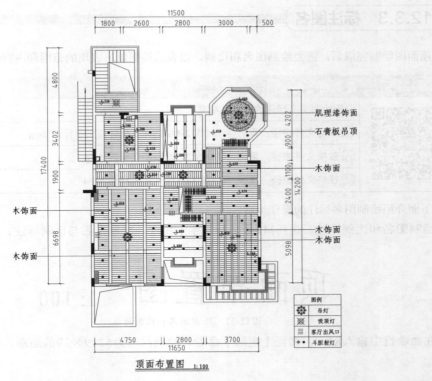

图12-35　绘制尺寸标注

12.4　思考与练习

沿用本章所介绍的方法，绘制如图12-36所示的别墅一层顶面布置图。

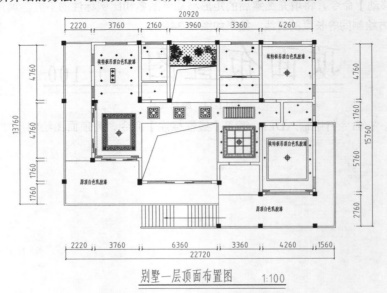

图12-36　绘制别墅一层顶面布置图

室内立面图是将房屋的室内墙面按内视符号的指向,向直立投影面所做的正投影图。立面图用于反映室内垂直空间垂直方向的装饰设计形式、尺寸与做法、材料与色彩的选用等内容,是装饰工程施工图中的主要图样之一,是确定墙面做法的主要依据。

13

第13章
绘制住宅立面图

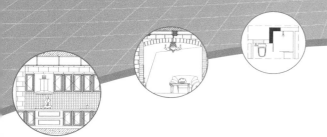

13.1　室内装潢设计立面图概述

室内墙立面的设计效果表达了居室的装饰风格,成为居室装饰装潢的重点。本节介绍室内装潢设计立面图的相关理论知识,包括立面图的形成、表达、画法等。

13.1.1　室内立面图的形成与表达方式

室内立面图除了表达非固定家具、装饰构件等的情况外,还应包括投影方向可见的室内轮廓线和装饰构造,门窗、墙面做法,固定家具,灯具等内容以及必要的尺寸和标高。

在绘制室内顶棚轮廓线时,可以依据实际情况,选择只表达吊顶或同时表达吊顶及结构顶棚。

室内立面图一般不绘制虚线,立面图的外轮廓线用粗实线来表示,墙面上的门窗及凹凸于墙面的造型用中实线来表示,另外的图示内容、尺寸标注、引出线等用细实线来表示。

室内立面图的常用绘制比例为1:50。

图13-1所示为绘制完成的室内立面图。

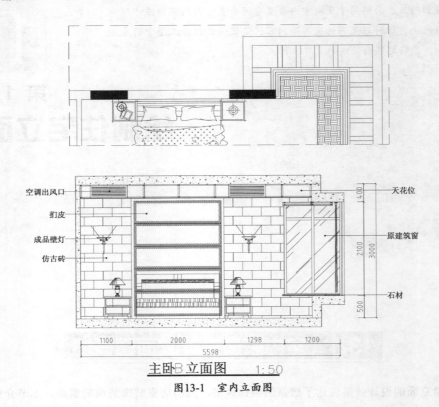

主卧B立面图　　1:50

图13-1　室内立面图

13.1.2　室内立面图的识读

下面以图13-1所示的室内立面图为例，介绍识读立面图的方法。

1）首先确定要识读的室内立面图所在的房间位置，按照房间的顺序识读室内立面图。根据平面布置图中内视符号的指向编号为立面图命名。

2）在平面布置图中明确该墙面位置有哪些固定家具和室内陈设等，并注意其定型、定位尺寸，做到对所读的墙柱面位置的家具陈设有一个基本的了解。图13-1所示的背景墙方格造型长宽尺寸为120mm，每个方格之间的距离为180mm，背景墙与地面的距离为560mm，与顶面的距离为400mm。

3）浏览待识读的室内立面图，了解所识读立面的装饰形式及变化。图13-1所示的立面图反映了从左到右客厅墙面及相连的台阶、阳台D方向的全貌。

4）识读室内立面图，注意墙面装饰造型及装饰面的尺寸、范围、选材、颜色及相应的做法。从图13-1所示中可以看到，电视背景墙的主要制作材料为肌理纹墙纸，上下设计制作漫反射软管灯带，富有动感。左边台阶墙面制作方格造型，白色哑光漆饰面。吊顶位的造型以石膏板封顶，再刷上白色的乳胶漆，制作嵌入式筒灯。

5）查看立面标高、其他细部尺寸、索引符号等。客厅顶棚最高为2800mm。

13.1.3　室内立面图的图示内容

室内立面图的图示内容如下。

1）室内立面轮廓线，顶棚有吊顶时可以画出吊顶、叠级、灯槽等剖切轮廓线，用粗实线来表示；墙面与吊顶的收口形式，可见的灯具投影图等。

2）墙面装饰造型及陈设，比如壁挂、工艺品、门窗造型及分隔、墙面灯具等装饰内容。

3）装饰材料的名称、立面的尺寸、标高以及必要的做法说明。图外标注一至两道垂直和水平方向的尺寸，以及楼地面、顶棚等的装饰标高；图内需标注主要装饰造型的定型、定位尺寸。做法标注需要用带箭头的细实线引出。

4）绘制附墙的固定家具及造型。

5）绘制索引符号、图名和比例。

13.1.4　室内立面图的画法

在平面图上确定立面图所要表现的墙面，根据室内顶棚标高及墙面的宽度，绘制立面轮廓线。在轮廓线内绘制墙面各装饰造型的轮廓线，再在轮廓线内绘制装饰造型。绘制图案填充，初步展现立面装饰效果。往立面图中调入立面家具图块，绘制立面尺寸标注、材料标注以及简要的做法说明。

绘制索引符号、图名比例标注，完成室内立面图的绘制。

13.2　客厅A立面图

客厅A立面图表达了连接客厅与餐厅过道口立面的装饰效果。由于居室的装饰风格为田园风格，因此过道口制作成了拱形，并使用仿古砖饰面，体现了风格装饰元素。

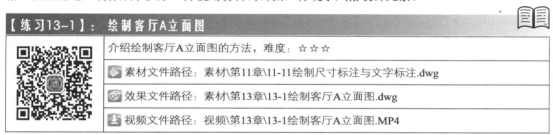

【练习13-1】：绘制客厅A立面图

	介绍绘制客厅A立面图的方法，难度：☆☆☆
	素材文件路径：素材\第11章\11-11绘制尺寸标注与文字标注.dwg
	效果文件路径：素材\第13章\13-1绘制客厅A立面图.dwg
	视频文件路径：视频\第13章\13-1绘制客厅A立面图.MP4

下面介绍绘制客厅A立面图的操作步骤。

01 按Ctrl+O组合键，打开本书配备资源中的"素材\第11章\11-11绘制尺寸标注与文字标注.dwg"文件，参考平面布置图绘制立面图。

02 定义立面区域。调用REC【矩形】命令，在平面布置图中选择待绘制立面图的区域。调用CO【复制】命令，将选定的区域移动复制至一旁，结果如图13-2所示。

图13-2　整理图形

03 绘制立面轮廓。调用REC【矩形】命令，绘制尺寸为5000×3400的矩形。调用X【分解】命令，分解矩形。调用O【偏移】命令，偏移矩形边。调用TR【修剪】命令，修剪线段，结果如图13-3所示。

04 填充墙体图案。在命令行中输入H，调用【图案填充】命令，再在命令行中输入T，选择【设置】选项，弹出【图案填充和渐变色】对话框，设置填充参数，如图13-4所示。

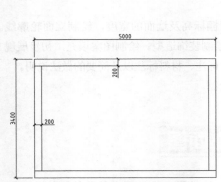

图13-3　绘制立面轮廓

图13-4　设置参数

05 在【边界】选项组下单击【添加：拾取点】按钮，单击拾取墙体轮廓，按Enter键返回对话框，单击【确定】按钮，关闭对话框，填充结果如图13-5所示。

06 在命令行中输入H，调用【图案填充】命令，再在命令行中输入T，选择【设置】选项，弹出【图案填充和渐变色】对话框，设置填充参数，如图13-6所示。

图13-5　填充图案

图13-6　设置参数

07 在该对话框中选择【添加：拾取点】填充方式，选择墙体轮廓作为填充区域，填充结果如图13-7所示。

08 绘制吊顶位。调用O【偏移】命令，偏移墙体轮廓线。调用TR【修剪】命令，修剪线段，结果如图13-8所示。

图13-7 填充图案

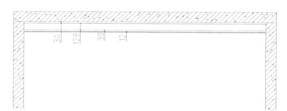

图13-8 修剪线段

09 调用REC【矩形】命令，绘制尺寸为250×200的矩形。调用TR【修剪】命令，修剪多余线段，结果如图13-9所示。

10 绘制木龙骨。在命令行中输入L，调用【直线】命令，绘制直线，结果如图13-10所示。

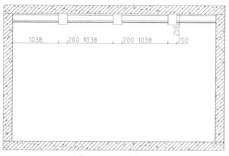

图13-9 绘制矩形

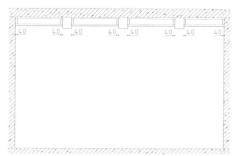

图13-10 绘制直线

11 在命令行中输入REC，调用【矩形】命令，绘制尺寸为30×40的矩形，结果如图13-11所示。

12 在命令行中输入L，调用【直线】命令，在矩形中绘制对角线，结果如图13-12所示。

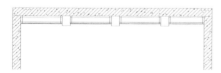

图13-11 绘制矩形

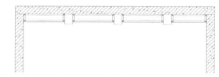

图13-12 绘制对角线

13 绘制造型拱门。调用O【偏移】命令和TR【修剪】命令，偏移并修剪墙线。调用REC【矩形】命令，绘制尺寸为2438×200的矩形，结果如图13-13所示。

14 在命令行中输入A，调用【圆弧】命令，绘制圆弧，结果如图13-14所示。

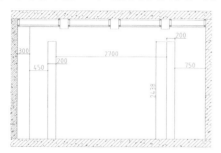

图13-13 绘制矩形

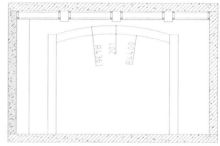

图13-14 绘制圆弧

15 填充木饰面图案。在命令行中输入H，调用【图案填充】命令，再在命令行中输入T，选择【设置】选项，弹出【图案填充和渐变色】对话框，设置填充参数，如图13-15所示。

16 在【边界】选项组下单击【添加：拾取点】按钮，单击拾取填充轮廓，按Enter键返回对话框，单击【确定】按钮，关闭对话框，填充结果如图13-16所示。

图13-15 设置参数

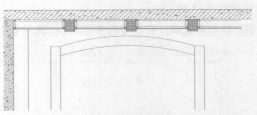

图13-16 填充图案

17 填充风化砂岩图案。在命令行中输入H，调用【图案填充】命令，再在命令行中输入T，选择【设置】选项，弹出【图案填充和渐变色】对话框，设置填充参数，如图13-17所示。

18 在该对话框中选择【添加：拾取点】填充方式，选择墙体轮廓作为填充区域，填充结果如图13-18所示。

图13-17 设置参数

图13-18 填充效果

19 在命令行中输入H，调用【图案填充】命令，再在命令行中输入T，选择【设置】选项，弹出【图案填充和渐变色】对话框，选择名称为ANSI31的图案，设置填充比例为13，选择填充区域，填充结果如图13-19所示。

20 填充仿古砖图案。在命令行中输入H，调用【图案填充】命令，再在命令行中输入T，选择【设置】选项，弹出【图案填充和渐变色】对话框，设置填充参数，如图13-20所示。

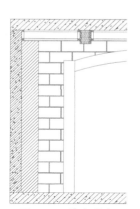
图13-19　填充图案

图13-20　设置参数

21 在【边界】选项组下单击【添加：拾取点】按钮⊞，单击拾取填充轮廓，按Enter键返回对话框，单击【确定】按钮，关闭对话框，填充结果如图13-21所示。

22 绘制仿古砖填充图案。调用L【直线】命令，绘制直线。调用O【偏移】命令，偏移直线，结果如图13-22所示。

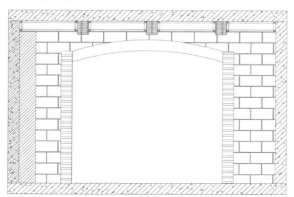
图13-21　填充效果

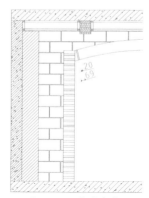
图13-22　偏移直线

23 在命令行中输入AR，调用【阵列】命令，命令行操作如下。

```
命令：ARRAY↙                          //调用【阵列】命令
选择对象：指定对角点：找到2个           //选择上一步骤所绘制的直线
选择对象：输入阵列类型[矩形(R)/路径(PA)/极轴(PO)]<路径>：PA↙
                                      //选择【路径(PA)】选项

类型=路径　关联=是
选择路径曲线：                         //选择下方的弧线
选择夹点以编辑阵列或 [关联(AS)/方法(M)/基点(B)/切向(T)/项目(I)/行(R)/层(L)/对齐项目(A)/Z
方向(Z)/退出(X)]<退出>：I               //选择【项目(I)】选项
指定沿路径的项目之间的距离或[表达式(E)]<91>：135↙
最大项目数=21↙
指定项目数或[填写完整路径(F)/表达式(E)]<21>：20↙
```

选择夹点以编辑阵列或 [关联 (AS) /方法 (M) /基点 (B) /切向 (T) /项目 (I) /行 (R) /层 (L) /对齐项目 (A) /Z方向 (Z) /退出 (X)] <退出>: *取消*

//按回车键退出命令的操作，结果如图13-23所示

24 在命令行中输入PL，调用【多段线】命令，绘制折断线，结果如图13-24所示。

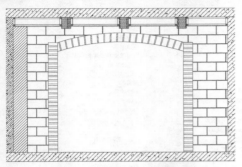

图13-23　阵列复制图形

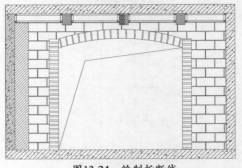

图13-24　绘制折断线

25 插入图块。按Ctrl+O组合键，打开本书配备资源中的 "素材\第13章\家具图例.dwg" 文件，将其中的吊灯、组合沙发等图例复制粘贴至当前图形中，结果如图13-25所示。

26 尺寸标注。在命令行中输入DLI，调用【线性标注】命令，绘制尺寸标注的结果如图13-26所示。

图13-25　调入图例

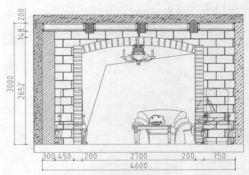

图13-26　绘制尺寸标注

27 材料标注。在命令行中输入MLD，调用【多重引线】命令，为立面图绘制材料标注文字，结果如图13-27所示。

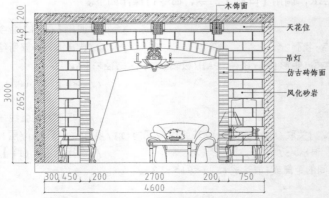

图13-27　绘制引线标注

28 图名标注。调用MT【多行文字】命令，绘制图名和比例。调用L【直线】命令，在图名和比例下方绘制两条下画线，并将其中一条下画线的宽度更改为0.3mm，结果如图13-28所示。

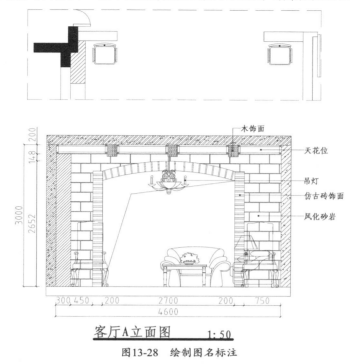

客厅A立面图　　　　1：50

图13-28　绘制图名标注

13.3　主卧B立面图

主卧室B立面图表示了双人床背景墙的制作效果。卧室立面图的制作继续继承田园装饰风格，使用仿古砖为主要的装饰材料。另外，还设计制作了扪皮软包饰面，古典风格与现代风格在这里碰撞，成为居室的装饰亮点。

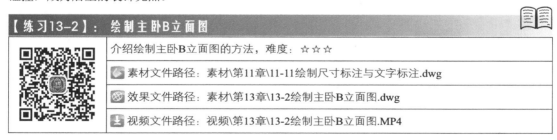

【练习13-2】：绘制主卧B立面图

介绍绘制主卧B立面图的方法，难度：☆☆☆
素材文件路径：素材\第11章\11-11绘制尺寸标注与文字标注.dwg
效果文件路径：素材\第13章\13-2绘制主卧B立面图.dwg
视频文件路径：视频\第13章\13-2绘制主卧B立面图.MP4

下面介绍绘制主卧B立面图的操作步骤。

01 按Ctrl+O组合键，打开本书配备资源中的"素材\第11章\11-11绘制尺寸标注与文字标注.dwg"文件，参考平面布置图绘制立面图。

02 定义立面区域。调用REC【矩形】命令，在平面布置图中选择待绘制立面图的区域。调用CO【复制】命令，将选定的区域移动复制至一旁，结果如图13-29所示。

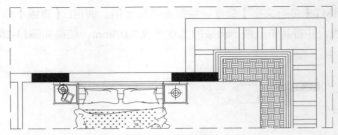

图13-29 整理图形

03 绘制立面轮廓。在命令行中输入PL，调用【多段线】命令，绘制多段线，结果如图13-30所示。

04 绘制墙体。调用X【分解】命令，分解多段线。调用O【偏移】命令，偏移多段线。调用TR【修剪】命令，修剪线段，结果如图13-31所示。

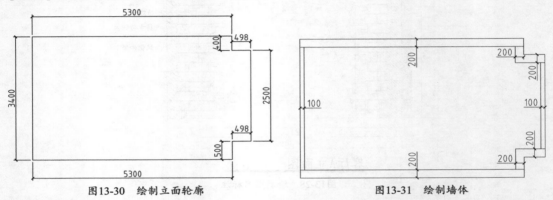

图13-30 绘制立面轮廓   图13-31 绘制墙体

05 填充墙体图案。在命令行中输入H，调用【图案填充】命令，再在命令行中输入T，选择【设置】选项，弹出【图案填充和渐变色】对话框，选择名称为AR-CONC的图案，设置填充比例为1，如图13-32所示。

06 选择墙体为填充区域，填充结果如图13-33所示。

图13-32 设置参数

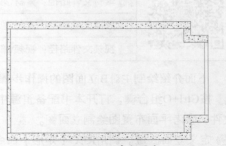

图13-33 填充图案

07 绘制吊顶位。调用O【偏移】命令和TR【修剪】命令，偏移并修剪墙线，结果如图13-34所示。

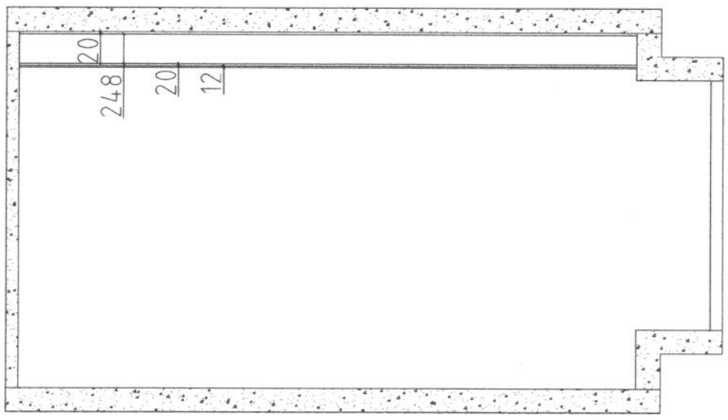

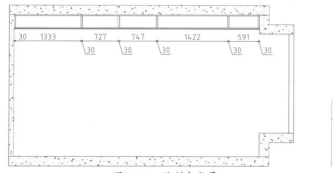

图13-34　绘制吊顶位

08 绘制木龙骨。调用L【直线】命令，绘制直线。调用O【偏移】命令，偏移直线，结果如图13-35所示。

09 调用REC【矩形】命令，绘制尺寸为20×30的矩形。调用L【直线】命令，在矩形内绘制对角线，结果如图13-36所示。

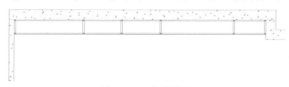

图13-35　绘制木龙骨 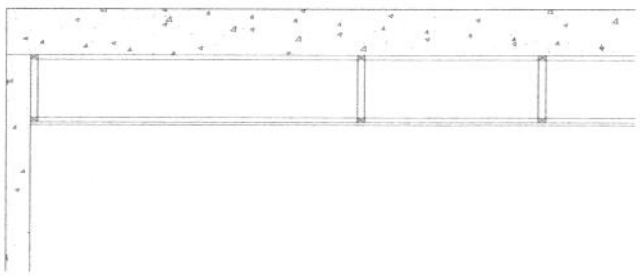　　　　　　　　图13-36　绘制图形

10 重复调用REC【矩形】命令和L【直线】命令，绘制矩形和对角线，结果如图13-37所示。

图13-37　绘制结果

11 绘制原建筑窗。调用O【偏移】命令，偏移墙线。调用TR【修剪】命令，修剪墙线，结果如图13-38所示。

12 绘制窗台。调用REC【矩形】命令，绘制尺寸为1245×30的矩形。调用F【圆角】命令，设置圆角半径为15，对矩形执行圆角操作，结果如图13-39所示。

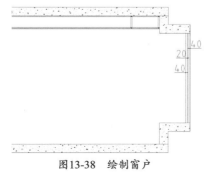

图13-38　绘制窗户　　　　　　　　图13-39　绘制窗台

🔟3 填充石材图案。在命令行中输入H，调用【图案填充】命令，再在命令行中输入T，选择【设置】选项，弹出【图案填充和渐变色】对话框，设置填充参数，如图13-40所示。

🔟4 在【边界】选项组下单击【添加：拾取点】按钮 ，单击拾取填充轮廓，按Enter键返回对话框，单击【确定】按钮，关闭对话框，填充结果如图13-41所示。

图13-40　设置参数

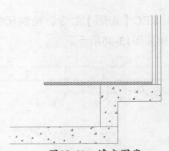

图13-41　填充图案

🔟5 绘制窗台上方的吊顶。调用REC【矩形】命令，绘制尺寸为1080×80的矩形。调用X【分解】命令，分解矩形。调用O【偏移】命令，偏移矩形边。调用TR【修剪】命令，修剪矩形边，结果如图13-42所示。

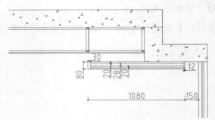

图13-42　绘制吊顶

🔟6 调用L【直线】命令，绘制直线。调用TR【修剪】命令，修剪线段，结果如图13-43所示。

🔟7 绘制木龙骨。调用REC【矩形】命令，绘制尺寸为20×30的矩形。调用L【直线】命令，绘制对角线，结果如图13-44所示。

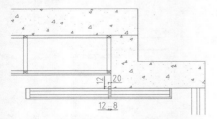

图13-43　修剪线段

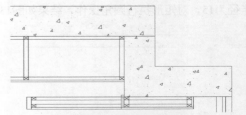

图13-44　绘制木龙骨

🔟8 绘制立面窗。调用O【偏移】命令和TR【修剪】命令，偏移并修剪墙线，结果如图13-45所示。

🔟9 填充玻璃窗图案。在命令行中输入H，调用【图案填充】命令，再在命令行中输入T，选择【设置】选项，弹出【图案填充和渐变色】对话框，设置填充参数，如图13-46所示。

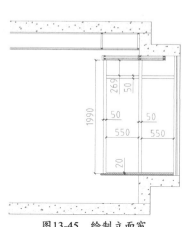

图13-45　绘制立面窗　　　　　　　　　　　图13-46　设置参数

20 在【边界】选项组下单击【添加：拾取点】按钮 ，单击拾取填充轮廓，按Enter键返回对话框，单击【确定】按钮，关闭对话框，填充结果如图13-47所示。

21 绘制背景墙轮廓。调用REC【矩形】命令，绘制尺寸为2000×2700的矩形。调用O【偏移】命令，设置偏移距离为60，向内偏移矩形，结果如图13-48所示。

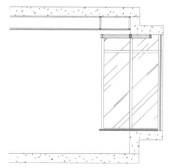

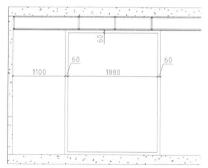

图13-47　填充图案　　　　　　　　　　　图13-48　绘制轮廓

22 绘制背景墙装饰。调用X【分解】命令，分解偏移得到的矩形。调用O【偏移】命令，偏移矩形边，结果如图13-49所示。

23 调用O【偏移】命令，偏移线段。调用TR【修剪】命令，对偏移得到的线段进行修剪处理，结果如图13-50所示。

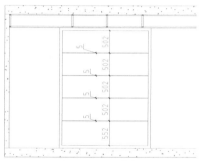

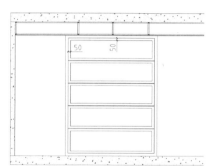

图13-49　偏移线段　　　　　　　　　　　图13-50　修剪线段

24 填充背景墙图案。在命令行中输入H，调用【图案填充】命令，再在命令行中输入T，选择【设置】选项，弹出【图案填充和渐变色】对话框，选择名称为HONEY的图案，设置填充比例为5，填充结果如图13-51所示。

25 调用X【分解】命令，分解填充图案。调用E【删除】命令，删除填充轮廓线，结果如图13-52所示。

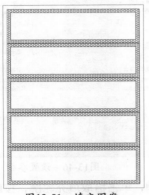

图13-51 填充图案

图13-52 删除轮廓线

26 填充仿古砖图案。在命令行中输入H，调用【图案填充】命令，再在命令行中输入T，选择【设置】选项，弹出【图案填充和渐变色】对话框，设置填充参数，如图13-53所示。

27 在【边界】选项组下单击【添加：拾取点】按钮，单击拾取填充轮廓，按Enter键返回对话框，单击【确定】按钮，关闭对话框，填充结果如图13-54所示。

图13-53 设置参数

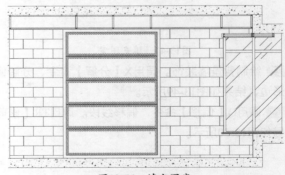

图13-54 填充图案

28 插入图块。按Ctrl+O组合键，打开本书配备资源中的"素材\第13章\家具图例.dwg"文件，将其中的吊灯、组合沙发等图形复制粘贴至当前图形中，结果如图13-55所示。

29 尺寸标注。在命令行中输入DLI，调用【线性标注】命令，绘制尺寸标注的结果如图13-56所示。

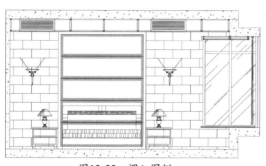
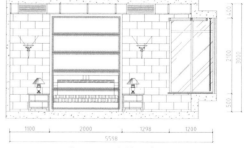

图13-55 调入图例   图13-56 绘制尺寸标注

30 材料标注。在命令行中输入MLD，调用【多重引线】命令，为立面图绘制立面材料标注，结果如图13-57所示。

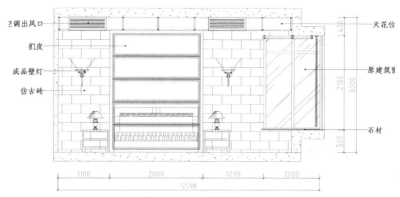

图13-57 绘制引线标注

31 图名标注。调用MT【多行文字】命令，绘制图名和比例标注。调用L【直线】命令，在图名和比例下方绘制两条下画线，并将其中一条下画线的宽度更改为0.3mm，结果如图13-58所示。

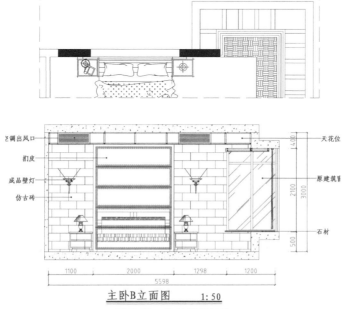

主卧B立面图   1:50

图13-58 绘制图名标注

13.4　厨房D立面图

厨房D立面图表示了橱柜的制作效果。厨房墙面沿袭了客厅墙面的装饰样式，使用风化砂岩来装饰。另外，橱柜的材料选用的是实木，突出了居室田园风格的装饰元素。

【练习13-3】：　绘制厨房D立面图

介绍绘制厨房D立面图的方法，难度：☆☆☆
📁 素材文件路径：素材\第11章\11-11绘制尺寸标注与文字标注.dwg
🎬 效果文件路径：素材\第13章\13-3绘制厨房D立面图.dwg
⬇ 视频文件路径：视频\第13章\13-3绘制厨房D立面图.MP4

下面介绍绘制厨房D立面图的操作步骤。

01 按Ctrl+O组合键，打开本书配备资源中的"素材\第11章\11-11绘制尺寸标注与文字标注.dwg"文件，参考平面布置图绘制立面图。

02 定义立面区域。调用REC【矩形】命令，在平面布置图中选择待绘制立面图的区域。调用CO【复制】命令，将选定的区域移动复制至一旁，结果如图13-59所示。

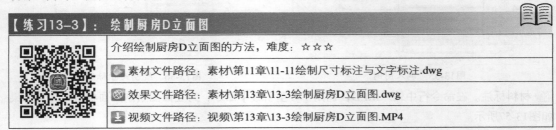

图13-59　整理图形

03 绘制立面轮廓。调用REC【矩形】、X【分解】、O【偏移】和TR【修剪】命令，绘制立面轮廓。调用H【图案填充】命令，填充立面轮廓，结果如图13-60所示。

04 绘制吊顶。在命令行中输入O，调用【偏移】命令，向下偏移墙线，结果如图13-61所示。

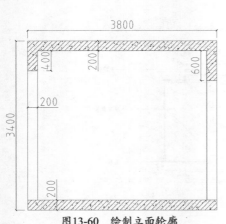

图13-60　绘制立面轮廓

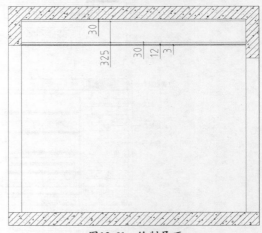

图13-61　绘制吊顶

05 绘制木龙骨。调用O【偏移】命令和TR【修剪】命令，偏移并修剪墙线。调用REC【矩形】命令，绘制尺寸为40×30的矩形。调用L【直线】命令，绘制对角线，结果如图13-62所示。

06 绘制橱柜轮廓线。调用O【偏移】命令，偏移墙线。调用TR【修剪】命令，修剪墙线，结果如图13-63所示。

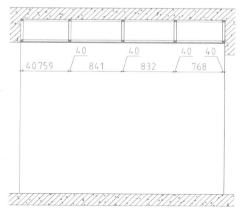

图13-62　绘制木龙骨

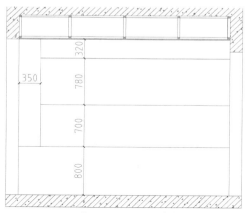

图13-63　绘制轮廓线

07 绘制橱柜。调用L【直线】命令，绘制直线。调用O【偏移】命令，偏移直线，结果如图13-64所示。

08 绘制橱柜门造型线。调用O【偏移】命令，选择橱柜轮廓线向内偏移。调用F【圆角】命令，设置圆角半径为0，对所偏移的轮廓线执行圆角处理，结果如图13-65所示。

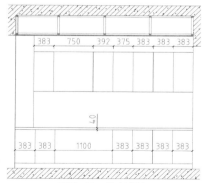

图13-64　绘制橱柜

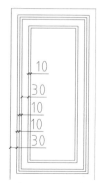

图13-65　绘制门

09 在命令行中输入L，调用【直线】命令，绘制对角线，结果如图13-66所示。

10 重复操作，沿用上述的偏移距离，向内偏移橱柜轮廓线。调用F【圆角】命令，对偏移得到的线段进行圆角处理，结果如图13-67所示。

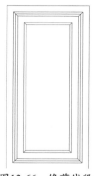

图13-66　修剪线段

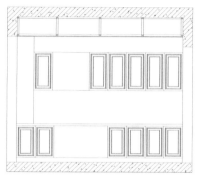

图13-67　操作结果

⓫ 绘制柜门把手。在命令行中输入C，调用【圆】命令，绘制半径为13的圆形，结果如图13-68所示。

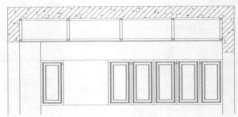
图13-68 绘制门把手

⓬ 绘制柜门开启方向线。调用PL【多段线】命令，绘制对角线，并将线段的线型设置为虚线，结果如图13-69所示。

⓭ 绘制碗橱。调用REC【矩形】命令，绘制尺寸为210×867的矩形。调用O【偏移】命令，设置偏移距离为20，向内偏移矩形，结果如图13-70所示。

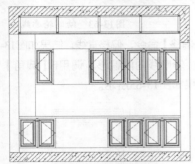
图13-69 绘制多段线

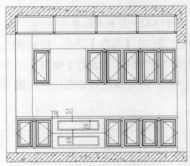
图13-70 绘制碗橱

⓮ 插入图块。按Ctrl+O组合键，打开本书配备资源中的"素材\第13章\家具图例.dwg"文件，将其中的厨具图例复制粘贴至当前图形中，结果如图13-71所示。

⓯ 填充马赛克图案。在命令行中输入H，调用【图案填充】命令，再在命令行中输入T，选择【设置】选项，弹出【图案填充和渐变色】对话框，设置填充参数，如图13-72所示。

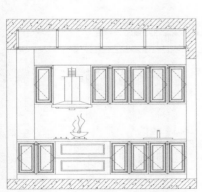
图13-71 插入图例

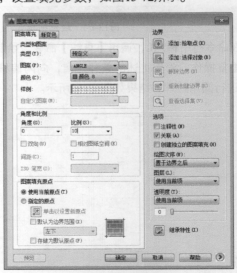
图13-72 设置参数

16 在【边界】选项组下单击【添加：拾取点】按钮 ⊞，单击拾取填充轮廓，按Enter键返回对话框，单击【确定】按钮，关闭对话框，填充结果如图13-73所示。

17 填充风化砂岩图案。在命令行中输入H，调用【图案填充】命令，再在命令行中输入T，选择【设置】选项，弹出【图案填充和渐变色】对话框，选择名称为AR-B816C的图案，设置填充比例为1，对墙体执行填充操作，结果如图13-74所示。

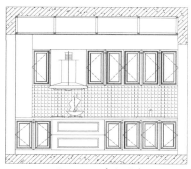

图13-73　填充图案

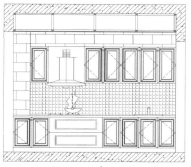

图13-74　填充效果

18 尺寸标注。在命令行中输入DLI，调用【线性标注】命令，绘制尺寸标注的结果如图13-75所示。

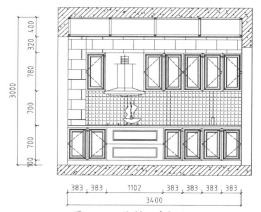

图13-75　绘制尺寸标注

19 材料标注。在命令行中输入MLD，调用【多重引线】命令，为立面图绘制立面材料标注，结果如图13-76所示。

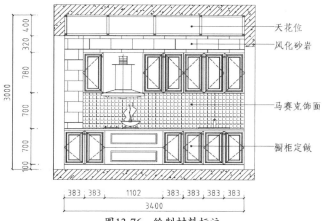

图13-76　绘制材料标注

20 图名标注。调用MT【多行文字】命令，绘制图名和比例标注。调用L【直线】命令，在图名和比例下方绘制两条下画线，并将其中一条下画线的宽度更改为0.3mm，结果如图13-77所示。

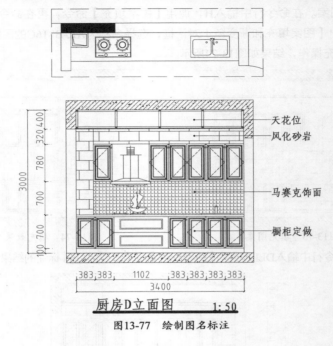

图13-77　绘制图名标注

13.5　卫生间B立面图

卫生间B立面图表现的是淋浴器和马桶所在的墙面。卫生间的墙面装饰材料为马赛克，不仅可以与客厅、餐厅等区域相区别，又没有脱离田园装饰风格范畴。

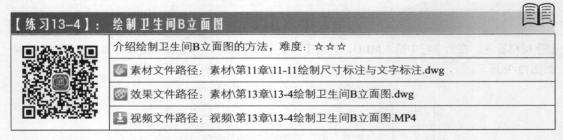

【练习13-4】：　绘制卫生间B立面图

介绍绘制卫生间B立面图的方法，难度：☆☆☆
素材文件路径：素材\第11章\11-11绘制尺寸标注与文字标注.dwg
效果文件路径：素材\第13章\13-4绘制卫生间B立面图.dwg
视频文件路径：视频\第13章\13-4绘制卫生间B立面图.MP4

下面介绍绘制卫生间B立面图的操作步骤。

01 按Ctrl+O组合键，打开本书配备资源中的"素材\第11章\11-11绘制尺寸标注与文字标注.dwg"文件，参考平面布置图绘制立面图。

02 定义立面区域。调用REC【矩形】命令，在平面布置图中选择待绘制立面图的区域。调用CO【复制】命令，将选定的区域移动复制至一旁，结果如图13-78所示。

03 绘制立面轮廓。调用REC【矩形】命令，绘制尺寸为3400×2400的矩形。调用X【分解】命令，分解矩形。调用O【偏移】命令，向内偏移矩形边。调用TR【修剪】命令，修剪矩形边。

04 在命令行中输入H，调用【图案填充】命令，再在命令行中输入T，选择【设置】选项，弹出

【图案填充和渐变色】对话框，选择名称分别为AR-CONC（填充比例为1）、ANSI31（填充比例为21）的图案，填充立面轮廓，结果如图13-79所示。

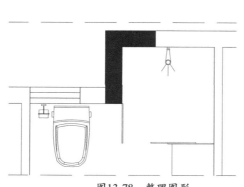

图13-78　整理图形

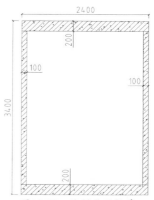

图13-79　绘制立面轮廓

05 绘制吊顶轮廓线。在命令行中输入O，调用【偏移】命令，偏移墙线，结果如图13-80所示。

06 绘制木龙骨。调用O【偏移】命令和TR【修剪】命令，偏移并修剪墙线，结果如图13-81所示。

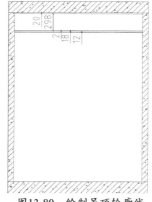

图13-80　绘制吊顶轮廓线

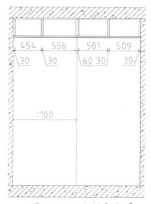

图13-81　绘制木龙骨

07 调用REC【矩形】命令，绘制尺寸为30×20的矩形。调用L【直线】命令，在矩形内绘制对角线，结果如图13-82所示。

图13-82　绘制对角线

08 绘制原建筑窗。调用REC【矩形】命令，绘制尺寸为1600×600的矩形。调用X【分解】命令，分解矩形。调用O【偏移】命令，偏移矩形边。调用TR【修剪】命令，修剪矩形边，结果如图13-83所示。

09 填充玻璃窗图案。在命令行中输入H，调用【图案填充】命令，选择名称为AR-RROOF的图案，定义填充角度为45°，填充比例为23，填充结果如图13-84所示。

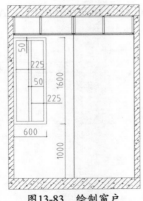

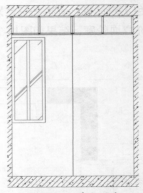

图13-83　绘制窗户　　　　　　　　图13-84　填充图案

10 插入图块。按Ctrl+O组合键，打开本书配备资源中的"素材\第13章\家具图例.dwg"文件，将其中的厨具图例复制粘贴至当前图形中，结果如图13-85所示。

11 填充墙面马赛克图案。在命令行中输入H，调用【图案填充】命令，选择名称为ANGLE的图案，定义填充比例为10，填充结果如图13-86所示。

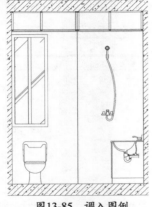
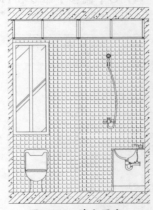

图13-85　调入图例　　　　　　　　图13-86　填充图案

12 尺寸标注。在命令行中输入DLI，调用【线性标注】命令，绘制尺寸标注的结果如图13-87所示。

13 材料标注。在命令行中输入MLD，调用【多重引线】命令，为立面图绘制立面材料标注，结果如图13-88所示。

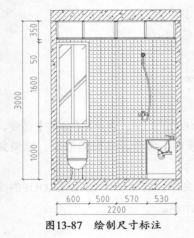
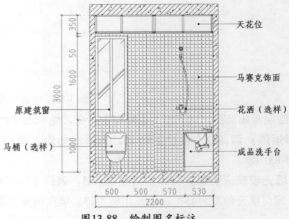

图13-87　绘制尺寸标注　　　　　　图13-88　绘制图名标注

14 图名标注。调用MT【多行文字】命令，绘制图名和比例标注。调用L【直线】命令，在图名和比例下方绘制两条下画线，并将其中一条下画线的宽度更改为0.3mm，结果如图13-89所示。

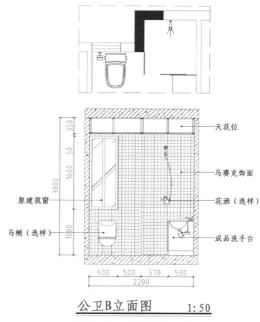

公卫B立面图　　　1∶50

图13-89　绘制图名标注

13.6　思考与练习

（1）沿用本章所讲的方法，绘制如图13-90所示的别墅入户门对景墙立面图。

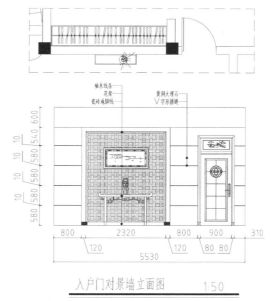

入户门对景墙立面图　　1:50

图13-90　绘制别墅入户门对景墙立面图

（2）沿用本章所讲的方法，绘制如图13-91所示的别墅餐厅立面图。

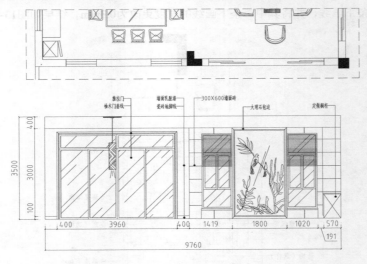

图13-91　绘制别墅餐厅立面图

（3）沿用本章所讲的方法，绘制如图13-92所示的别墅卧室床头立面图。

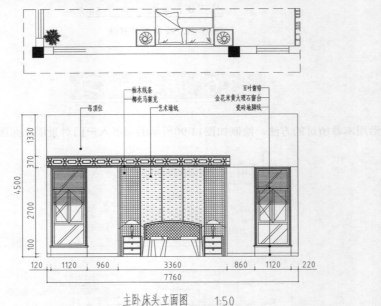

图13-92　绘制别墅卧室床头立面图

办公空间具有不同于普通住宅的特点，它是由办公、会议、走廊3个区域来构成内部空间使用功能的，因此，在设计时要从有利于办公组织以及采光通风等角度考虑。办公空间室内设计的最大目标就是要为工作人员创造一个舒适、方便、卫生、安全、高效的工作环境，以便最大限度地提高员工的工作效率。

本章以某金融公司的办公空间为例，介绍办公空间室内设计的基本知识以及相关室内设计的绘制方法。

14

第14章

绘制办公室平面图

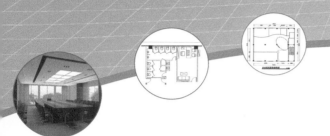

14.1 办公空间设计概述

14.1.1 办公室设计的定义以及目标

对办公室进行设计装修前，最重要的就是风格选择。一般流行3种风格，分别为稳重凝练型、现代型、普遍适用型。办公室装修特别强调功能和空间的利用，必须让空间发挥出最大的利用率，且办公室一定要体现出公司的独特文化。

1. 办公室设计的定义

办公室是一种处理特定事务或提供服务的地方，而办公室装修则能恰到好处地突出企业的内部文化，同时办公室的装修风格也能彰显其使用者的性格特征，办公室装修的好坏将直接影响整个企业的形象，所以随着科技水平的提高，对于办公室装修的要求也不再只是单纯地给个人提供独立的空间，更多的是要体现简约、时尚、舒适、实用的感受，让身在其中的人有积极向上的生活、工作追求。

2. 办公室设计的目标

1）经济实用。一方面要满足实用要求，能给办公人员的工作提供方便；另一方面要尽量降低费用，即追求最佳的功能费用比。

2）美观大方。能够充分满足人的生理和心理需要，创造一个赏心悦目的良好工作环境。

3）独具品味。办公室是企业文化的物质载体，要努力体现企业物质文化和精神文化，反映企业的特色和形象，对置身其中的工作人员产生积极的、和谐的影响。

14.1.2 办公室设计流程

办公室的设计流程分为施工前、施工中、施工后期3个阶段。下面介绍在这3个阶段中需要做的一些工作。

1. 施工前

1）咨询。

➢ 客户通过电话、到小区办公地点或公司办公室咨询公司概况；或者是通过业务人员主动联系业主并向其介绍。

➢ 专业人员（或设计师）接待客户来访，详细解答客户想了解或关心的问题。

➢ 客户考察装饰公司各方面的情况：规模、价位、设计水平、质量保障……

➢ 通过初步考察，确定上门测量房屋尺寸的时间、地点。

2）设计师现场测量。

➢ 按约定时间设计师上门实地测量欲装修场所的面积及其他数据。

➢ 设计师详细了解业主对于装修的具体要求和想法。

➢ 根据业主的要求和所考察房屋的结构，设计师提出初步设计构思，双方沟通设计方案。

➢ 如果业主要求，可在设计师的带领下参观样板间或正在施工的工地，考察施工质量。

3）商谈设计方案。

➢ 业主按约定时间到公司办公地点（或设计师上门）看初步设计方案，设计师详细介绍设计思想。

➢ 业主根据平面图、效果图以及设计师的具体介绍，对设计方案提出意见并进行修改（或认可通过）。

4）确定装修方案。

➢ 按整理修改后的设计方案做出相应的装修工程预算。

➢ 业主最终确认设计方案并安排设计师出施工图。

➢ 设计师配合业主仔细了解装修工程预算，落实施工项目，并检查核实预算中的单价、数量等内容。

5）签订正式合同（一式三份）。

➢ 确定工程施工工期及开工日期，了解施工的组织、计划和人员安排。

➢ 正式确认，签订装修合同（含装饰装修合同文本、合同附件、图纸、预算书）。

➢ 交纳首期工程款。

2. 施工准备工作

1）办理开工手续。

施工队进场前应按所属物业管理部门的规定：业主和装饰公司共同办理开工手续，装饰公司应提供合法的资质证书、营业执照副本及施工人员的身份证和照片，由物业管理部门核发开工证、出入证。

2）设计现场交底。

➢ 开工之日，由设计师召集业主、施工负责人、工程监理到施工现场交底。

➢ 具体敲定、落实施工方案。对原房屋的墙、顶、地以及水、电气进行检测。

➢ 向业主提交检查结果。现场交底后，由工地负责人（工长）处理施工中的日常事务。

➢ 开工时，由施工负责人提交《施工进度计划表》，以此来安排材料采购、分段验收的具体时间。

3）进料及验收。

➢ 由工地负责人通知，公司材料配送中心统一配送装修材料。

> 材料进场后，由业主验收材料的质量、品牌，并填写《装修材料验收单》，验收合格，施工人员开始施工。

> 由甲方（业主）提供的装饰材料应按照《施工进度计划表》中的时间提供。

> 在选购过程中，乙方（装饰公司）可派人配合采购，甲方也可委托乙方直接代为采购，须签订《主材代购委托书》。

3. 施工中期

1）有防水要求的区域（如卫生间）须在施工前做24h的闭水试验，检测原房屋的防水质量。

2）与工长落实水电及其他前期改造项目的具体做法。

3）施工中，施工负责人（工长）组织管理各个工种，并监督检查工程质量。

4）施工中需业主提供的装修主材，由施工负责人提前3日通知，以便业主提前准备。

5）业主按《施工进度计划表》中的时间定期来工地察看，了解施工进程，检查施工质量，并进行分段验收。如发现问题，与工长协商，填写《工程整改协议书》进行项目整改，再行验收。

6）公司的工程监理（或质检员）不定期检查工地的施工组织、管理、规范及施工质量，并在工地留下检查记录，供业主监督。

7）业主与工长商量并确定所有变更的施工项目，填写《项目变更单》。

8）水、电改造工程完工后，业主须进行隐蔽工程的检查验收工作。

9）公司的管理人员与业主定期联系，倾听客户的真实想法和宝贵意见，及时发现问题并解决问题。

10）工程进度过半，业主进行中期工程验收，交纳中期工程款。

4. 施工后期

1）工程基本结束时，工长全面细致地做一次自检工作，检查完毕，无质量问题，通知业主、监理进行完工整体验收。

2）如果在验收中发现问题，商量整改；如果验收合格，填写《工程验收单》，留下宝贵意见，结算尾款，公司为业主填写《工程保修单》并加盖保修章，工程正式交付业主使用，进入两年保修期。

《工程保修单》中包含的服务条款有以下几种。

> **两年保修制**

① 两年保修期内，工程如果出现质量问题（非人为），公司负责免费上门维修。

② 自报修时日起，工程部将在48h内安排维修人员到达现场，实施维修方案。

③ 防水工程，水、电路工程的报修，将在12h内实施解决。

> **终身维修制**

保修期后，工程如果出现质量问题，公司也负责维修，根据实际情况收取成本费。

> **定期回访制**

工程完工后，公司客服部人员将定期回访业主，了解工程的质量及使用情况，并及时提醒业主一些注意事项。

14.1.3　办公室环境的设计要点

办公室环境的设计要点介绍如下。

1. 办公室内环境的设计原则

设计办公室内环境的总体原则是突出现代、高效、简洁与人文的特点。办公室的主要功能是工作、办公。一个经过整合的人性化办公室，所要具备的要素不外乎是自动化设备、办公家具、环境、技术、信息和人性六项，这六项要素齐全之后才能塑造出一个很好的办公空间。通过整合，我们可以把很多因素合理化、系统化地进行组合，达到所需要的效果。

在办公室中，设计师并不一定要对现代化的计算机、电传、会议设备等科技设施有绝对性的了解，却应该对这些设备有起码的概念，如果设计师在设计办公室时，只重视外在表现的美，而忽略了实用的功能性，使得设计不能和办公设备联结在一起，将会丧失现代化办公环境的意义。

2. 办公室内环境空间布局的总体要求

1）掌握工作流程关系以及功能空间的需求。

2）确定各类用房的大致布局和面积分配比例。

3）确定出入口和主通道的大致位置和关系。

4）注意便于安全疏散和利于通行。

5）把握空间尺度。

6）深入了解设备和家具的运用。

3. 办公室内环境的其他设计要点

1）环境因素。

环境是人在听觉、视觉、味觉、感觉、触觉方面的设计，亦即色彩的运用、材料的搭配、音响系统和整个造型给予视觉的心理观感等。环境因素是设计师在设计构想时应关注的问题。

2）现代化技术的发展与应用。

所谓技术，是指随着智能型大楼不断地产生，其大楼内的空调技术、照明技术、地板工程、噪音防治、设备管理的观念等。

3）信息、文件的处理技术。

4）人性、文化、传统等因素。

5）办公心理环境。

6）企业形象的展示。

图14-1和图14-2所示为公共办公空间以及会议室装饰设计的效果。

图14-1　公共办公空间　　　　　　　　　图14-2　会议室

14.2　绘制办公室建筑平面图

本节介绍办公室建筑平面图的绘制方法，主要内容包括绘制墙体、标准柱、门窗等。

14.2.1　墙体

本节绘制办公室的墙体时采取了不同于常规的绘制方法。常规的绘制方法为先绘制轴网，再绘制墙体。由于本节办公室墙体比较规则，因此，可以先绘制一个矩形，再通过调用【偏移】、【修剪】等命令，来得到办公室的墙体。

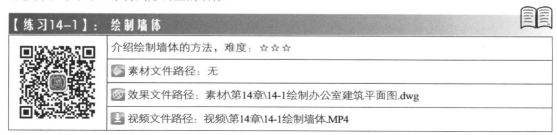

【练习14-1】：	绘制墙体
	介绍绘制墙体的方法，难度：☆☆☆
	素材文件路径：无
	效果文件路径：素材\第14章\14-1绘制办公室建筑平面图.dwg
	视频文件路径：视频\第14章\14-1绘制墙体.MP4

下面介绍绘制墙体的操作步骤。

01 绘制墙体外轮廓。调用REC【矩形】命令，绘制尺寸为49100×17450的矩形。调用O【偏移】命令，设置偏移距离为200，向内偏移矩形，结果如图14-3所示。

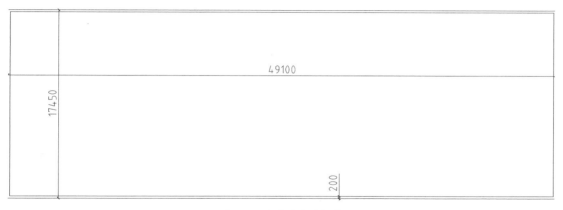

图14-3　绘制墙体外轮廓

02 绘制内部隔墙。调用X【分解】命令，分解矩形。调用O【偏移】命令，偏移墙体轮廓线。调用TR【修剪】命令，修剪墙线，结果如图14-4所示。

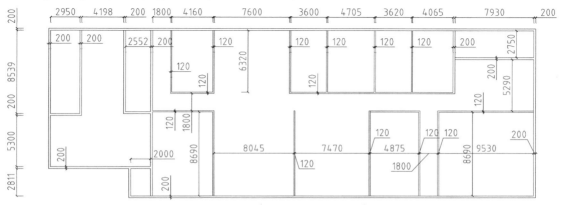

图14-4　绘制内部隔墙

03 绘制卫生间隔墙。调用O【偏移】命令和TR【修剪】命令，偏移并修剪墙线，结果如图14-5所示。

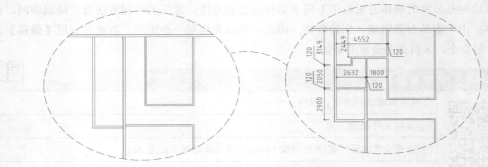

图14-5 绘制卫生间隔墙

04 绘制招待大厅背景墙。调用L【直线】命令，绘制直线。调用TR【修剪】令，修剪直线，结果如图14-6所示。

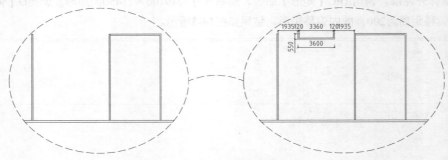

图14-6 绘制背景墙

05 填充墙体图案。在命令行中输入H，调用【图案填充】命令，再在命令行中输入T，选择【设置】选项，弹出【图案填充和渐变色】对话框，设置填充参数，如图14-7所示。

06 选择绘制完成的背景墙图形为填充区域，填充结果如图14-8所示。

图14-7 设置参数

图14-8 填充图案

07 绘制办公室隔墙。调用O【偏移】命令，偏移墙体轮廓线。调用TR【修剪】命令，修剪墙线，结果如图14-9所示。

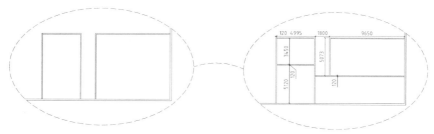

图14-9 绘制办公室隔墙

08 绘制库房、机房隔墙。调用O【偏移】命令和TR【修剪】命令，偏移并修剪墙线，结果如图14-10所示。

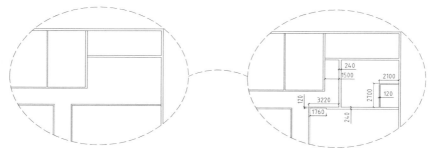

图14-10 绘制隔墙

09 墙体的绘制结果如图14-11所示。

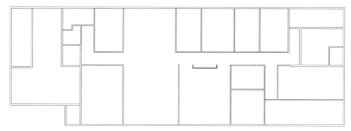

图14-11 绘制结果

14.2.2 矩形标准柱

绘制矩形标准柱的方法是先绘制矩形，然后修剪墙线；再执行【填充】命令，为矩形填充图案。也可以不执行填充图案操作，主要依据不同的绘图要求或表现要求来决定。

【练习14-2】： 绘制矩形标准柱	
	介绍绘制矩形标准柱的方法，难度：☆☆
	素材文件路径：无
	效果文件路径：素材\第14章\14-1绘制办公室建筑平面图.dwg
	视频文件路径：视频\第14章\14-2绘制矩形标准柱.MP4

下面介绍绘制矩形标准柱的操作步骤。

01 绘制标准柱轮廓。调用REC【矩形】命令，分别绘制尺寸为500×500、630×630的矩形。调用TR【修剪】命令，修剪墙线，结果如图14-12所示。

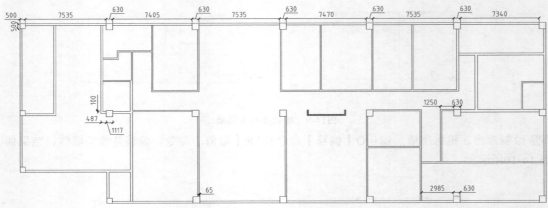

图14-12 绘制结果

02 填充图案。在命令行中输入H，调用【图案填充】命令，再在命令行中输入T，选择【设置】选项，弹出【图案填充和渐变色】对话框，选择名称为SOLID的图案，如图14-13所示。

03 在该对话框中单击【添加：拾取点】按钮，选择绘制完成的矩形为填充区域，填充结果如图14-14所示。

图14-13 设置参数   图14-14 填充图案

14.2.3 门窗

公共建筑的门窗与居住建筑的门窗大同小异，唯一不同的是，公共建筑经常使用玻璃幕墙来进行装饰。因为玻璃幕墙同时兼具了窗户及墙体的功能，既可起到维护作用，又可通风和采光。

【练习14-3】： 绘制门窗

介绍绘制门窗的方法，难度：☆☆

素材文件路径：无

效果文件路径：素材\第14章\14-1绘制办公室建筑平面图.dwg

视频文件路径：视频\第14章\14-2绘制门窗.MP4

下面介绍绘制门窗的操作步骤。

01 绘制门洞。调用L【直线】命令，绘制直线。调用O【偏移】命令，偏移直线。调用TR【修剪】命令，修剪墙线，结果如图14-15所示。

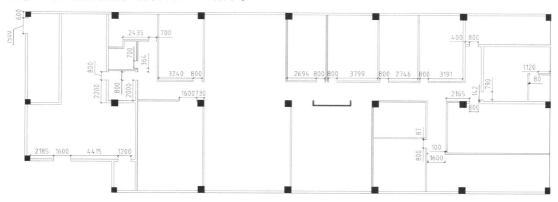

图14-15 绘制门洞

02 绘制窗洞。在命令行中输入L，调用【直线】命令，绘制直线，结果如图14-16所示。

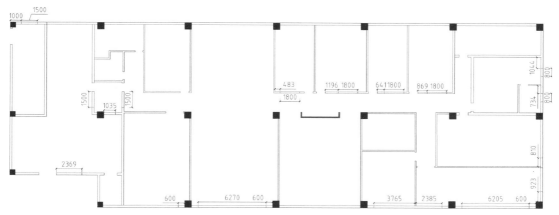

图14-16 绘制窗洞

03 绘制平开窗。调用O【偏移】命令，设置偏移距离为68（墙体宽度为200），向内偏移墙线。调用TR【修剪】命令，修剪墙线，结果如图14-17所示。

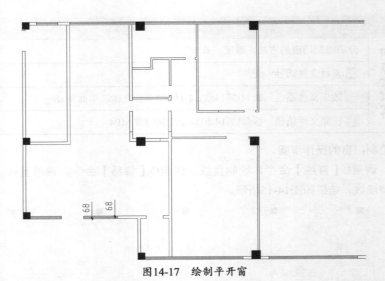

图14-17　绘制平开窗

04 调用O【偏移】命令，设置偏移距离为80（墙体宽度为200），向内偏移墙线。调用TR【修剪】命令，修剪墙线，结果如图14-18所示。

图14-18　修剪墙线

05 调用O【偏移】命令，设置偏移距离为55（墙体宽度为120），向内偏移墙线。调用TR（修剪）命令，修剪墙线，结果如图14-19所示。

06 绘制高窗。调用O【偏移】命令和TR【修剪】命令，偏移并修剪墙线，将窗线的线型更改为虚线，结果如图14-20所示。

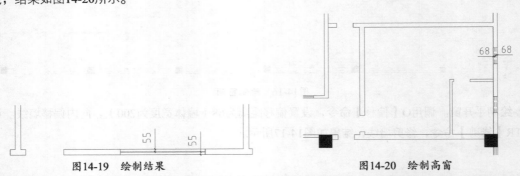

图14-19　绘制结果　　　　　　　　　图14-20　绘制高窗

◦◦◦◦◦◦◦◦◦◦◦ 知识链接 ◦◦◦◦◦◦◦◦◦◦◦

　　高窗是指窗台比较高的窗户。设置高窗的目的有：①隐私和立面需要；②安全需要，包括防止攀爬、防盗以及防火；③采光通风的功能所需。本例为了安全需要将高窗设于库房、机房中。

[07] 重复上述操作，绘制窗的结果如图14-21所示。

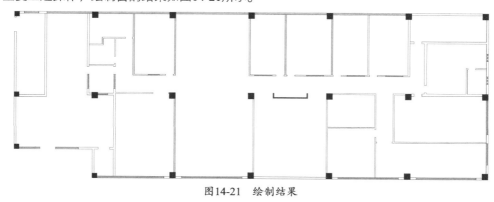

图14-21　绘制结果

14.2.4　其他附属设施

公共建筑的附属设施包括散水、电梯、楼梯等。公共建筑的一层应标示散水的位置及尺寸，此外电梯的位置、大概尺寸也应进行标注；大楼两侧的防火楼梯也需要绘制相应的图示。

【练习14-4】：　绘制其他附属设施

	介绍绘制附属设施的方法，难度：☆☆☆
素材文件路径：	无
效果文件路径：	素材\第14章\14-1绘制办公室建筑平面图.dwg
视频文件路径：	视频\第14章\14-4绘制其他附属设施.MP4

下面介绍绘制附属设施的操作步骤。

[01] 绘制散水。在命令行中输入L，调用【直线】命令，绘制直线，结果如图14-22所示。

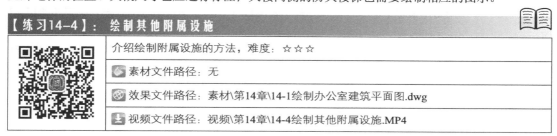

图14-22　绘制散水

[02] 绘制楼梯轮廓。在命令行中输入REC，调用【矩形】命令，绘制尺寸为1680×1365的矩形，结果如图14-23所示。

[03] 绘制踏步。调用X【分解】命令，分解矩形。调用O【偏移】命令，偏移矩形边，结果如图14-24

所示。

04 绘制折断线。在命令行中输入PL,调用【多段线】命令,绘制折断线,结果如图14-25所示。

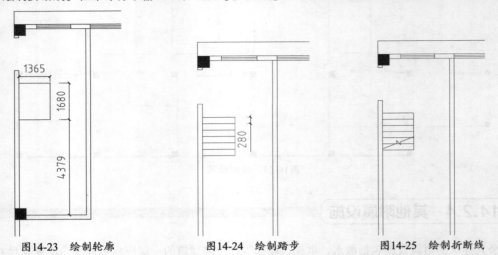

图14-23　绘制轮廓　　　　　图14-24　绘制踏步　　　　　图14-25　绘制折断线

05 在命令行中输入TR,调用【修剪】命令,修剪线段,结果如图14-26所示。

06 绘制扶手。调用O【偏移】命令,偏移线段。调用TR【修剪】命令,修剪线段,结果如图14-27所示。

07 绘制上楼方向箭头。在命令行中输入PL,调用【多段线】命令,绘制起点宽度为50、终点宽度为0的箭头,结果如图14-28所示。

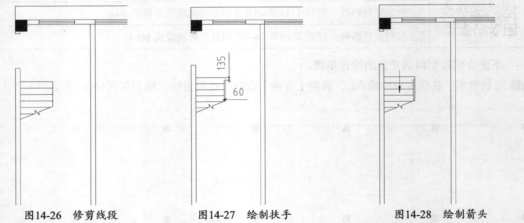

图14-26　修剪线段　　　　　图14-27　绘制扶手　　　　　图14-28　绘制箭头

08 文字标注。在命令行中输入MT,调用【多行文字】命令,进行文字标注,结果如图14-29所示。

09 调用CO【复制】命令和RO【旋转】命令,将楼梯图形复制旋转至右上角的楼梯间位置,结果如图14-30所示。

10 绘制观光电梯。在命令行中输入REC,调用【矩形】命令,绘制尺寸为1840×2342的矩形,结果如图14-31所示。

图14-29　绘制文字　　　　　图14-30　操作结果　　　　　图14-31　绘制矩形

11 在命令行中输入F，调用【圆角】命令，设置圆角半径为150，对矩形进行圆角处理，结果如图14-32所示。

12 调用X【分解】命令，分解矩形。调用O【偏移】命令，偏移矩形边，结果如图14-33所示。

13 在命令行中输入A，调用【圆弧】命令，绘制圆弧，结果如图14-34所示。

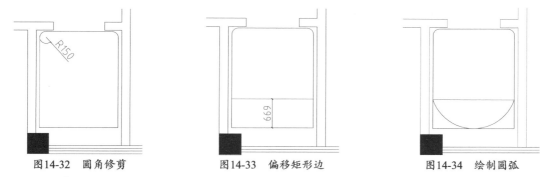

图14-32　圆角修剪　　　　　图14-33　偏移矩形边　　　　　图14-34　绘制圆弧

14 调用E【删除】命令和TR【修剪】命令，删除或修剪多余线段，结果如图14-35所示。

15 在命令行中输入O，调用【偏移】命令，向内偏移轮廓线，结果如图14-36所示。

16 绘制门洞。调用L【直线】命令，绘制直线。调用TR【修剪】命令，修剪线段，结果如图14-37所示。

17 绘制电梯门。调用REC【矩形】命令，绘制尺寸为550×33的矩形。调用L【直线】命令，绘制门口线，结果如图14-38所示。

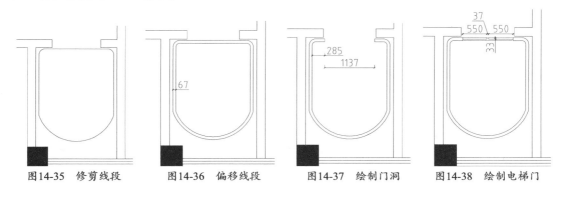

图14-35　修剪线段　　　　图14-36　偏移线段　　　　图14-37　绘制门洞　　　　图14-38　绘制电梯门

延伸讲解

　　观光电梯是指井道和轿厢壁至少有一侧是透明的，乘客可观看轿厢外景物的电梯，主要安装于宾馆、商场、高层办公楼等场合。

18 绘制双扇平开门。调用REC【矩形】命令，绘制尺寸为800×50的矩形。调用A【圆弧】命令，绘制圆弧，结果如图14-39所示。

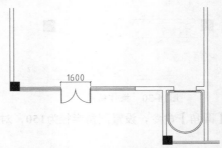

图14-39　绘制双扇平开门

19 重复操作，分别绘制宽度为1500的双扇平开门以及宽度为800的单扇平开门，结果如图14-40所示。

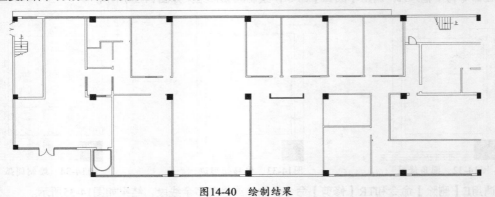

图14-40　绘制结果

20 尺寸标注。在命令行中输入DLI，调用【线性标注】命令，为建筑平面图绘制尺寸标注，结果如图14-41所示。

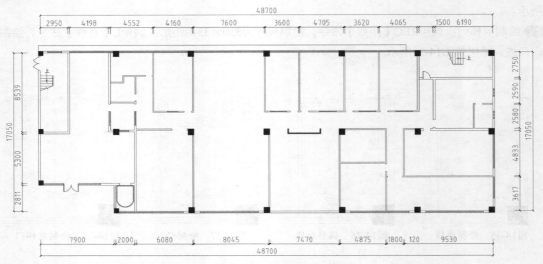

图14-41　绘制尺寸标注

21 绘制图名标注。调用MT【多行文字】命令，绘制图名标注和比例标注。调用L【直线】命令，绘制下画线，并将靠近图名标注下画线的线宽改为0.3mm，结果如图14-42所示。

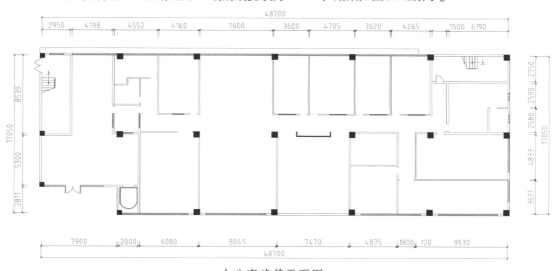

办公室建筑平面图　　1:100

图14-42　绘制图名标注

14.3　绘制办公室平面布置图

办公室的平面布置与住宅的平面布置有所不同，更需要考虑工作流程以及工作区域的划分等问题，在其中涉及人体工程学中关于办公尺度的考虑。本节介绍绘制办公室平面布置图的方法。

14.3.1　办公空间布局分析

办公室由各个不同的功能空间组成，在对办公室进行设计装修时，应注意对各个功能空间进行合理的布局，以满足人们日常的使用需求，提高工作效率。

1. 接待区域

接待区域一般设计在进门的右边。这是由人们的习惯决定的，一般情况下，人走进一个房间都会习惯性地往右走，所以接待区域应设在右边。

2. 产品展厅

产品展厅应该设在左边。这也是因为人们往往会走右边，所以产品的展示应该设在人们不常走的地方，以免碰撞展品。

因为接待区中摆放沙发、饮水机等杂物，所以通常不与产品展厅设在同一个地方。而且当有客人来访时会先把他们引到接待区域，然后再引到产品展厅，这是办公室接待来客的习惯。

3. 总经理办公室与副总经理办公室

一般情况下，总经理办公室是不和副总经理的办公挨在一起的，而且以右为尊，所以总经理的办公室会设在公司的右边。另外一个原因是总经理与副总经理的职能不同。总经理是一个公司的总负责人，是运筹帷幄的角色。而副总经理则负责处理公司内部的各项具体事务。

4. 会议室

会议室一般会设在公司的最里边，因为开会时往往会涉及公司的一些机密的信息，所以设在最里边是出于安全、保密的需要。

5. 其他部门的设置

对于公司其他部门的布局可以视具体情况而定。我们可以先假设此公司是哪种类型的销售公司（即此公司主要是销售什么的），然后再视其财务状况等各方面因素而定。可以以将其设计成开放式，也可以设计成封闭式，还可以设计成半开放半封闭式。

某办公室的平面布局如图14-43所示。

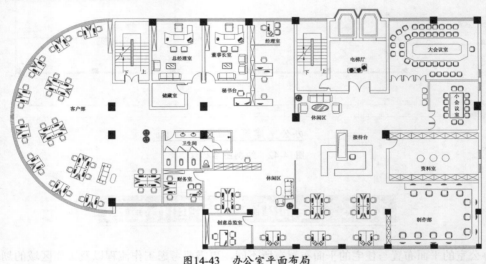

图14-43 办公室平面布局

14.3.2 接待区域的平面布置

本节介绍某小额贷款公司室内设计工程装修图纸的绘制。

接待区域是企业必备的会客区域之一。本节的接待区域布置中，配备了接待台和休闲组合沙发，既能满足工作人员的需求，又兼顾了接待功能。

【练习14-5】： 绘制接待区域平面布置图

介绍绘制接待区域平面布置图的方法，难度：☆☆☆
素材文件路径：素材\第14章\14-1绘制办公室建筑平面图.dwg
效果文件路径：素材\第14章\14-5绘制办公室平面布置图.dwg
视频文件路径：视频\第14章\14-5绘制接待区域平面布置图.MP4

下面介绍绘制接待区域平面布置图的操作步骤。

01 绘制固定玻璃窗。在命令行中输入O，调用【偏移】命令，设置偏移距离为68，向内偏移墙线，结果如图14-44所示。

02 绘制门洞。调用O【偏移】命令，偏移墙线。调用TR【修剪】命令，修剪线段，结果如图14-45所示。

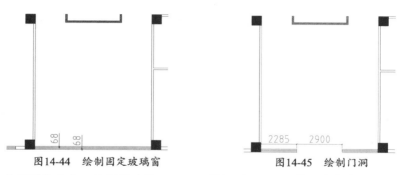

图14-44 绘制固定玻璃窗　　　　　　　图14-45 绘制门洞

03 调用REC【矩形】命令，绘制尺寸为200×600的矩形。调用L【直线】命令，在矩形内绘制对角线，结果如图14-46所示。

04 绘制玻璃推拉门。在命令行中输入REC，调用【矩形】命令，绘制尺寸为1250×40的矩形，结果如图14-47所示。

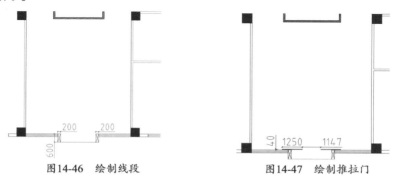

图14-46 绘制线段　　　　　　　　　　图14-47 绘制推拉门

05 绘制背景墙。调用O【偏移】命令，偏移墙线。调用F【圆角】命令，对墙线执行圆角操作，结果如图14-48所示。

图14-48 圆角操作

06 在命令行中输入PL，调用【多段线】命令，绘制锯齿状多段线表示背景墙造型，结果如图14-49所示。

图14-49 绘制多段线

07 绘制装饰柜。在命令行中输入L，调用【直线】命令，绘制直线，并将柜内对角线的线型更改为虚线，结果如图14-50所示。

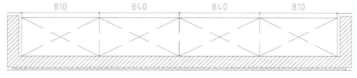

图14-50 绘制鞋柜

08 绘制墙面装饰。在命令行中输入O，调用【偏移】命令，设置偏移距离为30，向外偏移墙线、柱线，结果如图14-51所示。

09 绘制踏步。调用L【直线】命令，绘制直线。调用O【偏移】命令，偏移直线，结果如图14-52所示。

图14-51　绘制装饰图形

图14-52　绘制踏步

10 调用MT【多行文字】命令和PL【多段线】命令，分别绘制文字标注和指示箭头，结果如图14-53所示。

11 绘制接待台。在命令行中输入REC，调用【矩形】命令，绘制尺寸为3000×700的矩形，结果如图14-54所示。

图14-53　绘制图形

图14-54　绘制矩形

12 绘制台面装饰。调用X【分解】命令，分解矩形。调用O【偏移】命令，偏移矩形边，结果如图14-55所示。

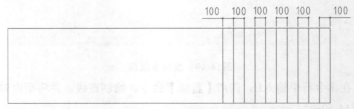
图14-55　偏移矩形边

13 图案填充。在命令行中输入H，调用【图案填充】命令，再在命令行中输入T，选择【设置】选项，弹出【图案填充和渐变色】对话框，设置填充参数，如图14-56所示。

14 单击拾取填充区域，填充图案的结果如图14-57所示。

图14-56　设置参数

图14-57　填充图案

15 调入图块。按Ctrl+O组合键，打开本书配备资源中的"素材\第14章\家具图例.dwg"文件，复制粘贴组合沙发、办公桌椅图例至当前视图，结果如图14-58所示。

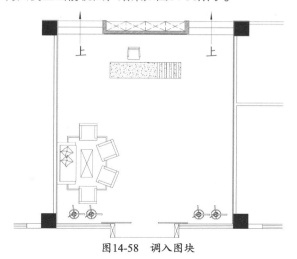

图14-58　调入图块

14.3.3　公共办公区和独立办公室的平面布置

　　本节介绍的是小额贷款公司办公室装修图纸的绘制，因此办公室各功能区的命名以及布置都以满足其使用功能为前提。比如市场部的工作是进行市场调研、撰写市场报告等；风审部门则对市场部所提交的报告进行评估，以确定贷款的风险；库房则保存各类资料，以备调用。

　　在企业中，一般的职员都在公共办公空间中办公，不具有私密性，且共用一些办公设施，比如打印机、扫描仪等。

　　而管理层的人员则在独立的办公室中办公，享有私密性，且有专用的办公设备。有时在独立的办公室外还设置专门的秘书室或会客室，以满足其使用需求。

【练习14-6】：绘制公共办公区和独立办公室平面布置图

	介绍绘制公共办公区和独立办公室平面布置图的方法，难度：☆☆
	素材文件路径：无
	效果文件路径：素材\第14章\14-5绘制办公室平面布置图.dwg
	视频文件路径：视频\第14章\14-6绘制公共办公区和独立办公室平面布置图.MP4

　　下面介绍绘制公共办公区和独立办公室平面布置图的操作步骤。

01 绘制开放办公区布置图。按Ctrl+O组合键，在打开的"素材\第14章\家具图例.dwg"文件中复制粘贴办公桌椅图形至当前视图中，结果如图14-59所示。

02 绘制开放办公区墙面装饰。调用L【直线】命令，绘制直线。调用O【偏移】命令，偏移直线，结果如图14-60所示。

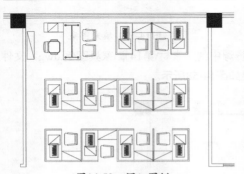

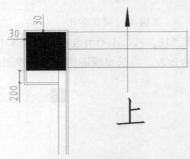

图14-59　调入图例　　　　　　　　　　　图14-60　偏移线段

03 调用C【圆】命令，绘制半径为55的圆，以表示被封的立管。调用REC【矩形】命令，绘制尺寸为650×200的矩形。调用L【直线】命令，在矩形内绘制对角线，并将其线型更改为虚线，结果如图14-61所示。

04 调入图块。按Ctrl+O组合键，在打开的"素材\第14章\家具图例.dwg"文件中复制粘贴办公桌椅图形至开放办公区中，结果如图14-62所示。

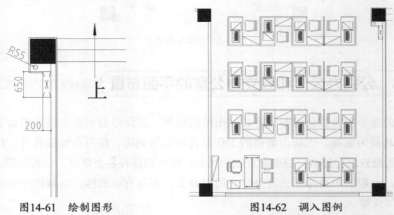

图14-61　绘制图形　　　　　　　　　　图14-62　调入图例

05 绘制台阶。调用L【直线】命令和O【偏移】命令，绘制并偏移直线。调用PL【多段线】命令和MT【多行文字】命令，绘制指示箭头和文字标注，结果如图14-63所示。

06 绘制风审部门办公室平面图。在命令行中输入L，调用【直线】命令，绘制直线，绘制文件柜的结果如图14-64所示。

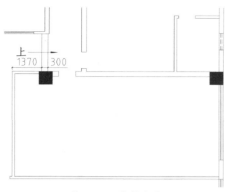

图14-63　绘制台阶

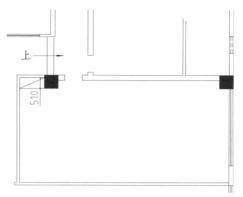

图14-64　绘制线段

07 绘制平开门。调用REC【矩形】命令，绘制尺寸为800×50的矩形。调用A【圆弧】命令，绘制圆弧，结果如图14-65所示。

08 调入图块。按Ctrl+O组合键，在打开的"素材\第14章\家具图例.dwg"文件中复制粘贴办公桌椅图形至当前视图中，结果如图14-66所示。

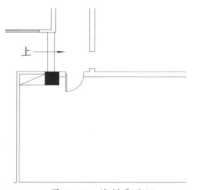

图14-65　绘制平开门

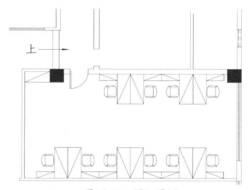

图14-66　调入图例

09 绘制综合部办公室平面图。调用REC【矩形】命令，绘制尺寸为800×50的矩形。调用A【圆弧】命令，绘制圆弧。调用MI【镜像】命令，镜像复制完成双扇平开门的结果如图14-67所示。

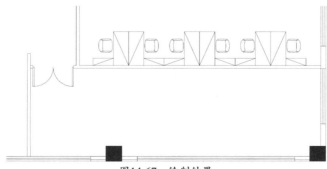

图14-67　绘制结果

10 绘制柜子。调用L【直线】命令和O【偏移】命令，绘制并偏移直线，结果如图14-68所示。

11 调入图块。按Ctrl+O组合键，在打开的"素材\第14章\家具图例.dwg"文件中复制粘贴办公桌椅图形至当前视图中，结果如图14-69所示。

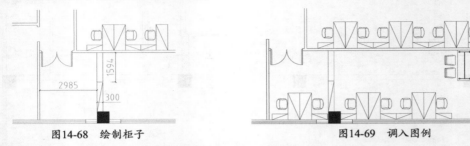

图14-68 绘制柜子 　　　　　图14-69 调入图例

12 重复操作，继续绘制其他办公室的平面布置图，结果如图14-70所示。

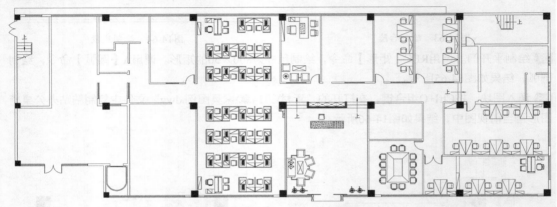

图14-70 绘制其他办公室平面布置图

14.3.4 会议室和接待室平面布置

　　会议室面积较大，能容纳较多人同时开会。接待室是提供与客人商谈的区域，在办公空间面积允许的情况下可以设置，假如面积不允许，则会议室可以兼具接待功能。

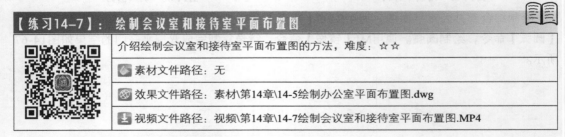

【练习14-7】：绘制会议室和接待室平面布置图

介绍绘制会议室和接待室平面布置图的方法，难度：☆☆

素材文件路径：无

效果文件路径：素材\第14章\14-5绘制办公室平面布置图.dwg

视频文件路径：视频\第14章\14-7绘制会议室和接待室平面布置图.MP4

　　下面介绍绘制会议室和接待室平面布置图的操作步骤。

01 绘制接待室平面图。调用E【删除】命令，删除墙线。调用L【直线】命令，绘制直线。调用O【偏移】命令和TR【修剪】命令，偏移并修剪墙线，绘制固定玻璃窗，结果如图14-71所示。

02 绘制推拉门。调用L【直线】命令和O【偏移】命令，绘制并偏移直线，结果如图14-72所示。

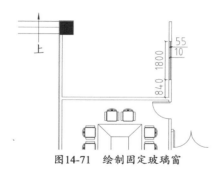
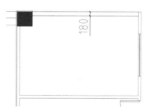

图14-71　绘制固定玻璃窗　　　　　　　图14-72　偏移线段

03 在命令行中输入O，调用【偏移】命令，设置偏移距离为60，向内偏移直线，结果如图14-73所示。

04 调用L【直线】命令，绘制直线。调用TR【修剪】命令，修剪线段，结果如图14-74所示。

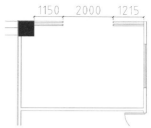

图14-73　偏移结果　　　　　　　　　　图14-74　修剪线段

05 在命令行中输入REC，调用【矩形】命令，绘制尺寸为1020×30的矩形，结果如图14-75所示。

06 在命令行中输入L，调用【直线】命令，绘制门口线，结果如图14-76所示。

图14-75　绘制矩形　　　　　　　　　　图14-76　绘制门口线

07 调入图块。按Ctrl+O组合键，在打开的"素材\第14章\家具图例.dwg"文件中复制粘贴组合沙发图形至当前视图中，结果如图14-77所示。

08 绘制会议室弹簧门。调用REC【矩形】命令，绘制800×50的矩形。调用A【圆弧】命令，绘制圆弧，结果如图14-78所示。

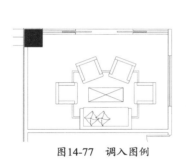

图14-77　调入图例　　　　　　　　　　图14-78　绘制图形

09 调用L【直线】命令，绘制门口线。调用MI【镜像】命令，镜像复制门图形，完成弹簧门的绘制，结果如图14-79所示。

10 绘制电视机。在命令行中输入REC，调用【矩形】命令，绘制2100×35的矩形，结果如图14-80所示。

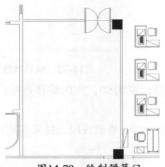
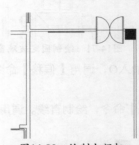

图14-79　绘制弹簧门　　　　　图14-80　绘制电视机

11 在命令行中输入L，调用【直线】命令，绘制直线，结果如图14-81所示。

12 调入图块。按Ctrl+O组合键，在打开的"素材\第14章\家具图例.dwg"文件中复制粘贴组合沙发图形至当前视图中，结果如图14-82所示。

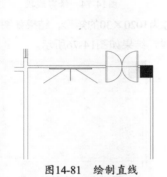
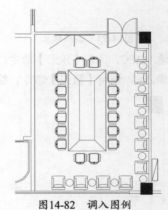

图14-81　绘制直线　　　　　图14-82　调入图例

14.3.5　总经理室平面布置

总经理是整个企业的最高管理者，其办公室的布置需要为满足使用需求进行布置。一般需要兼顾办公和会客这两项主要功能。

【练习14-8】：绘制总经理室平面布置图

介绍绘制总经理室平面布置图的方法，难度：☆☆

素材文件路径：无

效果文件路径：素材\第14章\14-5绘制办公室平面布置图.dwg

视频文件路径：视频\第14章\14-8绘制总经理室平面布置图.MP4

下面介绍绘制总经理室平面布置图的操作步骤。

01 绘制平开门。调用REC【矩形】命令，绘制800×50的矩形。调用A【圆弧】命令，绘制圆弧，结果如图14-83所示。

02 绘制书柜。调用REC【矩形】命令，绘制2100×300的矩形。调用L【直线】命令，绘制对角线，结果如图14-84所示。

图14-83 绘制平开门

图14-84 绘制书柜

03 绘制茶几。调用REC【矩形】命令，绘制1200×500的矩形。调用O【偏移】命令，设置偏移距离为50，向内偏移矩形，结果如图14-85所示。

04 图案填充。在命令行中输入H，调用【图案填充】命令，再在命令行中输入T，选择【设置】选项，弹出【图案填充和渐变色】对话框，设置填充参数，如图14-86所示。

图14-85 绘制茶几

图14-86 设置参数

05 单击拾取填充区域，按Enter键返回对话框，单击【确定】按钮，填充结果如图14-87所示。

06 调入图块。按Ctrl+O组合键，在打开的"素材\第14章\家具图例.dwg"文件中复制粘贴办公桌椅、组合沙发图形至当前视图中，结果如图14-88所示。

图14-87 填充图案

图14-88 调入图例

07 绘制地毯。调用REC【矩形】命令，绘制1521×2368的矩形。调用O【偏移】命令，设置偏移距离为50，向内偏移矩形，结果如图14-89所示。

08 在命令行中输入TR，调用【修剪】命令，修剪线段，结果如图14-90所示。

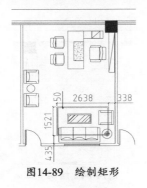
图14-89　绘制矩形

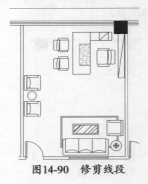
图14-90　修剪线段

14.3.6　卫生间平面布置

企业的办公人员比较多，所以需要合理规划卫生间的面积。本节卫生间的墙体经过改造后，面积经过合理的划分，可大体满足使用需求。

【练习14-9】：　绘制卫生间平面布置图	
介绍绘制卫生间平面布置图的方法，难度：☆☆☆	
素材文件路径：无	
效果文件路径：素材\第14章\14-5绘制办公室平面布置图.dwg	
视频文件路径：视频\第14章\14-9绘制卫生间平面布置图.MP4	

下面介绍绘制卫生间平面布置图的操作步骤。

01 男卫生间墙体改造。在命令行中输入O，调用【偏移】命令，偏移墙线，结果如图14-91所示。

02 调用EX【延伸】命令，延伸墙线。调用TR【修剪】命令，修剪墙线，结果如图14-92所示。

图14-91　偏移墙线

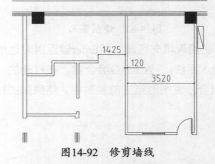
图14-92　修剪墙线

03 绘制门洞。调用L【直线】命令，绘制直线。调用TR【修剪】命令，修剪墙线，结果如图14-93所示。

04 值班室墙体改造。在命令行中输入O，调用【偏移】命令，偏移墙线，结果如图14-94所示。

图14-93　绘制门洞

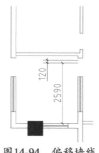

图14-94　偏移墙线

05 调用EX【延伸】命令和TR【修剪】命令，延伸并修剪墙线，结果如图14-95所示。

06 女卫生间墙体改造。调用O【偏移】命令，偏移墙线。调用EX【延伸】命令，延伸墙线，结果如图14-96所示。

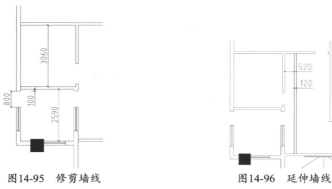

图14-95　修剪墙线　　　　　　　　　　图14-96　延伸墙线

07 在命令行中输入L，调用【直线】命令，绘制直线，结果如图14-97所示。

08 调用TR【修剪】命令，修剪墙线。调用M【移动】命令，移动平开窗的位置，结果如图14-98所示。

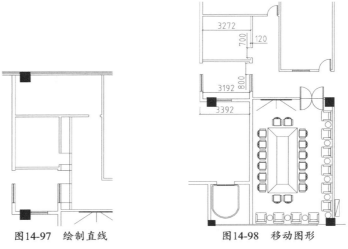

图14-97　绘制直线　　　　　　　　　　图14-98　移动图形

09 绘制男卫生间隔断。调用L【直线】命令，绘制直线。调用O【偏移】命令，偏移直线，结果如图14-99所示。

10 绘制门洞。调用L【直线】命令，绘制直线。调用TR【修剪】命令，修剪直线，结果如图14-100所示。

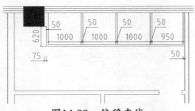
图14-99　偏移直线

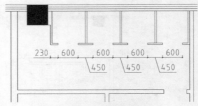
图14-100　修剪直线

11 绘制平开门。调用REC【矩形】命令，绘制尺寸为600×20的矩形。调用RO【旋转】命令，设置旋转角度为30，旋转矩形。调用A【圆弧】命令，绘制圆弧，结果如图14-101所示。

12 绘制隔板。在命令行中输入REC，调用【矩形】命令，绘制尺寸为500×50的矩形，结果如图14-102所示。

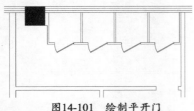
图14-101　绘制平开门

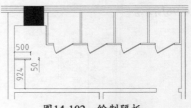
图14-102　绘制隔板

13 调用REC【矩形】命令，绘制矩形（矩形长为门洞的宽度，矩形宽均为50）。调用A【圆弧】命令，绘制圆弧，结果如图14-103所示。

14 绘制清洗间墙体。调用O【偏移】命令和TR【修剪】命令，偏移并修剪墙体，结果如图14-104所示。

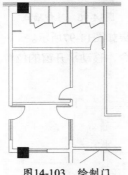
图14-103　绘制门

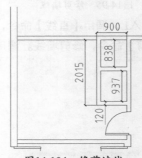
图14-104　修剪墙线

15 绘制门洞。调用L【直线】命令，绘制直线。调用TR【修剪】命令，修剪墙线，结果如图14-105所示。

16 调用REC【矩形】命令、RO【旋转】命令和A【圆弧】命令，绘制门图形，结果如图14-106所示。

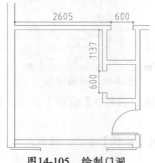
图14-105　绘制门洞

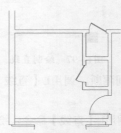
图14-106　绘制门

17 绘制女卫生间隔断。调用L【直线】命令、O【偏移】命令、TR【修剪】命令和RO【旋转】命令，绘制隔断及平开门等图形，结果如图14-107所示。

18 绘制洗手台。在命令行中输入REC，调用【矩形】命令，绘制尺寸为1853×600的矩形，结果如图14-108所示。

19 调入图块。按Ctrl+O组合键，在打开的"素材\第14章\家具图例.dwg"文件中复制粘贴办公桌椅、组合沙发以及洁具等图形至当前视图中，结果如图14-109所示。

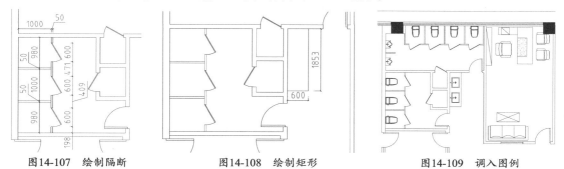

图14-107 绘制隔断　　　　图14-108 绘制矩形　　　　图14-109 调入图例

20 办公室平面布置图的绘制结果如图14-110所示。

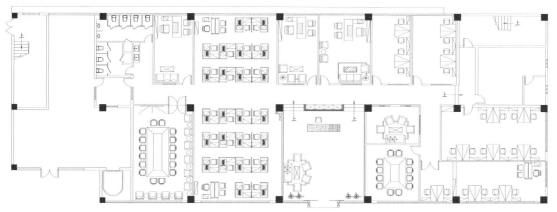

图14-110 绘制办公室平面布置图的结果

21 文字标注。调用MT【多行文字】命令，为办公室各区域绘制文字标注，结果如图14-111所示。

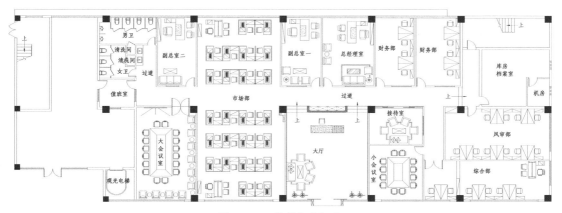

图14-111 绘制文字标注

22 图名标注。调用MT【多行文字】命令和L【直线】命令，绘制图名标注和比例标注，结果如图14-112所示。

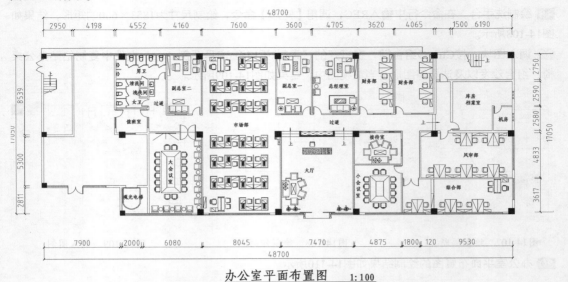

办公室平面布置图　　1:100

图14-112　绘制图名标注

14.4　思考与练习

（1）沿用本章介绍的方法，绘制如图14-113所示的办公空间原始结构图。

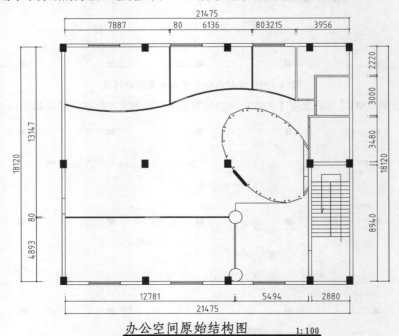

办公空间原始结构图　　1:100

图14-113　绘制办公空间原始结构图

（2）沿用本章介绍的方法，绘制如图14-114所示的办公空间平面布置图。

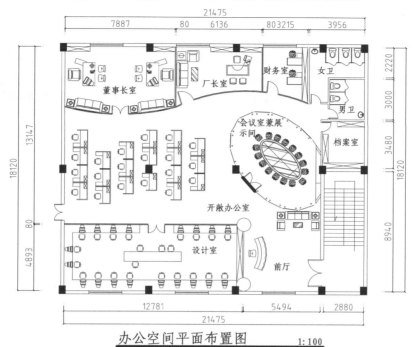

办公空间平面布置图   1:100

图14-114　绘制办公空间平面布置图

办公室的地面图表现了各办公区域地面铺装的制作效果。通过读图，了解拼贴方式、材料类型以及材料尺寸。办公室顶棚图表达顶部造型的制作方法与制作效果，包括材料的类型与尺寸。

本章介绍绘制办公室地面图与顶棚图的方法。

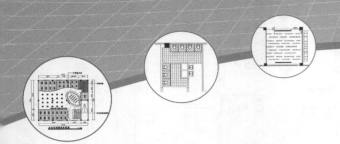

15

第15章
绘制办公室地面图与顶棚图

15.1 办公室地面布置图

办公空间由于面积比较大，成分比较单一，即大多区域都为办公区域。因此，本节中地面的主要装饰材料为瓷砖，但是在瓷砖的种类、大小、铺贴工艺上有所区别。独立办公室及会议室使用地毯作为地面铺装材料，具有吸收噪音的功能。

【练习15-1】： 绘制办公室地面布置图	
介绍绘制地面布置图的方法，难度：☆☆☆	
	📁 素材文件路径：素材\第14章\14-5绘制办公室平面布置图.dwg
	⊚ 效果文件路径：素材\第15章\15-1绘制办公室地面布置图.dwg
	⬇ 视频文件路径：视频\第15章\15-1绘制办公室地面布置图.MP4

下面介绍绘制办公室地面布置图的操作步骤。

01 整理图形。调用CO【复制】命令，创建办公室平面布置图副本。调用E【删除】命令，删除多余图形，结果如图15-1所示。

图15-1　整理图形

02 在命令行中输入L，调用【直线】命令，绘制门口线，结果如图15-2所示。

图15-2　绘制门口线

03 绘制卫生间地面铺砌图案。在命令行中输入H，调用【图案填充】命令，再在命令行中输入T，选择【设置】选项，弹出【图案填充和渐变色】对话框，选择填充图案，设置填充比例，如图15-3所示。

04 在该对话框中单击【添加：拾取点】按钮，在填充区域内单击鼠标左键，按Enter键返回对话框，单击【确定】按钮，关闭对话框，填充结果如图15-4所示。

图15-3　设置参数

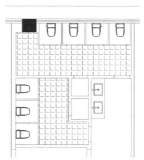

图15-4　填充卫生间地面图案

05 按Enter键，再次调出【图案填充和渐变色】对话框，更改图案的填充角度为45，如图15-5所示。

06 选择隔间地面为填充区域，填充图案的结果如图15-6所示。

图15-5　修改参数

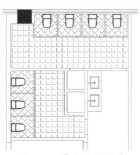

图15-6　填充隔间图案

07 绘制过道的波打线。调用O【偏移】命令，设置偏移距离为120，往外偏移墙线。调用TR【修剪】命令，修剪线段，结果如图15-7所示。

图15-7　修剪线段

08 绘制波打线铺砌图案。调出【图案填充和渐变色】对话框，选择填充图案，如图15-8所示。

09 选择走边为填充区域，填充图案的结果如图15-9所示。

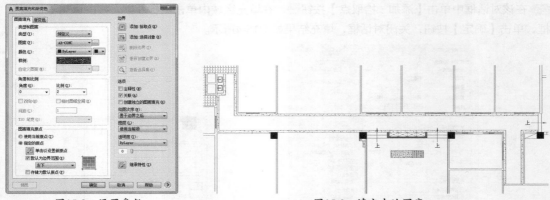

图15-8　设置参数　　　　　　　　　　　　　图15-9　填充走边图案

10 绘制过道地面铺砌图案。在命令行中输入H，调用【图案填充】命令，再在命令行中输入T，选择【设置】选项，弹出【图案填充和渐变色】对话框，设置填充图案的角度和间距，如图15-10所示。

11 选择过道为填充区域，填充图案的结果如图15-11所示。

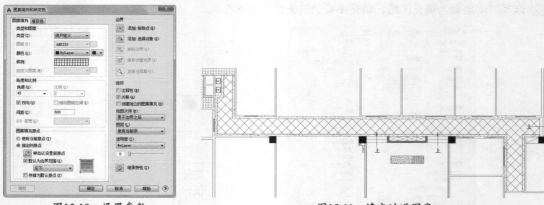

图15-10　设置参数　　　　　　　　　　　　图15-11　填充过道图案

12 绘制其他办公室地面铺砌图案。在命令行中输入H，调用【图案填充】命令，再在命令行中输入T，选择【设置】选项，弹出【图案填充和渐变色】对话框，设置填充参数，如图15-12所示。

13 单击拾取填充区域,填充图案的结果如图15-13所示。

图15-12　设置参数

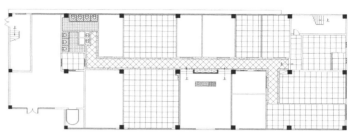

图15-13　填充地面图案

14 绘制地毯铺装图案。执行菜单【绘图】|【图案填充】命令,接着在命令行中输入T,选择【设置】选项,弹出【图案填充和渐变色】对话框,设置填充参数,如图15-14所示。

15 单击拾取待填充地毯图案的区域,填充图案的结果如图15-15所示。

图15-14　设置参数

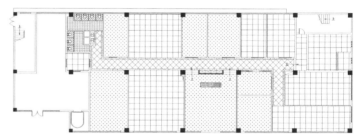

图15-15　填充图案

16 绘制门槛石地面铺砌图案。在命令行中输入H,调用【图案填充】命令,再在命令行中输入T,选择"设置"选项,弹出【图案填充和渐变色】对话框,设置填充比例,如图15-16所示。

17 单击拾取门槛石填充区域,填充图案的结果如图15-17所示。

图15-16　设置参数

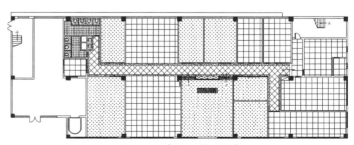

图15-17　填充门槛石图案

▨ 绘制填充图例表。调用REC【矩形】命令，绘制尺寸为9759×12070的矩形。调用X【分解】命令，分解矩形。调用O【偏移】命令，偏移矩形边，结果如图15-18所示。

▨ 在命令行中输入REC，调用【矩形】命令，绘制尺寸为1000×1000的矩形，结果如图15-19所示。

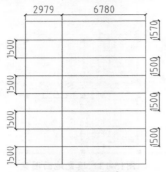

图15-18 绘制表格

图15-19 绘制矩形

▨ 调用H【图案填充】命令，沿用上述所绘制的各办公区域的地面图案的填充参数，在矩形内填充图案，结果如图15-20所示。

▨ 在命令行中输入MT，调用【多行文字】命令，绘制文字标注，结果如图15-21所示。

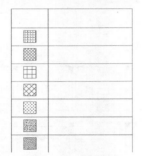

图15-20 填充图案

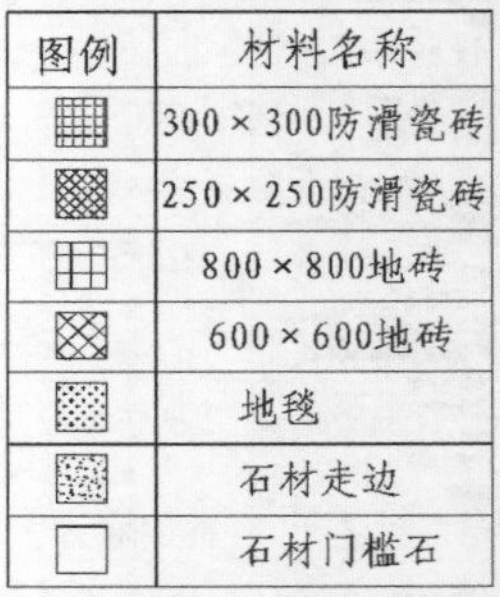

图例	材料名称
	300×300防滑瓷砖
	250×250防滑瓷砖
	800×800地砖
	600×600地砖
	地毯
	石材走边
	石材门槛石

图15-21 绘制文字标注

▨ 绘制图名标注。调用MT【多行文字】命令，绘制图名标注和比例标注。调用L【直线】命令，绘制下画线，并将靠近图名标注下画线的线宽改为0.3mm，结果如图15-22所示。

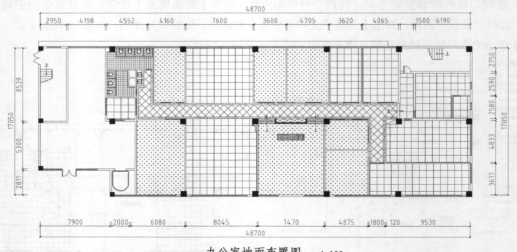

办公室地面布置图　　1:100

图15-22 绘制图名标注

15.2 绘制办公空间顶棚图

办公空间的顶面造型较简单，仅在会议室及接待区域制作了简单的造型吊顶。在开敞办公区及独立办公室则设计了平顶，仅在平顶的样式上做区别。

15.2.1 公共区域顶棚图

办公室的公共区域包括接待大厅、公共办公区域、卫生间等，本节介绍接待大厅、公共办公区域顶棚图的绘制。

接待大厅是接待访客、展现本企业整体风貌的一个窗口。因此，端庄、大气的装修风格可以展现企业文化内涵，应在材料的选用、家具的摆设上精心设计。接待大厅顶面制作矩形吊顶，左右两边辅以灰镜饰面，简约大方。

公共办公区域在沿袭整个办公空间的整体装修风格以及满足照明的情况下，顶面使用宽度较小、长度不定的灰镜来装饰，既统一于整体，又不会显得单调。

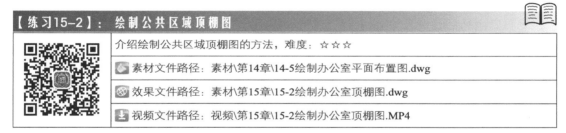

【练习15-2】：绘制公共区域顶棚图
介绍绘制公共区域顶棚图的方法，难度：☆☆☆
素材文件路径：素材\第14章\14-5绘制办公室平面布置图.dwg
效果文件路径：素材\第15章\15-2绘制办公室顶棚图.dwg
视频文件路径：视频\第15章\15-2绘制办公室顶棚图.MP4

下面介绍绘制公共区域顶棚图的操作步骤。

01 整理图形。调用CO【复制】命令，创建平面布置图副本。调用E【删除】命令，删除多余图形。调用L【直线】命令，绘制门口线，结果如图15-23所示。

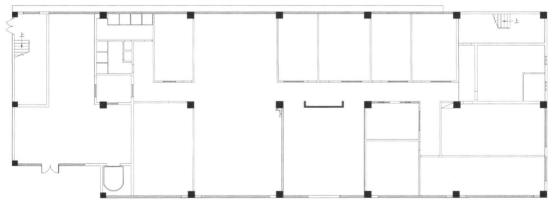

图15-23 整理图形

02 绘制大厅顶棚图。在命令行中输入L，调用【直线】命令，绘制直线，结果如图15-24所示。

03 在命令行中输入REC，调用【矩形】命令，绘制矩形，结果如图15-25所示。

图15-24　绘制直线

图15-25　绘制矩形

04 绘制风口。调用REC【矩形】命令，绘制尺寸为3000×200的矩形。调用O【偏移】命令，设置偏移距离为15，向内偏移矩形，结果如图15-26所示。

05 在命令行中输入L，调用【直线】命令，绘制直线，结果如图15-27所示。

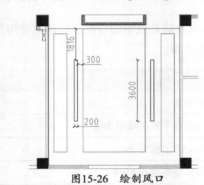

图15-26　绘制风口

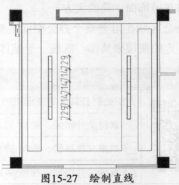

图15-27　绘制直线

06 填充图案。在命令行中输入H，调用【图案填充】命令，再在命令行中输入T，选择【设置】选项，弹出【图案填充和渐变色】对话框，设置填充角度和间距，如图15-28所示。

07 单击拾取填充区域，填充图案的结果如图15-29所示。

图15-28　设置参数

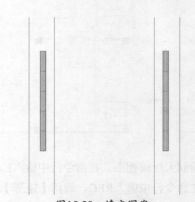

图15-29　填充图案

08 填充顶面图案。执行菜单【绘图】|【图案填充】命令，在命令行中输入T，选择【设置】选项，弹出【图案填充和渐变色】对话框，选择填充图案，设置填充比例，如图15-30所示。

09 单击拾取填充区域，填充图案的结果如图15-31所示。

图15-30 设置参数

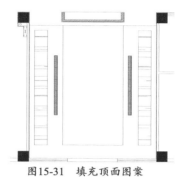

图15-31 填充顶面图案

10 绘制灯带。调用O【偏移】命令，偏移线段。调用F【圆角】命令，对所偏移的线段执行圆角操作，并将线段的线型更改为虚线，结果如图15-32所示。

11 调入图块。按Ctrl+O组合键，在打开的"素材\第15章\家具图例.dwg"文件中复制粘贴灯具、风口等图形至当前视图中，结果如图15-33所示。

图15-32 绘制灯带

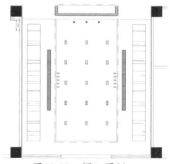

图15-33 调入图例

12 绘制开敞办公区顶棚图。在命令行中输入L，调用【直线】命令，绘制直线，结果如图15-34所示。

13 绘制石膏板吊顶。在命令行中输入REC，调用【矩形】命令，绘制矩形，结果如图15-35所示。

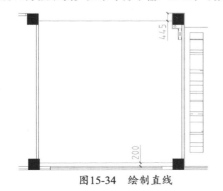

图15-34 绘制直线

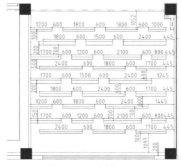

图15-35 绘制矩形

14 在命令行中输入H，调用【图案填充】命令，再在命令行中输入T，选择【设置】选项，弹出【图案填充和渐变色】对话框，设置填充角度为90，填充比例为25，如图15-36所示。

15 单击拾取矩形为填充区域，填充图案的结果如图15-37所示。

图15-36　设置参数

图15-37　填充图案

16 调用CO【复制】命令，从大厅顶棚图中移动复制风口图形至公共办公区顶面图中。调用RO【旋转】命令，将风口旋转90°，结果如图15-38所示。

17 绘制灯带。在命令行中输入O，调用【偏移】命令，偏移线段，并将线段的线型更改为虚线，结果如图15-39所示。

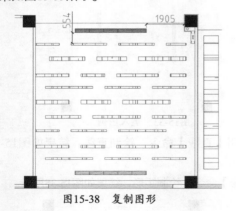

图15-38　复制图形

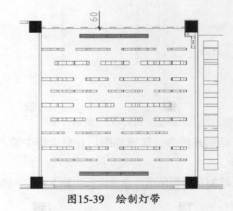

图15-39　绘制灯带

15.2.2　独立区域顶棚图

独立区指有单独的空间，仅对部分人开放，比如会议室、财务室、总经理办公室。本节介绍会议室和总经理办公室顶棚图的绘制。

会议室的气氛是较为严肃的，因此装修风格应突出这种气氛。在材料的选用上依然是石膏板与灰镜，但在制作上却与其他区域有所不同。会议室制作了矩形叠级吊顶，中间灰镜饰面。庄重中也带有跳动的元素，为沉闷的气氛增添了活力。

【练习15-3】：　绘 制 独 立 区 域 顶 棚 图	
	介绍绘制独立区域顶棚图的方法，难度：☆☆
	素材文件路径：无
	效果文件路径：素材\第15章\15-2绘制办公室顶棚图.dwg
	视频文件路径：视频\第15章\15-3绘制独立区域顶棚图.MP4

　　下面介绍绘制独立区域顶棚图的操作步骤。

01 绘制大会议室顶棚图。调用O【偏移】命令，偏移墙线。调用F【圆角】命令，对所偏移的线段执行圆角操作，结果如图15-40所示。

02 在命令行中输入REC，调用【矩形】命令，绘制矩形，结果如图15-41所示。

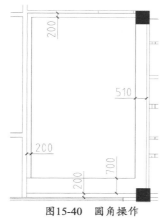
图15-40　圆角操作

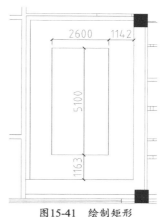
图15-41　绘制矩形

03 在命令行中输入O，调用【偏移】命令，分别设置偏移距离为600、150、30，向内偏移矩形，结果如图15-42所示。

04 在命令行中输入L，调用【直线】命令，绘制对角线，结果如图15-43所示。

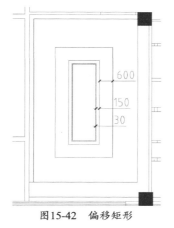
图15-42　偏移矩形

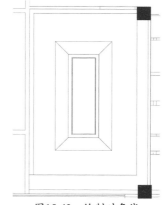
图15-43　绘制对角线

05 填充顶面图案。在命令行中输入H，调用【图案填充】命令，再在命令行中输入T，选择【设置】选项，弹出【图案填充和渐变色】对话框，选择名称为AR-RROOF的图案，设置填充比例为25，填充结果如图15-44所示。

06 绘制灯带。在命令行中输入O，调用【偏移】命令，设置偏移距离为60，偏移线段，并将线型更改为虚线，结果如图15-45所示。

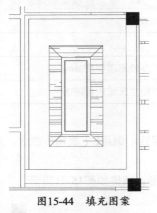
图15-44 填充图案

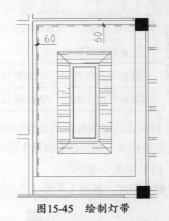
图15-45 绘制灯带

07 绘制总经理办公室顶棚图。在命令行中输入O，调用【偏移】命令，偏移墙线，结果如图15-46所示。

08 调入图块。按Ctrl+O组合键，在打开的"素材\第15章\家具图例.dwg"文件中复制粘贴灯具、风口等图形至当前视图中，结果如图15-47所示。

图15-46 偏移墙线

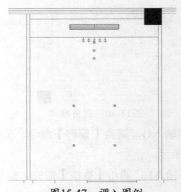
图15-47 调入图例

09 沿用相同的参数和画法，为其他办公区域绘制顶棚布置图，结果如图15-48所示。

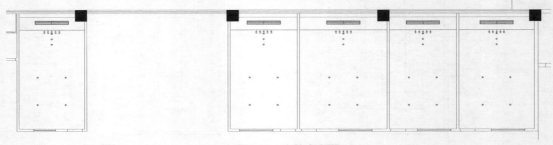
图15-48 绘制结果

10 办公室顶棚图的绘制结果如图15-49所示。

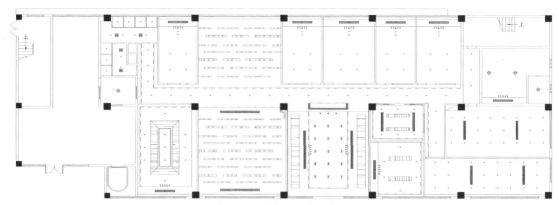

图15-49　绘制办公室顶棚图

11 绘制图例表。调用REC【矩形】、X【分解】、O【偏移】等命令，绘制灯具图例表，结果如图15-50所示。

⊕	筒灯（洗手间采用防雾型）	⊕	壁灯
○	筒灯	− − −	暗藏T5灯管
⊕	石英射灯（可调角度）	⊠	排风扇
✳	吊灯	▭	白色铝制风口
⊕	吸顶灯	↦	出风口
▭▭	双头斗胆灯	≣	回风口

图15-50　绘制图例表

12 绘制图名标注。调用MT【多行文字】命令，绘制图名标注和比例标注。调用L【直线】命令，绘制下画线，并将靠近图名标注下画线的线宽改为0.3mm，结果如图15-51所示。

办公室顶面布置图　1:100

图15-51　绘制图名标注

办公室顶面尺寸定位图如图15-52所示。

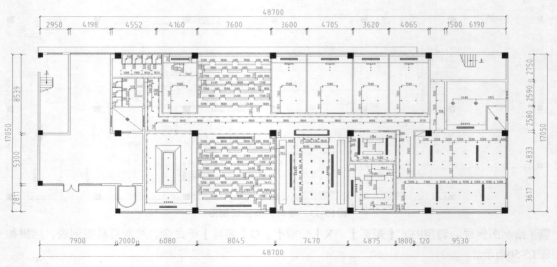

办公室顶面尺寸定位图   1:100

图15-52   办公室顶面尺寸定位图

15.3   思考与练习

（1）沿用本章介绍的方法，绘制如图15-53所示的办公空间地面布置图。

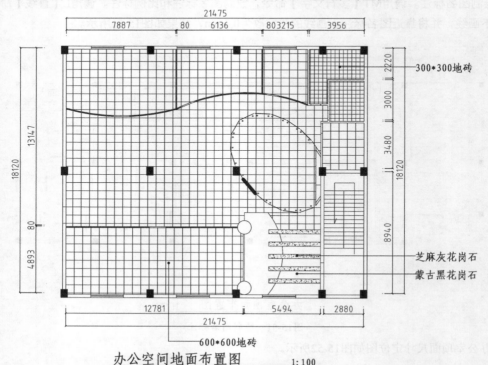

办公空间地面布置图   1:100

图15-53   绘制办公空间地面布置图

（2）沿用本章介绍的方法，绘制如图15-54所示的办公空间顶面布置图。

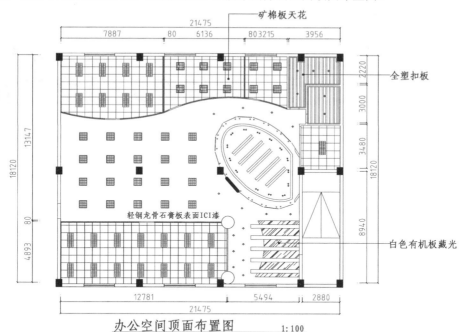

办公空间顶面布置图　　1：100

图15-54　绘制办公空间顶面布置图

在办公空间中，不同类型的办公室，墙面装饰效果也不相同。公共办公区域与独立办公室因为使用者不同，装修风格也有差异。立面图是了解居室装饰风格的重要图样之一。

在本章中，介绍绘制办公室立面图的方法。

16

第16章
绘制办公室立面图

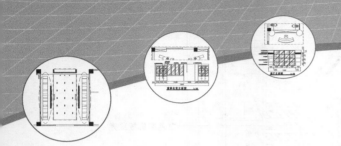

16.1　大厅背景墙立面图

大厅背景图为接待大厅正立面图，也就是接待台立面图。这相当于企业的门面，因为来客第一眼看到的即是该墙面。因此，墙面的装饰设计效果也关系到来客对企业的印象。

本节大厅背景墙所使用的材料是大理石。采用干挂的施工工艺，将尺寸不同的大理石装饰于墙面上，大气奢华，彰显了该企业的气度。

【练习16-1】：	绘制大厅背景墙立面图

介绍绘制大厅背景墙立面图的方法，难度：☆☆☆

素材文件路径：素材\第14章\14-5绘制办公室平面布置图.dwg

效果文件路径：素材\第16章\16-1绘制大厅背景墙立面图.dwg

视频文件路径：视频\第16章\16-1绘制大厅背景墙立面图.MP4

下面介绍绘制大厅背景墙立面图的操作步骤。

01 按Ctrl+O组合键，打开本书配备资源中的"素材\第14章\14-5绘制办公室平面布置图.dwg"文件，在办公室平面布置图的基础上绘制立面图。

02 整理图形。调用CO【复制】命令，将大厅背景墙立面图的平面部分移动复制至一旁，结果如图16-1所示。

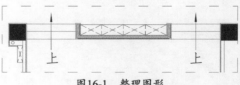

图16-1　整理图形

03 绘制立面轮廓。调用REC【矩形】命令，绘制矩形。调用O【偏移】命令，设置偏移距离为120，向内偏移矩形。调用L【直线】命令，绘制直线，结果如图16-2所示。

04 在命令行中输入H，调用【图案填充】命令，再在命令行中输入T，选择【设置】选项，弹出

【图案填充和渐变色】对话框，设置填充参数，如图16-3所示。

图16-2　绘制立面轮廓　　　　　　　　　　图16-3　设置参数

05 单击拾取墙体轮廓线，填充结果如图16-4所示。

06 绘制吊顶。在命令行中输入L，调用【直线】命令，绘制直线，结果如图16-5所示。

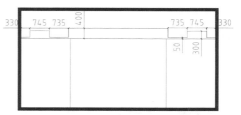

图16-4　填充效果　　　　　　　　　　　图16-5　绘制吊顶

07 绘制吊顶装饰层。调用L【直线】命令，绘制直线。调用O【偏移】命令，偏移直线，结果如图16-6所示。

> **技巧提示**
> 在图16-7中被椭圆所圈选的顶面装饰区域即步骤07所绘制的立面吊顶装饰层。

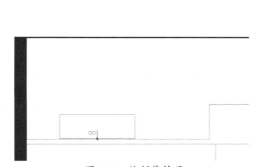

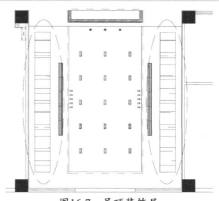

图16-6　绘制装饰层　　　　　　　　　　　图16-7　吊顶装饰层

08 绘制灯槽。在命令行中输入L，调用【直线】命令，绘制直线，结果如图16-8所示。

图16-8　绘制直线

09 在命令行中输入MI，调用【镜像】命令，镜像复制绘制完成的灯槽，结果如图16-9所示。

图16-9　复制图形

10 绘制台阶。调用O【偏移】命令，偏移线段。调用TR【修剪】命令，修剪线段，结果如图16-10所示。

11 在命令行中输入MI，调用【镜像】命令，镜像复制绘制完成的台阶图形，结果如图16-11所示。

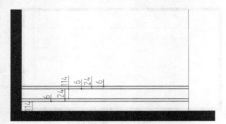

图16-10　修剪线段

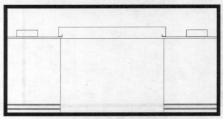

图16-11　复制图形

12 绘制背景墙装饰。在命令行中输入O，调用【偏移】命令，偏移线段，结果如图16-12所示。

13 调用REC【矩形】命令，分别绘制尺寸为3660×20、3660×30的矩形。在背景墙中将尺寸为3660×20的矩形置于尺寸为3660×30的矩形之上，结果如图16-13所示。

图16-12　偏移线段

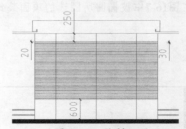

图16-13　绘制矩形

14 图案填充。在命令行中输入H，调用【图案填充】命令，再在命令行中输入T，选择【设置】选项，弹出【图案填充和渐变色】对话框，选择名称为AR-CONC的图案，设置填充比例为1。选择背景墙中尺寸为3660×30的矩形作为填充区域，填充结果如图16-14所示。

15 绘制企业的口号。在命令行中输入MT，调用【多行文字】命令，在背景墙上绘制文字，结果如图16-15所示。

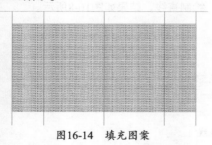

图16-14　填充图案

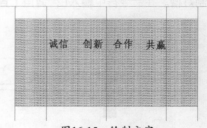

图16-15　绘制文字

16 在命令行中输入PL，调用【多段线】命令，绘制折断线，结果如图16-16所示。

17 调入图块。按Ctrl+O组合键，在打开的"素材\第16章\家具图例.dwg"文件中复制粘贴灯具、风机等图形至当前视图中，结果如图16-17所示。

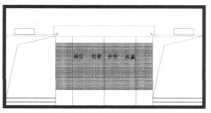

图16-16　绘制折断线

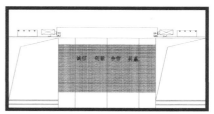

图16-17　调入图例

18 执行菜单【绘图】|【图案填充】命令，在命令行中输入T，选择【设置】选项，弹出【图案填充和渐变色】对话框，设置填充参数，如图16-18所示。

19 选择填充区域，填充图案的结果如图16-19所示。

图16-18　设置参数

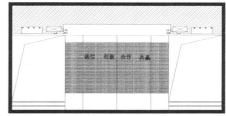

图16-19　填充图案

20 文字标注。在命令行中输入MLD，调用【多重引线】命令，分别指定引线箭头、引线基线的位置，绘制材料标注的结果如图16-20所示。

21 尺寸标注。在命令行中输入DLI，调用【线性标注】命令，绘制尺寸标注，结果如图16-21所示。

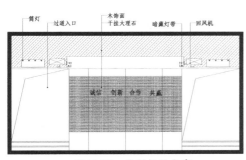

图16-20　绘制标注文字

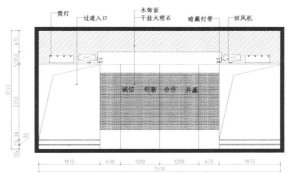

图16-21　绘制尺寸标注

22 图名标注。调用【多行文字】命令，绘制图名和比例标注。调用【直线】命令，绘制下画线，并将靠近图名标注的下画线的线宽改为0.3mm，结果如图16-22所示。

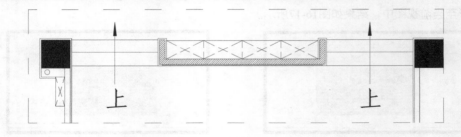

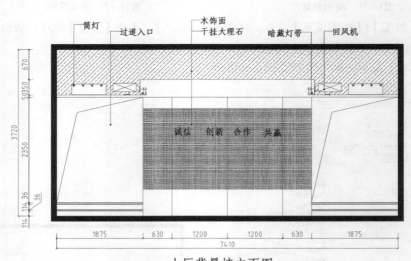

筒灯　过道入口　木饰面　干挂大理石　暗藏灯带　回风机

诚信　创新　合作　共赢

大厅背景墙立面图　　1：50

图16-22　绘制图名标注

16.2　过道立面图

　　过道立面图即女卫生间以及门卫室平开门所在墙面。通过该立面图，可以大概窥探办公空间的装饰风格为现代风格。此外，还可以从立面图上得到洗手台的尺寸以及装饰材料等信息。

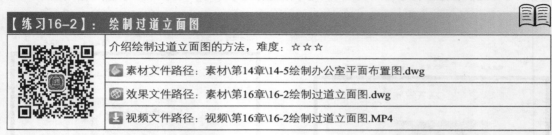

【练习16-2】：　绘制过道立面图

介绍绘制过道立面图的方法，难度：☆☆☆

素材文件路径：素材\第14章\14-5绘制办公室平面布置图.dwg

效果文件路径：素材\第16章\16-2绘制过道立面图.dwg

视频文件路径：视频\第16章\16-2绘制过道立面图.MP4

　　下面介绍绘制过道立面图的操作步骤。

01 按Ctrl+O组合键，打开本书配备资源中的"素材\第14章\14-5绘制办公室平面布置图.dwg"文件，在办公室平面布置图的基础上绘制立面图。

02 整理图形。调用CO【复制】命令，将过道墙立面图的平面部分移动复制至一旁，结果如图16-23所示。

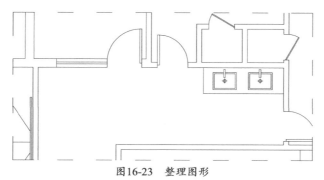

图16-23　整理图形

03 绘制立面外轮廓线。调用REC【矩形】命令，绘制矩形。调用O【偏移】命令，向内偏移矩形。调用L【直线】命令，绘制直线。调用H【图案填充】命令，为立面墙体填充SOLID图案，结果如图16-24所示。

04 绘制立面装饰。在命令行中输入L，调用【直线】命令，绘制直线，结果如图16-25所示。

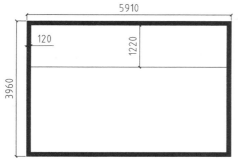

图16-24　绘制立面轮廓

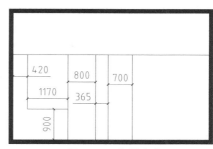

图16-25　绘制直线

05 绘制原建筑窗。调用O【偏移】命令，偏移直线。调用F【圆角】命令，设置圆角半径为0，对线段执行圆角操作，结果如图16-26所示。

06 填充图案。在命令行中输入H，调用【图案填充】命令，在命令行中输入T，选择【设置】选项，弹出【图案填充和渐变色】对话框，选择名称为AR-RROOF的图案，设置填充角度为45°，填充比例为20，填充图案的结果如图16-27所示。

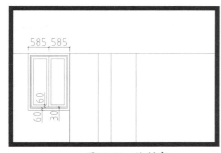

图16-26　绘制窗

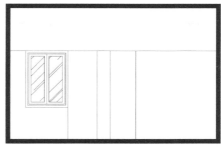

图16-27　填充图案

07 绘制门套。调用O【偏移】命令，向内偏移门轮廓线。调用TR【修剪】命令，修剪线段，结果如图16-28所示。

08 调用PL【多段线】命令,绘制多段线,表示门的开启方向,并将多段线的线型更改为虚线,结果如图16-29所示。

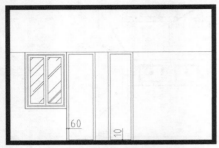
图16-28 绘制结果

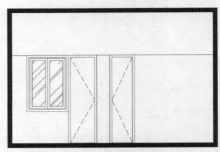
图16-29 绘制多段线

09 绘制洗手台及水银镜。在命令行中输入REC,调用【矩形】命令,绘制矩形,结果如图16-30所示。

10 图案填充。在命令行中输入H,调用【图案填充】命令,再在命令行中输入T,选择【设置】选项,弹出【图案填充和渐变色】对话框,选择名称为**AR-RROOF**的图案,设置填充角度为45°,填充比例为20,为水银镜填充图案。

11 在【图案填充和渐变色】对话框中选择名称为**AR-CONC**的图案,设置填充比例为1,为洗手台填充图案,结果如图16-31所示。

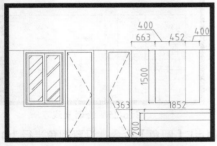
图16-30 绘制矩形

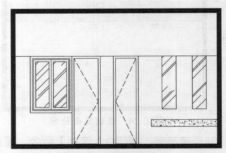
图16-31 填充图案

12 调入图块。按Ctrl+O组合键,在打开的"素材\第16章\家具图例.dwg"文件中复制粘贴洁具的立面图形至当前视图中,结果如图16-32所示。

13 绘制墙面装饰轮廓线。调用O【偏移】命令,偏移墙线。调用TR【修剪】命令,修剪线段,结果如图16-33所示。

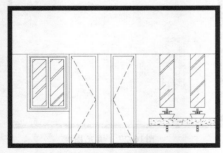
图16-32 调入图例

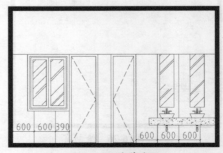
图16-33 修剪线段

14 填充墙面图案。在命令行中输入H,调用【图案填充】命令,再在命令行中输入T,选择【设置】选项，弹出【图案填充和渐变色】对话框，设置填充参数，如图16-34所示。

15 单击拾取墙面为填充区域，填充图案的结果如图16-35所示。

图16-34　设置参数

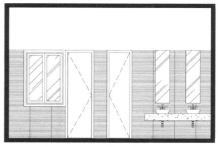

图16-35　填充图案

16 填充顶面图案。在命令行中输入H，调用【图案填充】命令，再在命令行中输入T，选择【设置】选项，弹出【图案填充和渐变色】对话框，选择名称为ANSI33的图案，设置填充比例为20，填充结果如图16-36所示。

17 绘制尺寸、文字标注。调用DLI【线性标注】命令，为立面图绘制尺寸标注。调用MT【多行文字】命令，为立面图绘制材料标注，结果如图16-37所示。

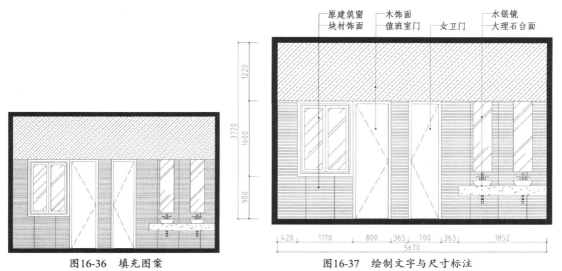

图16-36　填充图案

图16-37　绘制文字与尺寸标注

18 图名标注。调用MT【多行文字】命令，绘制图名和比例标注。调用L【直线】命令，绘制下画线，并将靠近图名标注的下画线的线宽改为0.3mm，结果如图16-38所示。

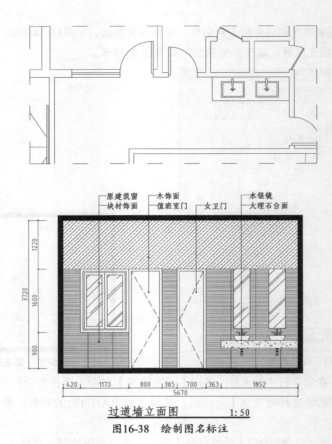

原建筑窗　木饰面　　　　　水银镜
块材饰面　值班室门　女卫门　大理石台面

过道墙立面图　　　　　1：50
图16-38　绘制图名标注

16.3　公共办公区立面图

公共办公区墙面的装饰材料为木饰面，辅以装饰画。整体中透露出亮点，在统一中寻求变化。

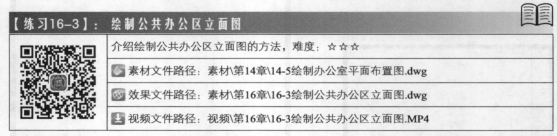

【练习16-3】：绘制公共办公区立面图

介绍绘制公共办公区立面图的方法，难度：☆☆☆

素材文件路径：素材\第14章\14-5绘制办公室平面布置图.dwg

效果文件路径：素材\第16章\16-3绘制公共办公区立面图.dwg

视频文件路径：视频\第16章\16-3绘制公共办公区立面图.MP4

下面介绍绘制公共办公区立面图的操作步骤。

01 按Ctrl+O组合键，打开本书配备资源中的"素材\第14章\14-5绘制办公室平面布置图.dwg"文件，在办公室平面布置图的基础上绘制立面图。

02 整理图形。调用CO【复制】命令，将开放办公区立面图的平面部分移动复制至一旁，结果如图16-39所示。

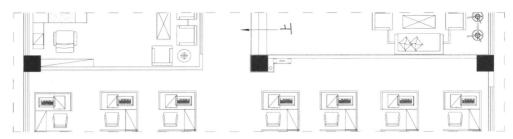

图16-39　整理图形

03 绘制立面轮廓线。调用REC【矩形】命令，绘制矩形。调用X【分解】命令，分解矩形。调用O【偏移】命令，偏移矩形边。调用TR【修剪】命令，修剪矩形边。调用H【图案填充】命令，选择名称为SOLID的图案，为立面墙体填充图案，结果如图16-40所示。

图16-40　绘制立面轮线

04 绘制原建筑梁。调用REC【矩形】命令，绘制矩形。调用H【图案填充】命令，选择名称为SOLID的图案，为原建筑梁填充图案，结果如图16-41所示。

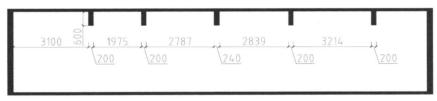

图16-41　绘制梁

05 绘制吊顶。调用L【直线】命令，绘制直线。调用TR【修剪】命令，修剪直线，结果如图16-42所示。

图16-42　绘制吊顶

06 绘制吊顶装饰。调用L【直线】命令，绘制直线。调用O【偏移】命令，偏移直线，结果如图16-43所示。

图16-43　绘制吊顶装饰

07 重复操作，依次绘制顶面各个凹槽的表面装饰，结果如图16-44所示。

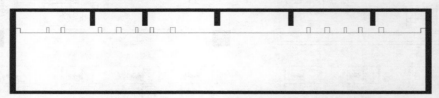

图16-44 绘制图形

08 绘制灯槽。调用L【直线】命令，绘制直线。调用O【偏移】命令和TR【修剪】命令，偏移并修剪直线，结果如图16-45所示。

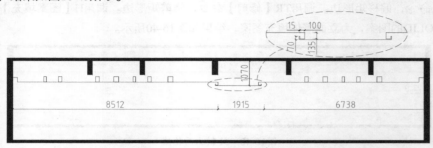

图16-45 绘制灯槽

09 绘制立面装饰。调用L【直线】命令，绘制直线。调用O【偏移】命令，偏移直线，结果如图16-46所示。

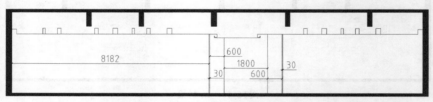

图16-46 绘制立面装饰

10 绘制装饰画。调用REC【矩形】命令，绘制矩形。调用O【偏移】命令，向内偏移矩形。调用CO【复制】命令，移动复制绘制完成的图形，结果如图16-47所示。

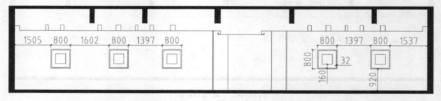

图16-47 绘制装饰画

11 绘制踢脚线。调用O【偏移】命令，偏移线段。调用TR【修剪】命令，修剪线段，结果如图16-48所示。

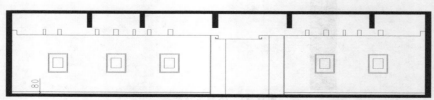

图16-48 绘制踢脚线

12 调入图块。按Ctrl+O组合键，在打开的"素材\第16章\家具图例.dwg"文件中复制粘贴灯具的立面图形至当前视图中，结果如图16-49所示。

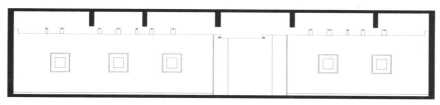

图16-49　调入图例

13 图案填充。在命令行中输入H，调用【图案填充】命令，再在命令行中输入T，选择【设置】选项，弹出【图案填充和渐变色】对话框，设置填充参数，如图16-50所示。

14 在立面图中单击拾取填充区域，填充图案的结果如图16-51所示。

图16-50　设置参数

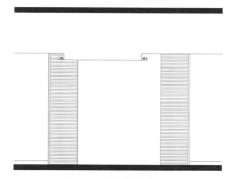

图16-51　填充图案

15 填充踢脚线、装饰画框图案。在命令行中输入H，调用【图案填充】命令，再在命令行中输入T，选择【设置】选项，弹出【图案填充和渐变色】对话框，设置填充角度和填充比例，如图16-52所示。

图16-52　设置参数

16 在立面图中拾取踢脚线、装饰画框等区域，绘制图案填充的结果如图16-53所示。

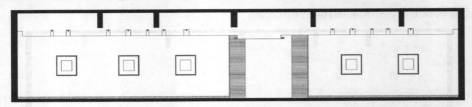

图16-53 填充图案

17 填充墙面装饰图案。在命令行中输入H，调用【图案填充】命令，再在命令行中输入T，选择【设置】选项，弹出【图案填充和渐变色】对话框，设置填充角度和填充比例，如图16-54所示。

图16-54 设置参数

18 在立面图中单击拾取墙面区域，填充图案的结果如图16-55所示。

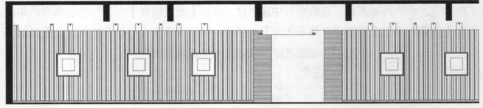

图16-55 填充图案

19 填充顶面图案。在命令行中输入H，调用【图案填充】命令，再在命令行中输入T，选择【设置】选项，弹出【图案填充和渐变色】对话框，选择名称为ANSI33的图案，设置填充比例为20，填充结果如图16-56所示。

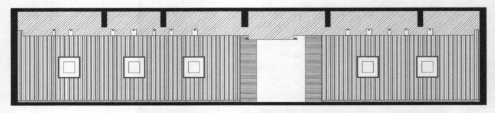

图16-56 填充顶面图案

20 在命令行中输入PL，调用【多段线】命令，绘制折断线，结果如图16-57所示。

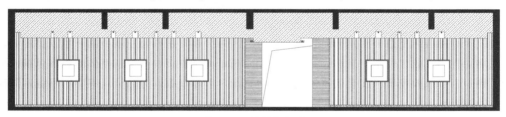

图16-57　绘制折断线

21 绘制尺寸、文字标注。调用DLI【线性标注】命令，为立面图绘制尺寸标注。调用MT【多行文字】命令，为立面图绘制材料标注，结果如图16-58所示。

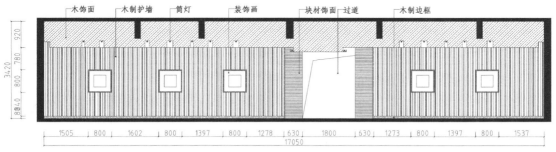

图16-58　绘制尺寸与文字标注

22 图名标注。调用MT【多行文字】命令，绘制图名和比例标注。调用L【直线】命令，绘制下画线，并将靠近图名标注下画线的线宽改为0.3mm，结果如图16-59所示。

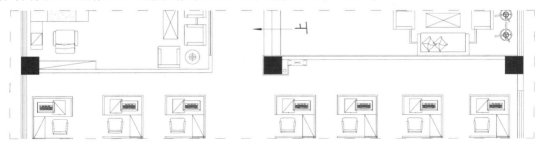

开敞办公区墙立面图　1：50

图16-59　绘制图名标注

16.4 会议室立面图

会议室墙面装饰是办公空间墙面装饰的重点，因为会议室是办公空间中的一个重要区域。会议室的墙面使用了软包和木材来进行装饰。使用木材是为了沿袭办公空间整体的装饰风格，而软包饰面则是为了吸收噪音。在会议室中使用软包饰面，可以吸收、分散会议室中的噪音，降低对室内室外的影响。

【练习16-4】： 绘制会议室立面图	
	介绍绘制会议室立面图的方法，难度：☆☆☆
	素材文件路径：素材\第14章\14-5绘制办公室平面布置图.dwg
	效果文件路径：素材\第16章\16-4绘制会议室立面图.dwg
	视频文件路径：视频\第16章\16-4绘制会议室立面图.MP4

下面介绍绘制会议室立面图的操作步骤。

01 按Ctrl+O组合键，打开本书配备资源中的"素材\第14章\14-5绘制办公室平面布置图.dwg"文件，在办公室平面布置图的基础上绘制立面图。

02 整理图形。调用CO【复制】命令，将会议室立面图的平面部分移动复制至一旁，结果如图16-60所示。

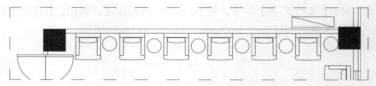

图16-60　整理图形

03 绘制立面轮廓。调用REC【矩形】命令，绘制矩形。调用X【分解】命令，分解矩形。调用O【偏移】命令，偏移矩形边。调用TR【修剪】命令，修剪矩形边。调用H【图案填充】命令，选择名称为SOLID的图案，为立面墙体填充图案，结果如图16-61所示。

04 绘制吊顶。调用L【直线】命令、O【偏移】命令以及TR【修剪】命令，绘制、偏移并修剪直线，结果如图16-62所示。

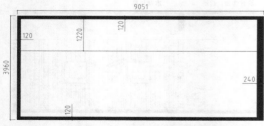

图16-61　绘制立面轮廓

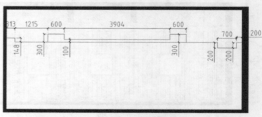

图16-62　绘制吊顶

05 绘制吊顶装饰。调用L【直线】命令，绘制直线。调用O【偏移】命令，偏移直线。调用TR【修剪】命令，修剪直线，结果如图16-63所示。

06 绘制墙面装饰轮廓线。调用L【直线】命令和O【偏移】命令，绘制并偏移直线，结果如图16-64所示。

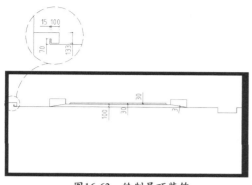

图16-63　绘制吊顶装饰

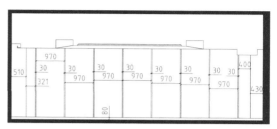

图16-64　绘制轮廓线

07 调用CO【复制】命令，从公共办公区立面图中移动复制装饰画图形，结果如图16-65所示。

08 调入图块。按Ctrl+O组合键，在打开的"素材\第16章\家具图例.dwg"文件中复制粘贴灯具、风机的立面图形至当前视图中，结果如图16-66所示。

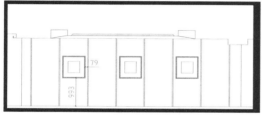

图16-65　复制图形

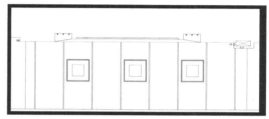

图16-66　调入图例

09 填充墙面软包饰面图案。在命令行中输入H，调用【图案填充】命令；再在命令行中输入T，选择【设置】选项，弹出【图案填充和渐变色】对话框，设置填充比例，如图16-67所示。

10 填充顶面、墙面图案。在命令行中输入H，调用【图案填充】命令，再在命令行中输入T，选择【设置】选项，弹出【图案填充和渐变色】对话框，选择名称为ANSI33的图案，设置填充比例为20，填充顶面图案。

11 在【图案填充和渐变色】对话框中选择名称为PLASIT的图案，设置填充角度为90°，填充比例为25，填充墙面图案，结果如图16-68所示。

图16-67　设置参数

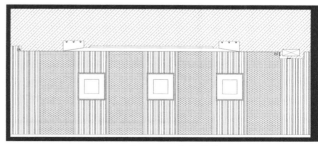

图16-68　填充图案

12 调入图块。按Ctrl+O组合键，在打开的"素材\第16章\家具图例.dwg"文件中复制粘贴桌椅的立面图形至当前视图中，结果如图16-69所示。

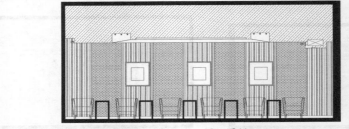

图16-69　调入图例

13 绘制尺寸、材料标注。调用DLI【线性标注】命令，为立面图绘制尺寸标注。调用MT【多行文字】命令，为立面图绘制材料标注，结果如图16-70所示。

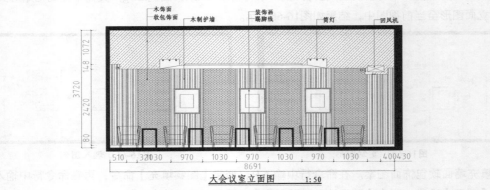

图16-70　绘制尺寸与材料标注

14 图名标注。调用MT【多行文字】命令，绘制图名和比例标注。调用L【直线】命令，绘制下画线，并将靠近图名标注下画线的线宽改为0.3mm，结果如图16-71所示。

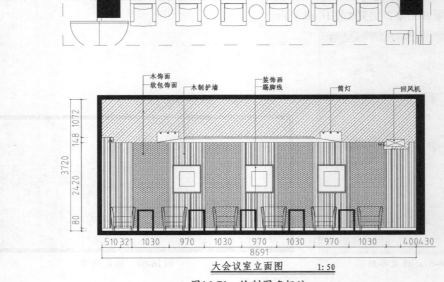

图16-71　绘制图名标注

16.5 总经理室立面图

　　总经理室的墙立面装饰也是办公空间墙面设计的一个重点，该区域的立面可以沿袭办公空间的装饰风格，也可以寻求突破。本节所介绍的总经理室墙立面的装饰是继承了办公空间的现代装饰风格。

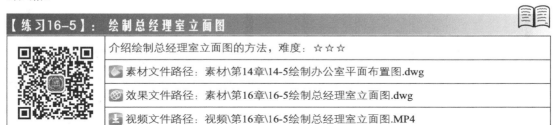

【练习16-5】：绘制总经理室立面图	
	介绍绘制总经理室立面图的方法，难度：☆☆☆
	🔷 素材文件路径：素材\第14章\14-5绘制办公室平面布置图.dwg
	🔷 效果文件路径：素材\第16章\16-5绘制总经理室立面图.dwg
	🔷 视频文件路径：视频\第16章\16-5绘制总经理室立面图.MP4

　　下面介绍绘制总经理室立面图的操作步骤。

01 按Ctrl+O组合键，打开本书配备资源中的"素材\第14章\14-5绘制办公室平面布置图.dwg"文件，在办公室平面布置图的基础上绘制立面图。

02 整理图形。调用CO【复制】命令，将总经理室立面图的平面部分移动复制至一旁，结果如图16-72所示。

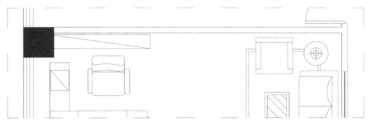

图16-72　整理图形

03 绘制立面轮廓。调用REC【矩形】命令，绘制矩形。调用X【分解】命令，分解矩形。调用O【偏移】命令，偏移矩形边。调用TR【修剪】命令，修剪矩形边。调用H【图案填充】命令，选择名称为SOLID的图案，为立面墙体填充图案，结果如图16-73所示。

04 绘制风机位、书柜位。调用O【偏移】命令，偏移线段。调用TR【修剪】命令，修剪线段，结果如图16-74所示。

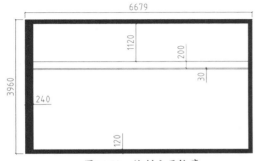

图16-73　绘制立面轮廓

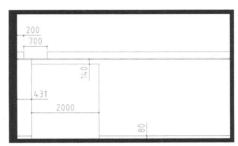

图16-74　修剪线段

05 绘制柜门。在命令行中输入O，调用【偏移】命令，偏移书柜轮廓线，结果如图16-75所示。

06 调用O【偏移】命令，设置偏移距离为60，向内偏移书柜轮廓线。调用F【圆角】命令，设置圆角半径为0，对所偏移的线段执行圆角处理，结果如图16-76所示。

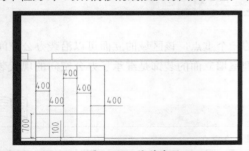

图16-75　偏移线段

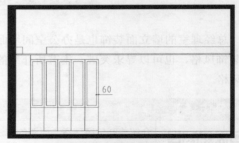

图16-76　修剪线段

07 在命令行中输入PL，调用【多段线】命令，绘制折断线，表示柜门的开启方向线，结果如图16-77所示。

08 填充玻璃柜门图案。在命令行中输入H，调用【图案填充】命令，再在命令行中输入T，选择【设置】选项，弹出【图案填充和渐变色】对话框，设置填充角度为45°，填充比例为23，如图16-78所示。

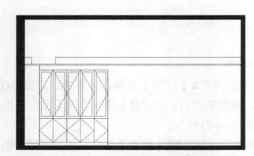

图16-77　绘制折断线

图16-78　设置参数

09 单击拾取填充区域，填充图案的结果如图16-79所示。

10 在命令行中输入CO，调用【复制】命令，从会议室立面图中移动复制装饰画图形，结果如图16-80所示。

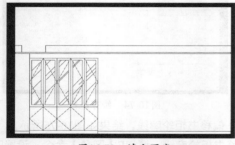

图16-79　填充图案

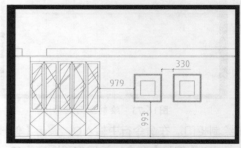

图16-80　复制图形

11 填充踢脚线图案。在命令行中输入H，调用【图案填充】命令，再在命令行中输入T，选择
【设置】选项，弹出【图案填充和渐变色】对话框，选择名称为ANSI36的填充图案，设置填充比
例为15，并单击拾取踢脚线区域，填充结果如图16-81所示。

12 填充墙面图案。在命令行中输入H，调用【图案填充】命令，再在命令行中输入T，选择【设
置】选项，弹出【图案填充和渐变色】对话框，选择名称为PLASIT的图案，设置填充角度为
90°，填充比例为25，填充墙面图案，结果如图16-82所示。

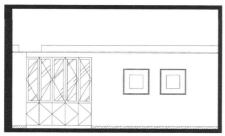

图16-81　填充图案

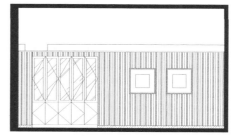

图16-82　填充墙面图案

13 调入图块。按Ctrl+O组合键，在打开的"素材\第16章\家具图例.dwg"文件中复制粘贴风机、桌
椅的立面图形至当前视图中，结果如图16-83所示。

14 填充顶面图案。在命令行中输入H，调用【图案填充】命令，再在命令行中输入T，选择【设
置】选项，弹出【图案填充和渐变色】对话框，选择名称为ANSI33的图案，设置填充比例为20，
填充顶面图案，结果如图16-84所示。

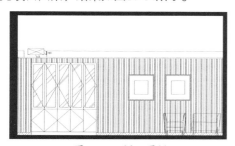

图16-83　调入图例

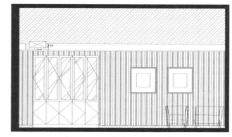

图16-84　填充顶面图案

15 绘制尺寸、文字标注。调用DLI【线性标注】命令，为立面图绘制尺寸标注。调用MT【多行文
字】命令，为立面图绘制材料标注，结果如图16-85所示。

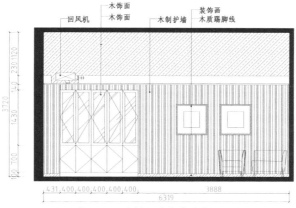

图16-85　绘制尺寸与文字标注

16 图名标注。调用MT【多行文字】命令，绘制图名和比例标注。调用L【直线】命令，绘制下画线，并将靠近图名标注下画线的线宽改为0.3mm，结果如图16-86所示。

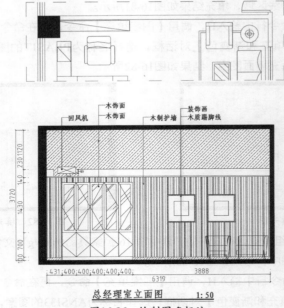

总经理室立面图　　1:50

图16-86　绘制图名标注

16.6　思考与练习

（1）沿用本章介绍的方法，绘制如图16-87所示的前厅立面图。

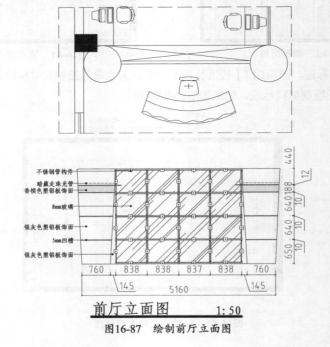

前厅立面图　　1:50

图16-87　绘制前厅立面图

（2）沿用本章介绍的方法，绘制如图16-88所示的董事长室立面图。

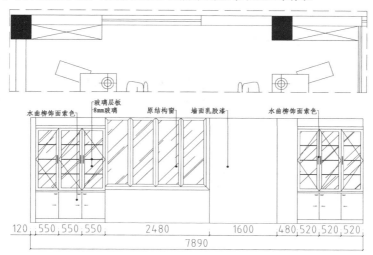

图16-88 绘制董事长室立面图

餐厅是人们就餐的场所。在餐饮行业中，餐厅的设计是很重要的，因为餐厅的形式不仅可以体现餐厅的规模、格调，而且还可以体现餐厅的经营特色和服务特色。在我国，餐厅大致可分为中式餐厅和西式餐厅两大类；根据餐厅服务内容，又可细分为宴会厅、快餐厅、零餐餐厅、自助餐厅等。

本章首先介绍餐厅室内设计的基本知识，然后以某西餐厅为例，介绍餐厅室内装饰设计图纸的绘制方法。

17

第 17 章

绘制餐厅室内设计图纸

17.1 餐厅室内装修的设计要点

餐厅室内装修的设计要点包括总体的环境布局、人体尺度、用餐尺度等，本节就来介绍这些要点。

17.1.1 餐厅装修设计总体环境布局

餐厅的总体布局是由交通空间、使用空间、工作空间等要素给合成的一个整体。作为一个整体，餐厅的空间设计首先必须满足接待顾客和使顾客方便用餐这一基本要求，同时还要追求更高的审美和艺术价值。

因为餐厅的空间有限，因此许多建材与设备，均应作有序的组合，以显示形式之美。形式美即整体和部分的和谐。在设计餐厅空间时，由于功用不同，所需的空间大小各异，其组合运用也各不相同，必须考虑各种空间的适度性及各空间组织的合理性。

相关的主要空间有顾客用的空间，如通路（电话、停车处）、座位等，是服务大众、便利其用餐的空间；管理用的空间，如入口服务台、办公室、服务人员休息室、仓库等；调理用的空间，如配餐间、雅座、散台、主厨房、辅厨房、冷藏间等；公共用的空间，如接待室、走廊、洗手间等。

在设计时要注意各空间面积的特殊性，并考虑顾客与工作人员流动路线的简捷性，同时也要注意消防等安全性的安排，以求得各空间面积与建筑物的合理组合，高效利用空间。

17.1.2 餐饮设施的常用尺寸

餐厅服务走道的最小宽度为900mm；通道的最小宽度为250mm。

餐桌的最小宽度为700mm；四人方桌尺寸为900mm×900mm；四人长桌尺寸为1200mm×

750mm；六人长桌尺寸为1500mm×750mm；八人长桌尺
寸为1500mm×750mm。

圆桌最小直径：一人桌为750mm；两人桌为850mm；四
人桌为1050mm；六人桌为1200mm；八人桌为1500mm。

餐桌高度为720mm；餐椅座面高度为440~450mm。

吧台固定凳高度为750mm，吧台桌面高度为
1050mm，服务台桌面高度为900mm，搁脚板高度为
250mm。

图17-1所示为人体工程学中餐厅最小通行区域的尺
寸示意图。

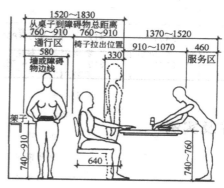

图17-1 最小通行区域的尺寸示意图

17.1.3 餐厅各区域设计的基本要求

本节介绍餐厅中主要区域的设计要求。

1. 餐饮区的设计要求

1）大餐厅应以多种有效的手段，比如绿化、半隔断等，来划分和限定各个不同的用餐区，如
图17-2所示。

2）各种功能的餐厅应有与之相适应的餐桌椅的布置方式和相应的装饰风格。西餐厅的装饰效
果如图17-3所示。

图17-2 餐厅隔断

图17-3 西餐厅装饰效果

3）餐厅应有宜人的空间尺度和舒适的通风、采光等物理环境，一般按照1~1.5平方米/座来设
置餐位。西餐厅座位的布置效果如图17-4所示。

4）室内色彩应建立在统一的装饰风格基础之上，还应考虑采用能增进食欲的暖色调。西餐厅
氛围营造的结果如图17-5所示。

图17-4 餐厅座位布置效果

图17-5 西餐厅氛围营造的效果

5）餐厅应紧靠厨房，但备餐口的出入口应处理得较为隐蔽，以避免厨房气味和油烟进入餐厅。

6）设置顾客输入口、休息厅、等候区及卫生间。

2．厨房的设计要点

1）厨房面积可根据餐厅的规模与级别综合确定，一般按照0.7～1.2平方米/座计算。

2）厨房应设单独的对外出入口，在规模较大时，还需设计货物和工作人员两个出入口。

3）厨房各加工间的地面都应采用耐磨、不渗水、耐腐蚀、防滑和易清洁的材料，并应处理好地面排水问题，同时墙面、工作台、水池等设施的表面，均应采用无毒、光滑和易清洁的材料。

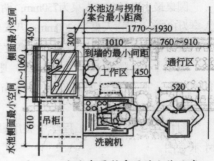

图17-6　水池布置所采用的人体尺度

图17-6所示为厨房中水池布置所采用的人体尺度。

3．入口门厅与休息厅

1）入口门厅。这是独立式餐厅的交通枢纽，是顾客从室外进入餐厅就餐的过渡空间。门厅装饰一般较为华丽，视觉主立面设店名或店标。根据门厅的大小，可选择设置迎宾台、顾客休息区、餐厅特色简介等，还可结合楼梯设置灯光喷泉水池或装饰小景。

2）休息等候区。这是指从公共空间通向餐厅的过渡空间。休息厅与餐厅可以用门、玻璃隔断、绿化池或屏风加以分隔或限定。

图17-7所示为西餐厅门厅的装饰效果。

图17-7　西餐厅入口门厅

17.1.4　西餐厅的照明与灯具

西餐厅的环境照明要求光线柔和，应避免过强的直射光。就餐区的照明要求可以与就餐区的私密性结合起来，使就餐区的照明略强于环境照明。西餐厅大量采用一级或多级二次反射光或右磨砂灯罩的漫射光。

西餐厅的常用灯具通常有以下三类。

1）顶棚常用古典造型的水晶灯、铸铁灯，以及现代风格的金属磨砂灯。

2）墙面经常采用欧洲传统的铸铁灯和简洁的半球形上反射壁灯。

3）集合绿化池和隔断常设庭院灯或上反射灯。

图17-8所示为西餐厅灯具照明的效果。

图17-8　西餐厅照明效果

17.2　绘制西餐厅原始平面图

本节介绍某西餐厅原始平面图的绘制方法，包括绘制墙体及标准柱、绘制门窗以及附属设施等。

17.2.1　墙体及标准柱

本节介绍绘制墙体的方法与前面所介绍的绘制方法有所不同。先绘制外墙体及内墙体的外轮廓线，然后再执行【偏移】、【修剪】命令，最后得到墙体图形。

【练习17-1】：绘制墙体及标准柱

介绍绘制墙体及标准柱的方法，难度：☆☆☆	
📁 素材文件路径：无	
🌐 效果文件路径：素材\第17章\17-1绘制西餐厅原始平面图.dwg	
⬇ 视频文件路径：视频\第17章\17-1绘制墙体及标准柱.MP4	

下面介绍绘制墙体及标准柱的操作步骤。

01 绘制外墙轮廓。调用REC【矩形】命令，绘制尺寸为28800×16200的矩形。调用X【分解】命令，分解矩形。调用O【偏移】命令，偏移矩形边。调用TR【修剪】命令，修剪矩形边，结果如图17-9所示。

02 绘制内墙轮廓。在命令行中输入REC，调用【矩形】命令，绘制矩形，结果如图17-10所示。

图17-9　绘制轮廓线

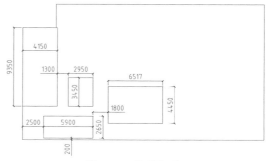

图17-10　绘制矩形

03 调用O【偏移】命令，偏移轮廓线。调用TR【修剪】命令，修剪线段，结果如图17-11所示。

04 调用L【直线】命令和O【偏移】命令，绘制并偏移直线。调用TR【修剪】命令，修剪直线，结果如图17-12所示。

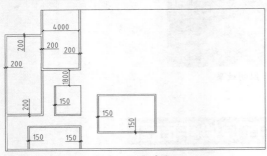

图17-11 修剪线段

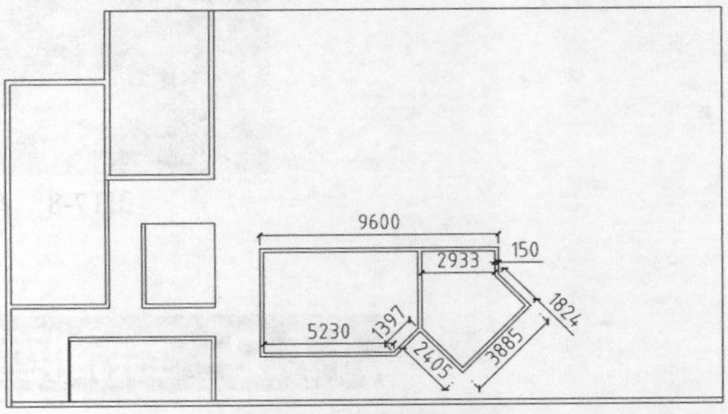

图17-12 绘制结果

05 调用L【直线】命令，绘制直线。调用O【偏移】命令和TR【修剪】命令，偏移并修剪直线，结果如图17-13所示。

06 绘制隔墙。调用L【直线】命令，绘制直线。调用TR【修剪】命令，修剪直线，结果如图17-14所示。

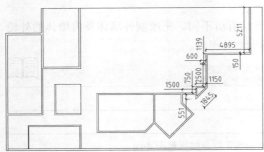
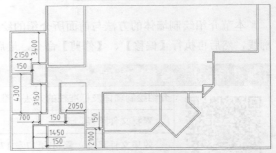

图17-13 修剪线段

图17-14 绘制隔墙

07 调用O【偏移】命令和EX【延伸】命令，偏移并延伸墙线。调用TR【修剪】命令，修剪墙线，完成墙体的绘制，结果如图17-15所示。

08 绘制标准柱。调用REC【矩形】命令，绘制矩形。调用TR【修剪】命令，修剪墙线，结果如图17-16所示。

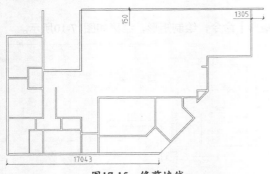
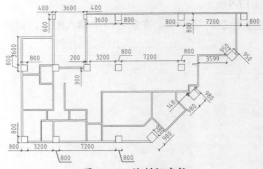

图17-15 修剪墙线

图17-16 绘制标准柱

09 填充标准柱图案。在命令行中输入H，调用【图案填充】命令，再在命令行中输入T，选择【设置】选项，弹出【图案填充和渐变色】对话框，选择填充图案，如图17-17所示。

10 在该对话框中单击【添加：选择对象】按钮 ⬚，分别单击选择在步骤08中绘制的矩形，按Enter键返回对话框，单击【确定】按钮，关闭对话框，填充结果如图17-18所示。

图17-17　设置参数

图17-18　填充图案

17.2.2　门窗

绘制门窗的方法依然是按照先绘制门窗洞，再绘制门窗图形的步骤，循序渐进地完成图形的绘制。

【练习17-2】：　绘制门窗

	介绍绘制门窗的方法，难度：☆☆
	素材文件路径：无
	效果文件路径：素材\第17章\17-1绘制西餐厅原始平面图.dwg
	视频文件路径：视频\第17章\17-2绘制门窗.MP4

下面介绍绘制门窗的操作步骤。

01 绘制门洞。调用L【直线】命令，绘制直线。调用TR【修剪】命令，修剪墙线，结果如图17-19所示。

02 绘制窗洞。在命令行中输入L，调用【直线】命令，绘制直线，结果如图17-20所示。

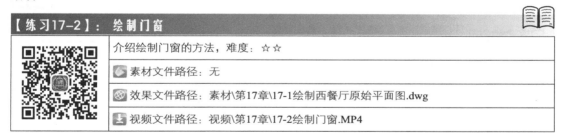

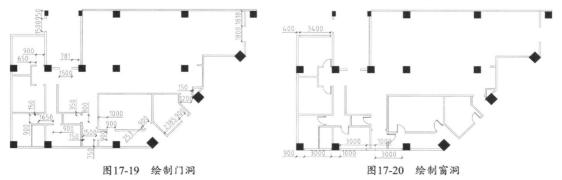

图17-19　绘制门洞

图17-20　绘制窗洞

03 绘制平开门。调用REC【矩形】命令，绘制矩形（门洞宽为900，绘制尺寸为900×50的矩形；门洞宽为1500，则绘制尺寸为750×50的矩形，以此类推）。调用A【圆弧】命令，绘制圆弧，结果如图17-21所示。

04 绘制平开窗。调用O【偏移】命令，偏移墙线（宽度为200的墙体，偏移距离分别为67、67；宽度为150的墙体，偏移距离分别为50、50）。调用TR【修剪】命令，修剪线段，结果如图17-22所示。

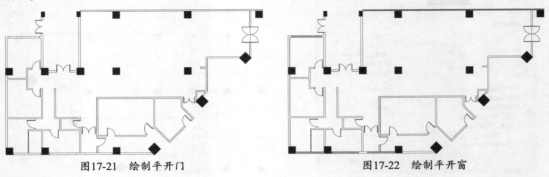

图17-21 绘制平开门　　　　　　图17-22 绘制平开窗

17.2.3 附属设施

由于西餐厅位于一层，因此附属设施包括台阶、踏步等。调用常用的绘制、编辑命令即可完成图形的绘制。

【练习17-3】：绘制附属设施

介绍绘制附属设施的方法，难度：☆☆
素材文件路径：无
效果文件路径：素材\第17章\17-1绘制西餐厅原始平面图.dwg
视频文件路径：视频\第17章\17-3绘制附属设施.MP4

下面介绍绘制附属设施的操作步骤。

01 绘制台阶。调用PL【多段线】命令，绘制多段线。调用O【偏移】命令，偏移多段线，结果如图17-23所示。

02 绘制弧窗。在命令行中输入A，调用【圆弧】命令，绘制圆弧，结果如图17-24所示。

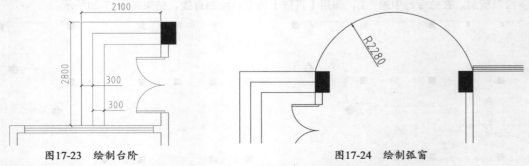

图17-23 绘制台阶　　　　　　图17-24 绘制弧窗

03 在命令行中输入O，调用【偏移】命令，偏移圆弧，结果如图17-25所示。

04 绘制楼梯外轮廓。在命令行中输入REC，调用【矩形】命令，绘制矩形，结果如图17-26所示。

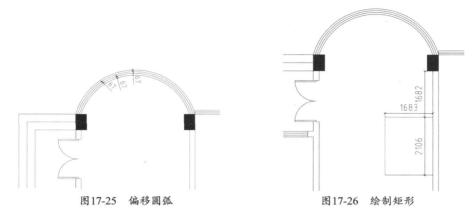

图17-25　偏移圆弧　　　　　　　　　　图17-26　绘制矩形

05 绘制踏步。调用X【分解】命令，分解矩形。调用O【偏移】命令，偏移矩形边，结果如图17-27所示。

06 在命令行中输入PL，调用【多段线】命令，绘制折断线，结果如图17-28所示。

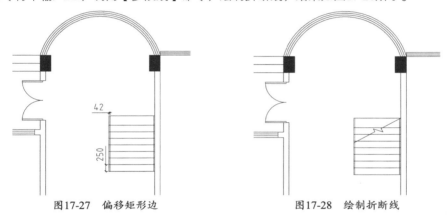

图17-27　偏移矩形边　　　　　　　　　　图17-28　绘制折断线

07 在命令行中输入TR，调用【修剪】命令，修剪线段，结果如图17-29所示。

08 绘制指示箭头。在命令行中输入PL，调用【多段线】命令，绘制起点宽度为60、终点宽度为0的指示箭头，结果如图17-30所示。

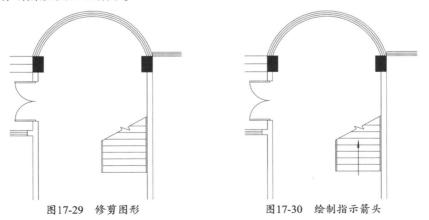

图17-29　修剪图形　　　　　　　　　　图17-30　绘制指示箭头

09 文字标注。在命令行中输入MT，调用【多行文字】命令，绘制上楼方向的文字标注，结果如

图17-31所示。

10　尺寸标注。在命令行中输入DLI，调用【线性标注】命令，绘制尺寸标注的结果如图17-32所示。

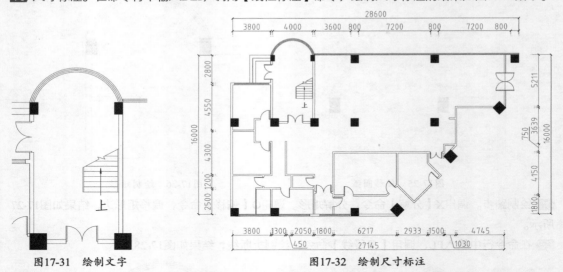

图17-31　绘制文字　　　　　　　　　　图17-32　绘制尺寸标注

11　图名标注。调用MT【多行文字】命令，绘制图名标注和比例标注。调用L【直线】命令，分别绘制不同线宽的下画线，结果如图17-33所示。

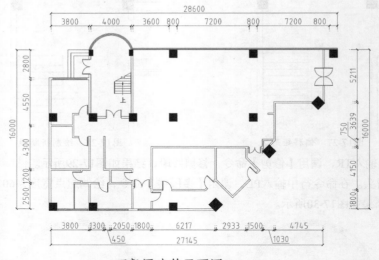

西餐厅建筑平面图　　1:100

图17-33　绘制图名标注

17.3　餐厅平面布置图

　　绘制餐厅平面布置图，需要考虑人体就餐尺度、容纳一定人流量的过道宽度等参数。所以在绘制西餐厅平面图时，可以参考人体工程学中关于餐厅尺度的知识。

17.3.1 窗边就餐区平面图

沿窗设置就餐区，顾客可以一边欣赏窗外的景致，一边就餐。

【练习17-4】：绘制窗边就餐区平面图

	介绍绘制窗边就餐区平面图的方法，难度：☆☆☆
	素材文件路径：素材\第17章\17-1绘制西餐厅原始平面图.dwg
	效果文件路径：素材\第17章\17-4绘制西餐厅平面布置图.dwg
	视频文件路径：视频\第17章\17-4绘制窗边就餐区平面图.MP4

下面介绍绘制窗边就餐区平面图的操作步骤。

01 调用建筑平面图。在命令行中输入CO，调用【复制】命令，创建西餐厅建筑平面图副本。

02 绘制散客区平面图。调用PL【多段线】命令，绘制多段线。调用O【偏移】命令，偏移多段
线，绘制结果如图17-34所示。

03 绘制用餐地台。在命令行中输入REC，调用【矩形】命令，绘制矩形，结果如图17-35所示。

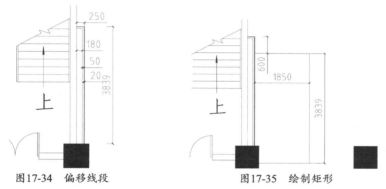

图17-34 偏移线段　　　　　　　　　图17-35 绘制矩形

04 绘制花岗石灯座。调用REC【矩形】命令，绘制矩形。调用L【直线】命令，绘制对角线，结
果如图17-36所示。

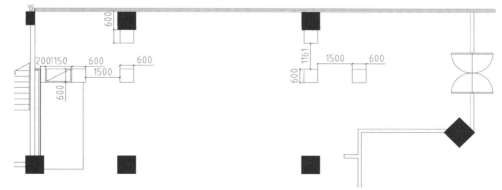

图17-36 绘制底座

05 调用L【直线】命令和TR【修剪】命令，绘制并修剪直线，结果如图17-37所示。

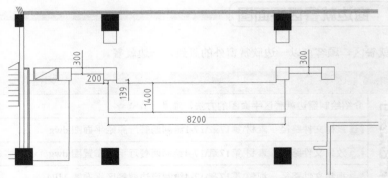

图17-37　修剪线段

06 绘制装饰轮廓线。调用REC【矩形】命令，绘制矩形。调用PL【多段线】命令，绘制多段线。调用O【偏移】命令，偏移多段线，结果如图17-38所示。

07 定义种花区域。在命令行中输入O，调用【偏移】命令，偏移多段线，结果如图17-39所示。

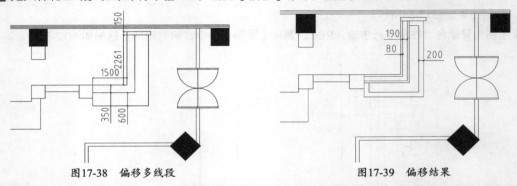

图17-38　偏移多线段　　　　　　　　　　　图17-39　偏移结果

08 绘制钢化玻璃填充图案。在命令行中输入H，调用【图案填充】命令，再在命令行中输入T，选择【设置】选项，弹出【图案填充和渐变色】对话框，设置填充角度为127°，填充比例为15，如图17-40所示。

09 在填充轮廓中单击鼠标左键，按Enter键返回对话框，单击【确定】按钮，关闭对话框，填充结果如图17-41所示。

图17-40　设置参数

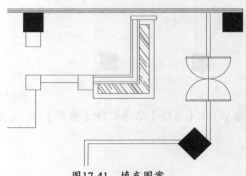

图17-41　填充图案

10 绘制不锈钢装饰柜。在命令行中输入REC，调用【矩形】命令，绘制矩形，结果如图17-42所示。

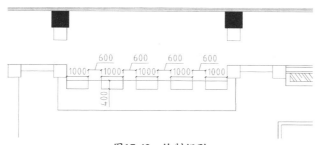

图17-42　绘制矩形

11 调用O【偏移】命令，设置偏移距离为50，向内偏移矩形。调用L【直线】命令，绘制对角线，结果如图17-43所示。

12 调用REC【矩形】命令，绘制矩形。调用TR【修剪】命令，修剪线段，结果如图17-44所示。

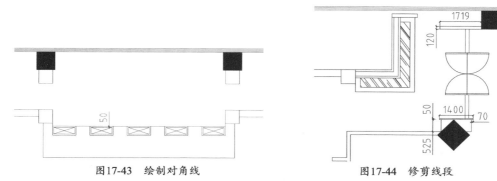

图17-43　绘制对角线　　　　　　　　　图17-44　修剪线段

13 绘制立面装饰。调用X【分解】命令，分解矩形。调用O【偏移】命令，偏移矩形边，结果如图17-45所示。

14 绘制图案并填充。在命令行中输入H，调用【图案填充】命令，再在命令行中输入T，选择【设置】选项，弹出【图案填充和渐变色】对话框，选择填充图案，设置填充比例，如图17-46所示。

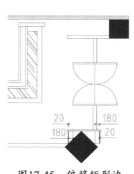

图17-45　偏移矩形边

图17-46　设置参数

15 在该对话框中单击【添加：拾取点】按钮 ，单击拾取填充区域，按Enter键返回对话框，单击
【确定】按钮，关闭对话框，填充结果如图17-47所示。

16 调入图块。按Ctrl+O组合键，打开本书配备资源中的 "素材\第17章\餐厅图例.dwg" 文件，从中
复制粘贴餐桌椅、花草等图形至当前图形中，结果如图17-48所示。

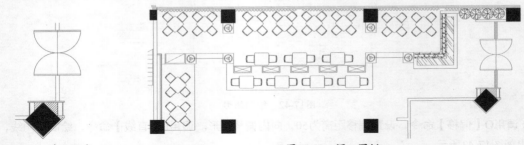

图17-47　填充图案　　　　　　　　　　　　　　图17-48　调入图例

17 调用PL【多段线】命令，绘制踏步的走向示意箭头。调用MT【多行文字】命令，绘制文字标
注，结果如图17-49所示。

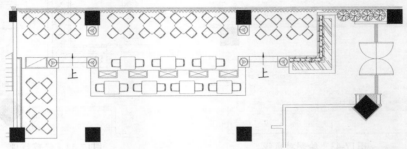

图17-49　绘 制 结 果

17.3.2　包厢平面图

包厢的最大优点就是环境独立、安静，由于餐厅总体的面积有限，因此包厢的面积不能过
大，只需满足就餐及通行尺度即可。

【练习17-5】：　绘制包厢平面图

	介绍绘制包厢平面图的方法，难度：☆☆
	素材文件路径：无
	效果文件路径：素材\第17章\17-4绘制西餐厅平面布置图.dwg
	视频文件路径：视频\第17章\17-5绘制包厢平面图.MP4

下面介绍绘制包厢平面图的操作步骤。

01 绘制壁龛装饰。在命令行中输入PL，调用【多段线】命令，命令行操作如下。

```
命令：PLINE↙                          //调用【多段线】命令
指定起点：
当前线宽为0
```

指定下一个点或 [圆弧(A)/半宽(H)/长度(L)/放弃(U)/宽度(W)]:250↙
　　　　　　　　　　　　　　　　　　　　//鼠标向左移动
指定下一点或[圆弧(A)/闭合(C)/半宽(H)/长度(L)/放弃(U)/宽度(W)]:1000↙
　　　　　　　　　　　　　　　　　　　　//鼠标向下移动
指定下一点或[圆弧(A)/闭合(C)/半宽(H)/长度(L)/放弃(U)/宽度(W)]:250↙
　　　　　　　　　　　　　　　　　　　　//鼠标向右移动
指定下一点或[圆弧(A)/闭合(C)/半宽(H)/长度(L)/放弃(U)/宽度(W)]:a↙
　　　　　　　　　　　　　　　//输入a，选择【圆弧(A)】选项
指定圆弧的端点或[角度(A)/圆心(CE)/闭合(CL)/方向(D)/半宽(H)/直线(L)/半径(R)/第二个点(S)/
放弃(U)/宽度(W)]:r↙　　　　　　//输入r，选择【半径(R)】选项
指定圆弧的半径:1300↙
指定圆弧的端点或[角度(A)]:　　　　　　//向上移动鼠标
[角度(A)/圆心(CE)/闭合(CL)/方向(D)/半宽(H)/直线(L)/半径(R)/第二个点(S)/放弃(U)/
宽度(W)]:*取消　　　　　　　　　//按Esc键退出绘制，结果如图17-50所示

02 在命令行中输入L，调用【直线】命令，绘制直线，结果如图17-51所示。

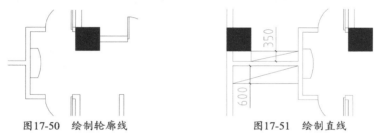

图17-50　绘制轮廓线　　　　　　　　图17-51　绘制直线

03 在命令行中输入H，调用【图案填充】命令，再在命令行中输入T，选择【设置】选项，弹出【图案填充和渐变色】对话框，选择名称为ANSI31的图案，设置填充比例为20，单击拾取填充区域，填充图案的结果如图17-52所示。

04 调入图块。按Ctrl+O组合键，打开本书配备资源中的"素材\第17章\餐厅图例.dwg"文件，从中复制粘贴餐桌椅、电视机等图形至当前图形中，结果如图17-53所示。

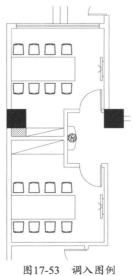

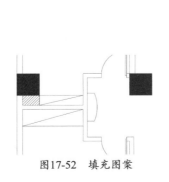

图17-52　填充图案　　　　　　　　图17-53　调入图例

17.3.3 卫生间平面图

餐厅就餐人员较多，因此卫生间的设计制作较为重要。卫生间一般位于餐厅的后方，为的就是充分利用餐厅前部分的空间来布置就餐区。

【练习17-6】：　绘制卫生间平面图
介绍绘制卫生间平面图的方法，难度：☆☆
🗂 素材文件路径：无
⊙ 效果文件路径：素材\第17章\17-4绘制西餐厅平面布置图.dwg
⬇ 视频文件路径：视频\第17章\17-6绘制卫生间平面图.MP4

下面介绍绘制卫生间平面图的操作步骤。

01 绘制隔墙与隔板。调用REC【矩形】命令，绘制矩形。调用TR【修剪】命令，修剪墙线，结果如图17-54所示。

02 绘制隔断。调用O【偏移】命令，偏移墙线。调用TR【修剪】命令，修剪墙线，结果如图17-55所示。

图17-54　修剪墙线

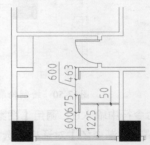

图17-55　绘制隔断

03 绘制女卫生间洗手台及隔断。调用L【直线】命令，绘制直线。调用CO【复制】命令，在男卫生间平面图中选择隔断，复制粘贴到女卫生间平面图，结果如图17-56所示。

04 绘制平开门。调用REC【矩形】命令，绘制尺寸为600×50的矩形。调用A【圆弧】命令，绘制圆弧，结果如图17-57所示。

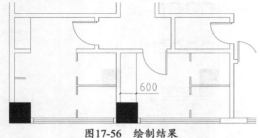

图17-56　绘制结果

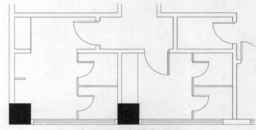

图17-57　绘制平开门

05 调入图块。按Ctrl+O组合键，打开本书配备资源中的"素材\第17章\餐厅图例.dwg"文件，从其中复制粘贴餐桌椅、洁具等图形至当前图形中，结果如图17-58所示。

06 绘制文字标注。在命令行中输入MT，调用【多行文字】命令，在平面图各区域中绘制文字标注，结果如图17-59所示。

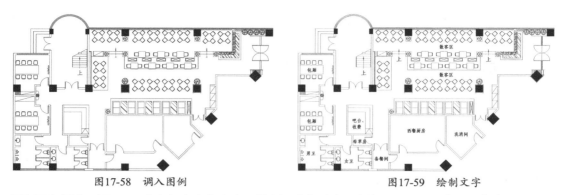

图17-58　调入图例　　　　　　　　　　　　图17-59　绘制文字

07 图名标注。调用MT【多行文字】命令，绘制图名标注和比例标注。调用L【直线】命令，分别绘制不同线宽的下画线，结果如图17-60所示。

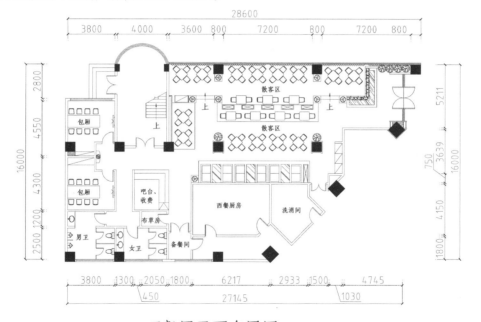

西餐厅平面布置图　　　1:100

图17-60　绘制图名标注

17.4　餐厅地面布置图

　　虽然餐厅的功能单一，但是因为对各个就餐区的地面做了不同高度的处理，因此，在进行地面铺装时，有必要使用装饰材料对地面进行划分。如包厢、大厅抬高区的地面就使用了木地板及防腐木饰面，沿窗就餐区及大厅就餐区则使用仿古砖及抛光砖进行饰面，等等。通过不同的地面材料，可以进一步对餐厅的就餐区进行划分。

【练习17-7】：绘制餐厅地面布置图

介绍绘制餐厅地面布置图的方法，难度：☆☆☆
素材文件路径：素材\第17章\17-4绘制西餐厅平面布置图.dwg
效果文件路径：素材\第17章\17-7绘制西餐厅地面布置图.dwg
视频文件路径：视频\第17章\17-7绘制西餐厅地面布置图.MP4

下面介绍绘制餐厅地面布置图的操作步骤。

01 调用平面布置图。调用CO【复制】命令，创建西餐厅平面布置图副本。调用E【删除】命令，删除平面图上多余的图形，结果如图17-61所示。

02 在命令行中输入L，调用【直线】命令，绘制门口线，结果如图17-62所示。

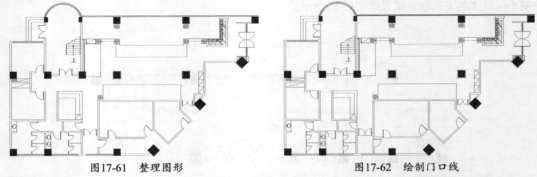

图17-61　整理图形　　　　　　　　　　　图17-62　绘制门口线

03 填充包厢地面图案。在命令行中输入H，调用【图案填充】命令，再在命令行中输入T，选择【设置】选项，弹出【图案填充和渐变色】对话框，设置填充角度为90°，填充比例为20，如图17-63所示。

04 在填充轮廓内单击左键，按Enter键返回对话框，单击【确定】按钮，关闭对话框，填充结果如图17-64所示。

图17-63　设置参数

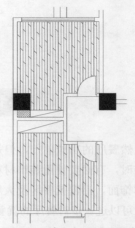

图17-64　填充包厢地面图案

05 绘制散客区用餐地台地面图案。在命令行中输入H，调用【图案填充】命令，再在命令行

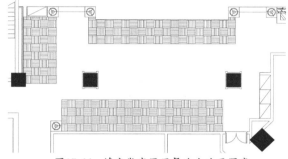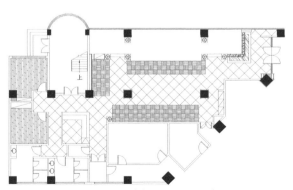

中输入T，选择【设置】选项，弹出【图案填充和渐变色】对话框，设置填充比例为2，如图17-65所示。

06 单击【添加：拾取点】按钮，单击拾取填充区域，按Enter键返回对话框，单击【确定】按钮，关闭对话框，填充结果如图17-66所示。

图17-65 设置参数

图17-66 填充散客区用餐地台地面图案

07 填充大厅地面图案。在命令行中输入H，调用【图案填充】命令，再在命令行中输入T，选择【设置】选项，弹出【图案填充和渐变色】对话框，设置填充角度为45°，填充间距为800，如图17-67所示。

08 单击【添加：拾取点】按钮，单击拾取填充区域，填充结果如图17-68所示。

图17-67 设置参数

图17-68 填充大厅地面图案

09 填充临窗散客区地面图案。在命令行中输入H，调用【图案填充】命令，再在命令行中输入T，选择【设置】选项，弹出【图案填充和渐变色】对话框，设置填充比例为2，如图17-69所示。

10 单击拾取填充区域，按Enter键，返回【图案填充和渐变色】对话框，单击【确定】按钮，关闭对话框，填充结果如图17-70所示。

图17-69 设置参数

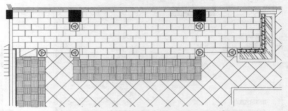

图17-70 填充临窗散客区地面图案

11 填充临窗散客区台阶地面图案。在命令行中输入H，调用【图案填充】命令，再在命令行中输入T，选择【设置】选项，弹出【图案填充和渐变色】对话框，选择名称为AR-CONC的图案，设置填充比例为2，如图17-71所示。

12 单击【添加：拾取点】按钮，单击拾取填充区域，按Enter键返回对话框，单击【确定】按钮，关闭对话框，填充结果如图17-72所示。

图17-71 设置参数

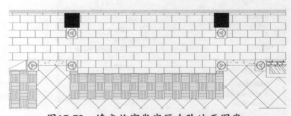

图17-72 填充临窗散客区台阶地面图案

13 填充其他区域地面图案。在命令行中输入H，调用【图案填充】命令，再在命令行中输入T，选择【设置】选项，弹出【图案填充和渐变色】对话框，设置填充角度为0°，填充间距为500，如图17-73所示。

14 单击【添加：拾取点】按钮，单击拾取填充区域，填充结果如图17-74所示。

图17-73　设置参数

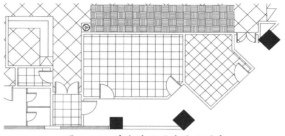

图17-74　填充其他区域地面图案

15 填充散客区用餐地台地面图案。在命令行中输入H，调用【图案填充】命令，再在命令行中输入T，选择【设置】选项，弹出【图案填充和渐变色】对话框，设置填充角度为45°，填充比例为50，结果如图17-75所示。

16 单击【添加：拾取点】按钮，单击拾取填充区域，按Enter键返回对话框，单击【确定】按钮，关闭对话框，填充结果如图17-76所示。

图17-75　设置参数

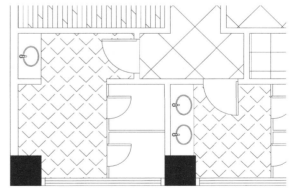

图17-76　填充散客区用餐地台地面图案

17 填充卫生间地面图案。调出【图案填充和渐变色】对话框，修改填充比例为25，如图17-77所示。

18 单击【添加：拾取点】按钮，单击拾取填充区域，按Enter键返回对话框，单击【确定】按钮，关闭对话框，填充结果如图17-78所示。

图17-77 设置参数

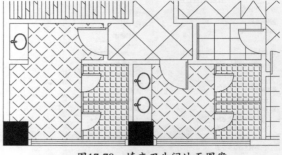

图17-78 填充卫生间地面图案

19 填充洗手台台面图案。在命令行中输入H，调用【图案填充】命令，再在命令行中输入T，选择【设置】选项，弹出【图案填充和渐变色】对话框，设置填充比例为3，如图17-79所示。

20 单击【添加：拾取点】按钮，单击拾取填充区域，填充结果如图17-80所示。

图17-79 设置参数

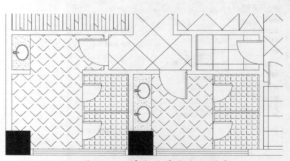

图17-80 填充洗手台台面图案

21 西餐厅地面布置图的绘制结果如图17-81所示。

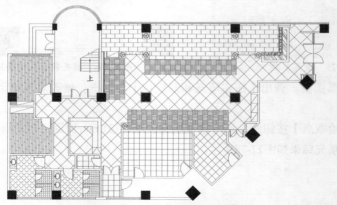

图17-81 绘制餐厅地面布置图

22 绘制图例表。调用EL【椭圆】命令，绘制长轴为2894、短轴为449的椭圆。调用CO【复制】命令，移动复制椭圆，结果如图17-82所示。

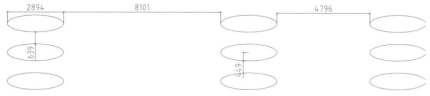

图17-82　绘制椭圆

23 在命令行中输入H，调用【图案填充】命令，再在命令行中输入T，选择【设置】选项，沿用上述的填充参数，选择椭圆为填充区域，填充图案如图17-83所示。

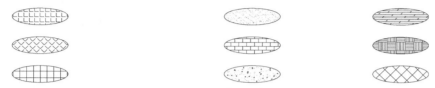

图17-83　填充图案

24 文字标注。在命令行中输入MT，调用【多行文字】命令，绘制材料标注，结果如图17-84所示。

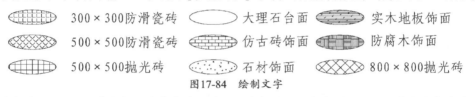

图17-84　绘制文字

25 图名标注。调用MT【多行文字】命令，绘制图名标注和比例标注。调用L【直线】命令，分别绘制两条不同线宽的下画线，结果如图17-85所示。

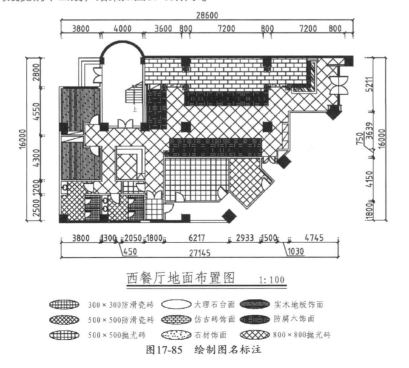

图17-85　绘制图名标注

17.5 餐厅顶棚布置图

餐厅顶面的制作方式较为单一，多使用轻钢龙骨涂刷乳胶漆来装饰，只是在不同的区域使用不同颜色的乳胶漆进行区分。

17.5.1 散客区顶面图

散客区的人流量较大，因此其面积也较大，制作统一的吊顶会显得比较呆板。根据各个区域的布置特点，来划分顶面造型的各区域，不失为一个处理大面积吊顶制作的办法。

靠窗部分地面已做了抬高处理，因此其顶面可以独立作为一个区域来制作。本节为靠窗区域制作了石膏板吊顶。其他区域则根据餐桌的位置，制作了局部石膏板吊顶，在统一中寻求变化，丰富顶面造型。

【练习17-8】：绘制散客区顶面图	
	介绍绘制散客区顶面图的方法，难度：☆☆☆
	素材文件路径：素材\第17章\17-4绘制西餐厅平面布置图.dwg
	效果文件路径：素材\第17章\17-8绘制西餐厅顶棚布置图.dwg
	视频文件路径：视频\第17章\17-8绘制散客区顶面图.MP4

下面介绍绘制散客区顶面图的操作步骤。

01 调用平面布置图。调用CO【复制】命令，创建西餐厅平面布置图副本。调用E【删除】命令，删除平面图上多余的图形，结果如图17-86所示。

02 在命令行中输入L，调用【直线】命令，绘制门口线，结果如图17-87所示。

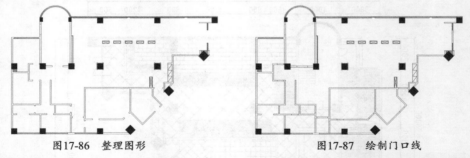

图17-86 整理图形   图17-87 绘制门口线

03 绘制临窗散客区顶面图。调用O【偏移】命令，偏移墙线。调用TR【修剪】命令，修剪墙线，结果如图17-88所示。

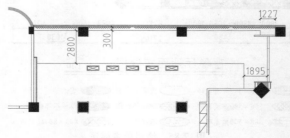

图17-88 修剪线段

04 绘制顶面灯槽。调用REC【矩形】命令，绘制矩形。调用O【偏移】命令，设置偏移距离为50，向内偏移矩形，结果如图17-89所示。

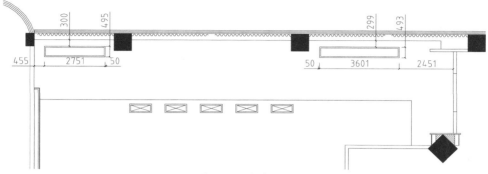

图17-89 偏移矩形

05 绘制灯带。调用O【偏移】命令，偏移顶面轮廓线。调用TR【修剪】命令，修剪线段，并将灯带的线型更改为虚线，结果如图17-90所示。

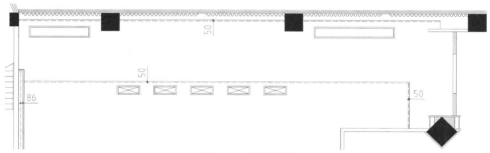

图17-90 绘制灯带

06 绘制入口顶面装饰。调用L【直线】命令，绘制直线。调用TR【修剪】命令，修剪直线，结果如图17-91所示。

07 绘制广告钉。在命令行中输入C，调用【圆】命令，绘制半径为10的圆形，结果如图17-92所示。

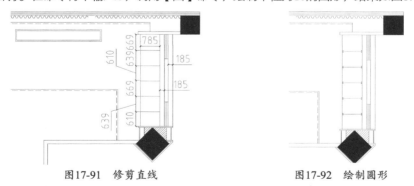

图17-91 修剪直线　　　　　　　　图17-92 绘制圆形

08 填充顶面石膏板装饰图案。在命令行中输入H，调用【图案填充】命令，再在命令行中输入T，选择【设置】选项，弹出【图案填充和渐变色】对话框，选择名称为AR-SAND的图案，设置填充比例为6，如图17-93所示。

09 单击拾取填充区域，填充图案的结果如图17-94所示。

图17-93　设置参数

图17-94　填充顶面石膏板装饰图案

10 填充灰镜饰面图案。在命令行中输入H，调用【图案填充】命令，再在命令行中输入T，选择【设置】选项，弹出【图案填充和渐变色】对话框，选择名称为**AR-CONC**的图案，设置填充比例为**2**，如图17-95所示。

11 单击拾取填充区域，填充图案的结果如图17-96所示。

图17-95　设置参数

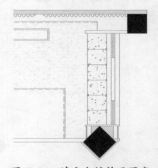

图17-96　填充灰镜饰面图案

12 在命令行中输入H，调用【图案填充】命令，再在命令行中输入T，选择【设置】选项，弹出【图案填充和渐变色】对话框，设置填充比例为**20**，如图17-97所示。

13 单击【添加：拾取点】按钮 ⊞，单击拾取填充区域，按Enter键返回对话框，单击【确定】按钮，关闭对话框，填充结果如图17-98所示。

图17-97　设置参数

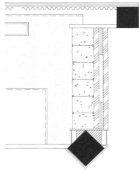

图17-98　填充图案

14　绘制顶面灯槽。调用REC【矩形】命令，绘制矩形。调用O【偏移】命令，设置偏移距离为50，向内偏移矩形。调用C【圆】命令，绘制半径为700的圆形，结果如图17-99所示。

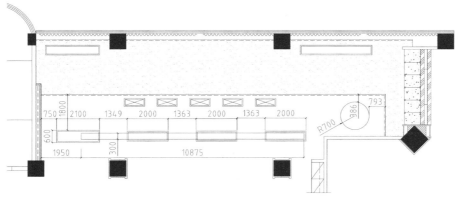

图17-99　绘制灯槽

15　填充石膏板图案。在命令行中输入H，调用【图案填充】命令，再在命令行中输入T，选择【设置】选项，弹出【图案填充和渐变色】对话框，选择名称为AR-SAND的图案，设置填充比例为6，单击拾取填充区域，填充结果如图17-100所示。

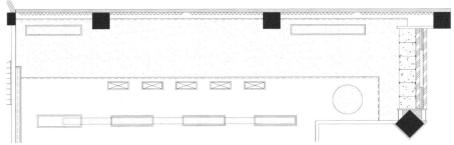

图17-100　填充石膏板图案

16　调入图块。按Ctrl+O组合键，打开本书配备资源中的"素材\第17章\餐厅图例.dwg"文件，从中复制粘贴筒灯、风口等图形至当前图形中，结果如图17-101所示。

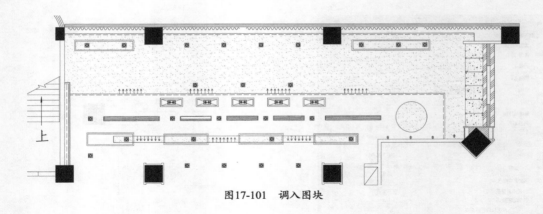

图17-101　　调入图块

17.5.2　过道顶面图

过道的顶面造型较为简单，为石膏板平面吊顶，白色乳胶漆饰面。此外，在绘制完成顶面各造型后，应绘制材料标注，以标识各顶面所使用的材料。本节介绍过道顶面图、材料标注、图名标注的绘制。

【练习17-9】：　绘制过道顶面图	
	介绍绘制过道顶面图的方法，难度：☆☆☆
	素材文件路径：无
	效果文件路径：素材\第17章\17-8绘制西餐厅顶棚布置图.dwg
	视频文件路径：视频\第17章\17-9绘制过道顶面图.MP4

下面介绍绘制过道顶面图的操作步骤。

01 绘制过道顶面图。在命令行中输入L，调用【直线】命令，绘制顶面轮廓，结果如图17-102所示。

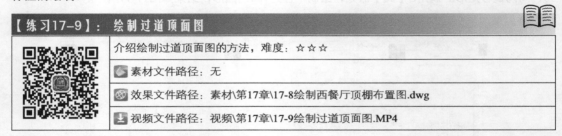

图17-102　　绘制轮廓线

02 绘制吧台顶面。调用L【直线】命令，绘制直线。调用O【偏移】命令，偏移直线，结果如图17-103所示。

03 调用O【偏移】命令，偏移直线。调用TR【修剪】命令，修剪直线，如图17-104所示。

图17-103　偏移直线

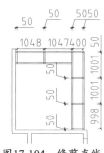
图17-104　修剪直线

04 在命令行中输入L，调用【直线】命令，绘制对角线，结果如图17-105所示。

05 绘制灯带。在命令行中输入O，调用【偏移】命令，偏移线段，并将所偏移的线段的线型设置为虚线，结果如图17-106所示。

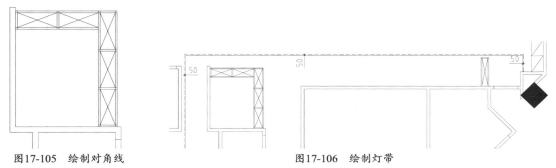
图17-105　绘制对角线　　　　　　　　图17-106　绘制灯带

06 填充顶面装饰图案。在命令行中输入H，调用【图案填充】命令，再在命令行中输入T，选择【设置】选项，弹出【图案填充和渐变色】对话框，选择名称为**AR-SAND**的图案，设置填充比例为**6**，如图17-107所示。

07 单击拾取填充区域，填充图案的结果如图17-108所示。

图17-107　设置参数

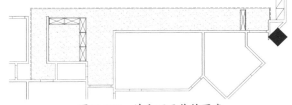
图17-108　填充顶面装饰图案

08 调入图块。按Ctrl+O组合键，打开本书配备资源中的"素材\第17章\餐厅图例.dwg"文件，从其中复制粘贴筒灯、风口等图形至当前图形中，结果如图17-109所示。

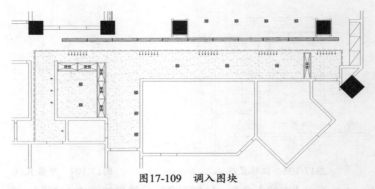

图17-109　调入图块

09 重复操作，继续绘制其他区域的顶面布置图，结果如图17-110所示。

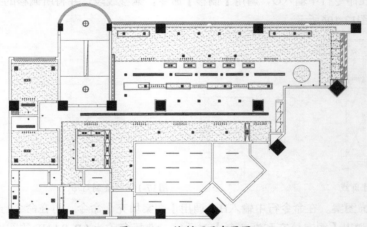

图17-110　绘制顶面布置图

10 标高标注。调用I【插入】命令，弹出【插入】对话框，选择【标高】图块，如图17-111所示。

11 单击拾取插入点，弹出【编辑属性】对话框，输入标高参数，如图17-112所示。

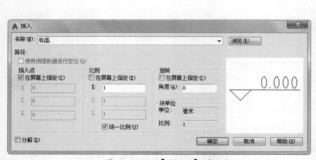

图17-111　【插入】对话框

图17-112　输入参数

12 单击【确定】按钮，关闭对话框，绘制标高标注的结果如图17-113所示。

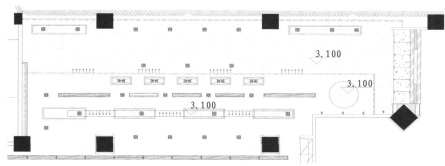

图17-113　标高标注

13 重复操作，绘制标高标注的结果如图17-114所示。

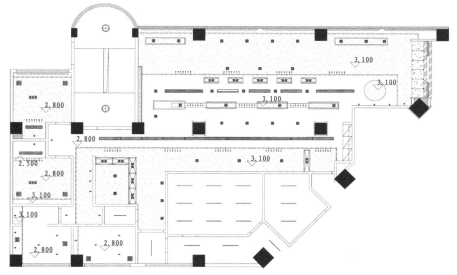

图17-114　标注结果

14 材料标注。在命令行中输入MLD，调用【多重引线】命令，绘制顶面材料标注，结果如图17-115所示。

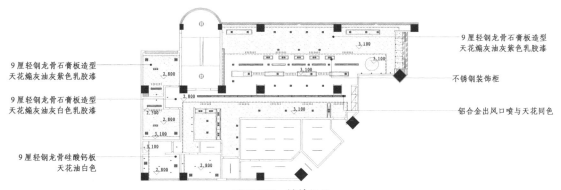

图17-115　材料标注

15 绘制图例表。调用REC【矩形】命令，绘制矩形。调用X【分解】命令，分解矩形。调用O【偏移】命令，偏移矩形边，结果如图17-116所示。

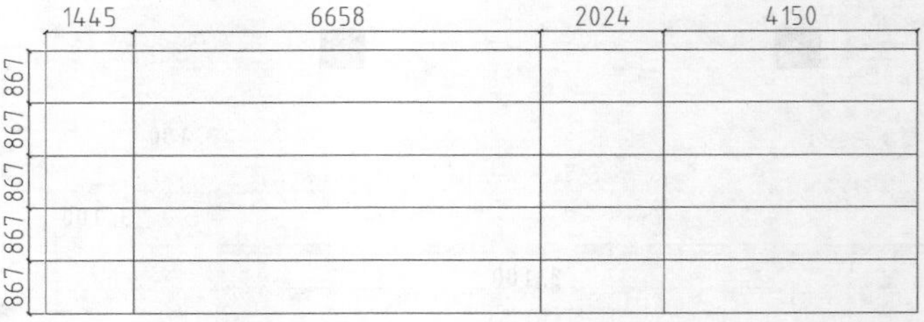

1445	6658		2024		4150	

图17-116　绘制表格

16 在命令行中输入**CO**，调用【复制】命令，从顶面图中移动复制灯具图例至表格中，结果如图17-117所示。

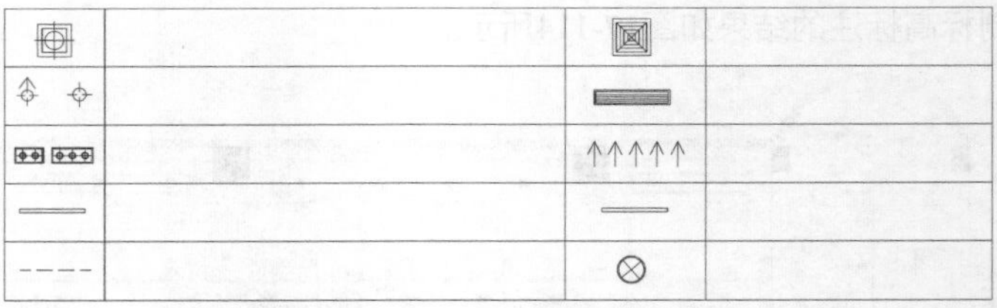

图17-117　复制图例

17 在命令行中输入**MT**，调用【多行文字】命令，绘制文字标注，结果如图17-118所示。

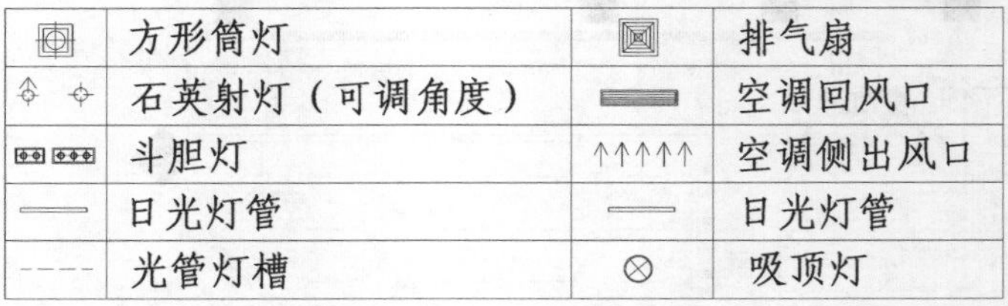

⊞	方形筒灯	◩	排气扇
◇ ◆	石英射灯（可调角度）	▬	空调回风口
▦ ▦	斗胆灯	↑↑↑↑↑	空调侧出风口
═══	日光灯管	───	日光灯管
-----	光管灯槽	⊗	吸顶灯

图17-118　文字标注

18 图名标注。调用MT【多行文字】命令，绘制图名标注和比例标注。调用L【直线】命令，分别绘制不同线宽的下画线，结果如图17-119所示。

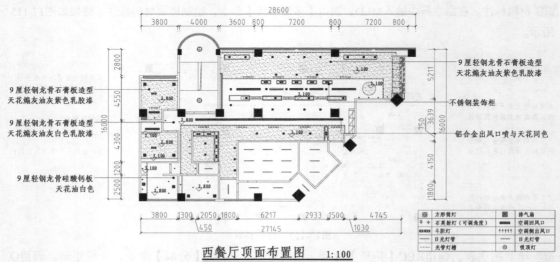

图17-119　绘制图名标注

17.6 餐厅大堂立面图

餐厅大堂的人流量比较大，因此该区域立面的装饰就显得尤为重要。墙面使用砂岩石板条及花纹壁纸来装饰，古典而不沉闷。

【练习17-10】：绘制餐厅大堂立面图	
	介绍绘制餐厅大堂立面图的方法，难度：☆☆☆
	素材文件路径：素材\第17章\17-4绘制西餐厅平面布置图.dwg
	效果文件路径：素材\第17章\17-10绘制西餐厅大堂立面图.dwg
	视频文件路径：视频\第17章\17-10绘制餐厅大堂立面图.MP4

下面介绍绘制餐厅大堂立面图的操作步骤。

01 按Ctrl+O组合键，打开本书配备资源中的"素材\第17章\17-4绘制西餐厅平面布置图.dwg"文件，在餐厅平面布置图的基础上绘制大堂立面图。

02 整理图形。在命令行中输入CO，调用【复制】命令，将餐厅散客区立面图的平面部分移动复制至一旁，结果如图17-120所示。

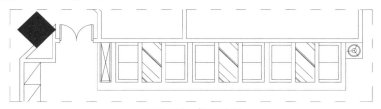

图17-120 整理图形

03 绘制立面轮廓。调用REC【矩形】命令，绘制矩形。调用X【分解】命令，分解矩形。调用O【偏移】命令和TR【修剪】命令，偏移并修剪矩形边，结果如图17-121所示。

图17-121 绘制立面轮廓

04 绘制立面轮廓装饰线。调用O【偏移】命令，偏移立面轮廓线。调用TR【修剪】命令，修剪线段，结果如图17-122所示。

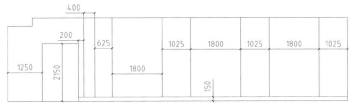

图17-122 绘制装饰线

05 绘制灯槽及柜子底板。调用L【直线】命令，绘制直线。调用O【偏移】命令，偏移轮廓线，结果如图17-123所示。

06 绘制吊柜。调用L【直线】命令和O【偏移】命令,绘制并偏移直线,结果如图17-124所示。

07 在命令行中输入TR,调用【修剪】命令,修剪线段,结果如图17-125所示。

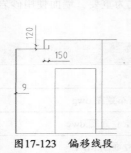
图17-123 偏移线段

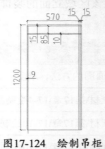
图17-124 绘制吊柜

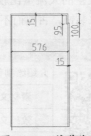
图17-125 修剪线段

08 在命令行中输入O,调用【偏移】命令,偏移线段,结果如图17-126所示。

09 调用TR【修剪】命令,修剪线段。调用O【偏移】命令,偏移线段,结果如图17-127所示。

10 调用TR【修剪】命令,修剪线段。调用L【直线】命令,绘制直线,结果如图17-128所示。

图17-126 偏移线段   图17-127 偏移线段   图17-128 绘制直线

11 绘制隔板。在命令行中输入REC,调用【矩形】命令,绘制矩形,结果如图17-129所示。

12 绘制底柜。调用REC【矩形】命令,分别绘制尺寸为591×20、35×15的矩形,结果如图17-130所示。

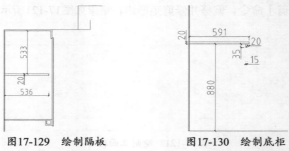
图17-129 绘制隔板   图17-130 绘制底柜

13 绘制抽屉背板、底板。调用L【直线】命令,绘制直线。调用O【偏移】命令,偏移直线。调用TR【修剪】命令,修剪直线,结果如图17-131所示。

14 绘制抽屉挡板。在命令行中输入REC,调用【矩形】命令,绘制尺寸为150×15的矩形,结果如图17-132所示。

图17-131 修剪线段

图17-132 绘制矩形

15 绘制挡板封口。调用L【直线】命令，绘制直线。调用TR【修剪】命令，修剪线段，结果如图17-133所示。

16 在命令行中输入L，调用【直线】命令，绘制对角线，结果如图17-134所示。

图17-133　修剪线段　　　　　　　　　　图17-134　绘制对角线

17 调用L【直线】命令、O【偏移】命令和TR【修剪】命令，绘制、偏移并修剪线段，结果如图17-135所示。

18 绘制底板。调用O【偏移】命令，偏移线段。调用TR【修剪】命令，修剪线段，结果如图17-136所示。

19 在命令行中输入L，调用【直线】命令，绘制对角线，结果如图17-137所示。

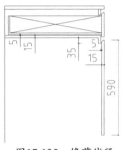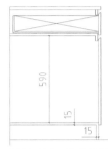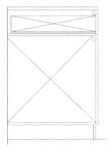

图17-135　修剪线段　　　图17-136　偏移线段　　　图17-137　绘制对角线

20 绘制装饰面板。调用L【直线】命令，绘制直线，结果如图17-138所示。

21 绘制双扇平开门。调用O【偏移】命令，偏移门轮廓线。调用F【圆角】命令，设置圆角半径为0，对所偏移的线段执行圆角操作。调用L【直线】命令，绘制门扇分界线，结果如图17-139所示。

22 绘制安全标识及门扇玻璃装饰。调用REC【矩形】命令，绘制矩形。调用O【偏移】命令，偏移矩形，结果如图17-140所示。

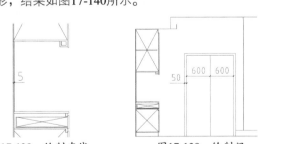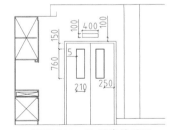

图17-138　绘制直线　　　　图17-139　绘制门　　　　图17-140　绘制装饰图形

23 绘制门把手。调用REC【矩形】命令，绘制矩形。调用TR【修剪】命令，修剪矩形，结果如图17-141所示。

24 调用PL【多段线】命令，绘制多段线，表示门的开启方向，并将多段线的线型更改为虚线。调用C【圆】命令，绘制半径为20的圆，结果如图17-142所示。

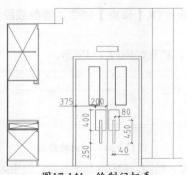

图17-141 绘制门把手

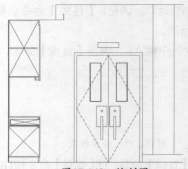

图17-142 绘制圆

25 填充玻璃装饰图案。在命令行中输入H，调用【图案填充】命令，再在命令行中输入T，选择【设置】选项，弹出【图案填充和渐变色】对话框，选择名称为AR-RROOF的图案，设置填充角度为45°，填充比例为10，单击拾取填充区域，填充结果如图17-143所示。

26 填充把手装饰图案。在命令行中输入H，调用【图案填充】命令，弹出【图案填充和渐变色】对话框，选择名称为AR-SAND的图案，设置填充比例为1，单击拾取填充区域，填充结果如图17-144所示。

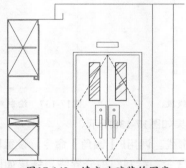

图17-143 填充玻璃装饰图案

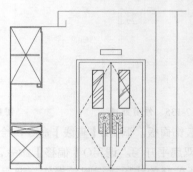

图17-144 填充把手装饰图案

27 绘制墙面肌理漆装饰。调用O【偏移】命令，偏移立面轮廓线。调用TR【修剪】命令，修剪线段，结果如图17-145所示。

28 绘制墙面钢化玻璃装饰。在命令行中输入L，调用【直线】命令，绘制直线，结果如图17-146所示。

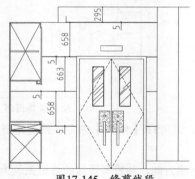

图17-145 修剪线段

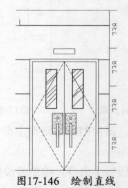

图17-146 绘制直线

29 在命令行中输入O，调用【偏移】命令，偏移线段，并将所偏移的线段的线型更改为虚线，结果如图17-147所示。

30 在命令行中输入C，调用【圆】命令，绘制半径为13的圆形，结果如图17-148所示。

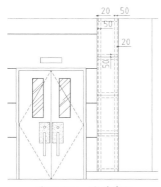
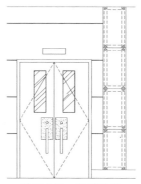

图17-147　偏移线段　　　　　　图17-148　绘制圆形

31 填充顶面装饰图案。在命令行中输入H，调用【图案填充】命令，再在命令行中输入T，选择【设置】选项，弹出【图案填充和渐变色】对话框，选择名称为AR-RROOF的图案，设置填充角度为45°，填充比例为10，单击拾取填充区域，填充结果如图17-149所示。

32 绘制台灯底座。调用O【偏移】命令，偏移轮廓线。调用TR【修剪】命令，修剪线段，结果如图17-150所示。

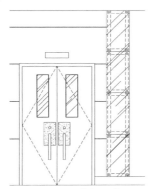
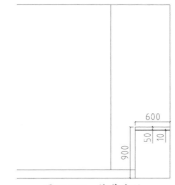

图17-149　填充图案　　　　　　图17-150　修剪线段

33 调入图块。按Ctrl+O组合键，打开本书配备资源中的"素材\第17章\餐厅图例.dwg"文件，从中复制粘贴立面灯具、台灯等图形至当前图形中，结果如图17-151所示。

34 绘制台阶。调用O【偏移】命令和TR【修剪】命令，偏移并修剪线段，结果如图17-152所示。

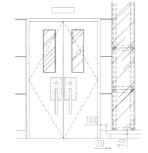

图17-151　调入图块　　　　　　图17-152　绘制台阶

35 绘制灯带。调用O【偏移】命令，偏移台阶轮廓线，并将偏移得到的线段的线型更改为虚线，结果如图17-153所示。

36 填充墙面装饰图案。在命令行中输入H，调用【图案填充】命令，再在命令行中输入T，选择
【设置】选项，弹出【图案填充和渐变色】对话框，设置填充比例为2，如图17-154所示。

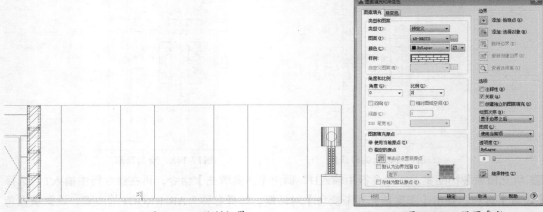

图17-153 绘制灯带　　　　　　　　　　　　　　　　　图17-154 设置参数

37 单击拾取填充区域，按Enter键返回对话框，单击【确定】按钮，关闭对话框，填充结果如
图17-155所示。

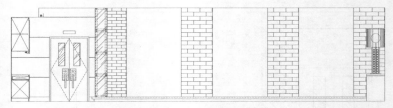

图17-155 填充图案

38 调入图块。按Ctrl+O组合键，打开本书配备资源中的"素材\第17章\餐厅图例.dwg"文件，从中
复制粘贴壁纸花纹至当前图形中，结果如图17-156所示。

图17-156 调入图块

39 尺寸标注。在命令行中输入DLI，调用【线性标注】命令，绘制尺寸标注的结果如图17-157所示。

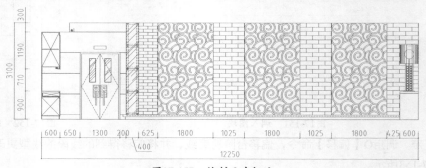

图17-157 绘制尺寸标注

40 材料标注。在命令行中输入MLD，调用【多重引线】命令，为立面图绘制材料标注，结果如图17-158所示。

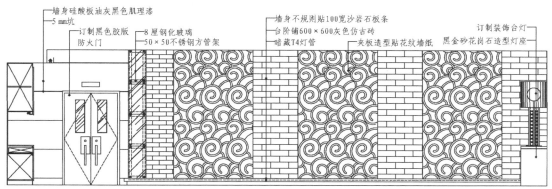

图17-158 绘制材料标注

41 图名标注。调用MT【多行文字】命令，绘制图名标注和比例标注。调用L【直线】命令，分别绘制线宽为0.30mm、0.00mm的下画线，结果如图17-159所示。

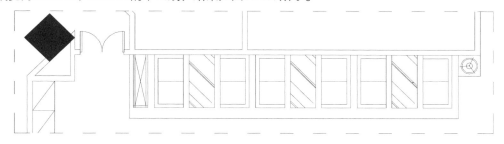

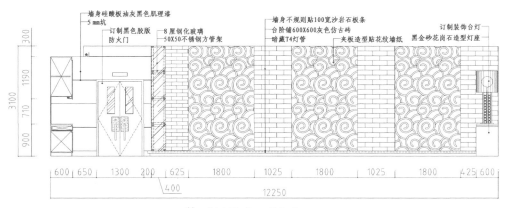

散客区立面图 1:100

图17-159 绘制图名标注

17.7 思考与练习

（1）沿用本章介绍的方法，绘制如图17-160所示的餐厅原始结构图。

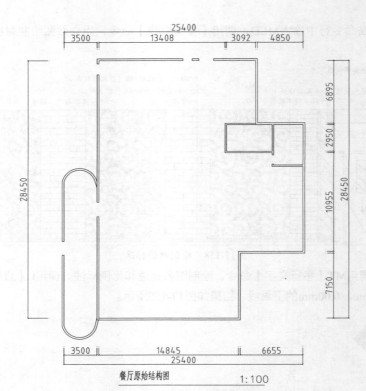

餐厅原始结构图   1:100

图17-160 绘制餐厅原始结构图

（2）沿用本章介绍的方法，绘制如图17-161所示的餐厅平面布置图。

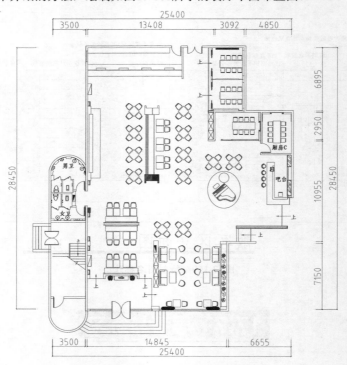

餐厅平面布置图   1:100

图17-161 绘制餐厅平面布置图

（3）沿用本章介绍的方法，绘制如图17-162所示的餐厅地面布置图。

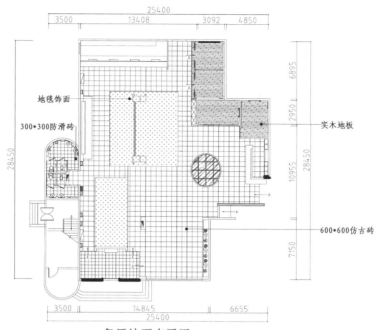

餐厅地面布置图　　1:100

图17-162　绘制餐厅地面布置图

（4）沿用本章介绍的方法，绘制如图17-163所示的餐厅顶面布置图。

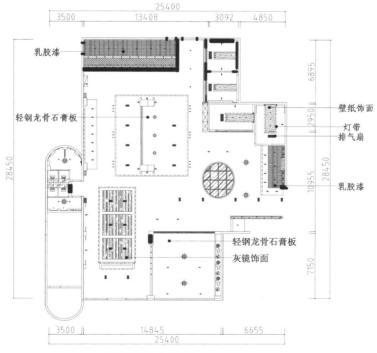

餐厅顶面布置图　　1:100

图17-163　绘制餐厅顶面布置图

（5）沿用本章介绍的方法，绘制如图17-164所示的自助餐台立面图。

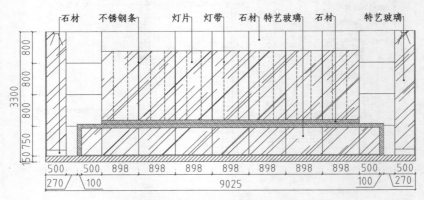

自助餐台立面图　　　　　1：50

图17-164　绘制自助餐台立面图

室内装潢设计施工图纸绘制完成后，需要将其打印输出。在
AutoCAD中有两种打印图纸的方式，分别是模型空间打印和布局空间打
印。两种不同的打印方法需要设置不同的参数。本章介绍施工图的打印
方法和技巧。

18

第18章
施工图的打印方法和技巧

18.1　模型空间打印

　　AutoCAD有两个空间，一个是模型空间，另一个是布局空间。模型空间是我们常用的绘图空间，在其中对打印参数进行一定的设置后，可以对图纸执行打印输出操作。

18.1.1　图签

　　为施工图添加图签，可以更加明确地以文字的方式表明该图纸的出处、用处以及其他的制图信息、设计单位信息等。

【练习18-1】：调用图签	
	介绍调用图签的方法，难度：☆
	素材文件路径：无
	效果文件路径：素材\第18章\18-1调用图签-OK.dwg
	视频文件路径：视频\第18章\18-1调用图签.MP4

　　下面介绍调用图签的操作步骤。

01 执行菜单【插入】|【块】命令，弹出【插入】对话框，选择名称为"A3图签"的图块，结果如图18-1所示。

02 此时，命令行操作如下。

```
命令：INSERT✓                               //调用【插入】命令
指定插入点或[基点(B)/ 比例(S)/旋转(R)]：S✓    //输入S，选择【比例(S)】选项
指定 XYZ 轴的比例因子<1>:0.5✓               //定义比例因子
指定插入点或[基点(B)/比例(S)/旋转(R)]：       //指定插入点，添加图签，结果如图18-2所示
```

图18-1 【插入】对话框

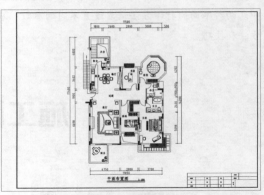

图18-2 调入图签

18.1.2 页面设置

在对图纸执行打印输出操作前，应先进行页面设置。页面设置主要是指各打印参数的设置，包括打印机、图纸的尺寸、打印的方向等；页面设置定义完成后，还可以保存，以便下次打印图纸时使用。

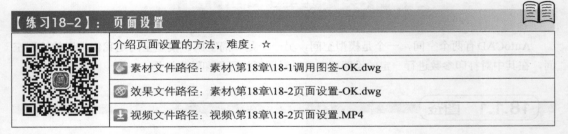

【练习18-2】：	页面设置
	介绍页面设置的方法，难度：☆
	素材文件路径：素材\第18章\18-1调用图签-OK.dwg
	效果文件路径：素材\第18章\18-2页面设置-OK.dwg
	视频文件路径：视频\第18章\18-2页面设置.MP4

下面介绍页面设置的操作步骤。

01 执行菜单【文件】|【页面设置管理器】命令，弹出【页面设置管理器】对话框，如图18-3所示。

02 单击【新建】按钮，弹出【新建页面设置】对话框，设置新页面的名称，结果如图18-4所示。

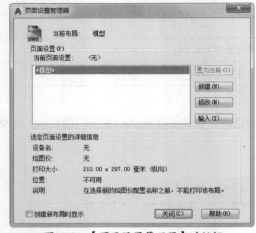

图18-3 【页面设置管理器】对话框

图18-4 设置名称

03 单击【确定】按钮，弹出【页面设置-模型】对话框，设置打印机等各项参数，结果如图18-5所示。

04 单击【确定】按钮，返回【页面设置管理器】对话框，将新页面设置为当前正在使用的样式，如图18-6所示。

05 单击【关闭】按钮，关闭对话框，完成页面设置的操作。

图18-5 设置参数

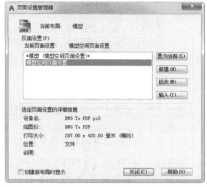

图18-6 将新页面设置为当前正在使用的样式

18.1.3 打印

打印的各项参数设置完成后，即可对图纸执行打印输出操作。

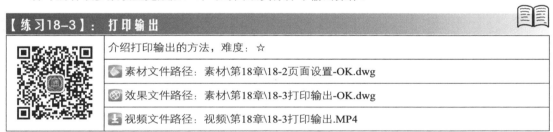

【练习18-3】：打印输出	
	介绍打印输出的方法，难度：☆
	素材文件路径：素材\第18章\18-2页面设置-OK.dwg
	效果文件路径：素材\第18章\18-3打印输出-OK.dwg
	视频文件路径：视频\第18章\18-3打印输出.MP4

下面介绍打印输出的操作步骤。

01 执行菜单【文件】|【打印】命令，弹出【打印-模型】对话框，如图18-7所示。

02 单击【打印区域】选项组下的【窗口】按钮，返回绘图区域，单击图框的左上角点，如图18-8所示。

图18-7 【打印-模型】对话框

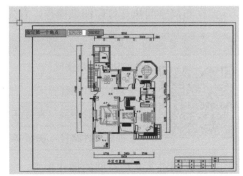

图18-8 单击左上角点

03 单击图框的右下角点，如图18-9所示。

04 返回【打印-模型】对话框，单击【预览】按钮，打开图纸的预览窗口，如图18-10所示，提前查看图纸的打印效果。

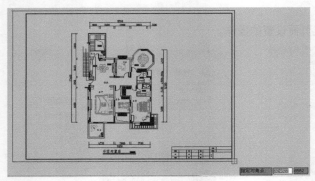

图18-9 单击右下角点

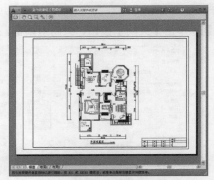

图18-10 打印预览

05 单击窗口左上角的【打印】按钮 🖶，弹出【浏览打印文件】对话框，提醒用户定义打印图纸的名称和存储路径，单击【保存】按钮，弹出如图18-11所示的【打印作业进度】对话框，显示图纸打印的进度。

图18-11 【打印作业进度】对话框

18.2 布局空间打印

在布局空间中可以通过创建不同的视口来打印比例不同的图形，且可以在视口内调整图形的显示范围。本节介绍布局空间打印的方法。

18.2.1 布局空间

要在布局空间执行打印图纸操作，首先需要进入该空间。

【练习18-4】：进入布局空间

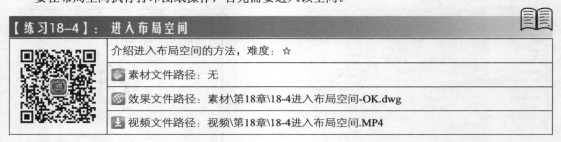

	介绍进入布局空间的方法，难度：☆
素材文件路径：	无
效果文件路径：	素材\第18章\18-4进入布局空间-OK.dwg
视频文件路径：	视频\第18章\18-4进入布局空间.MP4

下面介绍进入布局空间的操作步骤。

01 单击绘图区域左下角的布局标签，如图18-12所示。

02 进入布局空间的结果如图18-13所示。

图18-12　单击标签

图18-13　布局空间

03 系统默认在布局空间生成一个视口，调用E【删除】命令，删除视口，结果如图18-14所示。

图18-14　删除视口

18.2.2　页面设置

在布局空间中打印输出图纸同样可以进行页面设置，以使打印输出的图纸符合使用要求。

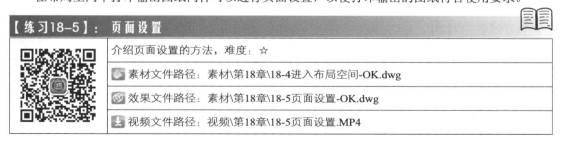

【练习18-5】：页面设置

	介绍页面设置的方法，难度：☆
	素材文件路径：素材\第18章\18-4进入布局空间-OK.dwg
	效果文件路径：素材\第18章\18-5页面设置-OK.dwg
	视频文件路径：视频\第18章\18-5页面设置.MP4

下面介绍页面设置的操作步骤。

01 在布局标签上右击，在弹出的快捷菜单中选择【页面设置管理器】命令，如图18-15所示。

02 弹出【页面设置管理器】对话框，单击【新建】按钮，弹出【新建页面设置】对话框，定义新页面设置的名称，如图18-16所示。

图18-15　选择命令

图18-16　设置名称

03 单击【确定】按钮，弹出【页面设置-布局1】对话框，定义打印的各项参数，如图18-17所示。

04 单击【确定】按钮，关闭对话框。在【页面设置管理器】对话框中将新页面设置为当前正在使用的样式，如图18-18所示。

05 单击【关闭】按钮，关闭对话框，结束操作。

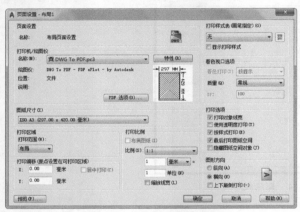

图18-17　设置参数

图18-18　将新页面设置为当前正在使用的样式

18.2.3　视口

执行创建视口操作，可以在视口中编辑待打印输出的图形，以便使其符合打印需求。

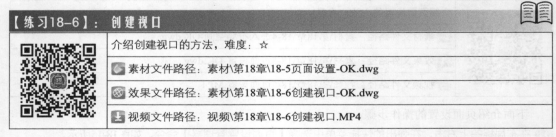

【练习18-6】：创建视口

介绍创建视口的方法，难度：☆

素材文件路径：素材\第18章\18-5页面设置-OK.dwg

效果文件路径：素材\第18章\18-6创建视口-OK.dwg

视频文件路径：视频\第18章\18-6创建视口.MP4

下面介绍创建视口的操作步骤。

01 单击【图层】面板上的【图层特性管理器】按钮，弹出【图层特性管理器】选项板，新建一个名称为VPOSTS的图层，并将其置为当前图层，如图18-19所示。

02 执行菜单【视图】|【视口】|【新建视口】命令，弹出【视口】对话框，选择新建视口的类型，如图18-20所示。

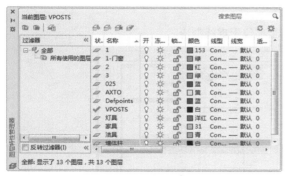

图18-19 创建图层

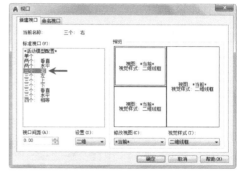

图18-20 选择视口样式

03 单击【确定】按钮，根据命令行的提示，在布局中单击视口的第一个角点，如图18-21所示。

04 向右下角移动鼠标，单击对角点，如图18-22所示。

图18-21 指定起点

图18-22 指定对角点

05 新建视口的结果如图18-23所示。

06 在视口边框内双击鼠标左键，待视口边框变粗时可进入视口中编辑图形。调整图形在视口内显示的结果如图18-24所示。

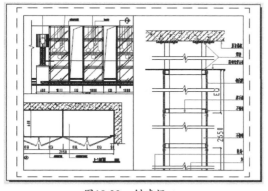

图18-23 创建视口

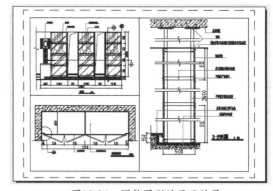

图18-24 调整图形的显示结果

18.2.4 插入图签

　　图形打印输出前要先插入图签。执行菜单【插入】|【块】命令，在弹出的【插入】对话框中选择【A3图签】图块，单击【确定】按钮，将图签插入到布局空间中。

　　调用SC【缩放】命令，调整图签的大小，值得注意的是，图形必须位于布局虚线边框内，才可被打印输出。

图18-25所示为调整图签的效果，可以看到其全部位于虚线框内。

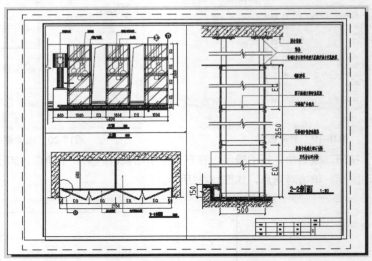

图18-25　插入图签

18.2.5　打印

待上述一系列操作完成后，即可对图形执行打印输出操作。

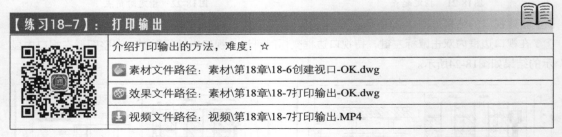

下面介绍打印输出的操作步骤。

01 单击【图层】面板上的【图层特性管理器】按钮，弹出【图层特性管理器】选项板，将VPOSTS图层设置为不可打印模式，如图18-26所示。

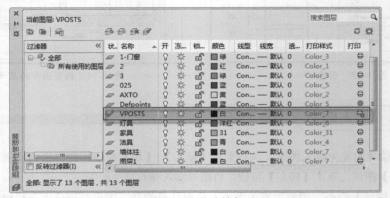

图18-26　设置模式

02 执行菜单【文件】|【打印】命令，弹出【打印-布局1】对话框，显示【布局页面设置】的内容，如图18-27所示。单击【预览】按钮，预览打印效果，如图18-28所示。

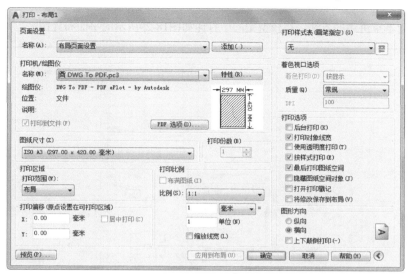

图18-27　设置参数

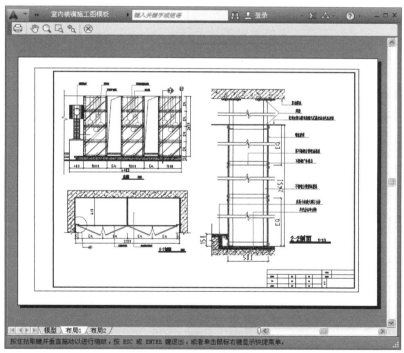

图18-28　打印预览

03 单击【打印】按钮，根据系统的提示指定打印文件的名称和存储路径，即可完成打印图纸的操作。

18.3　思考与练习

（1）沿用本章讲述的方法，在模型空间中打印如图18-29所示的平面布置图。

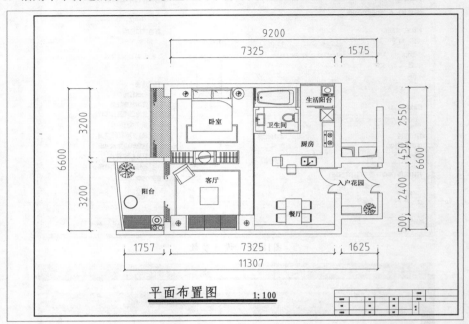

图18-29　模型空间打印

（2）沿用本章讲述的方法，在布局空间中打印如图18-30所示的立面图。

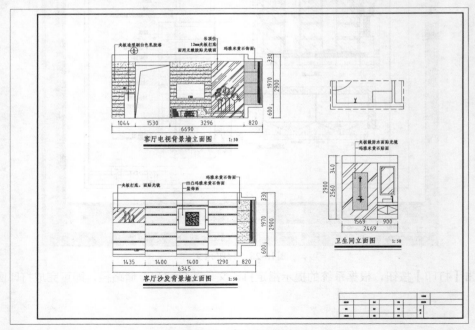

图18-30　布局空间打印

附录I　课堂答疑

1. 工作界面左上角的【文件标签】不见了，怎么调出来？

答：在命令行中输入OP，调用【选项】命令，打开【选项】对话框。选择【显示】选项卡，在【窗口元素】选项组下选择【显示文件选项卡】选项，如附图1所示。单击【确定】按钮，关闭对话框，即可在工作界面的左上角显示【文件标签】。

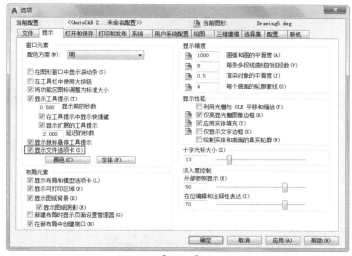

附图1　【选项】对话框

2. 设置绘图单位还有其他的方法吗？

答：单击工作界面左上角的【应用程序】按钮，向下弹出列表，选择【图形实用工具】|【单位】选项，如附图2所示。打开【图形单位】对话框，在其中设置绘图单位。

附图2　设置绘图单位

3. 工具提示有什么用途？

答：将光标置于命令按钮之上，暂停几秒，在光标的右下角，显示工具提示，如附图3所示。在浏览提示内容时，用户可以了解命令按钮的名称、对应的快捷键以及操作演示。对于新用户而言，这是一个很实用的学习工具。

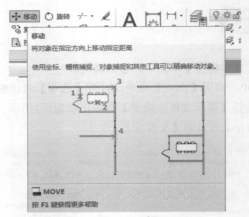

附图3　工具提示

在【选项】对话框中，选择【显示】选项卡，在【窗口元素】选项组下选择选项，可设置工具提示的显示效果，如附图4所示。

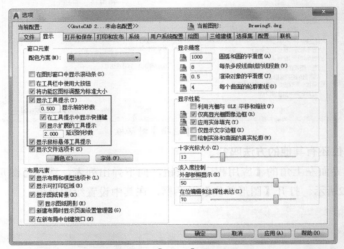

附图4　【选项】对话框

4. 执行【定数等分】命令的过程中，选择【块（B）】选项，为什么提示"找不到块"？

答：在利用【定数等分】命令绘制图形的过程中，输入B，选择【块（B）】选项后，命令行操作如下。

```
命令：_divide↙                          //调用【定数等分】命令
选择要定数等分的对象：                   //选择对象
输入线段数目或[块(B)]:B↙               //选择【块】选项
输入要插入的块名：餐桌↙                 //输入名称
找不到块"餐桌"。                        //提醒用户找不到指定图块
输入要插入的块名：                       //需要重新输入名称
```

之所以会出现上述情况，是因为当前文件中并不包含名称为"餐桌"的图块。解决办法之一是重新输入文件中已有的块名称。解决办法二是创建一个名称为"餐桌"的图块。

5. 在练习3-5中，是否还有其他方式可以绘制靠背椅的弧形轮廓线？

答：还可以利用辅助线的方式绘制弧形轮廓线，操作步骤如下。

<code>01</code> 在命令行中输入L，调用【直线】命令，绘制水平辅助线，如附图5所示。

<code>02</code> 单击【绘图】面板上的【圆弧】按钮，在列表中选择【三点】命令。单击A点，指定圆弧的起点；单击B点，指定圆弧的第二个点；单击C点，指定圆弧的端点，绘制圆弧如附图6所示。

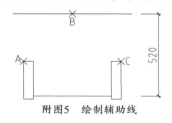

附图5　绘制辅助线

附图6　绘制圆弧

<code>03</code> 在命令行中输入O，调用【偏移】命令，设置偏移距离为60，选择圆弧向下偏移，如附图7所示。

<code>04</code> 在命令行中输入E，调用【删除】命令，删除辅助图形，完成靠背椅的绘制，如附图8所示。

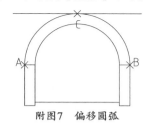

附图7　偏移圆弧

附图8　操作结果

6. 除了调用【椭圆弧】命令，还有其他创建椭圆弧的方法吗？

答：利用【椭圆】命令、【直线】命令以及【修剪】命令，也可以创建椭圆弧，操作步骤如下。

<code>01</code> 在命令行中输入EL，调用【椭圆】命令，绘制椭圆图形，如附图9所示。

<code>02</code> 在命令行中输入L，调用【直线】命令，在椭圆内部绘制直线，如附图10所示。

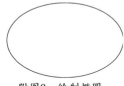

附图9　绘制椭圆

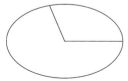

附图10　绘制线段

<code>03</code> 在命令行中输入TR，调用【修剪】命令，修剪椭圆轮廓线，如附图11所示。

<code>04</code> 在命令行中输入E，调用【删除】命令，删除线段，至此得到椭圆弧图形，如附图12所示。

附图11　修剪椭圆

附图12　操作结果

7. 如何利用【多段线】命令绘制箭头？

答：调用PL【多段线】命令，命令行提示如下。

```
命令：PL1↙                          //调用【多段线】命令
PLINE
指定起点：                          //单击左键，指定起点
```

当前线宽为 0
指定下一个点或 [圆弧(A)/半宽(H)/长度(L)/放弃(U)/宽度(W)]:
　　　　　　　　　　　　　　　　　　　　　　　　　//移动鼠标，单击左键指定下一点

指定下一点或 [圆弧(A)/闭合(C)/半宽(H)/长度(L)/放弃(U)/宽度(W)]: W
　　　　　　　　　　　　　　　　　　　//选择【宽度】选项

指定起点宽度 <0>: 50　　　　　　　　　　　　　　//输入宽度值
指定端点宽度 <50>: 0　　　　　　　　　　　　　　//输入参数

　　指定"端点宽度"后，移动鼠标，单击左键指定端点的位置。通过设置不同的"起点宽度"与"端点宽度"，可以创建指示箭头，如附图13所示。

附图13　绘制箭头

8. 打开【多线编辑工具】对话框的其他方法是什么？

答：双击绘制完成的多线，可以打开【多线编辑工具】对话框。

9. 利用【图案填充】命令绘制铺装图，发生"无法找到闭合边界"的情况怎么办？

答：当在居室范围内单击左键，拾取填充区域时，有时候命令行提示"无法找到闭合边界"，此时可以先暂时退出命令，调用L【直线】命令或者PL【多段线】命令，沿着居室范围，绘制闭合轮廓线。接着再次启用【图案填充】命令，就可以拾取填充边界了。

推荐利用PL【多段线】命令绘制闭合轮廓线，可以在【填充图案创建】选项卡中，单击【边界】面板上的【选择】按钮▨，直接选择填充边界即可。

10. 删除图形是否还有其他的方法？

答：选择图形，按Delete键，可将图形删除。

11. 将圆角半径设置为0会得到什么效果？

答：调用【圆角】命令，命令行提示如下。

命令:F↙　　　　　　　　　　　　　　　　　　　　　//调用命令
FILLET
当前设置:模式=修剪，半径=50
选择第一个对象或[放弃(U)/多段线(P)/半径(R)/修剪(T)/多个(M)]:
选择第一个对象或[放弃(U)/多段线(P)/半径(R)/修剪(T)/多个(M)]:R↙　//选择【半径】选项
指定圆角半径<50>:0↙　　　　　　　　　　　　　　//输入半径值
选择第一个对象或[放弃(U)/多段线(P)/半径(R)/修剪(T)/多个(M)]:
选择第二个对象，或按住Shift键选择对象以应用角点或[半径(R)]:　//选择线段

　　将圆角半径设置为0，结果是修剪线段后，两条线段形成一个夹角，如附图14所示。假如是修剪垂直线段与水平线段，则形成一个90°直角。

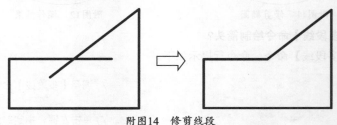

附图14　修剪线段

12. 为什么有些图块无法利用【分解】命令分解?

答：调用【创建块】命令，打开【块定义】对话框，取消选择【方式】选项组下的【允许分解】选项，如附图15所示。

附图15　取消选择选项

单击【确定】按钮，关闭对话框，创建图块。在以后的绘图过程中，调用【分解】命令，分解图块，命令行提示如下。

```
命令:X↙                                                    //调用命令
EXPLODE
选择对象:找到1个
选择对象:
无法分解1                                                  //提示无法分解块
```

命令行提示无法分解，因为在创建块的时候，将块的属性设置为不允许分解。

13. 创建块的时候，为什么要指定基点?

答：在【块定义】对话框中，单击【基点】选项组下的【拾取点】按钮，如附图16所示。返回绘图区域，指定块的基点。假如没有指定基点，系统会自定义基点。

附图16　【块定义】对话框

利用【插入】命令插入块，因为没有在块上指定基点，所以光标与块之间相隔很长的一段距离。结果是在指定块的插入点时不仅费劲，而且不能快速地将块插入指定的位置。

所以，在创建块的时候，最好在图形上指定一个基点。

14. 在插入块的时候，可以临时指定块的基点吗？

答：可以。调用【插入】命令，打开【插入】对话框，选择块，单击【确定】按钮，关闭对话框。命令行提示如下。

```
命令:I✓                                        //调用【插入】命令
INSERT
指定插入点或[基点(B)/比例(S)/旋转(R)]:B✓       //选择【基点】选项
指定基点:                                       //在块上指定基点
指定插入点或[基点(B)/比例(S)/旋转(R)]:          //指定插入点
```

在插入块的时候，可以在块上创建一个临时的基点。但是并没有改变块的基点的位置，在下次插入块的时候，块的基点仍然处在原始的位置。

15. 利用【设计中心】选项板，可以在图形文件之间复制样式吗？

答：可以。在【设计中心】选项板中选择样式，例如选择【标注样式】，如附图17所示。

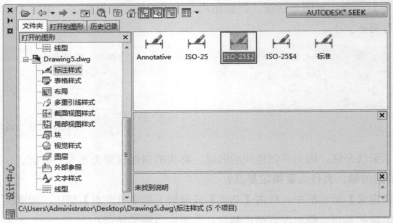

附图17　【设计中心】选项板

按住鼠标左键不放，拖动光标至绘图区域中，此时命令行提示如下。

```
命令:
标注样式已添加。
重复的定义将被忽略
```

在目标文件中打开【标注样式管理器】对话框，可以查看添加的标注样式。文字样式、表格样式以及多重引线样式也可以利用同样的方式添加。

16. 如何在视图中显示线宽效果？

答：如果没有在视图中显示线宽效果，可以单击状态栏上的【显示/隐藏线宽】按钮，如附图18所示，显示线宽的效果。

附图18　单击按钮

17. 快速将选定对象所在图层置为当前图层的方法是什么?

答：首先选择图形对象，接着单击【图层】面板上的【置为当前】按钮，如附图19所示。可以将选中对象所在的图层置为当前正在使用的图层。

附图19　单击按钮

18. 能否利用【特性】选项板调整图形的角度?

答：可以。在【特性】选项板中展开【其他】选项组，修改【旋转】选项值，如附图20所示，调整图形的角度。

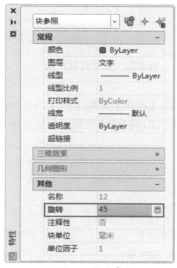

附图20　修改参数

19. 为某种类型的尺寸标注创建标注样式的方法是什么?

答：以为半径标注创建专用的标注样式为例解答。

在【标注样式管理器】对话框中单击【新建】按钮，打开【创建新标注样式】对话框，在【用于】下拉列表中选择【半径标注】选项，如附图21所示。单击【继续】按钮，继续设置样式参数。

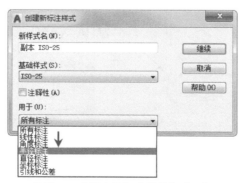

附图21　【创建新标注样式】对话框

参数设置完成后，单击【确定】按钮，返回【标注样式管理器】对话框，在【样式】列表框中显示【半径】标注样式，如附图22所示。在创建半径标注时，会以【半径】标注样式为基准显示标注效果。

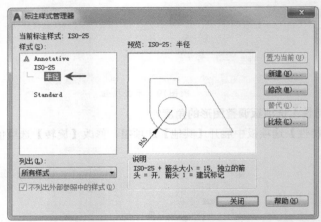

附图22　创建标注样式

20. 如何创建折弯标注？

答：选择【注释】选项卡，单击【标注】面板上的【折弯标注】按钮，如附图23所示。接着选择尺寸标注，指定创建折弯的位置，即可创建折弯标注，如附图24所示。

附图23　单击按钮

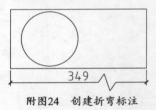

附图24　创建折弯标注

21. 如何调整多重引线标注的显示效果？

答：在命令行中输入MLS，打开【多重引线样式管理器】对话框，选择当前多重引线样式，单击【修改】按钮，如附图25所示。

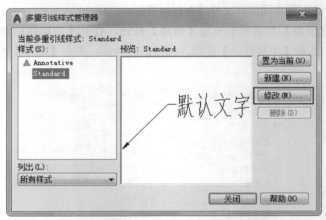

附图25　【多重引线样式管理器】对话框

打开【修改多重引线样式：Standard】对话框，默认选择【内容】选项卡，如附图26所示。在【内容】选项卡中修改参数，调整引线标注文字的显示效果。此外，切换至【引线格式】和【引线结构】选项卡，修改参数，也可以设置引线标注的显示样式。

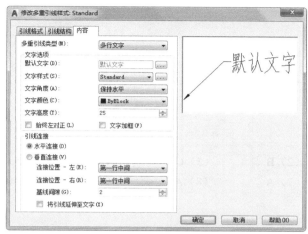

附图26　【内容】选项卡

附录II 习题答案

第1章

(1) A　　　　(2) A　　　　(3) B　　　　(4) D　　　　(5) A

第2章

1. 选择题

(1) D　　　　(2) B　　　　(3) C　　　　(4) A　　　　(5) A

(6) D　　　　(7) A　　　　(8) A　　　　(9) A　　　　(10) D

第3章

1. 选择题

(1) A　　　　(2) A　　　　(3) B　　　　(4) D　　　　(5) A

第4章

1. 选择题

(1) C　　　　(2) A　　　　(3) D　　　　(4) A　　　　(5) ABCD

第5章

1. 选择题

(1) C　　　　(2) A　　　　(3) A　　　　(4) D　　　　(5) D

第6章

1. 选择题

(1) C　　　　(2) C　　　　(3) B　　　　(4) B　　　　(5) D

第7章

1. 选择题

(1) B　　　　(2) A　　　　(3) A

第8章

1. 选择题

(1) B　　　　(2) A　　　　(3) A　　　　(4) A　　　　(5) B

第9章

1. 选择题

(1) C　　　　(2) A　　　　(3) A　　　　(4) A　　　　(5) C